蔬果汁养生大全

上卷

魏 倩 主编

長江出版傳媒 湖北科学技术出版社

图书在版编目（CIP）数据

蔬果汁养生大全 / 魏倩主编 . —武汉：湖北科学技术出版社，2014.11
ISBN 978-7-5352-7056-6

Ⅰ . ①蔬… Ⅱ . ①魏… Ⅲ . ①蔬菜—饮料—制作 ②果汁饮料—制作 Ⅳ . ① TS275.5

中国版本图书馆 CIP 数据核字（2014）第 217739 号

策划编辑 / 文 娟
责任编辑 / 刘焰红 兰季平
封面设计 / 李艾红
出版发行 / 湖北科学技术出版社
网 址 / http: //www.hbstp.com.cn
地 址 / 武汉市雄楚大街 268 号
湖北出版文化城 B 座 13 ~ 14 层
电 话 / 027-87679468
邮 编 / 430077
印 刷 / 三河市恒彩印务有限公司
邮 编 / 518000
开 本 / 889 × 1194 1/16
印 张 / 27.5
字 数 / 530 千字
2014 年 11 月第 1 版
2014 年 11 月第 1 次印刷
全套定价 / 598.00 元（全 3 册）

前言

蔬果中含有大量的蛋白质、维生素、膳食纤维、脂肪等物质，合理均衡地食用不仅可以维持身体的正常运转，加强身体对营养的吸收，而且蔬果中某些特殊的营养成分还会提高人体对疾病的抵抗力及免疫力，减少疾病对我们的侵害。每天多摄取蔬菜和水果的确非常重要，但要保持营养平衡并非易事。每日食用500克以上的蔬菜、水果才能满足人体对维生素最基本的需求。

每天要吃下超过500克的水果和蔬菜，对于大多数人来说不太容易实现，而将这些蔬菜和水果榨成汁，当做饮料，就容易多了。因此，越来越多的人开始爱上这种补充营养、调理体质、养生保健的新方式。水果榨汁，蔬菜榨汁，蔬菜和水果搭配榨汁，花样繁多，口感、健康功效各有千秋。人们可根据自身体质、养生保健需求、口味偏好来选择。

果汁是以水果为原料，经过物理方法如压榨、离心、萃取等得到的汁液。果汁中保留了水果中大部分营养成分，如维生素、矿物质、糖分和膳食纤维中的果胶等，口感也优于普通的白开水。常喝果汁可以助消化、润肠道，补充膳食中营养成分的不足。

蔬菜汁是由蔬菜加工而成，蔬菜含有多种营养元素，在膳食结构当中有着不可替代的地位。将蔬菜榨成汁饮用，更易被人体消化和吸收，还能补充身体所需的各种能量，收获养生与排毒的双重功效。

蔬果汁是将蔬菜和水果搭配组合，打制而成。相比纯粹的果汁或蔬菜汁而言，蔬果汁则巧妙地获取了蔬菜和水果双重的营养功效，口味上也独具特色。尤其是对于一些味道苦涩的蔬菜，如苦瓜、生姜、西芹等，通过与香甜的水果搭配，口感上更易接受，营养也更加全面。饮用蔬果汁，还可以补充维生素和矿物质，逐步改善体质，提高免疫力。此外，蔬果汁中的纤维素也能帮助消化、排泄，促进新陈代谢，达到健身减肥、美容养颜的效果。

哪些蔬菜和水果可以用来做蔬果汁？各式各样的蔬果汁具体怎么做？不同品种怎么搭配才能更有营养？本书为普通读者自制蔬果汁和科学饮用蔬果汁养生提供了详尽指导。不仅介绍了蔬果汁的养生功效、科学配搭、合理饮用的保健知识，教会读者一次喝多少蔬果汁，什么时间喝最有益健康，什么季节、什么人群、什么体质喝什么果汁才养生……还详解了600余款对症养生蔬果汁。涵盖适合经常熬夜、工作压力大、饮食不规律等亚健康人群的蔬果汁；改善失眠、便秘、贫血、高血压、骨质疏松、消化不良等常见疾病的蔬果汁；清除体内垃圾，帮助排毒养颜的蔬果汁；满足儿童、学生、老人、孕妇等不同人群需要的蔬果汁以及适合四季调养的蔬果汁等。选材方便，制作简单，只要准备一些蔬菜和水果，就可以轻轻松松在家调出一杯别具特色的健康饮品，给你的每一天增添些许新鲜的自然元素，时刻保持充沛的精力，也给你的全家送去健康关怀，为家人的健康保驾护航。

目录

上卷

第一章>>>

常见蔬果的保健功效

第二章>>>

自制蔬果汁，喝得更健康

第1节 蔬果，纯天然的保健良药

第2节 蔬果汁疗法，将营养轻松锁住

第三章 >>> 一杯蔬果汁，增强体质

第1节 健胃消食

第2节 润肺祛痰

第3节 疏肝养肝

第4节 益肾固精

第5节 养心祛火

第6节 健脑提神

第7节 增强免疫力

第四章 >>>
一杯蔬果汁，美容养颜

第1节 美白亮肤

第2节 清痘淡痕

淡化斑纹

晒后修复

消皱嫩肤

乌发润发

第7节 3分钟自制蔬果护肤品

中卷

第五章>>> 一杯蔬果汁，减肥塑身

第1节 消脂瘦身

第2节 排毒纤体

第3节 防止水肿

第4节 丰胸美体

第5节 腹部消脂

第6节 纤细腰部

第7节 纤细大腿

第8节 体态健美

第六章>>>
一杯蔬果汁，对症治百病

第1节 防治生活习惯病

第2节 治疗肠胃、肝脏疾病

第3节 治疗女性疾病

第4节 预防中老年疾病

第5节 锻造抗癌体质

第6节 防治其他常见疾病

下卷

第七章>>> 不同人群，不同的蔬果汁

第1节 孕产妇

第2节 儿童

第3节 学 生

第4节 老年人

第5节 上班族

第6节 开车族

第7节 烟瘾一族

第8节 经常喝酒一族

第九章>>>

特色蔬果汁，特效养生法

第1节 花果醋

第2节 蔬果蜂蜜汁

第3节 蔬果豆浆汁

第4节 蔬果牛奶汁

第5节 蔬果粗粮汁

>> 第一章

常见蔬果的保健功效

西瓜

西瓜性寒味甘，归心、胃、膀胱经；具有清热解暑、生津止渴、利尿除烦的功效；主治胸膈气壅、满闷不舒、小便不利、口鼻生疮、暑热、中暑、解酒毒等症，因此有“天然的白虎汤”之称。西瓜富含维生素C以及钙、磷、铁等矿物质，能够增强皮肤弹性，减少皱纹。

产季：5 ~ 10月。

木瓜

木瓜性平微寒，味甘，含有丰富木瓜酶，维生素C、B族维生素、钙、磷等矿物质、胡萝卜素、蛋白质、蛋白酶、柠檬酶等，具有防治高血压、肾炎、便秘和助消化、治胃病之功，对人体有促进新陈代谢、抗衰老、美容丰胸、护肤养颜的功效。

产季：全年。

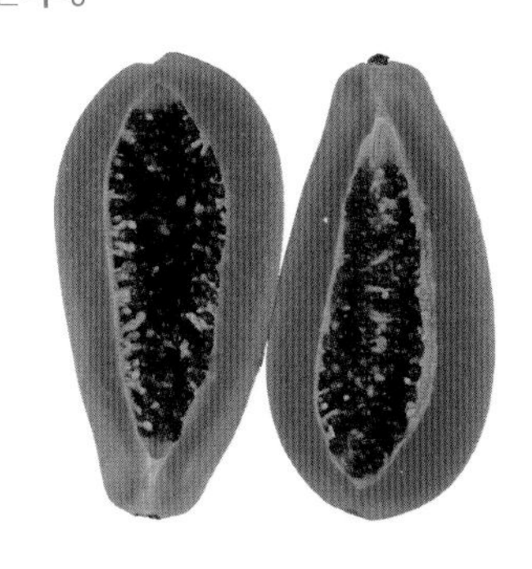

香蕉

香蕉性寒味甘，含有丰富的蛋白质、膳食纤维钾、维生素A、维生素C，其营养高、热量低，含有称为“智慧之盐”的磷，具有清热解毒、润肠通便、润肺止咳、降低血压的作用。另外，香蕉含有的色氨酸有安神、抵抗抑郁的作用。

产季：全年。

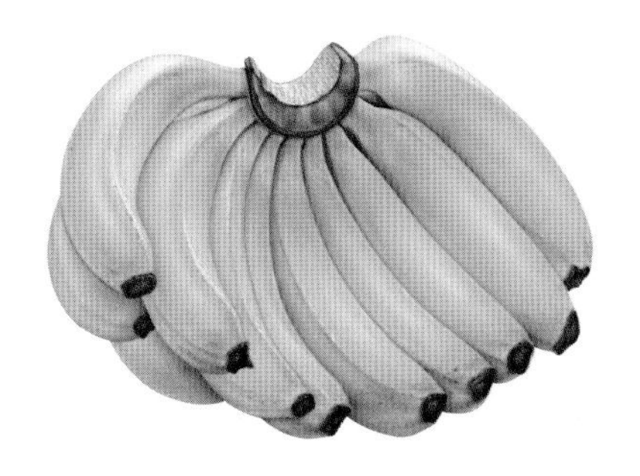

苹果

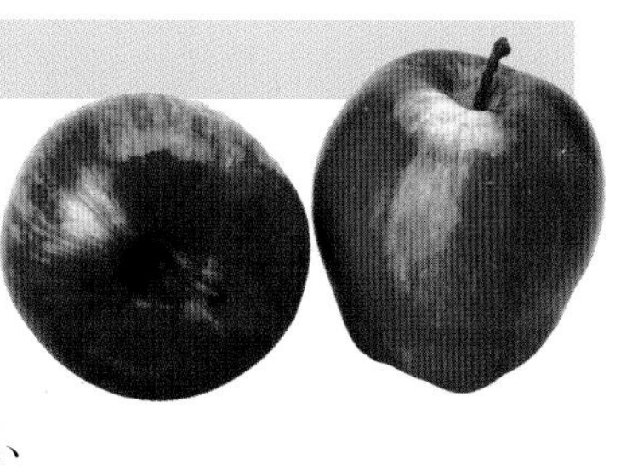

苹果性平味甘酸，微咸，具有生津止渴、润肺除烦、健脾益胃、养心益气、润肠、止泻、解暑、醒酒等功效。苹果富含锌，可增强学生智力，所含的膳食纤维和果胶能够清除体内毒素，清洁口腔。苹果中富含多种维生素，尤其是维生素C，有助于淡化色斑，使皮肤保持红润细嫩。

产季：7 ~ 11月。

菠萝

菠萝味甘微酸，性微寒，有清热解暑、生津止渴、利小便的功效，可用于身热烦渴、腹中痞闷、消化不良、小便不利、头昏眼花等症。菠萝含有大量的果糖、葡萄糖、维生素A、维生素C，磷、柠檬酸和蛋白酶等物，具有解暑止渴、消食止泻之功效。菠萝对于减肥也有很好的功效。

产季：全年。

葡萄

葡萄性平味甘酸，含有矿物质钙、钾、磷、铁、蛋白质以及多种维生素B_1、维生素B_2、维生素B_6，具有补肝肾、益气血、开胃、生精液和利小便之功效。葡萄中含的类黄酮是一种强力抗氧化剂，可抗衰老，并可清除体内自由基。

产季：7 ~ 10月。

橙子

橙子性凉味酸，富含丰富的维生素C、β-胡萝卜素、钙、磷、钾、柠檬酸、橙皮苷以及醛、醇、烯等物质，具有行气化痰、健脾暖胃、帮助消化、增强食欲、解酒等功效，被称为“疗疾佳果”。

产季：10月至次年2月。

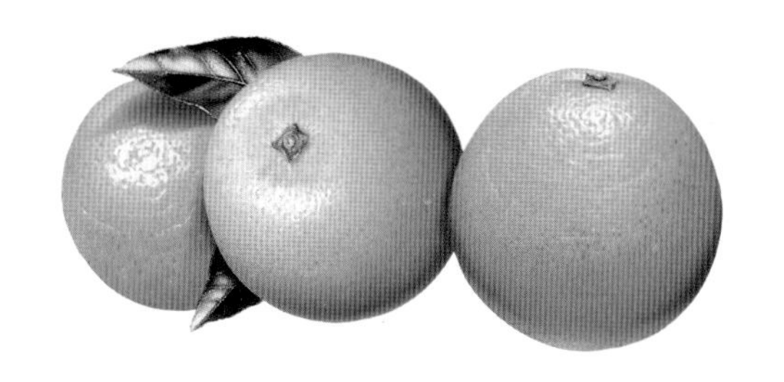

橘子

橘子性温味甘酸，具有开胃理气、润肺止咳的功效；主治胸膈结气、呕逆少食、胃阴不足、口中干渴、肺热咳嗽及饮酒过度。橘子富含维生素C和柠檬酸，具有很强的抗氧化作用，美容养颜、消除疲劳、降低血脂，对抵抗动脉硬化、预防心脑血管疾病有很好的作用。

产季：9月至次年3月。

石榴

石榴性平味甘，可谓全身是宝，果皮、根、花皆可入药。其果皮中含有苹果酸、鞣质、生物碱等成分。据有关实验表明，石榴皮有明显的抑菌和收敛功能，能使肠黏膜收敛，使肠黏膜的分泌物减少，所以能有效地治疗腹泻、痢疾等症，对痢疾杆菌、大肠杆菌有较好的抑制作用。另外，石榴的果皮中含有碱性物质，有驱虫功效；石榴花则有止血功能，且石榴花泡水洗眼，还有明目的效果。

产季：9～10月。

草莓

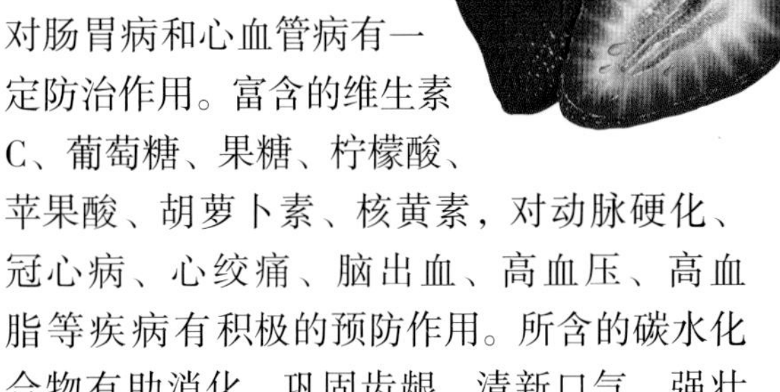

草莓性凉味甘酸，能润燥生津、利尿健脾、清热解酒、补血化脂，对肠胃病和心血管病有一定防治作用。富含的维生素C、葡萄糖、果糖、柠檬酸、苹果酸、胡萝卜素、核黄素，对动脉硬化、冠心病、心绞痛、脑出血、高血压、高血脂等疾病有积极的预防作用。所含的碳水化合物有助消化、巩固齿龈、清新口气、强壮骨骼的作用。

产季：10月至次年2月。

李子

李子性平味甘酸，具有生津止渴、清肝除热、利水消肿、消除疲劳的功效。李子能促进胃酸和胃消化酶的分泌，有增加肠胃蠕动的作用，因而食李能促进消化，增加食欲，为胃酸缺乏、食后饱胀、大便秘结者的食疗良品。

产季：3～9月。

鸭梨

鸭梨味甘微酸、性凉，入肺、胃经。明代李时珍《本草纲目》载：“梨，生者清六腑之热，熟者滋五脏之阴。”近代医界常用梨汤水治疗肺炎、呼吸道疾病、肺心病、高血压等症，疗效显著。梨还可以加工为罐头、梨脯、梨酒等高级食品和饮料。

产季：7～9月。

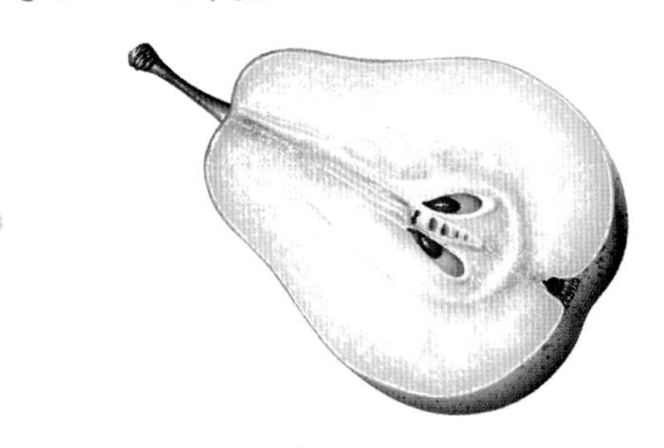

柠檬

柠檬性平味甘酸，具有清热化痰、止咳消肿、生津润喉、健脾开胃等功效。柠檬中富含维生素C、碳水化合物、钙、磷、铁、维生素B_1、维生素B_2，柠檬酸等物质能够抗菌消炎、淡化色斑、延缓衰老。

产季：全年。

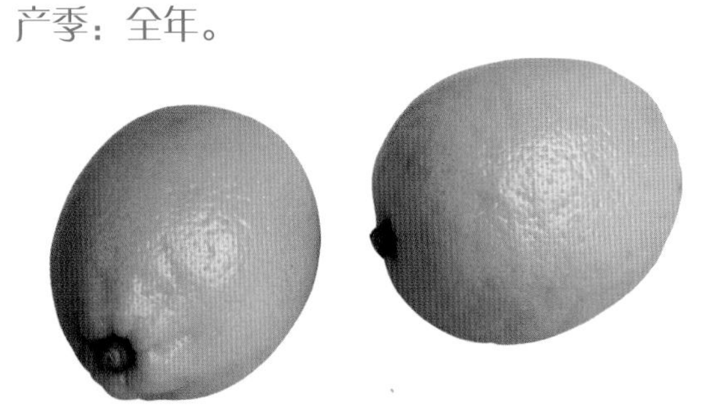

雪梨

雪梨性平味甘酸，具有抗氧化、美容养颜的功效。雪梨富含多种维生素、多种矿质元素、食用植物纤维，其脂肪中不饱和脂肪酸含量高达80%，为高能低糖水果，有降低胆固醇和血脂，保护心血管和肝脏系统等重要生理功能。

产季：6～9月。

樱桃

樱桃性温味甘酸，具健脾开胃、滋养肝肾、调中养颜的功效。樱桃所含蛋白质、碳水化

合物、磷、胡萝卜素、维生素C等均比苹果、梨高，尤其含铁量高，有助于肾脏排毒，预防贫血和癌症。常用樱桃汁涂擦面部及皱纹处，能使面部皮肤红润嫩白，去皱消斑。

产季：5～10月。

香瓜

香瓜性寒味甘，具有清热消暑、生津解渴、安神除烦的功效。香瓜中的转化酶可将不溶性蛋白质转变成可溶性蛋白质，能帮助肾脏病人吸收营养。香瓜所含的苹果酸、葡萄糖、氨基酸、甜菜茄、维生素C等丰富营养，对感染性高热、口渴等都具有很好的疗效。

产季：5～10月。

柚子

柚子性寒味甘酸，有止咳平喘、清热化痰、健脾消食、解酒除烦、调节心情的作用。柚

子含有生理活性物质皮甙，对预防如脑血栓、中风等心血管疾病有很好作用。鲜柚肉含有类似胰岛素的成分，有降血糖、降血脂、减肥、美肤养容等功效。柚子中的叶酸可以预防孕妇贫血和促进胎儿发育。

产季：8 ~ 10月。

桑葚

桑葚性微寒，味甘酸，为养心益智、补肝益肾、生津润肠、乌发明目、止渴消毒的佳果，对于阴血不足而致的头晕目眩、耳鸣心悸、烦躁失眠、腰膝酸软、须发早白、消渴口干、大便干结等症有很好的疗效。常吃桑葚能显著提高人体免疫力，具有延缓衰老，美容养颜的功效，因而又被称为“民间圣果”。

产季：4 ~ 6月。

杧果

芒果性温味甘酸，具有益胃止呕、解渴利尿、清热生津的功效。芒果中的维生素 A 含量居水果之首，有保护视力、防癌抗癌、防止动脉硬化及高血压的作用。因其果肉细腻，风味独特，深受人们喜爱，所以素有“热带果王”之称。

产季：全年。

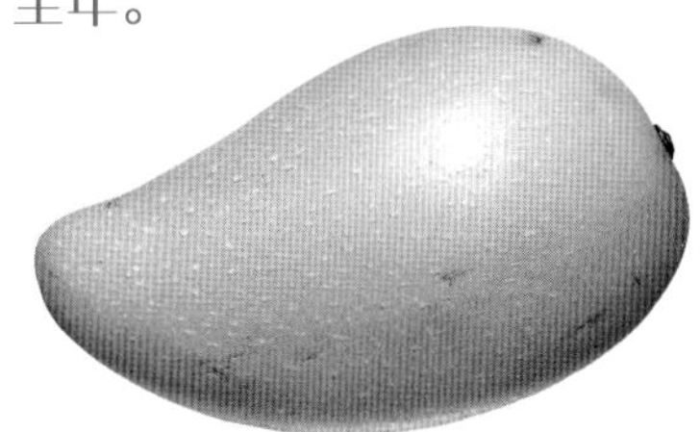

阳桃

阳桃性寒味甘酸，具有清热解毒、生津润肺、利尿消肿的作用。阳桃对于口疮、慢性头痛、跌打伤肿痛的治疗有很好的功效。阳桃所含的有机酸能够提高胃液酸度，有促进食物消化的作用，另外，阳桃对于疟虫有抗生作用。

产季：全年。

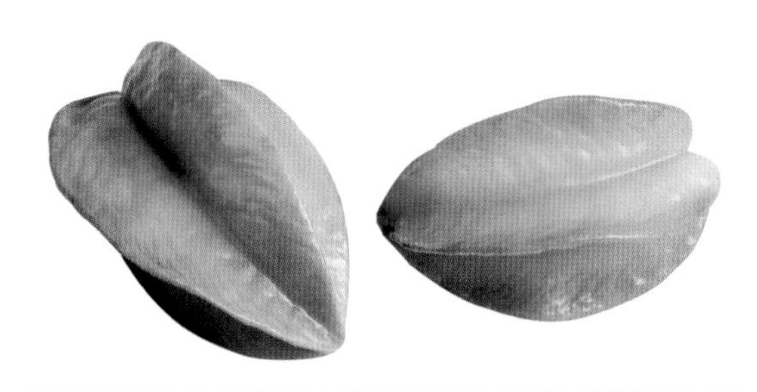

柿子

柿子性寒味甘涩，具有清热润肺、止咳降压的作用。柿子含有丰富的蔗糖、葡萄糖、果糖、蛋白质、胡萝卜素、维生素 C 等物质，有清热去燥、润肺化痰、软坚、止渴生津、健脾、治痢、止血等功能，可以缓解大便干结、痔疮疼痛或出血、干咳、喉痛、高血压等症。女性多吃柿子能够预防乳房肿块。

产季：9 ~ 10月。

乌梅

乌梅又被称为酸梅、黄仔、合汉梅、干枝梅，据现代研究表明，乌梅含钾多而含钠较少，因此，需要长期服用排钾性利尿药者比较适合食用乌梅；乌梅中含有的儿茶酸能够促进肠蠕动，所以比较适合便秘的人食用。乌梅含有多种有机酸，具有改善肝脏机能的作用，所以肝病患者比较适合食用。乌梅中

的梅酸可以软化血管，推迟血管硬化，具有防老抗衰的作用。

产季：5～6月。

杏子

杏是中国北方的主要栽培果树品种之一，其果实又名甜梅、吧嗒杏，杏果和杏仁都含有丰富的营养物质。杏果色泽鲜艳、果肉多汁、风味甜美、酸甜适口、营养丰富，含有多种有机成分和人体必需的维生素及无机盐类，是一种营养价值较高的水果。杏肉在中草药中居重要地位，能够生津止渴，促消化，润肺化痰，清热解毒，可以用来治疗风寒肺病。

产季：5～6月。

山楂

山楂中含有多种维生素、山楂酸、柠檬酸、酒石酸以及苹果酸等，还含有黄酮类、内酯、碳水化合物、蛋白质、脂肪以及钙、磷、铁等矿物质，其所含的解脂酶可以促进胃液分泌和增加胃内酶素等功能，从而加速人体对脂肪类食物的消化。中医认为，山楂具有消积化滞、收敛止痢、活血化瘀等功效。可以用来治疗饮食积滞、胸膈脾满、疝气以及血瘀闭经等症。

产季：9～10月。

荸荠

荸荠具有清肺热，又富含黏液质，有生津润肺、化痰利肠、通淋利尿、消痈解毒、凉血化湿、消食除胀的功效。儿童和发烧病人最宜食用，咳嗽多痰、咽干喉痛、消化不良、大小便不利、癌症患者也可多食；对于高血压、便秘、糖尿病尿多者、小便淋沥涩通者、尿路感染患者均有一定功效，而且还可预防流脑及流感的传播。

产季：10月至次年2月。

桂圆

桂圆味甘性平，能补脾益胃，补心长智，养血安神。桂圆含葡萄糖、蔗糖、蛋白质、脂肪、维生素B、维生素C，磷、钙、铁、酒石酸、腺嘌呤、胆碱等成分，对于脾胃虚弱、食欲缺乏、气血不足、体虚乏力、心脾血虚、失眠健忘、惊悸不安有很好效果。

产季：7～8月。

大枣

大枣味甘性温，含有多种生物活性物质，如大枣多糖、黄酮类、皂苷类、三萜类、生物碱类等，对人体有多种保健治病功效。大枣中丰富的维生素C有很强的抗氧化活性及促进胶原蛋白合成的作用，可参与组织细胞的氧化还原反应，与体内多种物质的代谢有关，充足的维生素C能够促进生长发育、增强体力、减轻疲劳。大枣多糖是大枣中重要的活性物质，其有明显的补体活性和促进淋巴细胞增殖作用，可提高机体免疫力。

产季：7～9月。

莲雾

莲雾味甘，性平。这种果实当中富含蛋白质、膳食纤维、糖类、维生素B、维生素C等，带有特殊的香味，是天然的解热剂。由于含有许多水分，在食疗上有解热、利尿、宁心安神的作用。可以用来泻火解毒、燥湿止痒。对于口舌生疮、鹅口疮、疮疡湿烂、阴痒等症具有一定的疗效。

产季：5 ~ 9月。

山竹

山竹性寒味甘酸，山竹含有一种特殊物质，具有降燥、清凉解热的作用，这使山竹能克榴梿之燥热。在泰国，人们将榴梿、山竹视为“夫妻果”。如果吃了过多榴梿上了火，吃几个山竹就能缓解。山竹含有丰富的蛋白质和脂类，对机体有很好的补养作用，对体弱、营养不良、病后都有很好的调养作用。山竹不但具备抗氧化能力，也有助增进免疫系统健康，令人身心舒畅。

产季：全年。

猕猴桃

猕猴桃性寒味甘酸，富含膳食纤维，能清热生津、健脾止泻、止渴利尿、润肠通便，排除毒素，降低胆固醇，改善尿路结石。猕猴桃富含维生素 C，具有很强的抗氧化、抗衰老作用。

产季：8 ~ 10月。

火龙果

火龙果性平味甘，有预防便秘、保护眼睛、预防贫血、降低胆固醇、美白皮肤、淡化色斑的功效。火龙果中富含植物蛋白，能起到解毒作用；所含花青素，具有抗氧化、抗自由基、抗衰老的作用，还具有抑制脑细胞变性，预防痴呆症的作用。火龙果水溶性膳食纤维含量非常丰富，因此还具有减肥、降低胆固醇、润肠、预防大肠癌等功效。

产季：6 ~ 12月。

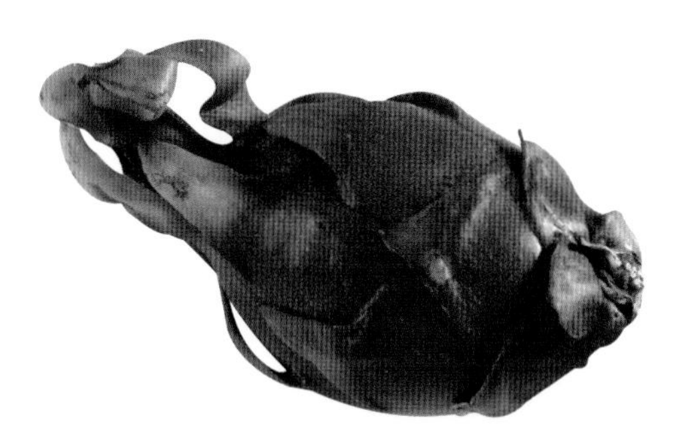

哈密瓜

哈密瓜性寒味甘，具有利便、止渴、除烦热、防暑气等作用。哈密瓜含蛋白质、膳食纤维、胡萝卜素、果胶、碳水化合物、维生素 A、维生素 B、维生素 C、磷、钠、钾等，可治发烧、中暑、口渴、尿路感染、口鼻生疮等症状并且有清凉消暑、除烦热、生津止渴的作用，同时哈密瓜对人体造血机能有显著的促进作用，可以用来作为贫血的食疗之品。另外，哈密瓜能够增强细胞抗晒能力，减少皮肤黑色素形成。

产季：全年。

水蜜桃

水蜜桃性温味甘，肉甜汁多，含丰富铁质，能增加人体血红蛋白数量，蜜桃还能够滋阴

补血，增加皮肤弹性，使皮肤细嫩光滑。此外，桃仁有活血化瘀、平喘止咳的作用。

产季：4～9月。

葡萄柚

葡萄柚性寒味甜，略冲鼻，清新，能够滋养组织细胞，增加体力，舒缓支气管炎，利尿，改善肥胖，水肿及淋巴结系统之疾病，抗感染。治疗毛孔粗大，调理油腻不洁皮肤。振奋精神，舒缓压力，催眠。抗沮丧、抗菌、开胃、利尿、消毒，使病理现象消散。深层净化油性暗疮和充血的皮肤，促进毛发生长，紧实皮肤和组织。

产季：8～12月。

无花果

无花果又名天生子、文仙果、蜜果、奶浆果等，为桑科植物。味甘，性平。能补脾益胃，润肺利咽，润肠通便。无花果含有苹果酸、柠檬酸、脂肪酶、蛋白酶、水解酶等，能帮助人体对食物的消化，促进食欲，又因其含有多种脂类，故具有润肠通便的效果。无花果所含的脂肪酶、水解酶等有降低血脂和分解血脂的功能，可减少脂肪在血管内的沉积，进而起到降血压、预防冠心病的作用。

产季：8～11月。

圣女果

圣女果，味甘，性平。在国外又有“小金果”“爱情之果”之称。它既是蔬菜又是水果，圣女果中含有谷胱甘肽和番茄红素等特殊物质。可促进人体的生长发育，增加人体抵抗力，延缓衰老。另外，番茄红素可保护人体不受香烟和汽车废气中致癌毒素的侵害，并可提高人体的防晒功能。对于防癌、抗癌，特别是前列腺癌，可以起到有效的治疗和预防。

产季：5～7月。

番茄

番茄性微寒味甘酸，具有生津止渴、健胃消食、凉血平肝、清热解毒的功效。番茄富含维生素A、维生素C、维生素B_1、维生素B_2、胡萝卜素和多种矿物质，具有美白祛斑的功效，还含有蛋白质、碳水化合物、有机酸、纤维素等，能够降低血压。

产季：全年。

生菜

生菜，凉性，味清凉而甘甜。生菜是最适合生吃的蔬菜。生菜含有丰富的营养成分，其纤维和维生素C比白菜多，有消除多余脂肪的作用。生菜除生吃、清炒外，还能与蒜蓉、蚝油、豆腐、菌菇同炒，不同的搭配，生菜所发挥的功效是不一样的。

产季：全年。

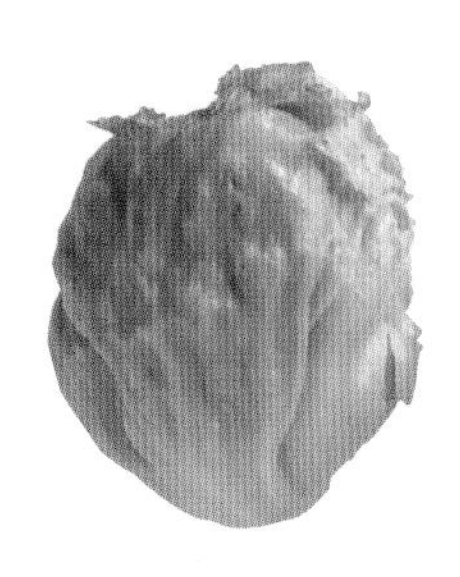
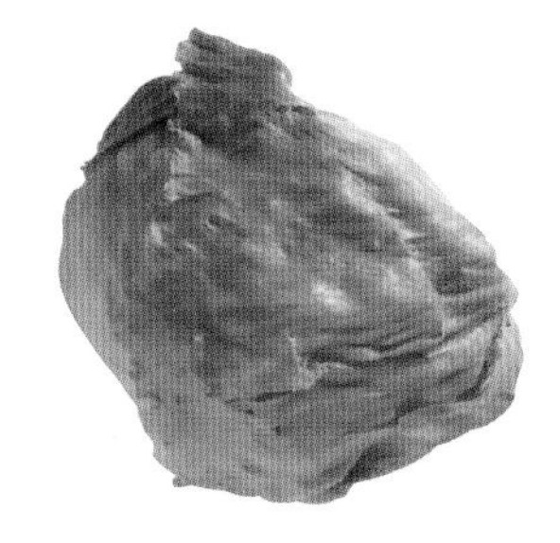

油菜

油菜性凉，味甘。油菜中含有丰富的钙、铁和维生素 C，胡萝卜素也很丰富，是人体黏膜及上皮组织维持生长的重要营养源，对于抵御皮肤过度角化大有裨益。爱美人士不妨多摄入一些油菜，一定会收到意想不到的美容效果。油菜还有促进血液循环、散血消肿的作用。孕妇产后瘀血腹痛、丹毒、肿痛脓疮可通过食用油菜来辅助治疗。美国国立癌症研究所发现，十字花科蔬菜如油菜可降低胰腺癌发病的危险。

产季：全年。

茄子

茄子味甘、性凉，入脾、胃、大肠经。茄子是少有的紫色蔬菜，营养价值也是独一无二。它含多种维生素以及钙、磷、铁等矿物质元素。特别是茄子皮中含较多的维生素 P，其主要成分是芸香苷及儿茶素、橙皮苷等。常吃茄子（连皮）对防治高血压、动脉硬化、脑血栓、老年斑等有一定功效。

产季：全年。

香菜

传统中医认为，香菜性温味甘，能健胃消食，发汗透疹，利尿通便，祛风解毒。香菜营养丰富，内含维生素 C、胡萝卜素、维生素 B_1、维生素 B_2 等，同时还含有丰富的矿物质，如钙、铁、磷、镁等。香菜内还含有苹果酸钾等。香菜中含的维生素 C 的量比普通蔬菜高得多，一般人食用 7 ~ 10 克香菜叶就能满足人体对维生素 C 的需求量。

产季：4 ~ 11 月。

黄瓜

黄瓜性凉味甘，能够清热利水，解毒消肿，生津止渴，预防糖尿病和心血管疾病。黄瓜中含有丰富的维生素 E，可起到延年益寿、抗衰老的作用；黄瓜中的黄瓜酶，有很强的生物活性，能有效地促进机体的新陈代谢。用黄瓜捣汁涂擦皮肤，有润肤、舒展皱纹的功效。黄瓜含有维生素 B_1，对改善大脑和神经系统功能有利，能安神定志，辅助治疗失眠症。

产季：全年。

芹菜

芹菜性凉味甘，清热除烦，平肝，利水消肿，凉血止血。芹菜富含矿物质、维生素和膳食纤维，能够增进食欲、健脑、改善肤色和发质，并且增强骨骼，对于高血压、头痛、头晕、水肿、小便热涩不利，妇女月经不调，赤白带等病症也有显著疗效。

产季：全年。

西芹

西芹性凉味甘，含有芳香油、多种维生素及多种游离氨基酸等物质，有促进食欲、降低血压、健脑、清肠利便、解毒消肿、促进血液循环等功效。实验表明，西芹有明显的降压作用，其持续时间随食量增加而延长，并且还有镇惊和抗惊厥的功效。

产季：全年。

西蓝花

西蓝花性凉、味甘。营养丰富，含有蛋白质、脂肪、磷、铁、胡萝卜素、维生素B_1、维生素B_2、维生素C、维生素A等，尤以维生素C丰富，每100克含88毫克，仅次于辣椒，是蔬菜中维生素C含量最高的之一。其质地细嫩，味甘鲜美，容易消化，对保护血液有益。儿童食用有利于健康成长。

产季：10月至次年3月。

白菜

白菜性微寒味甘，有清热去烦、养胃生津、通肠温胃、解毒的功效，也可防治感冒和发热咳嗽。白菜含有丰富的维生素C、维生素E，有护肤和养颜的作用，白菜中的粗纤维，能起到润肠，促进排毒，刺激肠胃蠕动，促进大便排泄，帮助消化的作用，同时，对预防肠癌有良好作用。

产季：全年。

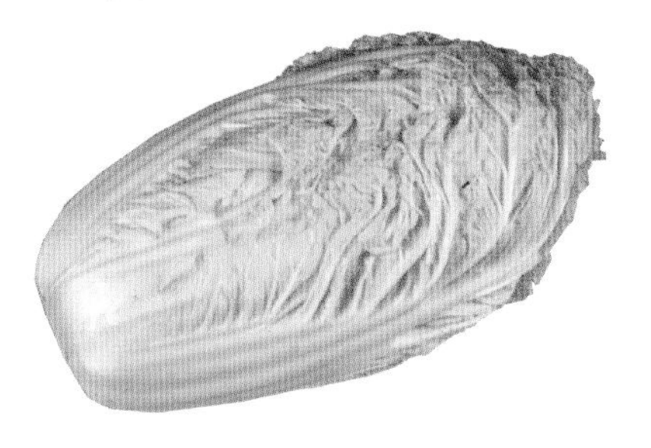

苦瓜

苦瓜性寒味苦，具有清热消暑、养血益气、补肾健脾、滋肝明目的功效。苦瓜的维生素C含量很高，具有预防坏血病、保护细胞膜、防止动脉粥样硬化、提高机体应激能力、保护心脏等作用。苦瓜所含的皂苷，具有降血糖、降血脂、抗肿瘤、预防骨质疏松、调节内分泌、抗氧化、抗菌以及提高人体免疫力等药用和保健功能。

产季：5～10月。

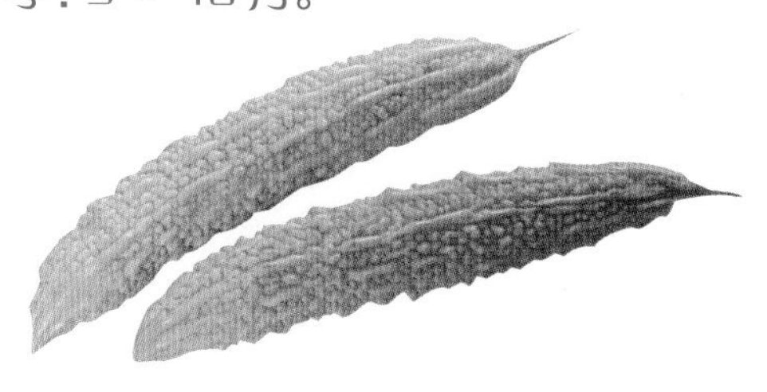

山药

山药性平味甘，具有固肾益精、聪耳明目、强健筋骨、延年益寿、改善产后少乳的功效。山药含有黏液蛋白，有降低血糖的作用，可用于治疗糖尿病，是糖尿病人的食疗佳品。

产季：11月至次年1月。

红薯

红薯味甘，性平。《本草纲目》、《本草纲目拾遗》等古代文献记载，红薯有“补虚乏，益气力，健脾胃，强肾阴”的功效，使人“长寿少疾”。还能补中、和血、暖胃、肥五脏等。当代《中华本草》说其：“味甘，性平。归脾、肾经。”“补中和血、益气生津、宽肠胃、通便秘。主治脾虚水肿、疮疡肿毒、肠燥便秘。”

产季：1～4月。

花生

花生味甘，微苦、性平。花生是一种高营养的食品，里面含有蛋白质25%～36%，脂肪含量可达40%，花生中还含有丰富的维生素B_2、维生素PP、维生素A、维生素D、维生素E，钙和铁等。花生是100多种食品的重要原料。它除可以榨油外，还可以炒、炸、煮食，制成花生酥，以及各种糖果、糕点等。因为花生烘烧过程中有二氧化碳、香草醛、氨、硫化氢以及一些其他醛类挥发出来，构成花生果仁特殊的香气。

产季：8～9月。

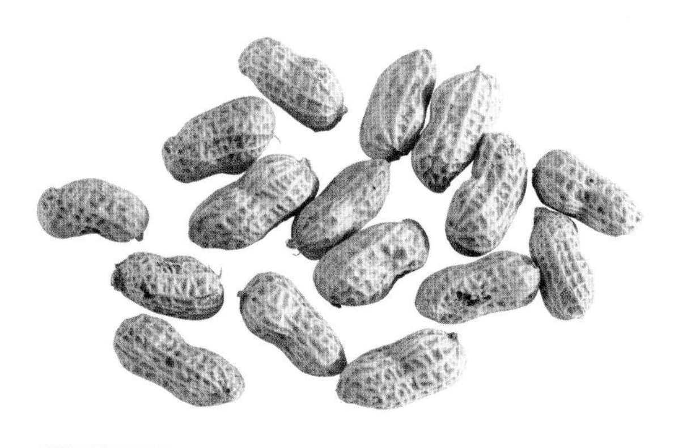

黑豆

黑豆性味甘平、无毒。有活血、利水、祛风、清热解毒、滋养健血、补虚乌发的功能。《本草纲目》说："能治水、消胀、下气、制风热而活血解毒。"研究表明，黑豆中的异黄酮是一种植物性雌激素，能有效抑制乳腺癌、前列腺癌和结肠癌，对防治中老年骨质疏松也很有帮助。在豆皮和豆渣中含有纤维素、半纤维素等物质，具有预防便秘和增强胃肠功能作用。

产季：12月至次年3月。

土豆

土豆味甘，性平。土豆含有大量碳水化合物，同时含有蛋白质、矿物质（磷、钙等）、维生素等。可以做主食，也可以作为蔬菜食用，或做辅助食品如薯条、薯片等，也用来制作淀粉、粉丝等。土豆所含的膳食纤维是植物细胞的坚韧壁层，吃进人体后，不被吸收，也不提供热量，但因在新陈代谢中的作用不可或缺，所以继碳水化合物、蛋白质、脂肪、水、矿物质和维生素之后，被列为"第7类营养素"。

产季：全年。

芦荟

芦荟性寒味苦，明目清心、润肠通便、抗菌杀菌、修复皮肤组织损害。芦荟多糖和所含维生素有消炎杀菌、清热消肿、软化皮肤、保持细胞活力的功能。芦荟中的异柠檬酸钙等具有强心、促进血液循环、软化硬化动脉、降低胆固醇含量、扩张毛细血管的作用。

产季：全年。

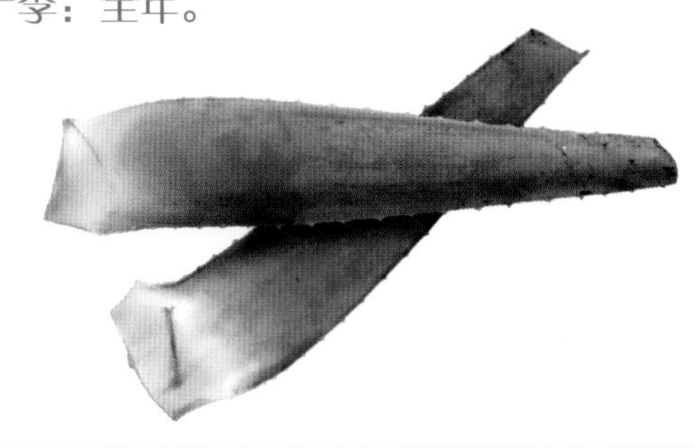

菠菜

菠菜性凉味甘，具有止血养血、滋阴润燥的作用。菠菜中含有丰富的胡萝卜素、维生素C、钙、磷及铁、维生素E等成分，能促进人体新陈代谢，降低中风的发病率。菠菜中所含铁质，对缺铁性贫血有较好的辅助治疗作用，常吃能够使面色红润。

产季：全年。

甜椒

甜椒性平味甘，含有丰富的蛋白质、钙、铁及维生素C、维生素B及胡萝卜素，有抗氧化的功效。常吃甜椒对于牙龈出血、眼睛视网膜出血、免疫力低下者，以及糖尿病患者有利。

产季：全年。

芝麻

芝麻味甘、性平，芝麻可提供人体所需维生素E、维生素B_1、钙质，特别是它的亚麻仁油酸成分，可去除附在血管壁上的胆固醇，食用前将芝麻磨成粉，或是直接购买芝

麻糊以充分吸收这些营养素。常吃芝麻，可使皮肤保持柔嫩、细致和光滑。有习惯性便秘的人，肠内存留的毒素会伤害人的肝脏，也会造成皮肤粗糙。芝麻能滑肠治疗便秘，并具有滋润皮肤的作用。

产季：9 ~ 10月。

莲藕

莲藕性寒味甘，有清热凉血、解渴生津、止血健胃、抗氧化的功效。富含铁、钙等微量元素，植物蛋白质、维生素以及淀粉含量也很丰富，有明显的补益气血，增强人体免疫力的作用。女性常吃莲藕能够改善月经不调、白带过多的症状。

产季：6 ~ 11月。

玉米

玉米性平味甘，富含膳食纤维，对于治疗便秘、肠炎有辅助作用。玉米中所含的叶黄素和玉米黄质具有抗氧化作用，对于保护眼睛、预防白内障有显著作用。玉米中所含的维生素E有促进细胞分裂、延缓衰老、降低血清胆固醇、防止皮肤病变的功能，还能减轻动脉硬化和脑功能衰退。

产季：7 ~ 10月。

南瓜

南瓜性温味甘，南瓜中含有南瓜多糖、氨基酸及多种微量元素等，能提高机体免疫力，促进骨骼发育；南瓜中所含的矿物元素有利于预防骨质疏松和高血压；南瓜中的脂类物质对于前列腺炎有预防作用；其所含的胡萝卜素有增强视力、改善肤质、防止感冒的功效。

产季：7 ~ 9月。

冬瓜

冬瓜性微寒，味甘淡。冬瓜肉及瓤有利尿、清热、化痰、解渴等功效，亦可治疗水肿、痰喘、暑热、痔疮等症。冬瓜如带皮煮汤喝，可达到消肿利尿、清热解暑的作用；冬瓜含有的丙醇二酸，对防止人体发胖、增进健美具有重要作用。

产季：全年。

芥蓝

芥蓝味甘，性辛，有利水化痰、解毒祛风的功效。芥蓝中含有有机碱，这使它带有一定的苦味，能刺激人的味觉神经，增进食欲，还可加快胃肠蠕动，有助消化。芥蓝中另一种独特的苦味成分是奎宁，能抑制过度兴奋的体温中枢，起到消暑解热作用。它还含有大量膳食纤维，能防止便秘，也有降低胆固醇、软化血管、预防心脏病等功效。

产季：全年。

花菜

花菜性凉味甘，是很普通的一种蔬菜，本身无多大味道，所以烹饪时常加荤菜或大蒜等调味品提味。但从养生角度看，它却是难得的食疗佳品，有强肾壮骨、补脑填髓、健脾养胃、清肺润喉作用。它所含的多种维生素、纤维素、胡萝卜素、微量元素硒都对抗癌、防癌有益。

产季：10～12月。

洋葱

洋葱性温，味辛甘。有祛痰、利尿、健胃润肠、解毒杀虫等功能。可治肠炎、虫积腹痛、赤白带下等病症。洋葱所含前列腺素A，具有明显降压作用；所含甲苯磺丁脲类似物质有一定降血糖功效，能抑制高脂肪饮食引起的血脂升高，可防止和治疗动脉硬化症。洋葱提取物还具有杀菌作用，可提高胃肠道张力、增加消化道分泌作用。洋葱中有一种肽物质，可减少癌的发生率。

产季：5～6月。

生姜

生姜性味辛辣，有温暖、兴奋、发汗、止呕、解毒、温肺止咳等作用，特别对于鱼蟹毒，半夏、天南星等药物中毒有解毒作用。适用于外感风寒、头痛、痰饮、咳嗽、胃寒呕吐；在遭受冰雪、水湿、寒冷侵袭后，速以姜汤饮之，可增进血行，驱散寒邪。

产季：全年。

甜菜

甜菜俗称红甜菜。根和叶为紫红色，因此也称火焰菜。块根可食用。类似大萝卜，生吃略甜，可作为配菜点缀在凉拌菜中，或作为雕刻菜的原料，颜色非常鲜艳；也可做汤类菜。甜菜能够预防甲状腺肿大，还可以软化血管和阻止血管中形成血栓，并且能够治疗贫血和痛风。

产季：9～10月。

莴苣

莴苣味甘，性凉、苦，入肠、胃经。莴苣味道清新且略带苦味，可刺激消化酶分泌，增进食欲。其乳状浆液，可增强胃液、消化腺的分泌和胆汁的分泌，从而促进各消化器官的功能。莴苣含钾量大大高于含钠量，有利于体内的水电解质平衡，促进排尿和乳汁的分泌。莴苣的热水提取物对某些癌细胞有很高的抑制率，故又可用来防癌抗癌。

产季：3～5月，10～11月。

芦笋

芦笋性凉，味平，以嫩茎供食用，质地鲜嫩，风味鲜美，柔嫩可口。除了能佐餐、增食欲、助消化、补充维生素和矿物质外，因含有较多的天门冬酰胺、天门冬氨酸及其他多种苷物质，对心血管病、水肿、膀胱等疾病均有疗效。门冬酰胺酶是治疗白血病的

药物。经常食用芦笋对心脏病、高血压、心率过速、疲劳症、水肿、膀胱炎、排尿困难等病症有一定的疗效。同时芦笋对心血管病、血管硬化、肾炎、胆结石、肝功能障碍和肥胖均有益。

产季：全年。

小白菜

小白菜性平，味甘。可治疗肺热咳嗽、便秘、丹毒、漆疮等疾病。小白菜富含维生素A、维生素C、B族维生素、钾、硒等，小白菜有利于预防心血管疾病，降低患癌症危险性，并能通肠利胃，促进肠管蠕动，保持大便通畅。还能健脾利尿，促进吸收，而且有助于荨麻疹的消退。小白菜含维生素 B_1、维生素 B_6、泛酸等，具有缓解精神紧张的功能。考试前多吃小白菜，有助于保持平静的心态。

产季：全年。

圆白菜

圆白菜性平味甘，可补骨髓、润脏腑、益心力、壮筋骨、利脏器、祛结气、清热止痛。圆白菜所含的果胶和维生素能清除人体过多的脂肪，有很好的减肥作用。圆白菜还富含叶酸，孕妇、贫血患者应多吃。

产季：全年。

紫甘蓝

紫甘蓝性凉味甘，富含维生素C，维生素E和B族维生素的含量也较多，能够起到抗氧化作用，有助于细胞的更新，增强人体活力。紫甘蓝含有大量的膳食纤维，能促进肠道蠕动，降低胆固醇，所含的铁元素能够帮助消耗体内脂肪，帮助瘦身塑身。紫甘蓝所含的硫元素对于维护皮肤健康十分有益。

产季：全年。

胡萝卜

胡萝卜性温味甘，能够健脾消食、补肝明目、清热解毒、降气止咳。胡萝卜含有大量胡萝卜素，有补肝明目的作用，可治疗夜盲症；胡萝卜素转变成维生素A，有助于增强机体的免疫功能，在预防上皮细胞癌变的过程中具有重要作用。胡萝卜中的木质素也能提高机体免疫机制，间接消灭癌细胞；所含的胡萝卜素可滋润皮肤、消除色素沉着、减少脸部皱纹。

产季：10 ~ 11月。

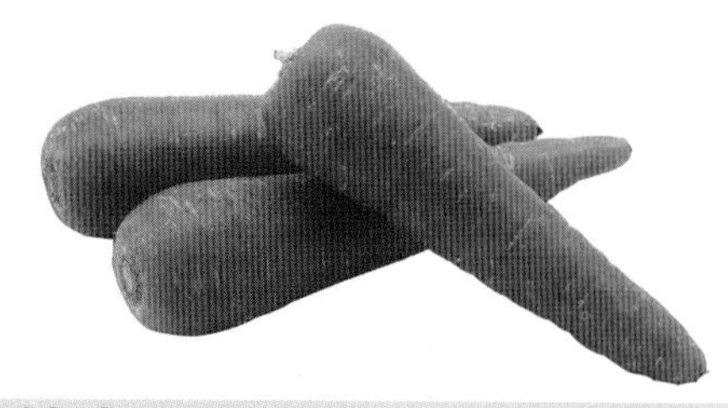

白萝卜

白萝卜性凉味甘辛，具有通气导滞、宽胸舒膈、健胃消食、止咳化痰、除燥生津、解毒散瘀、利尿止渴、消脂减肥的功效。其所含的维生素C和微量元素锌，有助于增强机体的免疫功能，提高抗病能力。此外，萝卜所含的多种酶能分解致癌的亚硝酸胺，具有防癌作用。

产季：7 ~ 10月。

>> 第二章

自制蔬果汁，喝得更健康

第1节 蔬果，纯天然的保健良药

天然蔬果才是保健良药

水果、蔬菜中含有各种丰富的营养成分，许多健康组织正大力推行“每日五蔬果”的倡议。现在就让我们看看蔬果中到底包含了哪些有益健康的成分，使其成为每日必吃的食物。

维生素

蔬菜、水果中含有丰富的维生素，特别是维生素A和维生素C。维生素A可参与糖蛋白的合成，这对于上皮组织的正常形成、发育与维持十分重要。当身体缺乏维生素A时，成骨细胞与破骨细胞间平衡被破坏，或由于成骨活动增强而使骨质过度增殖，或使已形成的骨质不吸收。因此，维生素A能够维持骨骼正常生长发育。维生素A有助于细胞增殖与生长。水果中富含维生素A的有梨、苹果、枇杷、樱桃、香蕉、桂圆、杏子、荔枝、西瓜、甜瓜；蔬菜中富含维生素A的有大白菜、荠菜、番茄、茄子、南瓜、黄瓜、菠菜等。

维生素C的主要作用是增强机体对外界环境的抗应激能力和免疫力，预防癌症、心脏病、中风，保护牙齿和牙龈等；维生素C还能促进骨胶原的生物合成，促进组织创伤口的愈合，延长机体寿命；另外，坚持按时服用维生素C还可以使皮肤黑色素沉着减少，从而减少黑斑和雀斑，使皮肤白皙。富含维生素C的食物有花菜、青辣椒、橙子、葡萄汁、番茄等。

纤维质

纤维质能促进肠胃蠕动，帮助消化，有效治疗便秘，还能抑制脂肪的吸收，减少热量囤积，对预防肥胖、心脏病及糖尿病等都很有帮助。要想补充纤维质，就要从日常的蔬菜和水果着手。高纤维类的蔬菜有芹菜、香菇、海带、竹笋、空心菜、甘蓝菜、胡萝卜、海藻类等。高纤维类的水果有梨子、桃子、柳丁、橘子、猕猴桃、圣女果、葡萄柚、木瓜等。

矿物质

人体必需的矿物质有钙、磷、钾、钠、氯等需要量较多的宏量元素，铁、锌、铜、锰、钴、钼、硒、碘、铬等需要量少的微量元素。各种矿物质在人体新陈代谢过程中，每天都有一定量随各种途径，如粪、尿、汗、头发、指甲、皮肤及黏膜的脱落排出体外。因此，必须通过饮食补充。

蔬菜水果大都含有镁、钾等元素。镁增强骨骼和牙齿强度，有助于肌肉放松从而促进肌肉的健康，对于治疗经前综合征、保护心脏和神经系统健康是很重要的。镁的最佳食物来源有杏仁、花生、核桃、菠菜、油菜、香蕉、葡萄等。钾可将营养素转入细胞，并将代谢物运出细胞；促进神经和肌肉的健康，维持体液平衡，放松肌肉，有助于胰岛素的分泌以及调节血糖、持续产生能量；参与新陈代谢，维护心脏功能，刺激肠道蠕动以及排出代谢废物。钾的最佳食物来源有芹菜、小黄瓜、萝卜、白色菜花、南瓜、蜂蜜等。

抗氧化物

抗氧化物能够消除过多的氧化自由基，对于许多自由基引起的疾病及与老化相关的疾病都能够起到预防作用，例如常见的癌症、动脉硬化、糖尿病、白内障、心血管病、老年痴呆、关节炎等，这些疾病都被认为与自由基相关。我们应当摄取足够的抗氧化剂，延缓身体退化速度，防止肌肤衰老。

抗氧化剂能在自然饮食中找到，是被称为三大抗氧化物质的维生素C、维生素E和β-胡萝卜素。蔬果中的洋葱、番茄、大蒜、苹果、葡萄、蔓越莓都含有维生素C、维生素E、茄红素、多酚、花青素等多种抗氧化物，它们可以消除对身体有害的自由基，避免细胞被氧化、引起癌症，甚至还可以延缓衰老及预防心血管疾病，对身体很有帮助。

探究蔬果的“四性”“五味”

“四性五味”是中医理论，是指不同的食物具有不同的性味，其中自然也包括蔬果。蔬果的性味指的就是食物的“寒、热、温、凉”四性，和“酸、苦、甘、辛、咸”五味。了解蔬果的四性、五味，对科学饮用蔬果汁具有重要意义。

蔬果的“四性”

寒凉性的蔬果：大多具有清热、泻火、消炎、解毒等作用，适用于夏季发热、汗多口渴或平时体质偏热的人，以及急性热病、发炎、热毒疮疡等。例如，西瓜能清热祛暑，除烦解渴，有“天生白虎汤”之美称；橙子具有行气化痰、健脾暖胃、帮助消化、增强食欲、解酒等功效，其他如梨、甘蔗、莲藕等，都有清热、生津、解渴的作用。

温热性的蔬果：大多具有温振阳气、驱散寒邪、驱虫、止痛、抗菌等作用，适用于秋冬寒凉季节肢凉、怕冷或体质偏寒的人，以及虫积、脘腹冷痛等病症。例如，生姜、葱白二味煎汤服之，能发散风寒，可治疗风寒感冒；香菜能健胃消食，发汗透疹，利尿通便，祛风解毒；韭菜能治肾虚腰疼。

平性的蔬果：大多能健脾、和胃，有调补作用，常用于脾胃不和、体力衰弱者。例如，苹果能润肠通便，为慢性便秘者的最佳食补方法；胡萝卜能健脾消食、补肝明目。

上述平性的蔬果，无偏盛之弊，食用时很少有禁忌。但寒凉与温热两种性质的蔬果，因其作用恰好相反，正常人亦不宜过多偏食。如舌红、口干的阴虚内热之人，忌温热性的蔬果；舌淡苔白、肢凉怕冷的阳气虚而偏寒的人，就应忌寒凉性的蔬果。

蔬果的温热寒凉属性也要因人、因时、因地而异，灵活运用，才能维持人体内部的阴阳平衡，维持生命的健康运转。因人而异来食补尤为重要，不同工作性质的人群食补方式也不一样。建筑工人等体力劳动者因为经常晒太阳，体内容易有热气，需要多进食寒凉蔬果以滋阴降火；而办公室一族因为有空调等设备调节室内气候，温度适宜，极少出汗，经常食用寒凉蔬果就可能伤身。

蔬果的“五味”

五味指的是“甘”“酸”“咸”“苦”“辛”五种味道，各对应人体的五脏，即肝、心、脾、肺、肾。五味蔬果虽各有好处，但食用过多或不当也有负面影响，要依据不同体质来食用。如辛味食得太多，而体质本属燥热的人，便会发生咽喉痛、长暗疮等情形。

酸味蔬果：具有收敛、固涩、安蛔等作用。例如，碧桃干（桃或山桃未成熟的果实）能收敛止汗，可以治疗自汗、盗汗；石榴能涩肠止泻，可以治疗慢性泄泻；乌梅有安蛔之功，可治疗胆管蛔虫症；草莓能润燥生津、利尿健脾、清热解酒。

苦味蔬果：具有清热、泻火等作用。例如，莲子心能清心泻火、安神，可治心火旺的失眠、烦躁之症。

甘味蔬果：具有调养滋补、缓解痉挛等作用。例如，大枣能补血、养心神，可治疗悲伤欲哭、脏燥之症；蜂蜜均为滋补之品，尤擅润肺、润肠。

辛味蔬果：具有发散风寒、行气止痛等作用。例如，葱姜善散风寒、治感冒；芫荽能诱发麻疹；胡椒能祛寒止痛；茴香能理气、治疝痛；橘皮能化痰、和胃；金橘能疏肝解郁等。

咸味蔬果：具有软坚散结、滋阴潜降等作用。例如，海带、紫菜，有温补肝肾、通便的功效。

其实，辛酸味也好，苦甘咸味也罢，只有适度食用才能滋养身体。五味过甚，就需要我们用身体内的中气来调和，这就是火气，“火”起来了自然要“水”来灭，也就是用人体内的津液去火，津液少了阴必亏，疾病便上门了。因此，吃任何东西都要有节制，不要因为个人喜好而多吃或不吃，要每种食物都吃一点，这样才能保证生命活动所需。

了解体质，吃对蔬果

在现实生活中，每个人都有各自的体质，而每种体质都有应该多吃和不宜多吃的蔬果，先确定自己的体质，再选择蔬果，才能达到最佳的保健效果。

在传统的中医理论中，体质分为四种：寒性、热性、虚性及实性，下面一一介绍。

虚性体质

虚性体质又分：气虚、血虚、阴虚、阳虚。

1. 气虚体质

是指身体脏腑功能衰退，元气不足，造成全身性虚弱症状。

气虚一般特征：

（1）脸色苍白；

（2）常觉得疲倦；

（3）呼吸急促；

（4）说话有气无力，并懒得说话；

（5）不喜欢活动或稍微运动就头晕；

（6）怕冷且容易感冒。

饮食小叮咛：多吃平性、温性的事物，烹调寒性、凉性蔬菜时可多加葱、姜及胡椒等辛温的调味品，或与鸡肉、牛肉、羊肉等温性热性肉类一起煮，以减轻寒性。还可以在汤中加入人参、黄芪、红枣等补气药材。

适宜蔬果：南瓜、洋葱、胡萝卜、圆白菜、甜椒、西蓝花、葡萄、木瓜、柠檬。

2. 血虚体质

是指血气不足，较常发生失血过多，长期营养不良，女性产后或者月经过后。

血虚一般特征：

（1）脸色苍白；

（2）头晕目眩；

（3）指甲及唇色淡白；

（4）血液循环差；

（5）容易健忘；

（6）心悸不安（要多吃蔬果，如菠菜、樱桃、苹果、葡萄、桑葚）。

饮食小叮咛：平素要吃营养丰富、性平偏温、具有健脾养胃作用的食物，还要注意多吃高铁、高蛋白、维生素C含量高的食物，忌食辛辣燥热的食物。

适宜蔬果：菠菜、花生、莲藕、黑木耳、鸡肉、猪肉、羊肉、海参、桑葚、葡萄、红枣、桂圆等。

3. 阴虚体质

通常为热病的恢复期，或由慢性病延日久而形成。

阴虚一般特征：

（1）体形消瘦；

（2）脸色常发红、发烫；

（3）时常感觉口渴；

（4）容易心烦发怒；

（5）舌头红、干咳少痰；

（6）小便短少、大便干硬。

饮食小叮咛：避免烧烤、油炸及辛辣等易伤阴的食物。

适宜蔬果：莴苣、菠菜、白萝卜、丝瓜、

小白菜、苹果、柳橙、莲雾、番茄、草莓、火龙果。

4. 阳虚体质

通常由气虚演变而成，除了有气虚的症状外，还有明显的怕冷症状，常见于体质虚弱，高龄，久病者。

阳虚一般特征：

（1）畏冷怕寒、脸色苍白；

（2）四肢冰冷、精神不振；

（3）腰膝酸软、尿多而清长。

饮食小叮咛：多吃平性、温性食物，有些属寒性、凉性的蔬菜在烹煮时可加入葱、胡椒等调料，或是和牛、羊肉一起烹煮。

适宜蔬果：胡萝卜、南瓜、洋葱、金橘、樱桃、酪梨、榴梿。

实性体质

身体强壮有抵抗力，能够较好地抵御病毒、细菌入侵。多出现在年轻人身上。

一般特征：

（1）身体强壮，肌肉壮硕，较少流汗；

（2）说话声音洪亮，中气十足；

（3）尿量少色黄，容易便秘；

（4）女性白带色黄腥臭。

饮食小叮咛：要多吃寒性、凉性的食物，以帮助代谢体内的毒素。

适宜蔬果：芹菜、芦笋、牛蒡、小黄瓜、菠菜、番茄、西瓜、椰子、哈密瓜、葡萄柚、猕猴桃。

寒性体质

通常表现为血液循环功能较差，多半发生在女性身上。

一般特征：

（1）怕冷，手脚冰凉，容易伤风感冒；

（2）喜食热食、热饮料；

（3）脸色唇色苍白，舌头带淡红色，舌苔较白；

（4）容易疲劳，说话行动有气无力；

（5）夏天进入冷气房会有寒冷的感觉；

（6）尿量多且颜色淡，女性生理周期延迟，行经天数长多血块。

饮食小叮咛：要多吃温性及热性的食物，可帮助身体变暖，活化身体机能。

适宜蔬果：姜、南瓜、洋葱。

热性体质

即俗称火气大，常发生在青少年、壮年男子身上。

一般特征：

（1）经常口干舌燥、容易口渴、有口臭、口苦；

（2）喜欢喝冷饮或吃冰冷的食物；

（3）怕热全身经常发热；

（4）尿量少而色黄，容易有便秘；

（5）舌头偏红，且有黄色的厚苔；

（6）烦躁不安，脾气较差；

（7）女性会出现生理周期较短的现象。

饮食小叮咛：不适合进补，要多吃寒性凉性的食物，才可达到清热降火的作用。

适宜蔬果：芹菜、芦笋、苦瓜、牛蒡、小黄瓜、菠菜、番茄、西瓜、香蕉、哈密瓜、葡萄柚、雪梨。

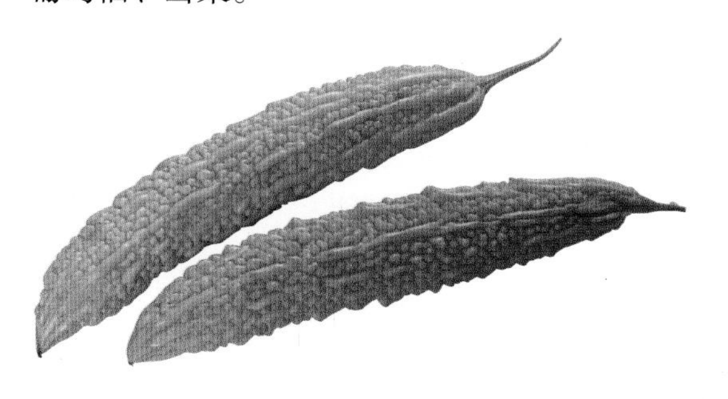

第2节

蔬果汁疗法，将营养轻松锁住

榨汁机的选择和使用

伴随蔬果汁的流行，各种类型、各种品牌的榨汁机如雨后春笋般不断涌现出来，选择一款适宜的榨汁机，是做好蔬果汁的前提。

榨汁机的种类

总的来说，榨汁机主要分为四大类：

（1）果汁搅拌器：这种机器可以用来把较软的水果打匀，并且搅拌成泥状，用途非常广，除了可以拿来打果汁，也可以用于居家烹调。

（2）功能单一的榨汁机：有单纯榨汁也有以食物粉碎为主要功能的，价格相对较低。因为有些蔬果的纤维成分较多，如甘蔗、胡萝卜等，因此这种榨汁机可以利用高效分离的作用，把果汁和残渣分开，更能完全、有效地帮助人体吸收蔬果养分。

（3）多功能果菜榨汁机：集果汁机、榨汁机、磨豆机和打豆浆机为一体，可以制作奶昔、碎果肉、搅拌，通过多刀头的组合，实现一般家庭所需的大多数功能。

（4）电动橙类专用机：用来压出水果汁液的机器，如橙子、葡萄柚等水果。

榨汁机的使用方法

买来榨汁机，首先要掌握它的使用方法和操作步骤，这样才能保障榨汁机用得更长久。

（1）将中机架竖直对准主机，放下，装配到位。

（2）将榨汁网底部对准电机轮按压下，两手用力要均匀，确认压到位，旋转几下看有无刮到机架。（提起则为拆开。）

（3）装入顶盖，并扣上安全扣。（扣安全扣时，请先将扣的上部扣上，再往下压，即可扣到位。拆时刚好相反，请先将扣的底部打开，即可打开安全扣。）

（4）试一下机，看工作是否正常，如噪音或震动偏大，可再装一次，将榨汁网换个方位压入会有好的效果。

榨汁机使用时不要直接用水冲洗主机，在没有装置杯子之前，请不要用手触动内置式开关，另外刀片部和杯子组合时要完全拧紧，否则，会出现漏水及杯子掉落等危险。

自制蔬果汁的要诀

1. 任何蔬果都能搭配使用吗？

像胡萝卜、南瓜、小黄瓜以及哈密瓜，这些蔬果当中含有一种会破坏维生素C的酵素，如果与其他蔬果相搭配的话，会使其他蔬果中的维生素C受到破坏。不过，由于此种酵素容易受热及酸的破坏，所以在自制新鲜蔬果汁时，可以加入像柠檬这类较酸的水果，来预防维生素C受到破坏。

2. 蔬果的外皮也可以用吗？

蔬果的外皮当中也含有营养成分，像苹

果皮当中具有纤维素，能够帮助肠蠕动，促进排便；葡萄皮则具有多酚类物质，可抗氧化，所以像苹果、葡萄可以保留外皮使用。当然，蔬果一定要清洗干净，以免虫卵和农药残留。

3. 怎样才能确保蔬果汁的养分不流失?

新鲜蔬果汁当中含有丰富的维生素，如果放置时间过久会由于光线以及温度的破坏，造成维生素效力和营养价值变低。因此蔬果汁要“现榨现喝”，才能发挥最大的效用，最迟也要在20分钟内喝完。

4. 怎样避免蔬果汁太凉伤身?

想要让蔬果汁不伤体质又能改变体质的话，在饮用的时候就要注意了。一是可加根茎类的蔬菜或者是加五谷粉、糙米一起打成汁，这样就能令蔬果汁不那么凉；二是各种蔬果的营养不同，所以各色蔬果都要吃，而不要偏食其中几种，否则仍会造成营养的不均衡。

5. 将蔬果打成汁的最好时机是什么?

在制作蔬果汁的时候，材料要选择新鲜的当令蔬果。冷冻蔬果由于放置时间过久，维生素的含量逐渐减少，对身体的益处也相对减少。此外，挑选有机产品或自己栽种的则更好，这样可以避免农药的污染。

6. 所有人都适合喝蔬果汁吗?

不是每个人都适合喝蔬果汁的，因为蔬菜中含有大量的钾离子，肾病患者因无法排出体内多余的钾，若喝蔬果汁可能会造成高血钾症；另外，糖尿病人需要长期控制血糖，并不是所有蔬果汁都能喝。

7. 蔬果汁应该怎样喝?

在喝蔬果汁的时候，一定要注意一口一口慢慢喝。新鲜的蔬果汁切忌豪迈地痛饮，要以品尝的心情逐口喝下，这样才容易令其完全在体内吸收，如果大口痛饮的话，蔬果汁的糖分便会很快进入到血液当中，使血糖迅速上升。

饭后2小时后喝，和吃水果的原理一样，因为水果比其他食物容易消化，所以为了不干扰正餐食物在肠胃中的消化，饭后2小时饮用较合适。

避免夜间睡前喝，因夜间摄取水分会增加肾脏的负担，身体容易出现水肿。

8. 饮蔬果汁有哪些不宜?

新鲜蔬果汁不宜加糖，否则会增加热量。

不宜加热。加热后的蔬果汁不仅会使水果的香气跑掉，更会使各类维生素遭受破坏。

不宜与牛奶同饮。牛奶含有丰富的蛋白质，而蔬果汁多为酸性，会使蛋白质在胃中凝结成块，吸收不了，从而降低了牛奶和蔬果汁的营养价值。

不宜用蔬果汁送服药物。否则蔬果汁中的果酸容易导致各种药物提前分解和溶化，不利于药物在小肠内吸收，影响药效。

溃疡、急慢性胃肠炎患者以及肾功能欠佳的人不宜喝蔬果汁。

提醒：蔬果汁要随榨随饮，否则空气中的氧会使其维生素C的含量迅速降低。另外，蔬果汁虽然营养好喝，但也要适可而止，每日饮用200毫升最为适宜。

掌握了这些要诀，制作蔬果汁和饮用蔬果汁的时候便可以更加科学、更加安全了，你还等什么呢?

蔬果榨汁的搭配原则

蔬菜和水果中都含有大量的水分和丰富的酶类，且蛋白质和脂肪含量很低。此外还含有一定量的碳水化合物、某些维生素（如维生素C、胡萝卜素等）、无机盐（钙、钾、钠、镁）和膳食纤维等。不仅如此，蔬菜和水果中还常含有各种有机酸、芳香物质、色素等成分。因此，蔬果汁的搭配至关重要，因为只有搭配合理才能让营养均衡，我们喝完之后才会获得健康。当然，在搭配蔬果之前，首先要了解蔬果的营养功效。

蔬菜的营养功效

蔬菜中含有丰富的维生素、糖类、膳食纤维等，其中植物激素在幼嫩芽的蔬菜中含量最为丰富。而且蔬菜不含脂肪，有少量的蛋白质。我们人体所需的维生素A和维生素C等，绝大部分都是由蔬菜提供的。

此外，蔬菜中还含有B族维生素，一些

绿色、黄色蔬菜中还含有丰富的胡萝卜素。

蔬菜根据品种和部位的不同，所含的营养成分也有所不同：

（1）叶菜类：白菜、菠菜、青菜等，主要含维生素 C、维生素 B_2、胡萝卜素以及铁、镁等微量元素。

（2）根茎类：萝卜、大蒜、莲藕、土豆等，主要含淀粉较多，而且还含有碘、铜、锰、钙等多种微量元素。

（3）瓜茄类：冬瓜、茄子、番茄等，主要含有丰富的维生素 C、胡萝卜素等。

（4）野菜类：一般都含有丰富的胡萝卜素、核黄素、叶酸等维生素，其含量甚至要超过栽培的蔬菜。

水果的营养功效

水果中大都含有维生素、碳水化合物及各种微量元素，尤其是维生素 C 和 B 族维生素含量最为丰富，此外还含有色素及多种有机酸，对人体健康大有裨益。

（1）水果中因含有芳香物质，因而具有特殊的香味，食后能刺激食欲，促进食物消化。

（2）水果中的色素不仅使其呈现鲜艳的颜色，还对人体健康有益。如番茄红素、叶绿素、类胡萝卜素、花青素等，具有抗氧化及防病、治病等多种功效。

（3）水果中主要的有机酸包括苹果酸、柠檬酸和酒石酸等。这些有机酸一方面能使其具有一定的酸味，可刺激消化液分泌，有助于食物的消化；另一方面还可使食物保持一定的酸度，对维生素 C 的稳定有保护作用。

蔬菜水果的互补原则

原则一：不可相互代替

总体来说，水果和蔬菜中都含有丰富的维生素，也都含有丰富的钙、钾、镁、铜、钠等矿物质和微量元素。但人们对水果和蔬菜是各有偏爱，有人爱吃水果，有人偏爱蔬菜，有人以为两者可以互相代替，实际并非如此。因为它们的营养成分和含量各有特点，其特殊的生理作用和功能也不尽相同。

原则二：经常变换种类

每种蔬菜和水果中所含的营养物质都各有偏重，如土豆中含淀粉多，红色的水果含番茄红素多，而黄色的水果含胡萝卜素最丰富，因此选择吃蔬菜和水果时，一定要经常变换品种，搭配食用，并且适当配合脂肪、蛋白质等一同进食，这样才能补充身体所需的营养物质。

原则三：与主食搭配

尽管蔬菜和水果的营养比较丰富，但不能因此就将其代替主食，否则会导致身体贫血或出现营养不足，造成免疫力低下，影响身体健康。营养专家建议：主食的摄入还是必需的，蛋白质含量高的鱼、肉及蛋类等也要适当补充，蔬菜的摄入量应多于水果。这些食物相互搭配，才能带给我们充足、全面的营养，保证身体健康。

从整体上讲，水果的营养低于蔬菜。尽管水果和蔬菜中都含有维生素 C 和矿物质，但在含量上有一定差别。水果中只有鲜枣、山楂和柑橘、猕猴桃等含维生素 C 较多，其他水果中的维生素 C 和矿物质都比不上蔬菜。蔬菜中不仅膳食纤维含量远高于水果，而且它所含的是不可溶性纤维，能促进肠道蠕动、清除肠道内积蓄的有毒物质，但水果就无法达到这个功效。因为水果中所含的主要是可溶性纤维——果胶，它不易被消化和吸收，而且还会让胃的排空速度减慢。

如何喝蔬果汁更营养

蔬果汁要注意搭配

自制蔬果汁时，要注意蔬菜水果的搭配，有些蔬菜水果含有一种会破坏维生素C的物质，如胡萝卜、南瓜、小黄瓜、哈密瓜，如果与其他蔬菜水果搭配，会使其他蔬菜水果的维生素C受破坏。不过，由于此物质容易受酸的破坏，所以在自制新鲜蔬果汁时，可以加入像柠檬这类较酸的水果，以预防维生素C被破坏。

蔬果汁要喝新鲜的

蔬果汁现榨现喝才能发挥最大效用。新鲜蔬果汁含有丰富维生素，若放置时间长了，会因光线及温度破坏其中的维生素，使得营养价值降低。打果汁不要超过30秒，果汁15分钟内喝完，防止氧化，加水不要盖过水果。

每天一杯蔬果汁可使营养均衡

现代人经常在外就餐，每天的三餐不是排骨就是鸡腿，蔬菜水果的摄取量总是不足，造成大多数人的体质偏向酸性，使身体的抵抗力逐渐降低，进而造成各种现代病缠身。每天喝一杯自制的新鲜蔬果汁，可以补充日常饮食上缺乏的维生素与矿物质。

加盐会使水果汁更美味

有些水果经过盐水浸泡，吃起来确实更甜、口感更好，比如哈密瓜、桃、梨、李子等。俗话说："要想甜，加点儿盐。"为什么盐能增加水果的甜味？可以这样简单地理解：由于咸与甜在味觉上有明显的差异，当食物以甜味为主时，添加少量的咸味便可增加两种味觉的差距，从而使甜味感增强，即觉得"更甜"。

早餐宜喝果汁

一般早餐很少吃蔬菜和水果的人，容易缺失维生素等营养元素。在早晨喝一杯新鲜的蔬果汁，可以补充身体需要的水分和营养，醒神又健康。当然，早餐饮用蔬果汁时，最好是先吃一些主食再喝。如果空腹喝酸度较高的果汁，会对胃造成强烈刺激。

中餐和晚餐时都尽量少喝果汁。果汁的酸度会直接影响胃肠道的酸度，大量的果汁会冲淡胃消化液的浓度，果汁中的果酸还会与膳食中的某些营养成分结合影响这些营养成分的消化吸收，使人们在吃饭时感到胃部胀满，饭后消化不好，肚子不适。而在两餐之间喝点儿果汁，不仅可以补充水分，还可以补充日常饮食中缺乏的维生素和矿物质，是十分健康的。

适量饮用蔬果汁

蔬果汁虽然有诸多好处，但也不能过量饮用，人体需要的水分绝大部分应从白开水中摄取。过量饮用蔬果汁，容易衍生各种长期性疾病，使肠胃不适。

使用合适的容器盛放蔬果汁

蔬果汁中的营养成分容易因氧化作用而丧失，也容易受到细菌的污染而变质。如果暂时不喝，最好使用大小和形状适当的密封容器存放，尽量减少与空气和细菌的接触。

果蔬存储面面观

		存储方法
	藕	整个包起来放置于冰箱内，可以保存7～10天。
	草莓	不要清洗，只去掉梗，盖上保鲜膜放入冰箱就可以。
	西芹	清洗干净后，将叶和茎分别包裹于报纸里，然后再放入塑料袋，或者包裹于潮湿的毛巾中再置于冰箱即可。
	葡萄	不要清洗，以干燥状态放入纸中包好，一周内要食用完。
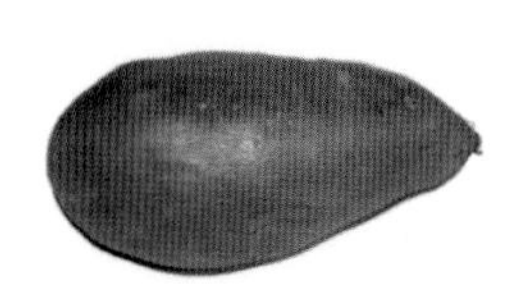	地瓜	不要清洗，原封不动地放在阴凉处就可以，这样的状态下，地瓜可以保存4～5个月。
	猕猴桃	购买猕猴桃时，应该选购稍硬一些的，在常温下保存三天后再放入冰箱，这样可以存放两周左右。
	甜椒	每个甜椒要分开保存，不要放在一起，以免其腐烂。

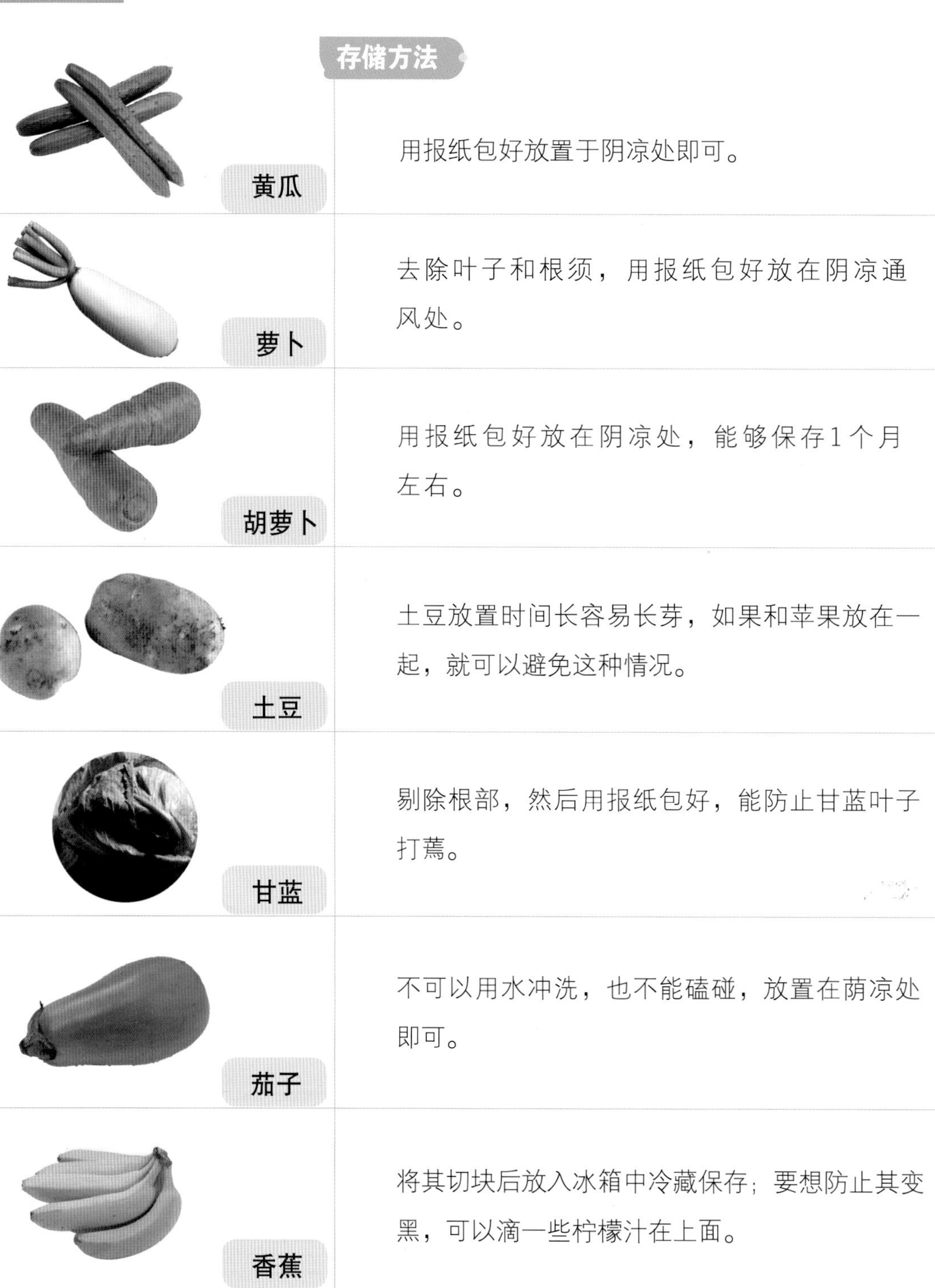

	存储方法
黄瓜	用报纸包好放置于阴凉处即可。
萝卜	去除叶子和根须，用报纸包好放在阴凉通风处。
胡萝卜	用报纸包好放在阴凉处，能够保存1个月左右。
土豆	土豆放置时间长容易长芽，如果和苹果放在一起，就可以避免这种情况。
甘蓝	剔除根部，然后用报纸包好，能防止甘蓝叶子打蔫。
茄子	不可以用水冲洗，也不能磕碰，放置在荫凉处即可。
香蕉	将其切块后放入冰箱中冷藏保存；要想防止其变黑，可以滴一些柠檬汁在上面。
西瓜	去除瓜皮和瓜子后冷藏保存即可。

>> 第三章

一杯蔬果汁，增强体质

第1节 健胃消食

胡萝卜苹果酸奶汁 助消化，加强肠胃功能

原料

胡萝卜半根，苹果半个，酸奶200毫升。

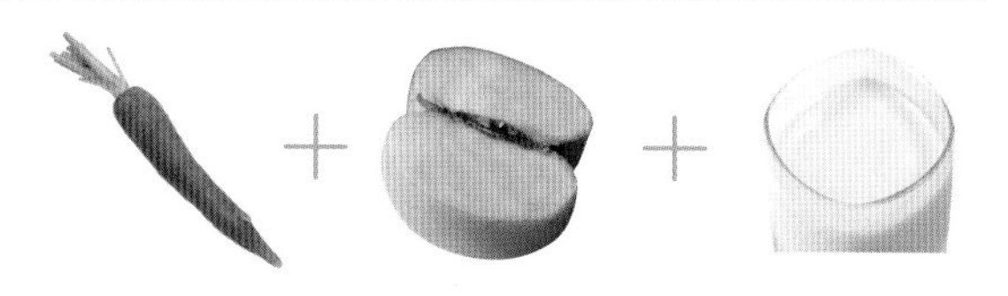

做法

1 将胡萝卜、苹果洗净切成块状；2 将切好的胡萝卜、苹果和酸奶一起放入榨汁机榨汁。

贴心提示

选购胡萝卜时要以上下均匀，颜色红或者是橙红且色泽均匀，表面光滑，无根毛，无歧根，不开裂，不畸形，无污点，根颈部不带绿色或者紫红色的为佳，从外表看新鲜、脆嫩、无萎蔫感，从胡萝卜内部看心柱细（即木质部小）、未糠心的胡萝卜为佳。

【养生功效】

胡萝卜味甘，性平，能够健脾和胃、补肝明目、清热解毒、壮阳补肾、透疹、降气止咳等，可用于便秘、肠胃不适、夜盲症、麻疹、性功能低下、小儿营养不良等症状。胡萝卜富含多种维生素，有轻微而持续发汗的作用，可刺激皮肤的新陈代谢，促进血液循环，从而使皮肤细嫩光滑，肤色红润，对美容健肤有独到的作用。同时，胡萝卜也适宜于皮肤干燥、粗糙，或毛发苔藓、黑头粉刺、角化型湿疹患者食用。

苹果性味甘酸而平、微咸、无毒，具有生津止渴、益脾止泻、和胃降逆的功效，能够有效地促进食物的消化吸收。苹果还是糖尿病人的健康小吃，因为其中的胶质和微量元素铬能够保持血糖的稳定，所以想要控制血糖的人都会把苹果看作是一种必不可少的水果，并且它还能够有效地降低胆固醇、防癌、防止铅中毒。

肠道菌群失衡以至功能失常，主要表现在肠道蠕动受影响，出现便秘、胀气或者腹泻，食物消化吸收不良，人体对于吃进去的食物不能很好地利用，导致免疫力下降，就容易生病。当前市场上有添加了益生菌（包括乳酸杆菌类、球菌类和双歧类）的酸奶确实能有效地调节菌群失衡，尤其能促进肠道蠕动，帮助消化吸收食物。

此款果汁能够维护肠道健康，健胃消食。

黄瓜生姜汁 镇定，滋补肠胃

原料

黄瓜半根，生姜两片，饮用水 200 毫升。

做法

1 将黄瓜洗净切成块状；2 将生姜洗净去皮切成块状；3 将切好的黄瓜、生姜和饮用水一起放入榨汁机榨汁。

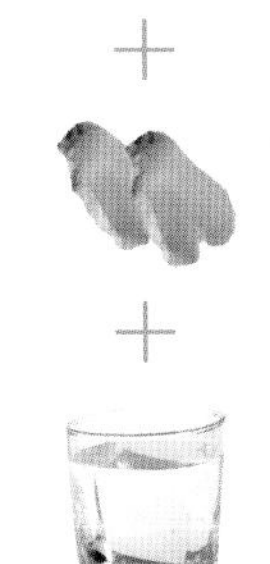

【养生功效】

《本草纲目》中记载，黄瓜有清热、解渴、利水、消肿之功效。黄瓜纤维丰富、娇嫩，食之能促进排泄肠内毒素。姜中含有姜醇、姜烯、水芹烯、柠檬醛和芳香等油性的挥发油，还有姜辣素、树脂、淀粉和纤维等。生姜还有健胃、增进食欲的作用，夏令气候炎热，唾液、胃液的分泌会减少，如果在吃饭时食用几片生姜，会增进食欲。

此款果汁能够促进机体新陈代谢，增强食欲。

贴心提示

黑龙江省产的黄瓜品质较好，因为种植这种黄瓜的土壤是黑土地，故营养丰富。全世界只有三块黑土地，而中国只有黑龙江全境、吉林少部分是黑土地。

猕猴桃柳橙汁 改善肌肤干燥

原料

猕猴桃 2 个，柳橙 1 个，饮用水 200 毫升。

做法

1 将猕猴桃去皮洗净，切成块状；2 将柳橙去皮切成块状；3 将切好的猕猴桃、柳橙和饮用水一起放入榨汁机榨汁。

【养生功效】

猕猴桃含有优良的膳食纤维和丰富的抗氧化物质，能够起到清热降火、润燥通便的作用，可以有效地预防和治疗便秘和痔疮。 正常人饭后食橙子或饮橙汁，有解油腻、消积食、止渴、醒酒的作用。柳橙营养丰富而全面，适用于饮食停滞而引起的呕吐、胃中浮风恶气、肝胃郁热等疾病。柳橙中含量丰富的维生素 C、维生素 P，能增加机体抵抗力。

此款果汁能够促进肠胃健康。

贴心提示

柳橙颜色鲜艳，酸甜可口，外观整齐漂亮，是深受人们喜爱的水果，也是走亲访友、探望病人的礼品水果之一。它种类很多，最受青睐的主要有脐橙、冰糖橙、血橙和美国新奇士橙。柳橙被称为“疗疾佳果”。

猕猴桃可乐汁 治疗消化不良

原料

猕猴桃 2 个，可乐 200 毫升。

做法

1 将猕猴桃洗净去皮，切成块状；2 将猕猴桃和可乐一起放入榨汁机榨汁。

【养生功效】

据现代营养学分析，猕猴桃果实中含有碳水化合物、蛋白质和大量的维生素及矿物质，对夏季烦热口渴、胃热呕吐、泌尿系结石、关节痛等病有食疗作用，而且还有一定的抗衰老功效。如果患有消化不良、食欲缺乏、食后呕吐等胃病，可将猕猴桃榨汁后服用。

此款果汁能治疗食欲缺乏，消化不良。

贴心提示

挑选猕猴桃时要注意表面的茸毛应完整，没有凹陷，果实饱满，握在手中略有弹性，软硬适中的为佳。当果实握起来微软时，表示已经成熟，立即可以食用；或者放入冰箱，以免软化。

苹果葡萄柚汁 解暑除烦，清凉可口

原料

苹果半个，葡萄柚 1 个，饮用水 200 毫升，蜂蜜适量。

做法

1 将苹果洗净，切成块状；将葡萄柚洗净，去皮去子，切成块状；2 将切好的苹果、葡萄柚、饮用水一起放入榨汁机榨汁；在榨好的果汁内放入适量蜂蜜搅匀。

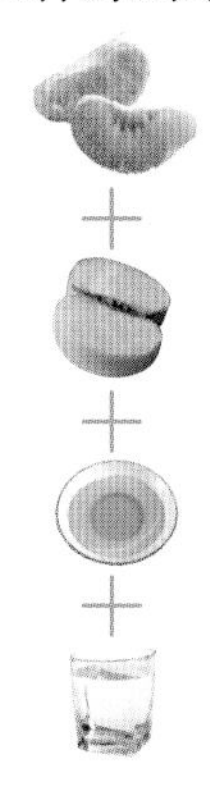

【养生功效】

柚子果肉性寒，味甘、酸，有止咳平喘、清热化痰、健脾消食、解暑除烦的医疗作用；柚皮又名橘红，广橘红性温，味苦、辛，有理气化痰、健脾消食、散寒燥湿的作用；柚核为柚的种子，含黄柏酮、黄柏内酯、去乙酰闹米林等，还含有脂肪油、无机盐、蛋白质、粗纤维等。功效与橘核相似，主治疝气；柚叶，含挥发油，具有消炎、镇痛、利湿等功效。

此款果汁能够清凉舒爽，解暑止渴。

贴心提示

和其他水果相比，苹果可提供的脂肪可忽略不计，它几乎不含蛋白质，提供的热量很少，苹果平均 100 克只有 252 千焦。而且它含有丰富的苹果酸，能使积蓄在体内的脂肪有效分散，从而防止体态过胖。

毛豆橘子奶 肠胃蠕动，排泄轻松

原料

毛豆80克，鲜奶240毫升，橘子150克，冰糖少许。

做法

1 将毛豆洗净，用水煮熟；2 橘子剥皮，去内膜，切成小块；3 将所有材料倒入果汁机内搅拌2分钟即可。

营养师提醒

✓ 想要让煮完的毛豆颜色看起来更翠绿，可以在水中加一勺盐。

✗ 毛豆不适合痛风、尿酸过高者食用。

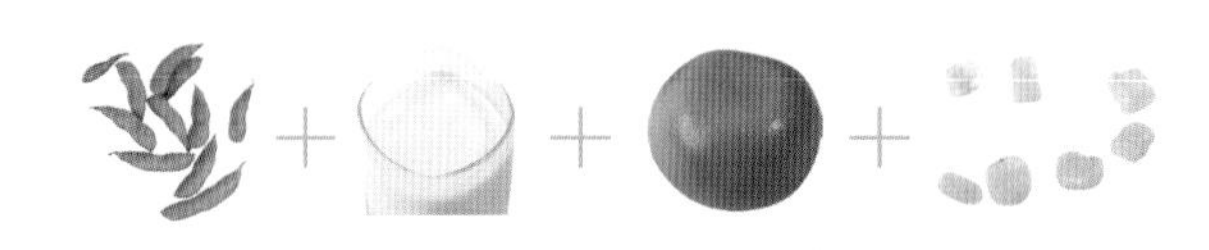

营养成分

膳食纤维	蛋白质	脂肪	碳水化合物
3g	15.7g	7.1g	39.3g
维生素B_1	维生素B_2	维生素E	维生素C
0.1mg	0.1mg	1.8mg	25.6mg

贴心提示

此饮可安定心神，刺激肾脏排出有毒物质，并减少脂肪在血管中堆积的可能。

【养生功效】

毛豆含有丰富的蛋白质、矿物质以及微量元素，可与动物性蛋白质媲美，能促进人体生长发育、新陈代谢，是维持健康活力的重要元素。毛豆中的纤维素还可促进肠胃蠕动，有利消化及排泄。

果汁热量 1140千焦

操作方便度：★★★☆☆

推荐指数：★★★★☆

木瓜圆白菜鲜奶汁 防止肠道老化

原料

木瓜 1 个，圆白菜 2 片，鲜奶 200 毫升。

做法

1 将木瓜去皮去瓤，洗净切成块；2 将圆白菜洗净切碎；3 将切好的木瓜、圆白菜和鲜奶一起放入榨汁机榨汁。

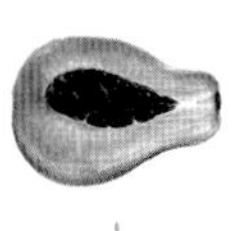

＋

＋

【养生功效】

现代医学发现，木瓜中含有一种酵素，能消化蛋白质，有利于人体对食物进行消化和吸收，故有健脾消食之功。维生素U是抗溃疡因子，并具有分解亚硝酸胺的作用，新鲜的圆白菜中含有植物杀菌素，有抑菌消炎的作用，对咽喉疼痛、胃痛、牙痛有一定的作用。圆白菜富含维生素U，因而常吃能加速溃疡的愈合，还能预防胃溃疡恶变。

鲜奶能够补气血、益肺胃、生津润肠。用于久病体虚，气血不足，营养不良，噎膈反胃，胃及十二指肠溃疡，消渴，便秘。

此款果汁能够健脾消食，预防肠道老化。

贴心提示

此果汁不能加热饮用。

火龙果汁 预防便秘，开胃

原料

火龙果 1 个，饮用水 200 毫升。

做法

1 将火龙果去皮，切成块状；2 将火龙果和饮用水一起放入榨汁机榨汁。

＋

【养生功效】

火龙果果肉内所含的水溶性纤维含量同样也非常丰富，此类纤维吸水后会膨胀，所产生的凝胶状物质令食物在胃中停留时间较长，使节食减肥者延长饱足感而不致饥饿难耐，具有良好的减肥功效。火龙果果肉的黑色籽粒中含有各种酶以及不饱和脂肪酸和抗氧化物质，有助于胃肠蠕动，达到润肠的效果，对于便秘具有辅助治疗的作用。

此款果汁能够健胃助消化。

贴心提示

火龙果的果肉几乎不含果糖和蔗糖，糖分以葡萄糖为主，这种天然葡萄糖，非常容易吸收，适合运动后食用。但火龙果中含有的葡萄糖不甜导致大家误以为这是低糖水果，其实火龙果的糖分比想象中的要高一些，需要注意的是糖尿病人不宜多吃。

洋葱苹果醋汁 促进食欲

原料

洋葱半个，苹果醋10毫升。

做法

1 剥去洋葱的表皮，切成块状；2 用微波炉加热30秒，使其变软；3 在苹果醋内加入适量的矿泉水调节酸度；4 将软化过的洋葱和苹果醋放入榨汁机榨汁即可。

贴心提示

洋葱在我国分布很广，南北各地均有栽培，而且种植面积还在不断扩大，是目前我国主栽蔬菜之一。我国已成为洋葱生产量较大的4个国家（中国、印度、美国、日本）之一。我国的种植区域主要是山东、甘肃、内蒙古、新疆等地。

【养生功效】

洋葱含咖啡酸、芥子酸、桂皮酸、柠檬酸盐、多糖和多种氨基酸、蛋白质、钙、铁、磷、硒、B族维生素、维生素C、维生素E、粗纤维、碳水化合物等。洋葱营养丰富，且气味辛辣，能刺激胃、肠及消化腺分泌，增进食欲，且洋葱不含脂肪，其精油中含有可降低胆固醇的含硫化合物的混合物，可用于治疗消化不良、食欲不振、食积内停等症。洋葱还有一定的提神作用，它能帮助细胞更好地利用葡萄糖，同时降低血糖，供给脑细胞热能，是糖尿病、神志委顿患者的食疗佳蔬。

此款果汁能够促进食欲，开胃消食。

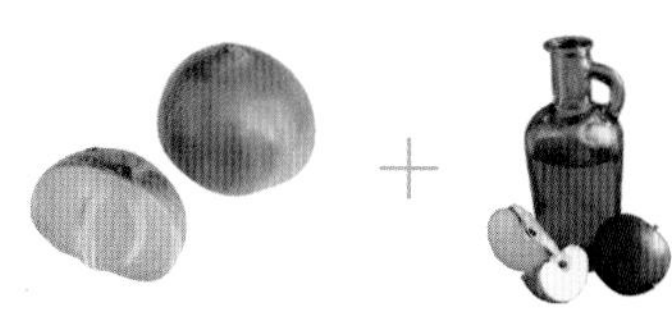

哈密瓜酸奶汁 清凉爽口，促进消化

原料

哈密瓜两片，酸奶200毫升。

做法

1 将哈密瓜去皮后切成块状；2 将切好的哈密瓜和酸奶一起放入榨汁机榨汁。

贴心提示

清朝康熙年间，鄯善王把鄯善东湖甜瓜送给哈密王。哈密王把瓜送给康熙。康熙问叫什么，刺史说是哈密王送来的，不知叫什么名称。康熙便起名为“哈密瓜”。清《新疆回部志》云：“自康熙初，哈密投诚，此瓜始入贡，谓之哈密瓜。”

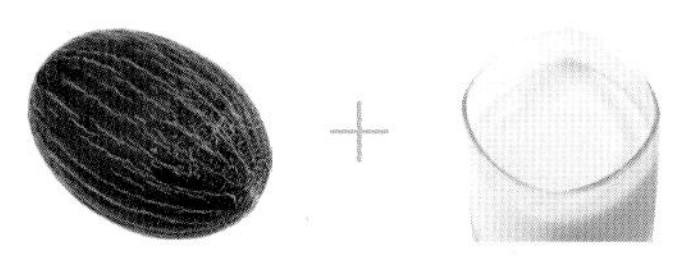

【养生功效】

《神农本草经》将哈密瓜的瓜蒂列为上品。而果肉有利小便、止渴、除烦热、防暑气、抗癌等作用，可治发热、中暑、口渴、小便不利、口鼻生疮等症状。如果常感到身心疲倦、心神焦躁不安，或是口臭者食用之，都能清热解燥。哈密瓜适宜于肾病、胃病、咳嗽痰喘、贫血和便秘患者，有清凉消暑、除烦热、生津止渴的作用。哈密瓜也是夏季解暑的佳品。食用哈密瓜对人体造血机能有显著的促进作用，贫血患者可以用来做食疗食品。

酸奶中含有多种酶，能促进胃液分泌，增强食欲；通过产生大量的短链脂肪酸促进肠道蠕动及菌体大量生长改变渗透而防止便秘；所含的乳酸菌能够减少体内的致癌物质，保护肠道健康。

此款果汁尤其适于儿童厌食症。

苹果苦瓜鲜奶汁 消炎退热，健胃

原料

苹果半个，苦瓜半根，鲜奶200毫升。

做法

1 将苹果洗净，切成块状；2 将苦瓜洗净，切成薄片；3 将切好的苹果、苦瓜和鲜奶一起放入榨汁机榨汁。

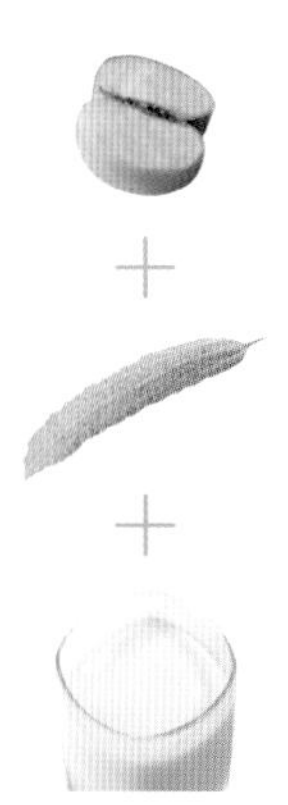

【养生功效】

苦瓜具有清热消暑、补肾健脾、养血益气、滋肝明目的功效，对治疗痢疾、疮肿、中暑发热、痱子过多、结膜炎等病有一定的功效。苦瓜含有的苦瓜苷和苦味素可以促进食欲，能够起到健脾开胃的作用，而从苦瓜子中提炼出的胰蛋白酶抑制剂则可以阻止恶性肿瘤，从而起到防癌抗癌的作用。

此款果汁能够开胃消食，消炎去热。

贴心提示

苦瓜，味苦性凉，爽口不腻，有利消化。李时珍称之可“除邪热，解劳乏，清心明目，益气壮阳”。苦瓜热量低，是减肥食品的良好来源。苦瓜虽苦，却从不把苦味传给与之共炒的其他食物，享有“君子菜”的雅称。

芒果香蕉椰奶汁 辅助改善偏食

原料

芒果半个，香蕉1根，椰奶汁200毫升。

做法

1 将芒果去皮去核后，切成小块；2 将香蕉去皮和果肉上的果络，切成小块；3 将切好的芒果、香蕉、椰奶一起放入榨汁机榨汁。

【养生功效】

芒果中维生素C含量高于一般水果，芒果叶中也有很高的维生素C含量，且具有即使加热处理，其含量也不会减少的特点，常食芒果可以不断补充体内维生素C的消耗，降低胆固醇、三酰甘油，有利于防治心血管疾病；芒果的果肉细腻，口感润滑，能够刺激胃液分泌，改善厌食偏食症状。

椰奶是由椰汁和研磨加工的成熟椰肉而成，椰奶有很好的清凉消暑、生津止渴、强心、利尿、驱虫、止呕止泻的功效。

此款果汁能够增强食欲，帮助消化。

贴心提示

皮肤病、肿瘤、糖尿病患者应忌饮；食用芒果过敏者及湿热人士也应少饮或不饮；芒果有提高性激素作用，未成年人尽量少饮。

葡萄柚酸奶汁 帮助肠胃蠕动

原料

葡萄柚 1 个，酸奶 200 毫升，生姜 2 片，饮用水 200 毫升。

做法

1 将葡萄柚去皮，切成块状；2 将生姜洗净切成块状；3 将准备好的葡萄柚、生姜、酸奶和饮用水一起放入榨汁机榨汁。

贴心提示

酸奶不要和黑巧克力同吃。因为巧克力中的成分会破坏酸奶中的钙，使钙无法吸收。这样一来，酸奶的一些营养就不能摄取了；酸奶的成分也会影响到巧克力中对人体有益的成分作用的发挥，比如，抗氧化成分，抗血栓成分，在有酸奶的情况下都不能发挥出来。

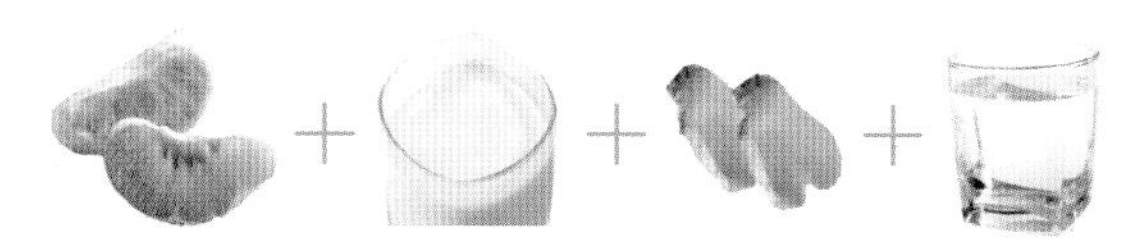

【养生功效】

葡萄柚含有非常丰富的营养成分，是一种集预防疾病、保健、美容于一身的水果。其果肉柔嫩，多汁爽口，略微带有香气，味偏酸、带苦味以及麻舌味。葡萄柚所含的酸性物质可以帮助消化液的增加，促进消化功能。

生姜可促进胃酸及胃液的分泌，并对胃黏膜损伤有保护作用。临床用药证明，运用生姜治疗慢性胃炎的确有效。姜最擅宣发阳明经的阳气，早晨气血流注阳明胃经之时，此时吃姜，正好生发胃气，促进消化。

酸奶，是将牛奶用乳酸菌发酵而制成的，而这种乳酸菌在发酵的过程当中所产生的乳酸具有促进人体对食物的消化吸收的功能。饮用酸奶不仅能够补充钙质，同时还可以健肠胃，调节人体的代谢能力，提高人体的免疫力。

葡萄柚和生姜均可促进胃酸和胃液的分泌，从而起到帮助肠胃蠕动的作用；而酸奶对于肠胃的消化吸收功能则是通过乳酸菌进行的。

此款果汁能够增强肠胃蠕动。

李子酸奶汁 治疗肠胃吸收差

原料

李子 6 颗，酸奶 200 毫升。

做法

1 将李子洗净去核；2 将准备好的李子、酸奶一起放入榨汁机榨汁。

+

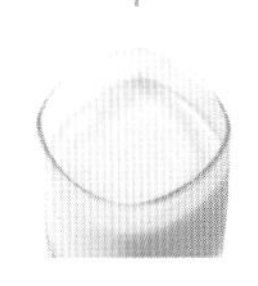

【养生功效】

李子性平、味甘，具有生津止渴、清肝除热、利水的功效，古代多将李子入药，用于治疗肝脏疾患，肝硬化腹水患者食鲜李子有辅助治疗的作用。李子还能促进胃酸和胃消化酶的分泌，能增加肠胃蠕动，促进消化，增加食欲，是食后饱胀、胃酸缺乏、大便秘结者的食疗良品。新鲜李肉中含多种氨基酸，如谷酰胺、丝氨酸、氨基酸、脯氨酸等，生食之于治疗肝硬化腹水有帮助。

此款果汁能帮助消化，增进食欲。

贴心提示

李子饱满圆润，玲珑剔透，形态美艳，口味甘甜，是人们喜爱的传统水果之一。它既可鲜食，又可以制成罐头、果脯，全年食用。

葡萄柚菠萝汁 开胃润肠，帮助消化

原料

葡萄柚 2 片，菠萝 2 片，饮用水 200 毫升。

做法

1 将葡萄柚去皮，切成块状；2 将菠萝切成块状；3 将切好的葡萄柚、菠萝和饮用水一起放入榨汁机榨汁。

【养生功效】

葡萄柚含有非常丰富的柠檬酸、钠、钾和钙，而柠檬酸有助于肉类的消化，避免人体摄取过多的脂肪。

菠萝有清热解暑、生津止渴的功效，可用于伤暑、身热烦渴、腹中痞闷、消化不良、小便不利、头昏眼花等症。

此款果汁能够健胃消食，清胃解渴。

贴心提示

吃菠萝时，可先把果皮削去，除尽果皮，然后切开放在盐水中浸泡 10 分钟，破坏菠萝蛋白酶的致敏结构，这样就可以减少菠萝朊酶过敏的事故发生，同时，使一部分有机酸分解在盐水里，菠萝的味道显得更甜。另外最好在饭后食用，避免菠萝中蛋白酶对肠胃的刺激。

草莓柠檬优酪乳 促进消化，增强体质

原料

草莓 30 克，奶酪 10 克，柠檬 30 克。

做法

1 将草莓洗净，放入果汁机；2 柠檬切片；3 将奶酪、柠檬放入，与草莓一起搅打均匀即可。

【养生功效】

奶酪中除含有乳制品的价值外，还含有活性益生菌，有助于改善胃肠道环境，抑制腐败毒性物质的滋生，能促进消化、增强免疫力、对抗癌症。

营养成分

膳食纤维	蛋白质	脂肪	碳水化合物
2.2g	2.6g	0.5g	8.5g
维生素B_1	维生素B_2	维生素E	维生素C
0.1mg	0.1mg	0.8mg	335mg

贴心提示

此饮可以促进排便，避免毒物积存体内，还可以预防面疱、青春痘的产生。

营养师提醒

✓ 奶酪饮必须在饭后 2 小时左右饮用。

✗ 本饮品不能加热，因为一经加热，大量活性乳酸菌会被杀死，失去了营养价值和保健功能。

果汁热量 630千焦

操作方便度：★★★★☆

推荐指数：★★★☆☆

第2节 润肺祛痰

桂圆枣泥汁 化痰止咳，生津润肺

原料

桂圆6颗，大枣6颗，饮用水200毫升。

做法

1 将桂圆去皮去核，只留果肉；2 将大枣洗净去核；3 将准备好的桂圆、大枣和饮用水一起放入榨汁机榨汁。

【养生功效】

桂圆肉甘温滋补，入心、脾两经，补益心、脾，而且甜美可口，不滋腻，不滞气，实为补心健脾之佳品。久病体虚或老年体衰者，常有气血不足之证，而表现为面色苍白或萎黄，倦怠乏力，心悸气短等症，桂圆肉既补心脾，又益气血，甘甜平和，有较好疗效。现代医学研究证实，桂圆肉含有蛋白质、脂肪、碳水化合物、有机酸、粗纤维及多种维生素及矿物质等。桂圆肉能够抑制脂质过氧化和提高抗氧化酶活性，提示其有一定的抗衰老作用。大枣益气生津，尤可治疗老年人气血津液不足，补脾和胃及治疗老年人胃虚食少，脾弱便溏。故大枣对老年健身和延缓衰老有一定作用。虚食少、脾虚便溏、气血不足、心慌失眠、神经衰弱、妇女癔症、贫血头晕、白细胞减少、血小板减少者宜食；慢性肝病肝硬化者宜食；心血管疾病患者宜食；过敏性疾病患者宜食，包括过敏性紫癜、支气管哮喘、荨麻疹、过敏性鼻炎、过敏性湿疹、过敏性血管炎等，可以调整免疫功能紊乱；各种癌症患者宜食，尤其适合于肿瘤患者放疗、化疗而致骨髓抑制的不良反应者。此款果汁能够益气生津，润肺护喉。

贴心提示

桂圆以颗粒大，肉质厚，形圆匀称，肉白而柔软并呈透明或半透明状，且味道甜美者为佳。手剥桂圆，肉核易分离、肉质软润不黏手者质量较好；若肉核不易分离、肉质干硬或核带红色，则质量差。

莲藕荸荠柠檬汁 清热消痰，止咳

原料

莲藕2片（2厘米厚），荸荠4颗，柠檬2片（1厘米厚），饮用水200毫升。

做法

1 将莲藕去皮洗净，切成块状；将荸荠、柠檬洗净，切成块状；2 将切好的莲藕、荸荠、柠檬一起放入榨汁机榨汁。

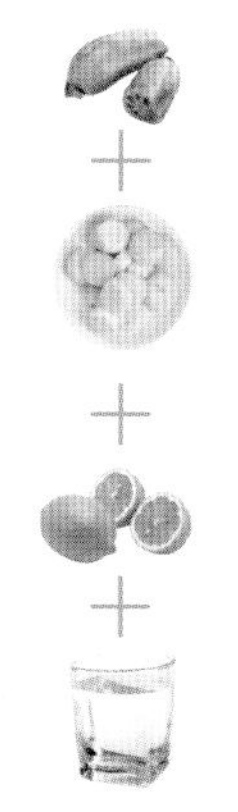

【养生功效】

莲藕味甘，富含淀粉、蛋白质、维生素C和维生素B_1，以及钙、磷、铁等无机盐，藕肉易于消化，适宜老少滋补。

荸荠味甘、性寒，富含黏液质，具有生津润肺、化痰利肠、消痈解毒、凉血化湿的功效。

柠檬也能祛痰，并且祛痰功效比橙和柑还要强。感冒初起时，饮用柠檬汁可舒缓喉痛、减少喉咙干痒不适。

此款果汁对于肺部的保养很有帮助。

贴心提示

荸荠鲜甜可口，可做水果亦可做蔬菜，可制罐头，可做凉果蜜饯，它既可生食，亦可熟食；荸荠色丽而形美，故历代文人墨客为其绘画咏诗甚多。

芒果柚子汁 清热祛痰

原料

芒果1个，柚子半个，饮用水200毫升，蜂蜜适量。

做法

1 将芒果去皮去核，切成块状；将柚子去皮，切成块状；2 将切好的芒果、柚子和饮用水一起放入榨汁机榨汁；在榨好的果汁内加入适量蜂蜜搅匀。

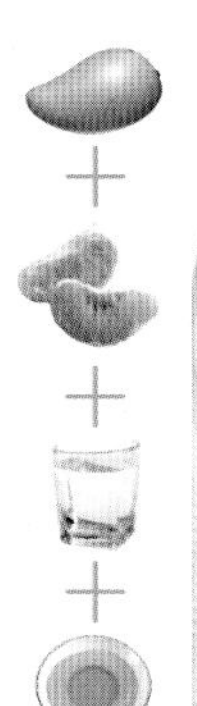

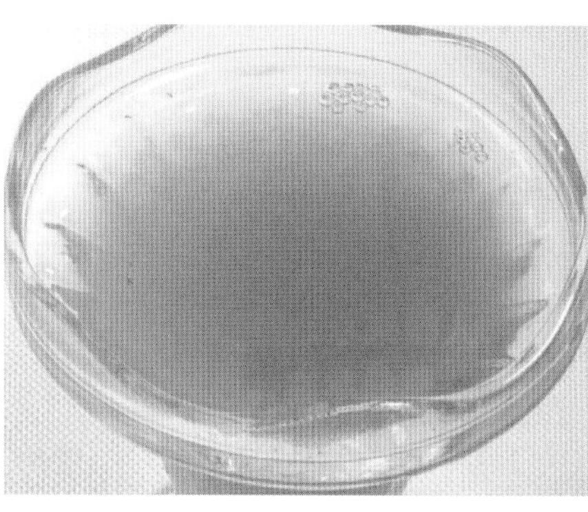

【养生功效】

芒果中含有芒果苷，有明显的抗脂质过氧化和保护脑神经元的作用，能延缓细胞衰老、提高脑功能。芒果还有祛疾止咳的功效，对咳嗽、痰多、气喘等症有辅助治疗作用。柚子果肉性寒味甘酸，有清热化痰、止咳平喘、解酒除烦、健脾消食的功效；柚皮不但营养丰富，而且还具有暖胃、化痰、润化喉咙等食疗作用。

此款果汁能够清热祛痰，护肺。

贴心提示

如果一次食柚量过多，不仅会影响肝脏解毒，而且还会引起其他不良反应，甚至发生中毒，出现包括头昏、恶心、心悸、心动过速等症状，特别危险的是服用抗过敏药特非那丁期间，食用柚子或饮用柚子汁，可致心律失常，严重时可引起心肌纤维颤动，甚至猝死。

白萝卜莲藕梨汁 润肺祛痰，生津止咳

原料

白萝卜4厘米长，莲藕2片（2厘米长），梨1个，饮用水200毫升。

做法

① 将白萝卜、莲藕去皮，切成块状；② 将梨洗净去核，切成块状；③ 将切好的白萝卜、莲藕、梨和饮用水一起放入榨汁机榨汁。

【养生功效】

白萝卜味甘、辛，性平、无毒。《本草纲目》上记载它的功用是："宽中化积滞，下气化痰浊。"白萝卜有明显的化痰、止咳功能，民间用白萝卜洗净、切片后与冰糖同煎，对治疗伤风咳嗽、慢性支气管炎和小儿百日咳等都有一定的效果。莲藕性寒，味甘多液，有清热凉血作用，可用来治疗热证，对于热病口渴、衄血、咯血、下血者尤为有益。梨所含的苷及鞣酸等成分，能祛痰止咳，对咽喉有养护作用。

此款果汁能够润肺化痰，生津止渴。

贴心提示

白萝卜不适合脾胃虚弱者，如大便稀者，应减少使用。值得注意的是，在服用参类滋补药时忌食该品，以免影响疗效。萝卜性偏寒凉而利肠，脾虚泄泻者慎食或少食。

苹果萝卜甜菜汁 调整心肺功能

原料

苹果1个，白萝卜2厘米长，甜菜根1个，饮用水200毫升。

做法

① 将苹果洗净去核，切成块状；② 将白萝卜、甜菜根洗净切成块状；③ 将切好的苹果、白萝卜、甜菜根和饮用水一起放入榨汁机榨汁。

【养生功效】

中医称苹果可"生津润肺，健脾开胃"；营养学上的分析，指出苹果含有丰富的果糖，并含有多种有机酸、果胶及微量元素。

甜菜碱大多都包含在甜菜根的块根以及叶子当中，这是其他蔬菜所未有的，它具有和胆碱、卵磷脂生化药理功能，能够有效地调节新陈代谢，可以加速人体对于蛋白的吸收，从而改善肝功能。

此款果汁能够生津润肺，调整心肺功能。

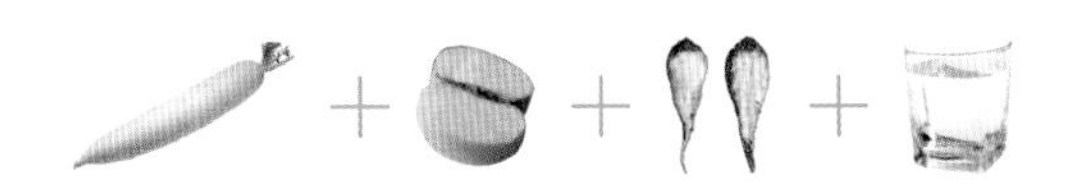

贴心提示

白萝卜是根菜类的主要蔬菜，属十字花科萝卜属的二年生植物。种植白萝卜至少已有千年历史。

百合红豆豆浆汁 缓解肺热肺燥

原料

饮用水 200 毫升，百合适量，红豆适量。

做法

1 将红豆提前泡 4 ~ 8 小时；2 将泡好的红豆放入高压锅中，加入清水没过红豆 1 厘米，大火煮开，上汽后再煮 5 分钟；3 将煮好的豆子和红豆水、百合一起放入榨汁机榨汁。

贴心提示

百合的鳞茎由鳞片抱合而成，有“百年好合”“百事合意”之意，中国人自古视为婚礼必不可少的吉祥花卉。百合在插花造型中可做焦点花，骨架花。它属于特殊型花材。产地及分布：中国、日本、北美和欧洲等温带地区。

【养生功效】

百合有宁心的功能，食之可以缓解症状。百合甘凉清润，主入肺心，常用于清肺润燥止咳，清心安神定惊，为肺燥咳嗽、虚烦不安所常用。神气不足，语言低沉，呼吸微弱，口干舌苦，食欲缺乏，经常处于萎靡状态的人多吃些百合，就能缓解以上症状。百合具有清肺的功能，故能治疗发热咳嗽；可加强肺的呼吸功能，因此又能治肺结核潮热。红豆豆浆中所含的硒、维生素 E、维生素 C，有很强的抗氧化作用，特别对脑细胞作用最大。豆浆所含的麦氨酸有防止支气管炎平滑肌痉挛的作用，从而减少和减轻支气管炎的发作。豆浆中的蛋白质和硒、钼等都有很强的抑癌和治癌能力，对胃癌、肠癌、乳腺癌有特效。豆浆中的镁、钙元素，能降低脑血脂，改善脑血流，从而有效地防止脑梗死、脑出血的发生。豆浆中所含的卵磷脂，还能减少脑细胞死亡，提高脑功能。

此款果汁对于清热解毒，润肺止咳有显著疗效。

柳橙白菜果汁 疏肝理气

原料

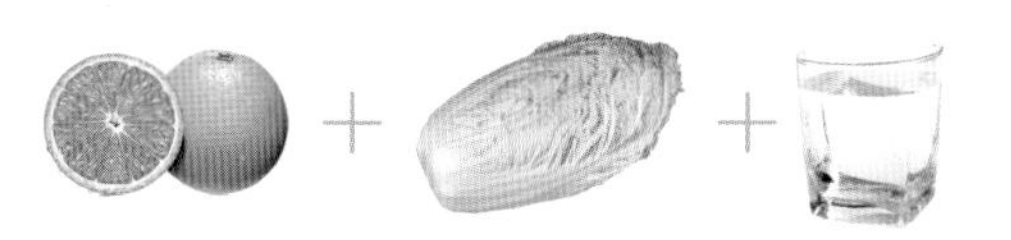

柳橙1个，白菜2片，饮用水200毫升。

做法

1 将柳橙去皮，切成块状；2 将白菜在水中焯一下，切成块状；3 将柳橙、白菜和饮用水一起放入榨汁机榨汁。

贴心提示

白菜性偏寒凉，胃寒腹痛、大便溏泻及寒痢者不可多食。

【养生功效】

柳橙中的维生素C可以抑制胆固醇在肝内转化为胆汁酸，从而使胆汁中胆固醇的浓度下降，两者聚集形成胆结石的机会也就相应减少。此外，橙皮中所含有的果胶可以促进食物通过胃肠道，使胆固醇更快地随粪便排出体外，以减少胆固醇的吸收。得了胆结石的人，除了吃柳橙外，用橙皮泡水喝，也能起到不错的治疗效果。柳橙含有维生素A、维生素B、维生素C、维生素D及柠檬酸、苹果酸、果胶等成分，维生素P、维生素C均能增强毛细血管韧性；果胶能帮助尽快排泄脂类及胆固醇，并减少外源性胆固醇的吸收，故具有降低血脂的作用。

白菜中所含的果胶，可以帮助人体排出多余的胆固醇。更主要的是白菜中还含有微量的钼，可抑制人体内亚硝酸胺的生成、吸收，有一定的防癌作用。此外，白菜本身所含热量极少，不至于引起热量储存。白菜中含钠也很少，不会使机体保存多余水分，可以减轻心脏负担。中医认为其性微寒无毒，养胃生津，除烦解渴，利尿通便，清热解毒，为清凉缓泻兼补益良品。可用于治感冒、发热口渴、支气管炎、咳嗽、食积、便秘、小便不利、冻疮等。总之，白菜是补充营养、净化血液、疏通肠胃、预防疾病、促进新陈代谢、有利于人体健康的佳蔬良药。

此款果汁能够降低胆固醇，疏肝理气。

苦瓜胡萝卜牛蒡汁 解降肝火

原料

苦瓜3厘米长，胡萝卜半根，牛蒡适量，饮用水200毫升。

做法

1 将苦瓜洗净去瓤，切成块状；将胡萝卜去皮洗净，切成块状；2 将苦瓜、胡萝卜、牛蒡和饮用水一起榨汁。

【养生功效】

苦瓜含有非常丰富的营养，其中包括维生素C、胡萝卜素以及钾，除此之外还含有能够抑制癌细胞繁殖的成分。中医认为牛蒡有疏风散热、宣肺透疹、解毒利咽等功效，可用于风热感冒、咳嗽痰多、麻疹风疹、咽喉肿痛。研究表明，牛蒡有明显的降血糖，降血脂，降血压，补肾壮阳，润肠通便的作用，是非常理想的天然保健食品。

此款果汁能够护肝明目，提高肝脏的解毒功能。

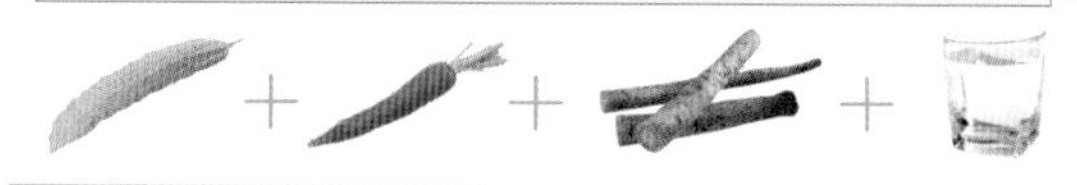

贴心提示

如果喝不习惯苦瓜汁的苦味的话，可以在榨汁之前先将其放入盐水当中浸泡，这样的话便可以减轻苦瓜汁的苦涩味道。

草莓葡萄柚黄瓜汁 淡化斑点，清肝养肝

原料

草莓4颗，葡萄柚1个，黄瓜半根，饮用水200毫升。

做法

1 将草莓、黄瓜洗净切成块状；将葡萄柚去皮，洗净切成块状；2 将草莓、葡萄柚、黄瓜和饮用水一起榨汁。

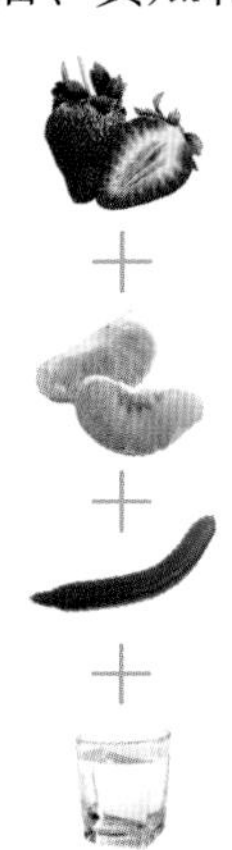

【养生功效】

草莓每100克就含有66毫克的维生素C，是水果中含量较丰富的种类。这些丰富的维生素C可以抑制黑色素的增加，帮助防止雀斑、黑斑的形成，还可以增加抵抗力，预防伤风感冒等病症。

黄瓜中维生素E含量丰富，具有抗衰老的作用。黄瓜中所含的丙氨酸、精氨酸和谷胺酰胺对肝脏病人，特别是对酒精性肝硬化患者有一定辅助治疗作用，可防治酒精中毒。黄瓜中所含的丙醇二酸，可抑制糖类物质转变为脂肪。

此款果汁能够治疗和预防肝癌。

贴心提示

草莓蒂头的叶片鲜绿、带有细小绒毛、表面光亮、无损伤腐烂才是好草莓。

甜瓜芦荟橙子汁 增强肝脏的解毒功能

原料

甜瓜半个，芦荟6厘米，橙子1个，饮用水200毫升。

做法

1 将甜瓜洗净去皮去瓤，切成块状；将芦荟洗净，切成块状；将橙子去皮，分开；2 将甜瓜、芦荟、橙子和饮用水一起榨汁。

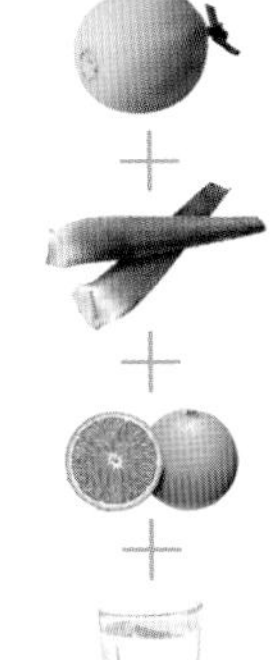

【养生功效】

芦荟含有大量的多糖体，可以去掉坏的胆固醇，软化血管。同时，芦荟的缓泻和利尿作用可以提高人体的排泄功能，这是治愈高血压不可缺少的要素。芦荟中的异柠檬酸异钙等具有强心、促进血液循环、软化硬化动脉、降低胆固醇含量、扩张毛细血管的作用，使血液循环畅通，减少胆固醇值，减轻心脏负担，使血压保持正常，清除血液中的“毒素”。

此款果汁能够增强肝脏的解毒功能。

贴心提示

食用芦荟的方法有很多，比如将芦荟做成沙拉，或者将芦荟与肉类一起烹饪，或者将芦荟作为原料入汤，也可以直接将芦荟去刺去皮，用清水洗净，再用开水烫热后食用。

荸荠西瓜汁 利水消肿，疏肝养血

原料

荸荠10个，西瓜2片，饮用水200毫升。

做法

1 将荸荠洗净，切下果肉；2 将西瓜去皮去子，切成块状；3 将准备好的荸荠、西瓜和饮用水一起放入榨汁机榨汁。

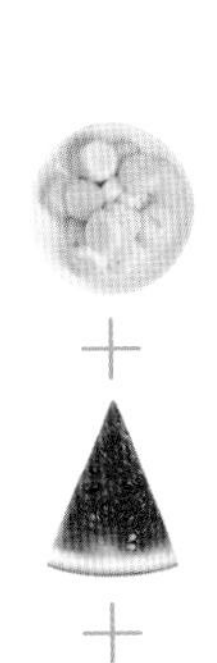

【养生功效】

荸荠质嫩多津，可治疗热病津伤口渴之症，对糖尿病尿多者，有一定的辅助治疗作用。荸荠能利尿排淋，对于小便淋沥涩通者有一定治疗作用，可作为尿路感染患者的食疗佳品。由于西瓜有利尿的作用，再加上水分大，所以吃西瓜后排尿量会增加，从而减少胆色素的含量，并使大便畅通，对治疗黄疸有一定作用。另外，西瓜的利尿作用还能使盐分排出体外，减轻水肿。

此款果汁能够消肿利尿，养肝护肝。

贴心提示

巧辨西瓜生熟：一手托西瓜，一手轻轻地拍打，或者用食指和中指进行弹打，成熟的西瓜敲起来会发出比较沉闷的声音，不成熟的西瓜敲起来声脆。

葡萄酸奶汁 增强肝脏功能

原料

葡萄6颗，酸奶200毫升。

做法

1 将葡萄洗净去子；2 将准备好的葡萄和酸奶一起放入榨汁机榨汁。

贴心提示

葡萄在我国长江流域以北各地均有产，主要产于新疆、甘肃、山西、河北、山东等地。茎蔓长达10～20米。单叶，互生。花小，黄绿色，组成圆锥花序。浆果圆形或椭圆形，因品种不同，有白、青、红、褐、紫、黑等不同果色。果熟期8～10月，中国栽培葡萄已有2000多年历史，相传为汉代张骞引入。

【养生功效】

葡萄中所含的多酚类物质是天然的自由基清除剂，具有很强的抗氧化活性，可以有效地调整肝脏细胞的功能，抵御或减少自由基对它们的伤害。此外，葡萄还具有抗炎作用，能与细菌、病毒中的蛋白质结合，使它们失去致病能力。葡萄中含有丰富的葡萄糖及多种维生素，对保护肝脏、减轻腹水和下肢水肿的效果非常明显。葡萄还能提高血浆白蛋白含量，降低转氨酶。葡萄中的果酸还能帮助消化、增加食欲，防止肝炎后脂肪肝的发生。

酸奶除了具有鲜牛奶的营养价值之外，因其内含乳酸菌并在发酵的过程当中产生乳酸以及B族维生素（维生素B_2、维生素B_6、维生素B_{12}）等，所以能够促进消化液的分泌，增加胃酸，从而增强人的消化能力，促进食欲，提高人体的免疫能力。

此款果汁能够增强身体抵抗力，预防肝病。

第4节 益肾固精

西瓜小黄瓜汁 改善肾虚症状

原料

西瓜2片，小黄瓜1根，柠檬2片，饮用水200毫升。

做法

1 将西瓜去子去皮，切成块状；2 将小黄瓜、柠檬洗净切成块状；3 将切好的西瓜、小黄瓜、柠檬和饮用水一起放入榨汁机榨汁。

【养生功效】

西瓜是多种维生素的绝佳来源：维生素A，可以帮助我们维持眼部健康，还是一种抗氧化剂；维生素C，帮助我们增强免疫系统，愈合伤口，阻止细胞损坏，并且促进牙齿和牙龈的健康；维生素B_6，帮助大脑运作，把蛋白质转换为能量。西瓜是所有新鲜水果和蔬菜中番茄红素的最佳来源之一，因而要想青春永驻，增强免疫力，最好的选择是食用西瓜。西瓜还含有氨基酸瓜氨酸和精氨酸，能够帮助保持动脉功能，血液流通。

小黄瓜含蛋白质、脂肪、碳水化合物，矿物质有钙、磷、铁、钾等，胡萝卜素、维生素B_1、维生素B_2、维生素C和维生素E等。此外，还含有葡萄糖、半乳糖、甘露糖等类。在众多蔬菜中，小黄瓜可谓最受青睐的一种。不但吃法多种多样：生吃、凉拌、热炒、腌制均可，而且营养丰富，药食两用，具有清热解毒、利尿、除湿、滑肠等作用。

此款果汁能够清热利尿，排毒固肾。

贴心提示

完整的西瓜可冷藏15天左右，夏季西瓜放冰箱冷藏不宜超过2个小时。

苹果桂圆莲子汁 益肾宁神

原料

苹果1个，桂圆6颗，莲子4颗，饮用水200毫升。

做法

1 将苹果洗净去核，切成块状；将桂圆去壳去核，取出果肉；将莲子去皮，洗净取出莲心；2 将准备好的苹果、桂圆、莲子和饮用水一起放入榨汁机榨汁。

【养生功效】

桂圆味甘性平，能补脾益胃。桂圆营养丰富，是珍贵的滋养强化剂。此外，桂圆的叶、花、根、核均可入药。桂圆含有多种营养物质，有补血安神、健脑益智、补养心脾的功效。

莲子中所含的棉籽糖，是老少皆宜的滋补品，对于久病、产后或老年体虚者，更是常用营养佳品；莲子碱有平抑性欲的作用，对于年轻人梦多、遗精频繁或滑精者，服食莲子有良好的止遗涩精作用。

此款果汁能够消除心火，益肾宁神。

贴心提示

用手指捏桂圆果粒，若果壳坚硬，则表明果实较生未熟；若感觉柔软而有弹性，则是成熟的特征。

莲藕豆浆汁 补心益肾，清热润肺

原料

莲藕2片（2厘米长），豆浆200毫升。

做法

1 将莲藕去皮，切成块状；2 将切好的莲藕和豆浆一起放入榨汁机榨汁。

【养生功效】

莲藕含有丰富的维生素，尤其是维生素K、维生素C的含量较高，它还富含食物纤维，既能帮助消化、防止便秘，又能利尿通便，排泄体内的废物质和毒素。豆浆中所含的豆固醇和钾、镁、钙能加强心肌血管，改善心肌营养，降低胆固醇，促进血流防止血管痉挛。将莲藕和豆浆混合成汁，能够起到清热解毒、生津润肺、补心益肾、预防心脑血管疾病的功效。

此款果汁能够补心益肾，生津润肺，预防心脑血管疾病。

贴心提示

莲藕性偏凉，所以产妇不宜过早食用，产后1～2周后再吃莲藕豆浆汁比较合适；胃及十二指肠溃疡患者忌食莲藕豆浆。

西瓜黄瓜汁 增强肾脏功能

原料

西瓜2片，黄瓜1根，饮用水200毫升。

做法

1 将西瓜去皮去子，切成块状；2 将黄瓜洗净，切成丁；3 将切好的西瓜、黄瓜和饮用水一起放入榨汁机榨汁。

【养生功效】

中医认为西瓜有解暑除烦、止渴生津、清热利尿的功效，是治疗中暑、高血压、肾炎、尿路感染、口疮等症的良药。西瓜有利尿的功能，能够增强肾脏的排毒功能。黄瓜中含有的维生素C具有提高人体免疫功能的作用，可达到抗肿瘤目的。

此款果汁适于肾脏机能不佳者。

贴心提示

由于西瓜属于生冷之品，平时不宜多吃，吃多了会伤害脾胃，所以，脾胃虚寒、消化不良、大便滑泄者要少饮；感冒初期也要少喝，因为无论是风寒感冒还是风热感冒，其初期都属于表证，在这个时候喝西瓜汁就相当于服用清里热的药物，会引邪入里，使感冒加重或者是延长治愈的时间。

芹菜芦笋葡萄汁 活化肾脏机能

原料

芹菜半根，芦笋1根，葡萄10颗，饮用水200毫升。

做法

1 将芹菜、芦笋洗净，切成块状；2 将葡萄洗净去皮去子，切成块状；3 将切好的芹菜、芦笋、葡萄和饮用水一起放入榨汁机榨汁。

【养生功效】

芦笋所含的成分对于疲劳症、水肿、膀胱炎、排尿困难等症有一定的辅助治疗作用。同时芦笋对心血管病、动脉硬化、肾炎、肾结石、胆结石均有益。

葡萄是一种滋补药品，具有补虚健胃的功效。常吃葡萄可舒筋活血、开胃健脾、助消化，还可滋补肝肾、强筋壮骨。还有研究发现，葡萄皮中的黄酮类物质，能防止动脉粥样硬化，保护心脏。

此款果汁能够排毒利尿，活化肾脏功能。

贴心提示

许多人在食用芹菜时常常把叶去掉，其实芹菜的叶要比茎的营养价值高许多。芹菜的叶对癌症具有一定的抑制作用，其抑制率可达到75%。

第5节 养心祛火

菠菜荔枝汁 补心安神，预防心脏病

原料

菠菜1棵，荔枝4颗，饮用水200毫升。

做法

1 将菠菜洗净切碎；2 将荔枝去皮去核，取出果肉；3 将准备好的菠菜、荔枝和饮用水一起放入榨汁机榨汁。

【养生功效】

菠菜富含多种维生素、蛋白质和矿物质。菠菜中胡萝卜素含量略高于胡萝卜；维生素C的含量比大白菜高2倍，比白萝卜高1倍。一个人一天只需吃100克菠菜就可满足机体对维生素C的需要。胡萝卜素和维生素C还可抑制癌细胞的扩散。500克菠菜中的蛋白质含量相当于2个鸡蛋。菠菜所含的酶对胃和胰腺的分泌功能有良好的促进作用，有助于消化。荔枝所含丰富的糖分具有补充能量、增加营养的作用，研究证明，荔枝对大脑组织有补养作用，能明显改善失眠、健忘、神疲等症状；荔枝肉含丰富的维生素C和蛋白质，有助于增强机体免疫功能，提高抗病能力；荔枝有消肿解毒、止血止痛的作用；荔枝拥有丰富的维生素，可促进微细血管的血液循环，防止雀斑的发生，令皮肤更加光滑。果肉具有补脾益肝、理气补血、温中止痛、补心安神的功效；核具有理气、散结、止痛的功效；可止呃逆，止腹泻，是顽固性呃逆及五更泻者的食疗佳品，同时有补脑健身、开胃益脾、促进食欲之功效。

此款果汁能够补心安神，保养心脏。

贴心提示

大量进食荔枝又很少吃饭的话，极易引发突发性低血糖症，出现头晕、口渴、恶心、出汗、肚子疼、心慌等现象，严重者会发生昏迷、抽搐、呼吸不规则、心律不齐等，这些症状就是大量食用荔枝后产生的突发性低血糖，医学上称之为荔枝急性中毒，也称“荔枝病”。

小白菜苹果汁 防止心脑血管疾病

原料

小白菜1棵，苹果1个，饮用水200毫升。

做法

1 将小白菜洗净切碎；2 将苹果去核，切成块状；3 将准备好的小白菜、苹果和饮用水一起放入榨汁机榨汁。

【养生功效】

小白菜中的维生素B_6、泛酸等，具有缓解精神紧张的功能，多吃有助于保持平静的心态。小白菜中含有大量粗纤维，其进入人体内与脂肪结合后，可防止胆固醇形成，促使胆固醇代谢物胆酸得以排出体外，以减少动脉粥样硬化的形成，从而保持血管弹性。苹果中的果胶和鞣酸有收敛作用，可将肠道内积聚的毒素和废物排出体外。其中的粗纤维能松软粪便，利于排泄；有机酸能刺激肠壁，增加蠕动作用；而维生素C更有效保护心血管。苹果所含的微量元素钾能扩张血管，适用于高血压患者。而锌亦是人体所必需，缺乏时会引致血糖代谢紊乱与性功能下降。

此款果汁能够增强心血管功能。

贴心提示

脾胃虚寒、大便溏薄者，不宜多饮。

胡萝卜梨汁 清热降火，保护心脏

原料

胡萝卜半根，梨1个，饮用水200毫升。

做法

1 将胡萝卜洗净去皮，切成块状；2 将梨洗净去核，切成块状；3 将切好的胡萝卜、梨和饮用水一起放入榨汁机榨汁。

【养生功效】

胡萝卜中含有植物纤维，具有很强的吸水性，在肠道中体积容易膨胀，是肠道中的“充盈物质”，能够加强肠道的蠕动。胡萝卜中还含有降糖物质，所以胡萝卜是糖尿病患者的良好食品，其所含的某些成分，如槲皮素、山柰酚能降低血脂，促进肾上腺素的合成，同时还具有降压、强心的作用。梨性味甘酸而平、无毒，具有生津止渴、益脾止泻、和胃降逆的功效。梨中含有丰富的B族维生素，能保护心脏，减轻疲劳，增强心肌活力，降低血压。梨的鞣酸及苷等成分，能清热降火，对咽喉有养护作用。

此款果汁能够降压强心，减缓疲劳。

贴心提示

慢性肠炎、胃寒病、糖尿病患者不宜过多饮用胡萝卜梨汁。

莲藕鸭梨汁 调节心律不齐

原料

莲藕2片（2厘米宽），鸭梨1只，饮用水200毫升。

做法

1 将莲藕去皮切成块状；2 将鸭梨洗净去核，切成块状；3 将切成块状的莲藕、鸭梨和饮用水一起放入榨汁机榨汁。

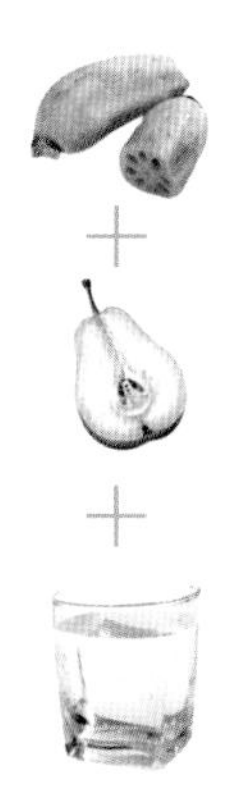

【养生功效】

中医称莲藕“主补中养神，益气力”。藕的营养价值很高，富含维生素、矿物质、植物蛋白质以及淀粉，能够补益气血，增强免疫力。此外，莲藕还有调节心脏、血压、改善末梢血液循环的功用。

鸭梨性凉味甘酸，具有生津、润燥、清热、化痰、解酒的作用。鸭梨含有丰富的维生素B，能够增强心肌活力，缓解周身疲劳，降低血压；鸭梨能够清热镇静。

此款果汁能够调节心律不齐，生津润燥。

贴心提示

梨是“百果之宗”，因其鲜嫩多汁、酸甜适口，所以又有“天然矿泉水”之称。

芦笋芹菜汁 调治心律不齐

原料

芦笋1根，芹菜半根，饮用水200毫升。

做法

1 将芦笋洗净去须，切成块状；2 将芹菜洗净，切成块状；3 将切好的芦笋、芹菜和饮用水一起放入榨汁机榨汁。

【养生功效】

现代营养学分析，芦笋蛋白质组成具有人体所必需的各种氨基酸，含量比例恰当，无机盐元素中有较多的硒、钼、镁、锰等微量元素，还含有大量以天门冬酰胺为主体的非蛋白质含氮物质和天门冬氨酸。

芹菜对心脏有益，又有充分的钾，可预防下半身水肿的现象。芹菜具有较高的药用价值，其性凉、味甘、无毒，具有散热、祛风利湿、健胃利血气、清肠利便、润肺止咳、降低血压、健脑镇静的作用。

此款果汁能够安定情绪，预防心脏病。

贴心提示

选购芹菜，色泽要鲜绿，叶柄应是厚的，茎部稍呈圆形，内侧微向内凹，这种芹菜品质是上好的，可以放心购买。

菠萝苹果番茄汁 净化血液，防治心脏病

原料

菠萝4片，苹果1个，番茄1个，饮用水200毫升。

做法

1 将菠萝、苹果洗净，切成块状；将番茄洗净，在沸水中浸泡后剥去表皮，并切成块状；2 将切好的菠萝、苹果、番茄和饮用水一起放入榨汁机榨汁。

【养生功效】

菠萝味甘微酸，性微寒，包含了碳水化合物、蛋白质、脂肪、多种维生素、蛋白质分解酵素以及钙、磷、铁等微量元素，能够清热解暑、生津止渴、利小便。番茄所含的番茄红素由于其很强的抗氧化作用，可以有效地减轻和预防心血管疾病，降低心血管疾病的危险性。

此款果汁能够改善血液循环。

贴心提示

苹果的形态略呈圆形，果皮的颜色多为青、黄、红色。不同的地区、不同品种的苹果，其成熟季节是有差别的。我国的苹果主要品种有国光、元帅、红星、红玉、青香蕉、倭绵、祝光等，其中以国光为最多。国光苹果甜酸，风味较好，适合用来做拔丝苹果。

苹果胡萝卜甜菜汁 调节心肺功能

原料

苹果1个，胡萝卜1根，柠檬2片，甜菜根1个，饮用水200毫升。

做法

1 将苹果洗净去核，切成块状；将胡萝卜、甜菜根洗净去皮，切成块状；将柠檬洗净切成块状；2 将准备好的苹果、胡萝卜、甜菜根、柠檬和饮用水一起放入榨汁机榨汁。

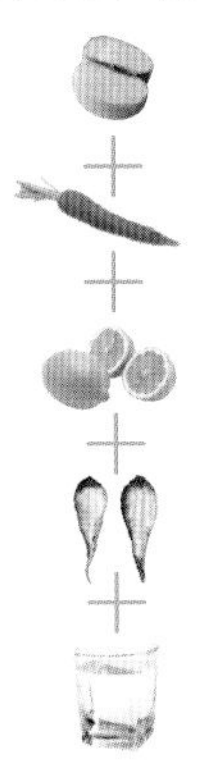

【养生功效】

中医认为，苹果具有生津止渴、养心益气等功效。苹果中的维生素C是心血管的保护神、心脏病患者的健康元素。甜菜根的块根及叶子含有一种甜菜碱成分，它具有中和胆碱、卵磷脂生化药理功能，是新陈代谢的有效调节剂，能加速人体对蛋白的吸收，改善肝的功能。甜菜根中还含有大量的镁元素，有软化血管和阻止血管中形成血栓的作用，对治疗高血压有重要作用。

此款果汁能够调节心肺功能，增强免疫力。

贴心提示

溃疡性结肠炎的病人不宜生食苹果，由于肠壁溃疡变薄，苹果质地较硬，很不利于肠壁溃疡面的愈合。

第6节 健脑提神

薄荷蜂蜜汁 提神醒脑，抗疲劳

原料

薄荷叶 4 片，清水 200 毫升，蜂蜜适量。

做法

1 将薄荷叶洗净切碎；2 将切好的薄荷叶和清水一起放入榨汁机榨汁；3 在榨好的果汁内放入适量蜂蜜搅拌均匀即可。

【养生功效】

薄荷具有双重功效：热的时候能让人感觉清凉、冷时则可温暖身躯，因此它治疗感冒的功效绝佳，对呼吸道产生的症状很好，对于干咳、气喘、支气管炎、肺炎、肺结核具有一定的疗效。对消化道的疾病也十分有助益，有消除胀气、缓解胃痛及胃灼热的作用；薄荷清凉的属性可安抚愤怒、歇斯底里与恐惧的状态，能使精神振奋，给予心灵自由的舒展空间。

营养分析表明，蜂蜜中含有大约 35%的葡萄糖，40%的果糖，这两种糖都可以不经过消化作用而直接被人体所吸收利用。蜂蜜还含有与人体血清浓度相近的多种无机盐，还含有一定数量的维生素 B_1、维生素 B_2、维生素 B_6 及铁、钙等。蜂蜜中含有淀粉酶、脂肪酶、转化酶等，酶是帮助人体消化、吸收和一系列物质代谢及化学变化的促进物。

此款果汁能够提神醒脑，缓解疲劳。

贴心提示

新鲜薄荷常用于制作料理或甜点，以去除鱼及羊肉腥味，或搭配水果及甜点，用以提味；也可做成消炎消肿的润肤水。另外，可将生叶揉碎把汁液涂在太阳穴，或肌肉酸痛的部分，以达到止痒、止痛消肿，减轻酸痛的效果。

胡萝卜香蕉柠檬汁 补充营养，增强抵抗力

原料

胡萝卜1根，柠檬2片，香蕉1根，饮用水200毫升。

做法

1 将胡萝卜洗净去皮，切块；剥去香蕉的皮和果肉上的果络，切块；将柠檬洗净切块；2 将准备好的胡萝卜、香蕉、柠檬和饮用水一起放入榨汁机榨汁。

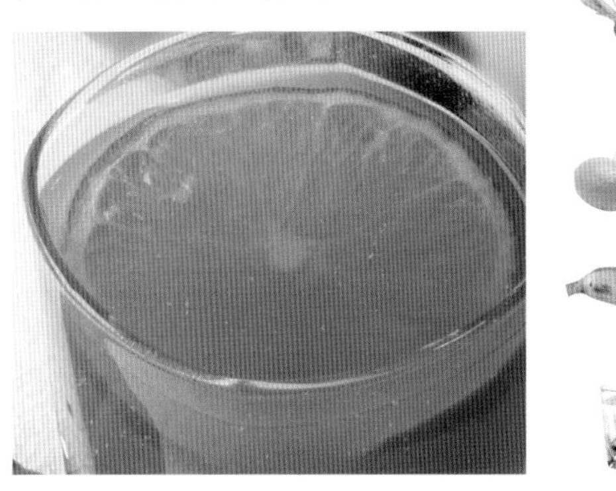

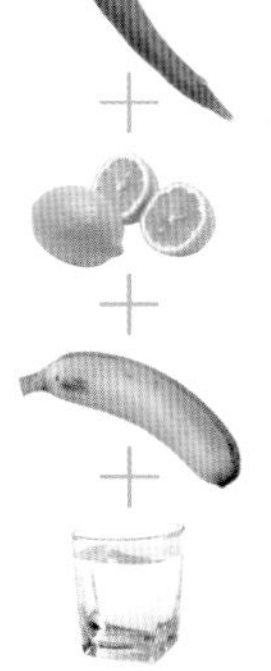

【养生功效】

胡萝卜素在人体内能转化为维生素A。医学研究表明，体内缺乏维生素A是春季患呼吸道感染性疾病的一大诱因。胡萝卜能增强身体的免疫能力，从而起到提神健脑的功效。

柠檬含有烟酸和丰富的有机酸，其味极酸，柠檬酸汁有很强的杀菌作用，对食品卫生很有好处。实验显示，酸度极强的柠檬汁在15分钟内可把海贝壳内所有的细菌杀死。柠檬富有香气，能祛除肉类、水产的腥膻之气，并能使肉质更加细嫩。

此款果汁口味清淡，能够健脑提神。

贴心提示

在食用胡萝卜后，不宜马上吃橘子、苹果、葡萄等水果，否则会导致甲状腺肿。

胡萝卜苹果汁 预防心脑血管疾病

原料

胡萝卜半根，苹果1个，清水200毫升。

做法

1 将胡萝卜洗净去皮，切成块状；2 将苹果洗净去核，切成块状；3 将切好的胡萝卜、苹果和清水一起放入榨汁机榨汁。

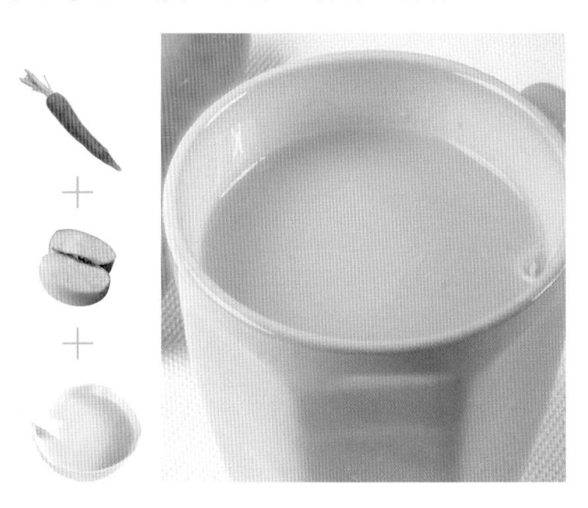

【养生功效】

胡萝卜含有降糖物质，是糖尿病人的良好食品。其所含的山柰酚、槲皮素则能促进血液循环，降低血脂浓度，有降压、强心作用。豆浆富含蛋白质、维生素、钙、锌等物质，尤其是卵磷脂、维生素E含量高，可以改善大脑的供血供氧，提高大脑记忆和思维能力。

卵磷脂是构成脑神经组织和脑脊髓的主要成分，有很强的健脑作用，同时也是脑细胞和细胞膜所必需的原料，并能促进细胞的新生和发育。

此款果汁能够预防心脑血管疾病。

贴心提示

食用时不宜加醋太多；以免胡萝卜素损失。

香蕉苹果葡萄汁 健脑益智，消除疲劳

原料

香蕉1根，苹果1个，葡萄8颗，饮用水200毫升。

做法

1 剥去香蕉的果皮和果肉上的果络；将苹果洗净去核，切成块状；将葡萄洗净去皮去子，切成块状；2 将准备好的香蕉、苹果、葡萄和饮用水一起放入榨汁机榨汁。

【养生功效】

中医认为香蕉性寒味甘，有清热解毒、润肠通便、润肺止咳、降低血压和滋补功效。苹果中的锌对儿童的记忆有益，能增强儿童的记忆力。

苹果所含有的香味和微酸的味道能够缓解因压力过大造成的情绪低落或暴躁，还有提神醒脑的功效。

葡萄中的糖主要是葡萄糖，能很快地被人体吸收。当人体出现低血糖时，若及时饮用葡萄汁，可很快使症状缓解。

此款果汁能够健脑益智，消除各种疲劳。

贴心提示

用香蕉皮敷在疣（俗称瘊子）的表面，使其软化，并一点点地脱落，直至痊愈。用这个方法可将头及脸部的瘊子治好。

松子番茄汁 为大脑提供养分

原料

番茄1个，柠檬2片，饮用水200毫升，松子适量。

做法

1 将番茄洗净，在沸水中浸泡10秒，剥去番茄的表皮并切成块状；将柠檬洗净切成块状；2 将准备好的番茄、柠檬、松子和饮用水一起放入榨汁机榨汁。

【养生功效】

番茄含有对心血管具有保护作用的维生素和矿物质元素，能减少心脏病的发作。松子是大脑的优质营养补充剂，特别适合用脑过度人群食用。松子中所含的不饱和脂肪酸具有增强脑细胞代谢，维护脑细胞功能和神经功能的作用。谷氨酸含量高达16.3%，谷氨酸有很好的健脑作用，可增强记忆力。此外，松子中的磷和锰含量也非常丰富，这对大脑和神经都有很好的补益作用，是脑力劳动者的健脑佳品。

此款果汁能够益气健脑。

贴心提示

松子中维生素E高达30%，能够改善孕妇怀孕期间皮肤变差的情况，并预防流产和辅助治疗不孕。

香蕉苹果梨汁 健脑益智，消除疲劳

原料

香蕉、苹果、梨各1个，饮用水100毫升。

做法

1 剥去香蕉的果皮和果肉上的果络，切成块状；2 将苹果、梨洗净切成块状；3 将准备好的香蕉、苹果、梨和饮用水一起放入榨汁机榨汁。

贴心提示

由于香蕉在香蕉树上完全成熟时，果皮易裂，不利于搬运及贮藏。故采收大多于七八分熟时，果皮仍为青绿色状态就开始采收，故通常不是能够马上食用的水果。刚采收的香蕉，通常青涩难以入口。所以需要在采收后，置于阴凉的通风处，静待其果皮变黄自然成熟。

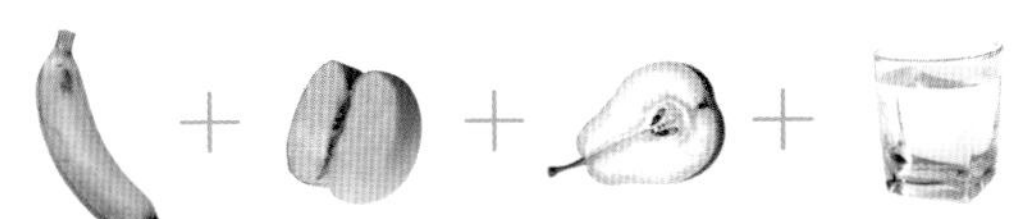

【养生功效】

香蕉几乎含有所有的维生素和矿物质，因此从中可以很容易地摄取各种营养素。香蕉是一种热量低的食物，一根净重约100克的香蕉的热量仅约365千焦，相当是一餐白饭的一半儿。香蕉含有相当多的钾和镁。钾能防止血压上升及肌肉痉挛，而镁则具有消除疲劳的效果。香蕉也是一种天然的制酸剂。由于香蕉易于消化和吸收，因此从小孩到老年人，都能安心地食用，并补给均衡的营养，甚至对大脑也有一些帮助。最新研究还发现香蕉中的钾离子可以降低中风危险。高血压患者体内往往“钠”多而“钾”少，香蕉中含有丰富的钾离子能抑制钠离子，维持体内的钠钾平衡，从而能减少中风的概率。

苹果特有的香味可以缓解压力过大造成的不良情绪，还有醒脑提神的功效。

此款果汁有养心益气、健脑益智的作用。

第7节 增强免疫力

红黄甜椒汁 增强抵抗力，开胃

原料

红辣椒、黄辣椒各一个，饮用水200毫升，白砂糖适量。

做法

1 将辣椒洗净去子，切成块状；2 将切好的辣椒和饮用水一起放入榨汁机榨汁；3 在榨好的果汁内加入适量白糖搅拌均匀即可。

【养生功效】

辣椒对口腔及胃肠有刺激作用，能增强肠胃蠕动，促进消化液分泌，改善食欲，并能抑制肠内异常发酵。这是由于辣椒能刺激人体前列腺素E_2的释放，有利于促进胃黏膜的再生，维持胃肠细胞功能，防治胃溃疡。辣椒中含有丰富的维生素，可使体内多余的胆固醇转变为胆汁酸，从而预防胆结石。常食辣椒可降低血脂，促进血液循环，减少血栓形成，对心血管系统疾病有一定预防作用。辣椒素还能缓解诸多疾病引起的皮肤疼痛。辣椒含有一种成分，可以通过扩张血管，刺激体内生热系统，有效地燃烧体内的脂肪，加快新陈代谢，使体内的热量消耗速度加快，从而达到减肥的效果。辣椒还具有通利肺气、通达窍表、通顺血脉的“三通”作用。红辣椒、黑胡椒、咖喱等香辛料，能够保护细胞的DNA免受辐射破坏，尤其是伽马射线。中医认为辛辣食物既能促进机体血液循环，又能增进脑细胞活性，有助于延缓衰老，舒缓多种疾病。

此款果汁能够增强抗病能力，增加食欲。

贴心提示

痔疮患者如果大量食用辣椒等刺激性食物，会刺激胃肠道，使痔疮疼痛加剧，甚至导致出血等症状，痔疮患者应多饮水，多吃水果，少吃或不食辣椒。红眼病、角膜炎等眼病患者吃辣椒会加重眼病。

秋葵汁 保持体力，增强抵抗力

原料

秋葵3根，牛奶200毫升，蜂蜜适量。

做法

1 把秋葵用热水焯一下；2 将焯过的秋葵切成块状；3 把切好的秋葵和准备好的牛奶放入榨汁机榨汁；4 榨好后加入适量蜂蜜即可。

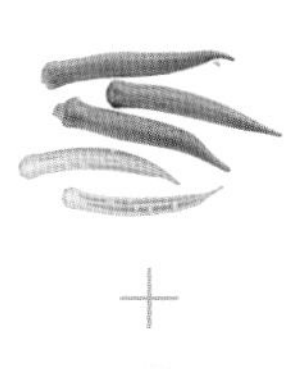
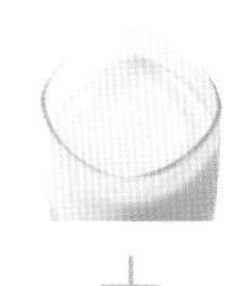

【养生功效】

秋葵含有的维生素A，有益于视网膜健康、维护视力。对青壮年和运动员而言，秋葵可消除疲劳、迅速恢复体力。同时秋葵嫩果中含有一种黏性液质及阿拉伯聚糖、半乳聚糖、蛋白质、草酸钙等，经常食用帮助消化、增强体力。秋葵的根在中医上有清热解毒、去脓和疏通血脉的功效，还能治筋骨损伤。所含的特殊黏液，可以保护肠胃道；纤维素则能辅助消化，防治便秘，防止贫血。

此款果汁能够增强机体的抵抗力。

贴心提示

秋葵焯掉之后部分营养会流失，因而焯的时间不宜过长。此外，秋葵属于性味偏于寒凉的蔬菜，胃肠虚寒、功能不佳、经常腹泻的人不可多食。

番茄酸奶果汁 抗氧化，提高抗病能力

原料

番茄2个，酸奶200毫升。

做法

1 在番茄的表面划几刀，放入沸水中10秒钟；2 剥去番茄的表皮；3 将番茄切成块状；4 将切好的番茄和酸奶一起放入榨汁机中。

【养生功效】

番茄富含胡萝卜素，具有抗氧化的作用。番茄含的番茄红素，有抑制细菌的作用；含的苹果酸、柠檬酸和碳水化合物，有助消化的功能。番茄内的苹果酸和柠檬酸等有机酸，还有增加胃液酸度、帮助消化、调整胃肠功能的作用。

此款果汁具有抗氧化，提高抗病能力的作用。

贴心提示

未成熟的生番茄里含有龙葵碱，食后会使口腔苦涩，胃部不适，食多了可导致中毒。不宜空腹食用大量番茄，因为番茄中含有较多的胶质、果质、柿胶酚等成分，易与胃酸结合生成块状结石，造成胃部胀痛。

木瓜芝麻乳酸汁 改善失眠、多梦症状

原料

木瓜半个，乳酸饮料100毫升，饮用水100毫升，芝麻适量。

做法

1 将木瓜洗净，去皮去子后切成块状；2 将木瓜、乳酸饮料、饮用水、芝麻一起放入榨汁机榨汁。

【养生功效】

木瓜性平味甘，清心润肺、健胃益脾。木瓜里的酵素会帮助分解肉食，减低胃肠的工作量，帮助消化，防治便秘，并可预防消化系统癌变。木瓜能消除体内过氧化物等毒素，净化血液，对肝功能障碍有防治效果。乳酸饮料能够使肠道菌群的构成发生有益变化，改善人体胃肠道功能，恢复人体肠道内菌群平衡，形成抗菌生物屏障，维护人体健康。 抑制腐败菌的繁殖，消解腐败菌产生的毒素，清除肠道垃圾。

此款果汁可以增强机体抵抗力，保证睡眠质量。

贴心提示

木瓜中的番木瓜碱，对人体有小毒，所以每次食用木瓜不宜过多。

圆白菜蓝莓汁 增强免疫力

原料

圆白菜叶2片，蓝莓4颗，苹果半个，原味酸奶100毫升，饮用水100毫升。

做法

1 将圆白菜洗净切碎；将蓝莓洗净去核；将苹果洗净切成块状；2 将切好的圆白菜、蓝莓、苹果和原味酸奶、饮用水一起放入榨汁机榨汁。

【养生功效】

圆白菜含有人体必需的各种氨基酸，并且必需氨基酸的构成比例接近人体需要，因此易被人体充分利用。此外还含有抗氧化的营养素，防衰老、抗氧化的效果明显，它能提高人体免疫力，预防感冒。蓝莓能清除使血管壁硬化的自由基，增强毛细血管的柔韧性，促进血管的伸缩性，防止血管破裂，还可以增强关节及软组织的功能。蓝莓中的花青素能激活免疫系统，使免疫球蛋白不受自由基的侵害，激活巨噬细胞，增强人体的免疫力。

此款果汁可以消炎镇痛，增强机体免疫力。

贴心提示

新鲜蓝莓具有轻泻的作用，所以腹泻时不要饮用含有蓝莓汁成分的果汁。

胡萝卜甜菜根汁 补充维生素，提高免疫力

原料

胡萝卜半根，甜菜根1个，饮用水200毫升。

做法

①将胡萝卜、甜菜根洗净切成块状；②将切好的胡萝卜、甜菜根和饮用水一起放入榨汁机榨汁。

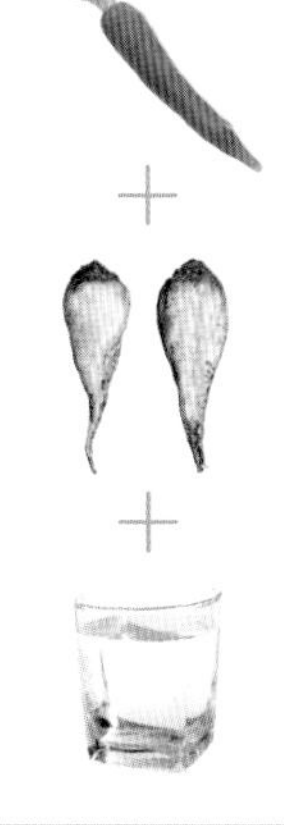

【养生功效】

胡萝卜含有能诱导人体自身产生干扰素的多种微量元素，可增强机体免疫力，抑制癌细胞的生长。甜菜根富含铜，对于血液、中枢神经和免疫系统，头发、皮肤和骨骼组织以及脑和肝、心等内脏的发育和功能有重要影响。甜菜根还能够防止毒素对肝细胞的损害，可以促进肝气循环，舒缓肝郁。

此款果汁能够补充各种维生素，增强抵抗力。

贴心提示

阴性偏寒体质者、脾胃虚寒者不宜多食胡萝卜。胃及十二指肠溃疡、慢性胃炎、单纯甲状腺肿、先兆流产、子宫脱垂等患者少食萝卜。服用人参、西洋参时不要同时吃萝卜，以免药效相反，起不到补益作用。

芒果酸奶 美容护肤，增强免疫力

原料

芒果1个，酸奶200毫升。

做法

①将芒果去皮去核，取出果肉；②将芒果果肉和酸奶一起放入榨汁机榨汁。

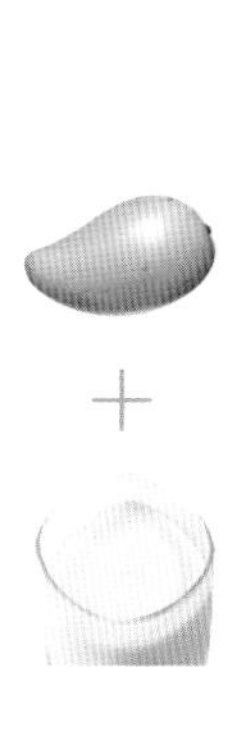

【养生功效】

芒果含有丰富的维生素A，维生素C含量也不低。同时还富含蛋白质、矿物质、碳水化合物等。芒果还含有一种叫芒果苷的物质，芒果苷具有抗炎、抗病毒、中枢神经抑制和免疫抑制作用；芒果苷治疗慢性支气管炎有较好疗效；芒果苷对肝癌细胞株有明显的毒性作用，能诱导肝癌细胞凋亡；芒果苷具有抗氧化活力和延缓衰老作用。

此款果汁能够消肿美容，增强免疫系统。

贴心提示

果皮有点发绿的芒果，是没有完全成熟的；对于果皮有少许皱褶的芒果，不要觉得不新鲜而不挑选，恰恰相反，这样的芒果才会具有更好的口感，吃起来会更甜。

葡萄鲜奶汁 改善手脚冰冷

原料

葡萄8颗，鲜奶200毫升。

做法

1 将葡萄去子，取出果肉；2 将葡萄果肉与鲜奶一起放入榨汁机榨汁。

【养生功效】

中医认为，葡萄味甘微酸、性平，具有补肝肾、益气血、开胃力、生津液和利小便之功效。葡萄含糖量高达30%，以葡萄糖为主。葡萄中的大量果酸有助于消化，适当多吃些葡萄，能健脾和胃。葡萄中含有矿物质钙、钾、磷、铁以及维生素 B_1、维生素 B_2、维生素 B_6、维生素C和维生素P等，还含有多种人体所需的氨基酸，常食葡萄对神经衰弱、疲劳过度大有裨益。

此款果汁能够促进身体血液循环，改善手脚冰冷症状。

贴心提示

在盆中加入适量清水、一勺面粉搅拌均匀，静置2分钟，拎着葡萄的柄，在水中轻轻摆动。等面粉水变浑浊时葡萄就洗干净了。

番茄菠萝汁 有利于蛋白质的消化

原料

番茄1个，菠萝2片，饮用水200毫升，蜂蜜适量。

做法

1 将番茄洗净，在沸水中浸泡10秒，剥去番茄的表皮，切成块状；将菠萝洗净，切碎；2 将准备好的番茄、菠萝和饮用水一起放入榨汁机榨汁；在果汁内加入适量蜂蜜搅匀。

【养生功效】

番茄性凉味甘酸，具有清热生津、养阴凉血的功效；番茄还含有防癌抗衰老的谷胱甘肽，可清除体内有毒物质，恢复机体器官正常功能，延缓衰老防癌症，所以番茄拥有“长寿果”的美誉。

每100克菠萝果实中所含的维生素C高达30毫克，并含有丰富的水分。它的果肉中含有一种能分解蛋白质的酵素，因此它能柔软肉质、消解血块。

此款果汁能够加强蛋白质的吸收，增强身体抗病能力。

贴心提示

番茄含有多种维生素和营养成分，如维生素C、维生素A以及叶酸、钾这些对人体非常重要的营养元素。特别是它所含的番茄红素，对人体的健康更有益处。

芹菜海带黄瓜汁 排毒，防治心血管疾病

原料

芹菜半根，海带10厘米长，黄瓜1根，饮用水200毫升。

做法

1 将海带在沸水中煮一会儿，除去咸味，并切成块状；将芹菜、黄瓜洗净切成块状；2 将切好的芹菜、黄瓜、海带和饮用水一起放入榨汁机榨汁。

【养生功效】

芹菜含铁量较高，能补充妇女经血的损失，是缺铁性贫血患者的佳蔬，食之能避免皮肤苍白、干燥、面色无华。海带能提高机体的体液免疫，促进机体的细胞免疫。海带中含有大量的多不饱和脂肪酸EPA，能使血液的黏度降低，减少血管硬化。

此款果汁能够排出体内毒素，预防心血管疾病。

贴心提示

黄瓜切小丁，和煮花生米一起调拌，作为一道爽口凉菜，经常被使用。其实，这样搭配不是十分妥当。因为这两种食物搭配可能会引起腹泻。黄瓜性味甘寒，常用来生食，而花生米多油脂。一般来讲，如果性寒食物与油脂相遇，会增加其滑利之性，可能导致腹泻。

菠菜牛奶汁 均衡营养，增强抵抗力

原料

菠菜2棵，牛奶200毫升，蜂蜜适量。

做法

1 将菠菜洗净切碎；2 将切好的菠菜和牛奶一起放入榨汁机榨汁；3 在榨好的果汁内加入适量蜂蜜搅拌均匀即可。

【养生功效】

菠菜中的维生素A、维生素C的含量比一般蔬菜多，是低热量、高纤维素、高营养的减肥蔬菜。菠菜中所含的胡萝卜素，在人体内转变成维生素A，能维护正常视力和上皮细胞的健康，增加预防传染病的能力，促进儿童生长发育。菠菜中含有丰富的胡萝卜素、维生素C、钙、磷，及一定量的铁、维生素E、芸香苷、辅酶Q10等有益成分，能供给人体多种营养物质；其所含铁质，对缺铁性贫血有较好的辅助治疗作用。

牛奶的营养成分很高，牛奶中的矿物质种类也非常丰富，除了我们所熟知的钙以外，磷、铁、锌、铜、锰、钼的含量都很多。最难得的是，牛奶是人体钙的最佳来源，而且钙磷比例非常适当，利于钙的吸收。

此款果汁能够均衡营养，增强免疫力。

西蓝花胡萝卜彩椒汁 增强抗病能力

原料

西蓝花2朵，胡萝卜半根，彩椒半个，饮用水200毫升。

做法

1 将西蓝花洗净在沸水中焯一下，切成块状；2 将胡萝卜洗净切成块状；3 将红辣椒去子，洗净切成块状；4 将准备好的西蓝花、胡萝卜、红辣椒和饮用水一起放入榨汁机榨汁。

贴心提示

挑选西蓝花要注意一看、二摸、三掂、四捏：一看菜花上有没有长出黄色花朵，再看西蓝花的球茎大小，球茎大的更好；二摸花球表面没有凹凸；三用手掂一掂两个同样大小花球的重量，轻的更好；四用指头捏一捏花茎，如果硬，说明这个西蓝花较老。

【养生功效】

西蓝花是一种营养价值非常高的蔬菜，几乎包含人体所需的各种营养元素，被誉为"蔬菜皇冠"。此外，西蓝花中矿物质成分比其他蔬菜更全面，钙、磷、铁、钾、锌、锰等含量很丰富，比同属于十字花科的白菜花高出很多。西蓝花中含有的异硫氰酸盐可以激活机体免疫细胞的许多抗氧化基因和酶，使免疫细胞免受自由基损伤。

彩椒是甜椒中的一种，因其色彩鲜艳而得名。在生物上属于杂交植物。彩椒富含多种维生素及微量元素，不仅可改善黑斑及雀斑，还有消暑、补血、消除疲劳、预防感冒和促进血液循环等功效。

胡萝卜又被称为"小人参"，胡萝卜不仅有各种花样的吃法，还能够补充人体所需的营养物质。西蓝花、胡萝卜、彩椒制成的果汁具有很强的抗氧化作用，不仅能够促进血液循环，延缓衰老，还能够增强机体的抗病能力。

>> 第四章

一杯蔬果汁，美容养颜

第1节 美白亮肤

橘芹花椰汁 降压安神，亮泽皮肤

原料

花椰菜2朵，苹果半个，橘子半个，芹菜半根，饮用水200毫升，蜂蜜适量。

做法

1 将花椰菜洗净在水中焯一下，切成块状；2 将苹果、芹菜洗净，切成块状；3 将橘子去皮洗净，切成块状；4 将准备好的花椰菜、苹果、橘子、芹菜和饮用水一起放入榨汁机榨汁；5 在榨好的果汁内放入适量蜂蜜搅拌均匀即可。

贴心提示

挑选花椰菜时看花球的成熟度，以花球周边未散开的为好。花球的色泽，以无异味、无毛花为佳。

【养生功效】

一只苹果所含的膳食纤维，可满足一天膳食纤维需求的20%。吃苹果时要细嚼慢咽，可让身体产生“饱腹感”，防止过量饮食。苹果中的自然甜味剂也会慢慢进入血液，保持稳定的血糖和胰岛素水平。美国的一项新研究证明，吃苹果可以促进乙酰胆碱的产生，该物质有助于神经细胞相互传递信息。因此，吃苹果能帮老年人增强思维、促进记忆、降低老年痴呆症的发病率。苹果中所含的维生素还有美白肌肤的作用。

芹菜当中富含蛋白质、脂肪、碳水化合物、纤维素、维生素以及矿物质等营养成分。除去具有丰富的营养之外，芹菜还具有一定的药用价值。历代医学文献都有论述，认为芹菜有“甘凉清胃，涤热祛风，利口齿、咽喉，明目和养精益气、补血健脾、止咳利尿、降压镇静”等功用。中医临床表明，芹菜是治疗高血压引起的一些疾病的有效药物，对防治糖尿病、贫血、小儿佝偻症、血管硬化和月经不调、白带过多等妇科病也具有一定的辅助疗效。

此款果汁能够改善视力，降压安神，美容养颜。

香蕉木瓜酸奶汁 补充养分，有效排毒

原料

香蕉一根，木瓜1个，酸奶200毫升。

做法

1 剥掉香蕉的皮和果肉上的果络，切成块状；2 将木瓜洗净去子，切成块状；3 将切好的香蕉、木瓜和酸奶一起放入榨汁机榨汁。

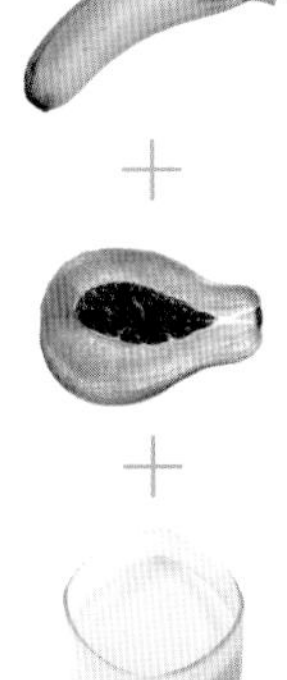

【养生功效】

香蕉能够帮助体内排毒，从而改善气色，同时，香蕉能够由内而外滋润皮肤，为肌肤补水，延缓衰老。木瓜含有大量的胡萝卜素、维生素C及纤维素等，能帮助分解并去除肌肤表面老化的角质层细胞，所以是润肤、美颜、通便的美容圣品。同时，木瓜具有润肺功能，从而让皮肤变得光洁、柔嫩、细腻、皱纹减少、面色红润。

此款果汁能够畅体安神，美容焕肤。

贴心提示

李时珍在《本草纲目》中说，“木瓜处处有之，而宣城者为佳”。宣木瓜由此得名。现在四川、湖北、湖南木瓜产量较大，占全国总产量的70%以上。云南、贵州、安徽、河南、山东、福建等省也有少量生产。

蜜桃汁 改善肌肤暗沉

原料

蜜桃2个，饮用水200毫升。

做法

1 将蜜桃洗净去核，切成块状；2 将准备好的蜜桃和饮用水一起放入榨汁机榨汁。

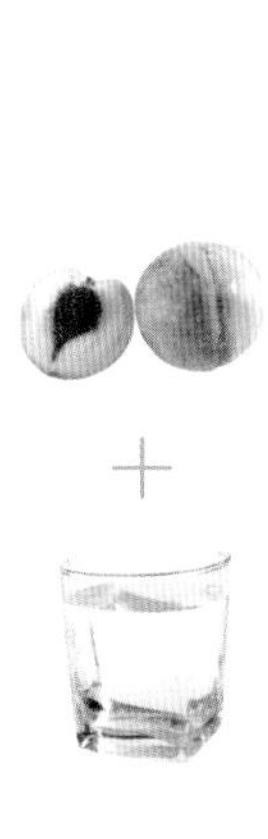

【养生功效】

中医认为，桃子味甘、酸，性温，有生津润肠、活血消积、丰肌美肤作用。可用于强身健体、益肤悦色及治疗体瘦肤干、月经不调、虚寒喘咳等诸症。《随息居饮食谱》中说桃子：“补血活血，生津涤热，令人肥健，好颜色。”现代医学证实，桃子含有较高的糖分，有使人肥美及改善皮肤弹性、使皮肤红润等作用。对于瘦弱者，常吃桃子有强壮身体、丰肌美肤作用。身体瘦弱、阳虚肾亏者，可用鲜桃数个，同米煮粥食。常服有丰肌悦色作用。此款果汁能够消脂瘦身，改善肌肤暗沉。

贴心提示

内热偏盛、易生疮疖、糖尿病患者不宜多吃，婴儿、糖尿病患者、孕妇、月经过多忌饮。

蜜枣黄豆牛奶 补血养血，润泽肌肤

原料

干蜜枣 15 克，鲜奶 240 毫升，黄豆粉 15 克，冰糖 20 克，蚕豆 50 克。

做法

1 将干蜜枣用温开水泡软；2 蚕豆用开水煮过剥掉外皮，切成小丁；3 将所有材料倒入果汁机内搅打 2 分钟即可。

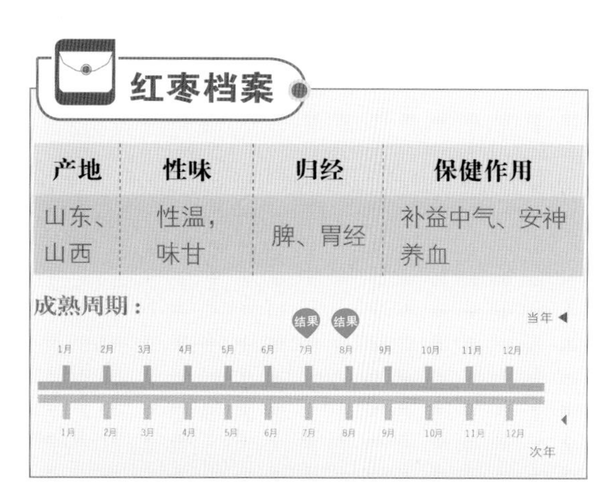

红枣档案

产地	性味	归经	保健作用
山东、山西	性温，味甘	脾、胃经	补益中气、安神养血

成熟周期：

营养成分

膳食纤维	蛋白质	脂肪	碳水化合物
1.5g	15.4g	4.3g	39.3g
维生素B_1	维生素B_2	维生素E	维生素C
0.1mg	0.1mg	2.6mg	12.4mg

贴心提示

可以选购那些又大又圆的果实，因为它的肉很丰厚，吃起来口感不错，最好枣子上面没有裂缝，这样它里面的营养也不至于会流失。

【养生功效】

蜜枣含有人体不可或缺的铁、B 族维生素。同时，蜜枣也有促进铁质吸收的功效。黄豆粉则富含属于 B 族维生素的叶酸，配合铁质可预防贫血。

猕猴桃西蓝花菠萝汁 抗氧化，养颜排毒

原料

猕猴桃2个，西蓝花2朵，菠萝2片，饮用水200毫升。

做法

1 将猕猴桃去皮洗净，切成块状；将西蓝花洗净在水中焯一下，切碎；将菠萝洗净切成块状；2 将准备好的猕猴桃、西蓝花、菠萝和饮用水一起放入榨汁机榨汁。

【养生功效】

西蓝花含蛋白质、碳水化合物、脂肪、维生素和胡萝卜，营养成分位居同类蔬菜之首。西蓝花能增强皮肤的抗损伤能力，有助于保持皮肤弹性。菠萝中丰富的B族维生素能有效地滋养肌肤，防止皮肤干裂，滋润头发的光亮，同时也可以消除身体的紧张感和增强机体的免疫力，经常饮用其新鲜的果汁能消除老人斑并降低老人斑的产生率。

此款果汁能够抗氧化，美白皮肤。

贴心提示

菠萝中的苷类是有害成分，它是一种有机物，对人的皮肤、口腔黏膜有一定刺激性。所以吃了未经处理的生菠萝后口腔觉得发痒，但对健康尚无直接危害。因此，菠萝一次不宜食用过多。

柳橙柠檬汁 调理气色差的症状

原料

柳橙1个，柠檬2片，饮用水200毫升。

做法

1 将柳橙去皮，切成块状；2 将柠檬洗净，切成块状；3 将切好的柳橙、柠檬和饮用水一起放入榨汁机榨汁。

【养生功效】

橙子有耀眼温暖的阳光特质，温润甜美的香味，可以驱离紧张情绪和压力、改善焦虑所引起的失眠，由于甜橙中含有大量的维生素C，能平衡皮肤的酸碱值、帮助胶原蛋白形成，从而改善肤质和气色。柠檬是一种有相当高美容价值的食物，不单有美白的功效，而且其独特的果酸成分更可软化角质层，令肌肤变得美白而富有光泽。鲜柠檬泡水喝，最直接的功效就是美容。

此款果汁能够调理女性气色，尤其适合在熬夜疲劳后饮用。

贴心提示

中医认为，有些人是不适合吃橙子的，比如有口干咽燥、舌红苔少等现象的人。这是由于肝阴不足所导致的，橙子吃多了更容易伤肝气，发虚热。

阳桃牛奶香蕉蜜 美白肌肤，消除皱纹

原料

阳桃80克，牛奶200毫升，香蕉100克，柠檬30克，冰糖10克。

做法

1 将阳桃洗净，切块；香蕉去皮切块；柠檬切片。2 将阳桃、香蕉、柠檬、牛奶放入果汁机中，搅打均匀。3 在果汁中加入少许冰糖调味即可。

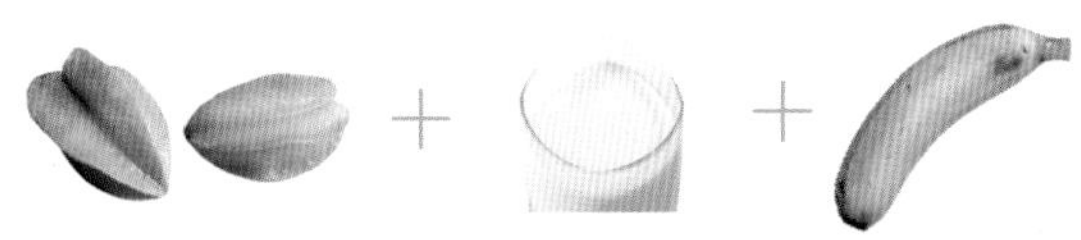

营养成分

膳食纤维	蛋白质	脂肪	碳水化合物
3.1g	8.6g	6.8g	137g

【养生功效】

此饮能美白肌肤，消除皱纹，改善干性或油性肌肤。榨汁前，应用软毛刷先将阳桃刷洗干净，榨出的果汁味道会更好。

果汁热量 1176千焦

操作方便度：★★★★☆
推荐指数：★★★☆☆

芦荟甜瓜橘子汁 美容护肤，补肌益体

原料

芦荟6厘米，甜瓜半个，橘子1个，饮用水200毫升。

做法

1 将芦荟洗净，切成块状；将甜瓜洗净去瓤，切成块状；剥去橘子的皮，分开；2 将准备好的芦荟、甜瓜、橘子和饮用水一起放入榨汁机榨汁。

【养生功效】

芦荟能够调节内分泌，中和黑色素，提高胶原蛋白的合成机能。祛斑、祛痘、美白肌肤，增强皮肤亮度。甜瓜富含碳水化合物，碳水化合物是构成机体的重要物质，储存和提供热能，维持大脑功能必需的能源，调节脂肪代谢，提供膳食纤维，解毒，增强肠道功能。橘子富含维生素C与柠檬酸，前者有美容作用，后者则有消除疲劳的作用。

此款果汁能够美白肌肤。

贴心提示

甜瓜的瓜蒂有毒，误食引起中毒，严重者死亡。如服瓜蒂过量，10 ~ 30分钟即感不适，恶心、剧烈呕吐、腹痛、腹泻、血压下降、发绀、心音减弱、心率快，严重者昏迷、抽搐，最后因循环衰竭、呼吸麻痹而死亡。

猕猴桃菠萝苹果汁 抗衰老，增强免疫力

原料

猕猴桃2个，菠萝2片，苹果1个，饮用水200毫升。

做法

1 将猕猴桃去皮洗净，切成块状；将菠萝洗净，切成块状；将苹果洗净去核，切成块状；2 将切好的猕猴桃、菠萝、苹果和饮用水一起放入榨汁机榨汁。

【养生功效】

猕猴桃属营养和膳食纤维丰富的低脂肪食品，对美容瘦身有独特的功效。猕猴桃还含有其他水果中少见的镁，镁是维持人体生命活动的必需元素，具有调节神经和肌肉活动、增强耐久力的神奇功能。

菠萝丰富的B族维生素能有效地滋养肌肤，防止头皮干裂，滋润头发，同时也可以消除身体的紧张感和增强机体的免疫力。

此款果汁能够抗衰老，增强抵抗力。

贴心提示

“糖心菠萝”属沙捞越种。沙捞越种又名“夏威夷”，果实重两三千克，果眼大而浅，一般削皮后即可食用。其果形端正，果肉柔滑多汁，甜酸适中，是鲜食和制罐头的优良品种。

橙子黄瓜汁 美白肌肤

原料

橙子1个，黄瓜1根，饮用水200毫升，蜂蜜适量。

做法

1 将橙子去皮，分开；将黄瓜洗净切成块状；2 将准备好的橙子、黄瓜和饮用水一起放入榨汁机榨汁；在果汁内加入适量蜂蜜搅匀。

【养生功效】

橙子富含维生素C与柠檬酸，维生素C最显著的作用便是美容作用，柠檬酸则具有消除疲劳的作用。黄瓜含有丰富的黄瓜酶，能促进机体新陈代谢，收到润肤护发的美容效果，常用黄瓜汁洗脸，或捣烂敷面1小时后洗净，既舒展皱纹，又润肤消斑。黄瓜是一味可以美容的瓜菜，经常食用或用来做面膜可有效地抗皮肤老化，减少皱纹的产生。如果因日晒引起皮肤发黑、粗糙，用黄瓜敷脸有良好的改善效果。

此款果汁能够抗氧化，美白肌肤。

贴心提示

现在黄瓜的种类很多，大致分为春黄瓜、架黄瓜和旱黄瓜。而闻名全国的品种乃是外形美观、皮薄肉厚、瓤小的北京刺瓜和宁阳刺瓜。

香蕉火龙果汁 排出毒素，美白肌肤

原料

香蕉1根，火龙果1个，饮用水200毫升。

做法

1 剥去香蕉的皮和果肉上的果络，切成块状；2 将火龙果去皮，切成块状；3 将切好的香蕉、火龙果和饮用水一起放入榨汁机榨汁。

【养生功效】

香蕉能缓和胃酸的刺激，所含的5-羟色胺能降低胃酸，对胃黏膜有保护作用。香蕉为性寒味甘之品，常用于治疗热病烦渴、大便秘结之症，是习惯性便秘患者的良好食疗果品。火龙果富含抗氧化剂维生素C，能美白皮肤防黑斑。火龙果富含花青素，花青素在欧洲，被称为“口服的皮肤化妆品”。尤其蓝莓花青素，营养皮肤，增强皮肤免疫力，应对各种过敏性症状，是目前自然界最有效的抗氧化物质。

此款果汁能够排毒养颜。

贴心提示

选购火龙果以外观光滑亮丽，果身饱满，颜色鲜紫红、均匀者为佳。此外，不要挑太红的。因为火龙果在果皮稍红时就采收了，所以越红越难以保存，买来后要立即食用。

葡萄柚蔬菜汁 排毒养颜，嫩白皮肤

原料

葡萄柚2片，白菜2片，饮用水200毫升。

做法

1 将葡萄柚去皮去子，切成块状；2 将白菜洗净切碎；3 将切好的葡萄柚、白菜和饮用水一起放入榨汁机榨汁。

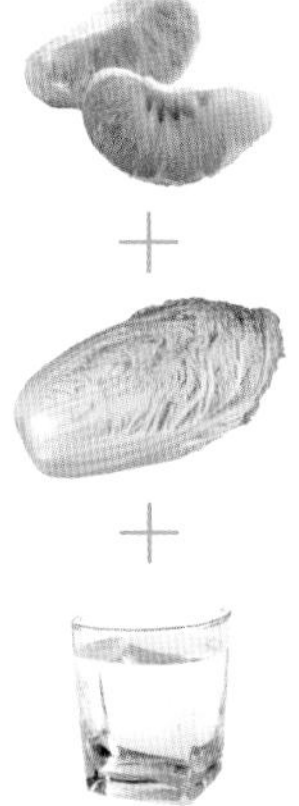

【养生功效】

天然维生素P是葡萄柚最吸引人的地方，能增强毛细血管壁，防止瘀伤。有助于牙龈出血的预防和治疗，有助于因内耳疾病引起的水肿或头晕的治疗等。

女性常吃葡萄柚还能亮白皮肤。秋冬季节空气特别干燥，寒风对人的皮肤伤害极大。多食葡萄柚有益改善这一症状。

白菜中含有丰富的维生素C、维生素E，多吃白菜，可以起到很好的护肤和养颜效果。

此款果汁能够抑制食欲，补充维生素。

贴心提示

白菜性偏寒凉，胃寒腹痛、大便溏泻及寒痢者不可多饮。

猕猴桃蜂蜜汁 改善肌肤干燥

原料

猕猴桃2个，饮用水200毫升，蜂蜜适量。

做法

1 将猕猴桃去皮，洗净切成块状；2 将切好的猕猴桃和饮用水一起放入榨汁机榨汁；3 在榨好的果汁内放入适量蜂蜜搅拌均匀即可。

【养生功效】

猕猴桃除含有猕猴桃碱、蛋白水解酶、单宁、果胶和碳水化合物等有机物，以及钙、钾、硒、锌、锗等微量元素和人体所需17种氨基酸外，还含有丰富的维生素、葡萄酸、果糖、柠檬酸、苹果酸、脂肪，是养颜美容的必备水果。

每100克猕猴桃含有维生素400毫克，比柑橘高近9倍。它不仅能够及时为肌肤补水，还是非常好的减肥食物。

猕猴桃是维生素C含量最丰富的水果，因此常吃猕猴桃，可以在不知不觉中起到美白的作用。而且，猕猴桃外用美容效果也不错。洗过脸后，用去皮后的猕猴桃果肉均匀涂抹脸部并进行按摩，对改善毛孔粗大有明显的效果。

此款果汁能够改善肌肤缺水状况。

猕猴桃柳橙优酪乳 修护肌肤，保持亮泽

原料

猕猴桃 80 克，柳橙 80 克，酸奶 130 克。

做法

1 将柳橙洗净，去皮；2 猕猴桃洗净，切开取出果肉；3 将柳橙、猕猴桃果肉及酸奶一起放入果汁机中搅拌均匀即可。

营养成分

膳食纤维	蛋白质	脂肪	碳水化合物
3.2g	5.5g	4.5g	27.7g

【养生功效】

此饮可以修护皮肤，并保持肌肤色泽，使皮肤洁净白皙，看起来白里透红。

果汁热量 2222千焦

操作方便度：★★★★☆
推荐指数：★★☆☆☆

南瓜牛奶果菜汁 抵御肌肤老化

原料

南瓜 2 片（2 厘米厚），圣女果 10 粒，牛奶 200 毫升。

做法

1 将南瓜去皮，切成块状；将圣女果洗净；2 将切好的南瓜、圣女果和牛奶一起放入榨汁机榨汁。

【养生功效】

南瓜所含成分能促进胆汁分泌，加强胃肠蠕动，帮助食物消化。圣女果中的果胶成分能增加皮肤的弹性，既能美容又能保护眼睛。圣女果纤体素与其他减肥产品不同的是，不通过腹泻脱水就达到减肥目的，所以在取得满意减肥效果后不会令皮肤松弛。当人体缺乏维生素 A 时，看电脑时间长了眼睛会出现干涩等症状。而圣女果富含维生素 A，可有效改善这种状况。

此款果汁能够帮助肠胃蠕动，抵抗肌肤老化。

贴心提示

圣女果是一种非常好的保健营养食品，尤其适合现在人们追求天然和健康的潮流。圣女果外观玲珑可爱，口味香甜鲜美，风味独特。

香蕉杂果汁 缓解便秘，美化肌肤

原料

香蕉 1 根，苹果、橙子各半个，饮用水 200 毫升，蜂蜜适量。

做法

1 将香蕉去皮，撕去果肉上的果络并切成块状；将苹果、橙子去皮，切成块状；2 将上述食材和饮用水一起放入榨汁机榨汁；3 在榨好的果汁内加入蜂蜜搅拌均匀即可。

【养生功效】

香蕉所含的维生素 A 能促进生长，增强对疾病的抵抗力，是维持正常的生殖力和视力所必需；硫胺素能抗脚气病，促进食欲、助消化，保护神经系统；核黄素能促进人体正常生长和发育。

苹果性味甘酸而平、微咸，无毒，具有益脾止泻、生津止渴、和胃降逆的功效。

橙子所含纤维素和果胶物质，能够促进肠道蠕动、清肠通便，及时排出体内有害物质。橙皮性味甘苦而温，止咳化痰功效胜过陈皮，是治疗感冒咳嗽、食欲缺乏、胸腹胀痛的良药。

此款果汁能够增强肠胃蠕动能力，排毒美颜。

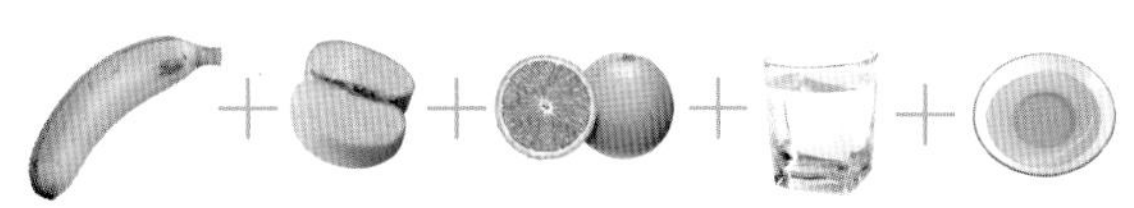

黄芪李子果奶 补气美白，减肥润肤

原料

黄芪 25 克，李子 20 克，冰糖 15 克，鲜奶 150 克。

做法

1 将黄芪加水煮开，再转小火煎 20 分钟后过滤，放凉，制成冰块备用；2 将李子洗净，切块，备用；3 将李子与冰糖、鲜奶一起放入果汁机中打成汁，再加冰块即可。

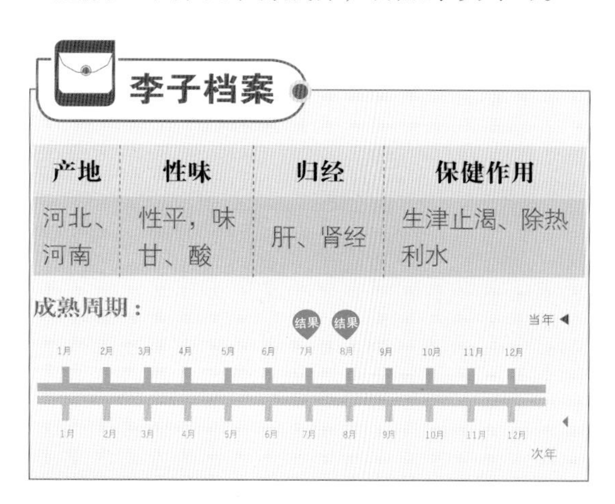

李子档案

产地	性味	归经	保健作用
河北、河南	性平，味甘、酸	肝、肾经	生津止渴、除热利水

营养成分

膳食纤维	蛋白质	脂肪	碳水化合物
0.9g	4.7g	3.9g	29g
维生素B_1	维生素B_2	维生素E	维生素C
0.1mg	0.1mg	1mg	7mg

贴心提示

挑选李子的时候最好选颜色深红、表面没有虫蛀的，触摸起来果品紧实，如果捏起来手感很软，说明马上就要腐烂。另有一种说法就是：古人认为把李子放在水里，飘起来的是不能吃的。

【养生功效】

补气固体、利尿排毒、排脓、敛疮生肌。

草莓哈密瓜菠菜汁 泻火下气，消除痘痘

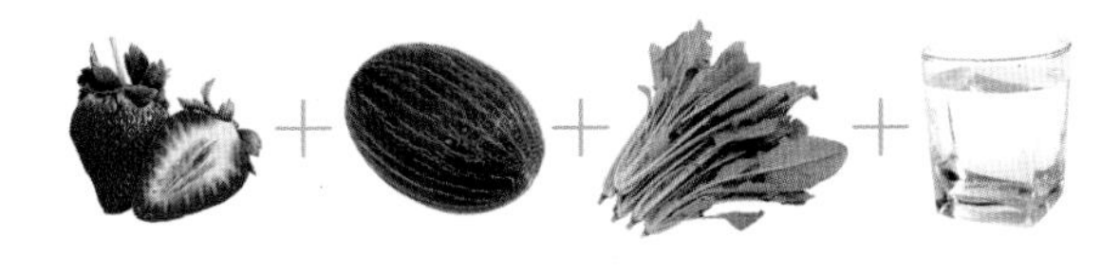

原料

草莓4颗，哈密瓜2片，菠菜1棵，饮用水200毫升。

做法

① 将草莓去蒂，洗净切成块状；② 将哈密瓜去皮，洗净切成块状；③ 将菠菜洗净切碎；④ 将切好的草莓、哈密瓜、菠菜和饮用水一起放入榨汁机榨汁。

【养生功效】

草莓中含有丰富的果胶以及纤维素，可以促进胃肠蠕动，改善便秘，不仅可以预防痔疮以及肠癌的发生，还可以有效地减轻体重，收到瘦身养颜的功效。草莓在蔬果中含有肌肤营养素非常丰富，如果用草莓敷面进行祛痘，可以收到非常好的效果。草莓具有去皱增白的功效，而且草莓中含有维生素，食用草莓或用草莓敷面，可以有效地淡化痘痕，消炎消毒，让你的肌肤告别痘痘。

哈密瓜果肉有止渴、利小便、防暑气、除烦热等作用。因为哈密瓜对人体造血机能有显著的促进作用，因而贫血患者和女性宜多吃。吃这种水果还有利于减少低密度脂蛋白，提高高密度脂蛋白。另外，钾也有利于预防肌肉痉挛，帮助身体从损伤中快速恢复。

菠菜提取物具有促进细胞增殖的作用，既抗衰老又能增强青春活力。民间以菠菜捣烂取汁，每周洗脸数次，连续使用一段时间，可清洁皮肤毛孔，减少皱纹及色素斑，保持皮肤光洁。

此款果汁能够清热去火，抑制青春痘的出现。

贴心提示

菠菜草酸含量较高，不适宜肾炎患者、肾结石患者；另外脾虚便溏者不宜多饮。

黄瓜木瓜柠檬汁 消除痘痘，滋润皮肤

原料

黄瓜半根，木瓜1个，柠檬2片，饮用水200毫升。

做法

1 将黄瓜、柠檬洗净，切成块状；2 将木瓜洗净去子，切成块状；3 将准备好的黄瓜、木瓜、柠檬和饮用水一起放入榨汁机榨汁。

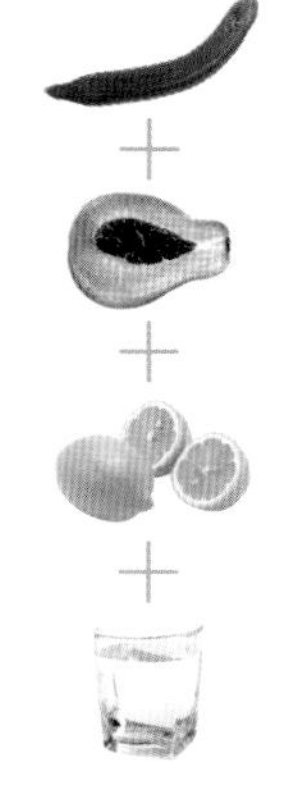

【养生功效】

黄瓜中的黄瓜酶是很强的活性生物酶，能促进机体的血液循环，起到补水润肤的作用。夏天将青嫩的黄瓜切成薄片贴在脸上，有洁肤美容之效。

木瓜含大量丰富的胡萝卜素、蛋白质、钙盐、蛋白酶、柠檬酶等，对人体有促进新陈代谢和抗衰老的作用，还有美容养颜的功效。

柠檬中的柠檬酸具有防止和消除皮肤色素沉着的作用，爱美的女性应该多食用。

此款果汁能够抗氧化，排出毒素。

贴心提示

柠檬要选柠檬蒂的下方呈现绿色的，因为这代表柠檬很新鲜。拿在手上，感觉沉重的，则代表果汁含量十分丰富。

柠檬生菜汁 祛油去脂，痘痘立消

原料

柠檬2片，草莓2颗，生菜2片，饮用水200毫升。

做法

1 将柠檬、生菜洗净，切成块状；2 将草莓去蒂，洗净切成块状；3 将切好的柠檬、生菜、草莓和饮用水一起放入榨汁机榨汁。

【养生功效】

柠檬是高度碱性食品，具有很好的抗氧化作用，对促进肌肤的新陈代谢、延缓衰老及抑制色素沉着等十分有效。生菜富含维生素，清爽利口，对于因饮食不当引起的痘痘有调节作用。草莓中丰富的维生素C可以防治牙龈出血，促进伤口愈合，并会使皮肤细腻而有弹性。经常食用草莓对防治动脉硬化和冠心病也有益处。

此款果汁能够排毒消痘，抑制黑色素生成。

贴心提示

挑选草莓的时候应该尽量挑选色泽鲜亮、有光泽，结实、手感较硬者；忌买太大的草莓和过于水灵的草莓；也不要去买长得奇形怪状的畸形草莓；最好尽量挑选表面光亮、有细小绒毛的草莓。

草莓橘子蔬果汁 治疗粉刺，防止过敏

原料

草莓4颗，生菜2片，橘子1个，饮用水200毫升。

做法

①将草莓去蒂，洗净切成块状；将橘子去皮，切成块状；将生菜洗净，切碎；②将草莓、橘子、生菜和饮用水一起放入榨汁机榨汁。

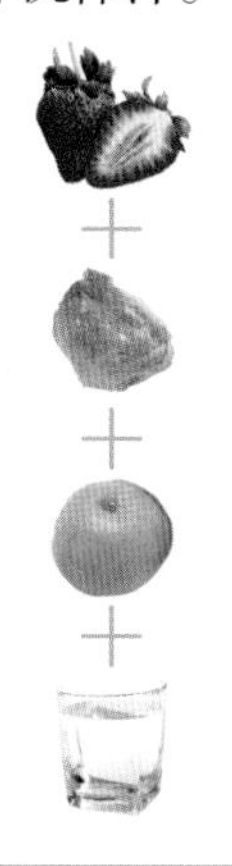

【养生功效】

草莓性凉，味甘酸，有清热解毒、生津止渴、利尿止泻、利咽止咳的功效。草莓营养丰富，其主要成分为有机酸、碳水化合物、维生素A、维生素B_1、维生素C以及钙、磷、铁、钾等矿物质。草莓既能滋润、清洁皮肤，更具温和的收敛作用及防皱功能。

此款果汁能够预防体质过敏。

贴心提示

采草莓时最好选择表皮完整、颜色红艳、大小适中者，以食指、拇指捏掐草莓梗，轻轻摘断果梗即可，千万不能抓着果实。采来现吃的草莓以果肩呈红色者为佳，要带回家的则以果肩部分尚为白色，其余部分已红的8分熟果实较好。

红糖西瓜饮 控油洁肤

原料

西瓜2片，红糖适量。

做法

①将西瓜去皮去子，切成块状；②将切好的西瓜放入榨汁机榨汁；③在榨好的果汁内放入红糖搅拌均匀即可。

【养生功效】

红糖中含有的氨基酸、纤维素等物质，可以有效保护和恢复表皮、真皮的纤维结构和锁水能力，强化皮肤组织结构和皮肤弹性。红糖中含有的某些天然酸类和色素调节物质，可有效调节各种色素代谢过程，平衡皮肤内色素分泌数量和色素分布情况，减少色素堆积。新鲜的西瓜汁和鲜嫩的瓜皮可增加皮肤弹性，使人年轻。

此款果汁能够控油消痘，防止黑色素堆积。

贴心提示

红糖虽然营养丰富，但也不能贪吃。建议老人每日摄入量为25克左右。患糖尿病的老人应避免；便秘、口舌生疮的老人，为了防止上火，可改吃点儿冰糖。另外，在服药时，也不宜用红糖水送服。

桃子蜂蜜牛奶果汁 防治粉刺，润肤养颜

原料

桃子 2 个，牛奶 200 毫升，蜂蜜适量。

做法

1 将桃子洗净去核，切成块状；2 将切好的桃子和牛奶一起放入榨汁机榨汁；3 在榨好的果汁内加入适量蜂蜜搅拌均匀即可。

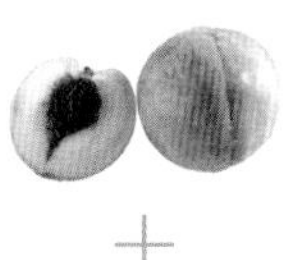

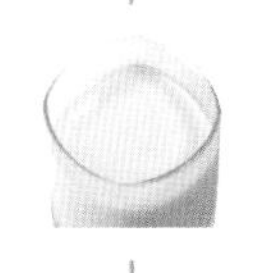

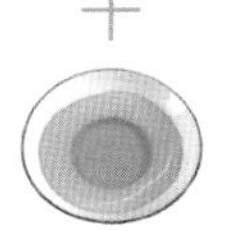

【养生功效】

桃子所含的果酸具有保湿功效，可以清除毛孔中的污垢，防止色素沉着，预防皱纹。另外，桃子中还含有大量的维生素 B 和维生素 C，能够使面部肤色健康、红润。蜂蜜不仅是一种具有丰富养分的天然滋养食品，也是一种最为常用的滋补品，具有滋养、润燥、解毒的功效。

此款果汁能够排出毒素，润肤美颜。

贴心提示

桃子虽好，也有禁忌：一是未成熟的桃子不能吃，否则会腹胀或生疖痈；二是即使是成熟的桃子，也不能吃得太多，太多会令人生热上火；三是烂桃切不可食用；四是桃子忌与甲鱼同食；五是糖尿病患者血糖过高时应少食桃子。

苹果胡萝卜牛奶汁 防治皮肤过敏

原料

苹果 1 个，胡萝卜半根，牛奶 200 毫升，白糖适量。

做法

1 将苹果洗净去核，切成块状；将胡萝卜洗净切成块状；2 将切好的苹果、胡萝卜和牛奶一起放入榨汁机榨汁。

【养生功效】

苹果中的酸性物质对蜂毒具有一定的解毒作用，可缓解被毒蜂蜇后的瘙痒和疼痛。胡萝卜中的 β－胡萝卜素有调节血液中组织胺平衡的功效，因此吃胡萝卜能有效预防花粉过敏症、过敏性皮炎等过敏反应。牛奶等食品里所含的碳酸钙不易被小肠直接吸收，但食入白糖后，小肠里的细菌便会制造乳酸，而乳酸可促进身体对钙的吸收，使小肠对钙的吸收量提高约 10 倍。

苹果、胡萝卜、牛奶的相互作用，能够增白细腻皮肤。

贴心提示

妇女过多吃胡萝卜后，摄入的大量胡萝卜素会引起闭经和抑制卵巢的正常排卵功能。因此，欲怀孕的妇女不宜多饮此款果汁。

猕猴桃酸奶汁 消痘除印

原料

猕猴桃 3 个，酸奶 200 毫升。

做法

1 将猕猴桃去皮，洗净切成块状；2 将切好的猕猴桃和酸奶一起放入榨汁机榨汁。

【养生功效】

猕猴桃中的微酸，能促进肠胃蠕动，减少肠胃胀气，改善睡眠状态。猕猴桃有丰富的维生素 C，且果肉中黑色颗粒部分，有丰富的维生素 E，可以防止发生黄斑病变。猕猴桃中含有多种氨基酸，像谷氨酸及精氨酸这两种氨基酸可作为脑部神经传导物质、可促进生长激素分泌。猕猴桃含有大量的天然糖醇类物质肌醇，能有效地调节糖代谢，对防治糖尿病和抑郁症有独特功效。猕猴桃含有维生素 C、维生素 E、维生素 K 等多种维生素，属营养和膳食纤维丰富的低脂肪食品，对减肥健美、美容有独特的功效。

酸奶和猕猴桃搭配在一起，可以更加完美地发挥各自的作用，对于长痘痘的人来说，尤为适宜。

草莓柠檬汁 去除粉刺

原料

草莓 6 颗，柠檬 2 片，饮用水 200 毫升。

做法

1 将草莓洗净去蒂，切成块状；2 将柠檬洗净，切成块状；3 将准备好的草莓、柠檬和饮用水一起放入榨汁机榨汁。

【养生功效】

草莓中丰富的维生素 C 会使皮肤细腻，富有弹性。柠檬是维生素 C 含量最高的水果之一，维生素 C 是一种维持组织生长及修复、肾上腺功能及保护牙齿健康所必需的营养素。人体不能合成维生素 C，必须从饮食及补剂中获得。

每天早晨空腹喝柠檬汁最佳，可以有预防感染、清洁肠道、消除脂肪、降低血脂、润白肌肤的作用。

此款果汁能够抗氧化，预防皮肤老化。

贴心提示

柠檬一般不生食，而是加工成饮料或食品。如柠檬汁、柠檬果酱、柠檬片、柠檬饼等，可以发挥同样的药物作用，如提高视力及暗适应性，减轻疲劳等。

第3节 淡化斑纹

油梨柠檬橙子汁 延缓衰老，黑斑不见

原料

油梨1个，柠檬2片，橙子1个，饮用水200毫升，蜂蜜适量。

做法

1 将油梨、橙子洗净去皮去核，切成块状；2 将柠檬洗净切成块状；3 将准备好的油梨、柠檬、橙子和饮用水一起放入榨汁机榨汁。

【养生功效】

油梨果实富含多种维生素（维生素A、维生素C、维生素E及B族维生素等）、多种矿质元素（钾、钙、铁、镁等）、食用植物纤维，丰富的脂肪中不饱和脂肪酸含量高达80%，为高能低糖水果。

柠檬中富含的维生素C、维生素B_1、维生素B_2、多种矿物质、碳水化合物、柠檬酸等物质对身体能够起到抗菌消炎、淡化色斑、延缓衰老的作用。

橙子含有的维生素C、维生素P均能增强毛细血管韧性；同时，多种维生素能够促进血液循环，排出体内毒素，调理气色。橙子中的果胶能够调节机体排泄脂类及胆固醇的能力，并能抑制外源性胆固醇的吸收，从而起到降低血脂的作用。

蜂蜜是天然的补品，尤其对于女性来说，可以润肠通便，防止体内毒素堆积，改善暗黄肌肤。

此款果汁能够抗氧化，延缓皮肤衰老，对抗黑色素。

贴心提示

脾虚泻泄及湿阻中焦的脘腹胀满、苔厚腻者慎饮。

山楂柠檬蓝莓汁 赶走斑纹

原料

山楂4颗，柠檬2片，蓝莓4颗。

做法

1 将山楂洗净去核；2 将柠檬洗净切成块状；3 将蓝莓洗净去皮去核，取出果肉。

【养生功效】

中医认为，山楂具有收敛止痢、消积化滞、活血化瘀等功效，主治饮食积滞、胸膈脾满、疝气血瘀闭经等症。山楂中含有山萜类及黄酮类等药物成分，具有显著的扩张血管及降压作用，有增强心肌、抗心律不齐、调节血脂及胆固醇含量的功能。山楂所含的黄酮类和维生素C、胡萝卜素等物质能阻断并减少自由基的生成，能增强机体的免疫力，有防衰老、抗癌的作用。花青素是纯天然的抗衰老营养补充剂，研究证明是当今人类发现最有效的抗氧化剂。花青素的抗氧化性能比维生素E高50倍，比维生素C高20倍。蓝莓中富含花青素，能够消除体内的有害自由基，防止皮肤出现皱纹以及斑点。

此款果汁能够抗氧化，去除斑点。

柠檬芹菜香瓜汁 淡化黑斑，清除雀斑

原料

柠檬2片，芹菜半根，香瓜半个，饮用水200毫升。

做法

1 将柠檬、芹菜洗净，切成块状；2 将香瓜去皮去子，洗净切成块状；3 将切好的柠檬、芹菜、香瓜和饮用水一起放入榨汁机榨汁。

【养生功效】

柠檬所含的维生素B_1、维生素B_2、维生素C、有机酸、柠檬酸等物质，具有较强的抗氧化作用，能延缓肌肤衰老、促进肌肤新陈代谢及抑制色素暗沉。鲜柠檬维生素含量极为丰富，能防止和消除皮肤色素沉着，具有美白作用。柠檬中所含的柠檬酸具有预防黑色素沉着和淡化色斑的作用，建议爱美的女性多食用。食用芹菜能改善皮肤苍白、干燥、面色无华的现象；食用芹菜还有使目光有神、头发黑亮的好处。香瓜营养丰富，能够保持皮肤水润，淡化黑色素。

此款果汁能够淡化黑色素，使皮肤白皙。

贴心提示

出血及体虚者，脾胃虚寒、腹胀便溏者忌饮。

猕猴桃甜橙柠檬汁 消除黑色素

原料

猕猴桃1个，甜橙半个，柠檬2片，饮用水200毫升。

做法

1 将猕猴桃去皮，洗净切成块状；将甜橙去皮去子，切成块状；将柠檬洗净切成块状；2 将准备好的猕猴桃、甜橙、柠檬和饮用水一起放入榨汁机榨汁。

【养生功效】

猕猴桃具有除斑、排毒、美容、抗衰老等作用。猕猴桃中的维生素C能有效抑制皮肤内多巴醌的氧化作用，使皮肤中深色氧化型色素转化为还原型浅色素，干扰黑色素的形成，预防色素沉淀，从而保持皮肤白皙。

橙子性味酸凉，具有行气化痰、健脾温胃、助消化、增食欲等药用功效。

此款果汁能够淡化色斑，延缓衰老。

贴心提示

胃溃疡、胃酸分泌过多，患有龋齿者和糖尿病患者慎食柠檬。柠檬属于感光水果，饮用后如果立即受到日光照射容易出现斑或肤色变深，所以爱美的人士可以选择下班后或晚上喝。

葡萄柚甜椒汁 美白祛斑

原料

葡萄柚半个，甜椒1个，饮用水200毫升，蜂蜜适量。

做法

1 将葡萄柚去皮，切成块状；将甜椒洗净去子，切成块状；2 将准备好的葡萄柚、甜椒和饮用水一起榨汁；3 在榨好的果汁内加入适量蜂蜜搅匀。

【养生功效】

葡萄柚含有非常丰富的营养成分，其果汁略有苦味，但是口感非常清新舒适。葡萄柚含有的维生素P，能够防止维生素C被氧化；能够强化对皮肤毛细孔的功能；可以加速受伤皮肤组织的复原，女性常吃葡萄柚是符合“自然美”原则的。

甜椒特有的味道和所含的辣椒素有刺激唾液和胃液分泌的作用，能增进食欲，促进肠蠕动，防止便秘。

此款果汁能够抗氧化，美白祛斑。

贴心提示

服药时别吃葡萄柚，尤其是治心绞痛、降血压、降血脂、抗组织胺等药，因为葡萄柚汁含有黄酮类，会抑制肝脏药物的代谢，导致药效增强而发生危险。

香梨优酪乳 预防便秘，消除雀斑

原料

梨200克，柠檬30克，酸奶200毫升。

做法

1 将梨洗干净，去掉外皮，去核，切成大小适合的块；2 柠檬洗净后切成块状；3 将所有材料放入果汁机内搅打成汁即可。

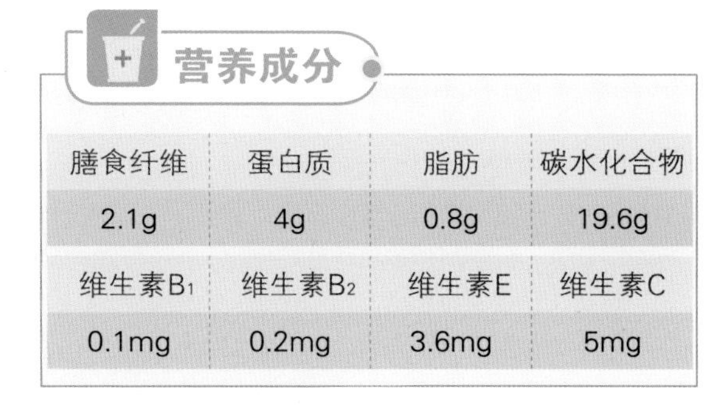

营养成分

膳食纤维	蛋白质	脂肪	碳水化合物
2.1g	4g	0.8g	19.6g
维生素B_1	维生素B_2	维生素E	维生素C
0.1mg	0.2mg	3.6mg	5mg

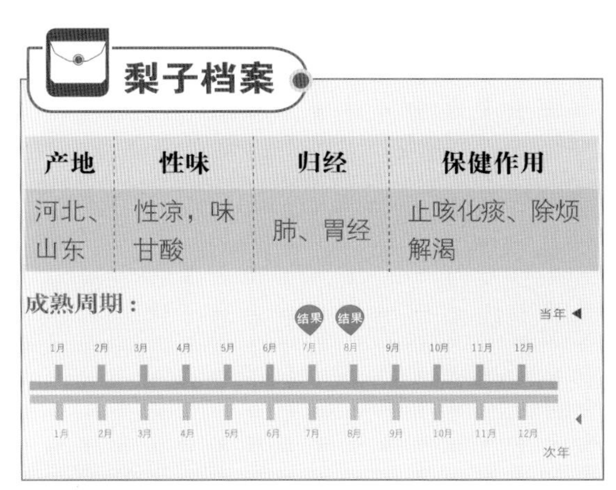

梨子档案

产地	性味	归经	保健作用
河北、山东	性凉，味甘酸	肺、胃经	止咳化痰、除烦解渴

贴心提示

选购梨时，应该挑选个大适中、果皮薄细、光泽鲜艳、无虫眼及损伤的果实。

【养生功效】

常饮此品，可以预防便秘、动脉硬化、身体老化，还具有预防黑斑、雀斑、老人斑及细纹的效用。

西蓝花黄瓜汁 淡化色斑，美白瘦身

原料

西蓝花2朵，黄瓜1根，苹果1个，饮用水200毫升。

做法

1 将西蓝花洗净，在热水中焯一下，切碎；将黄瓜洗净，切成块状；将苹果洗净去核，切成块状；2 将切好的西蓝花、黄瓜、苹果和饮用水一起放入榨汁机榨汁。

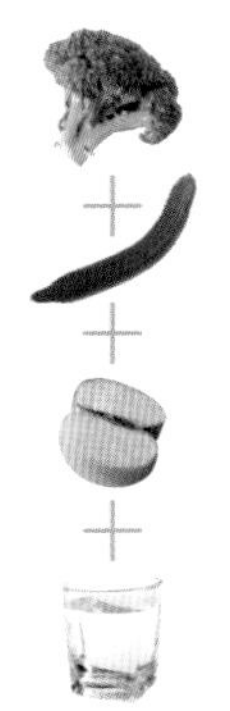

【养生功效】

西蓝花中所含的矿物质成分要比其他蔬菜更为全面，钙、磷、铁、钾、锌、锰等含量都很丰富。西蓝花的维生素C含量明显高于其他普通蔬菜。而且，西蓝花中的维生素种类非常齐全，尤其是叶酸的含量丰富，这也是它的营养价值高于一般蔬菜的一个重要原因。维生素C不仅能够抗氧化美白肌肤，还能消除斑点，去皱嫩肤。黄瓜含有较多维生素E，可抗过氧化和抗衰老。黄瓜所含葫芦素C，能激发人体免疫功能，对原发性肝癌可消除病痛，且延长生存期，所含纤维素，可促进胃肠蠕动，易使肠道内败物残渣排泄，可预防大肠癌。黄瓜中所含元素还能够美白肌肤，淡化雀斑。

此款果汁有利于给肌肤补水，淡化色斑。

猕猴桃苹果柠檬汁 有效淡化色斑

原料

猕猴桃2个，苹果1个，柠檬2片，饮用水200毫升。

做法

1 将猕猴桃去皮，切成块状；将苹果洗净去核，切成块状；将柠檬洗净切成块状；2 将切好的猕猴桃、苹果、柠檬和饮用水一起放入榨汁机榨汁。

【养生功效】

猕猴桃中所含的营养成分在常见的水果中是最丰富、最全面的。尤其对女性来说，猕猴桃更称得上是“美容圣果”，它具有祛除黄褐斑、排毒、美容、抗衰老等作用，猕猴桃还是女性减肥的好帮手。猕猴桃含有丰富的果酸，能有效去除或淡化黑斑，在改善干性或油性肌肤组织方面有显著功效。

苹果中含有大量的镁、硫、铁、铜、碘、锰、锌等微量元素，可使皮肤细腻、润滑、红润有光泽。

将柠檬洗净切片后，放入凉开水中3～5分钟，即可用于敷脸、擦身、洗头。长期使用，可溶蚀面部、身上的色斑，达到发如墨瀑、面如美玉、身如凝脂，光彩照人的效果。

猕猴桃、苹果和柠檬都含有大量的维生素E、维生素C以及矿物质，对于淡化色斑、美容养颜十分有效。

柿叶柠檬柚子汁 防止细胞老化，使黑色素消失

原料

嫩柿叶6片，柠檬2片，葡萄柚半个，饮用水200毫升。

做法

1 将柿叶洗净；将柠檬洗净，切成块状；将葡萄柚去皮，分开；2 将准备好的嫩柿叶、柠檬、葡萄柚和饮用水一起放入榨汁机榨汁。

【养生功效】

柿叶能够提高机体免疫功能，对感冒、癌症等有较好的作用；消暑解渴；安神、美容，消退老年斑。每天早起喝一杯热柠檬水可以增添人的精气神，使面部红润有光泽，同时对于清除体内垃圾同样有效。葡萄柚果肉及果皮具有清凉祛火、镇咳化痰、润喉醒酒、舒胃壮肾、通便和降低血脂、养颜益寿等药用、保健和美容功效。

此款果汁能够防止细胞老化，美白肌肤。

贴心提示

把采回的柿叶用线穿成串，投入85℃的热水锅中浸15秒钟，随即投入冷水缸内浸冷，提出后放通风处风干。充分干燥后的柿叶，再经粉碎，装入密封的容器内，即成为柿叶茶。

葡萄柚蔬菜汁 预防黑斑

原料

葡萄柚半个，圆白菜2片，芹菜半根，香菜1棵，饮用水200毫升。

做法

1 将葡萄柚去皮，将果肉切成块状；2 将圆白菜、芹菜、香菜洗净，切成块状；3 将准备好的葡萄柚、圆白菜、芹菜、香菜和饮用水一起放入榨汁机榨汁。

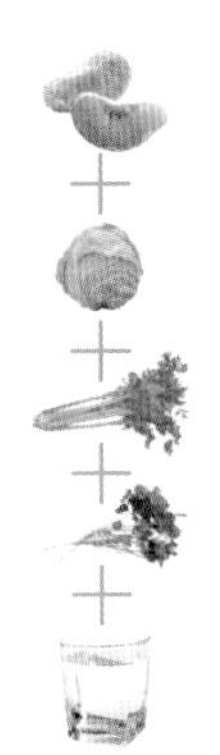

【养生功效】

圆白菜富含防衰老的抗氧化成分，可防止皮肤色素沉淀，减少雀斑。芹菜具有平肝清热、祛风利湿、除烦消肿、凉血止血、解毒宣肺、健胃利血、清肠利便、润肺止咳、降低血压、健脑镇静的功效。芹菜含有利尿成分，能够消肿利尿。香菜由于有刺激性气味而少虫害，一般不需要喷洒农药，非常适合生食、泡茶和做菜用。生食香菜可以帮助改善代谢，利于减肥美容。

此款果汁能够预防斑点形成。

贴心提示

日本现在流行用香菜泡茶，并认为香菜茶的排油效果超过柠檬茶和薄荷茶。其做法是把香菜叶子或整棵香菜洗净，用沸水冲泡即可。

葡萄葡萄柚香蕉汁 防止肌肤干燥，淡化色斑

原料

葡萄10颗，葡萄柚半个，香蕉1根，饮用水200毫升。

做法

1 将葡萄去皮去子，取出果肉；2 将葡萄柚去皮，切成块状；3 剥去香蕉的皮和果肉上的果络，切成块状；4 将切好的葡萄、葡萄柚、香蕉和饮用水一起放入榨汁机榨汁。

贴心提示

肾炎、高血压、水肿患者，儿童、孕妇、贫血患者，神经衰弱、过度疲劳、体倦乏力、未老先衰者，肺虚咳嗽、盗汗者，风湿性关节炎、四肢筋骨疼痛者，癌症患者尤其适用。

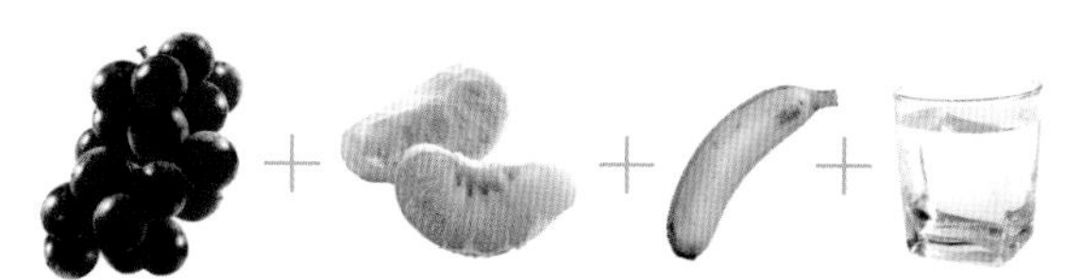

【养生功效】

葡萄性平味甘微酸，具有益气血、补肝肾、生精液、开胃力和利小便之功效。原花青素的抗氧化效率比维生素C高18倍，比维生素E高50倍，同时它可以增强维生素C的效用，使皮肤代谢良好，预防黑色素囤积，为天然的防晒物质，美白皮肤，让皮肤更白皙润泽。多吃葡萄可补气、养血、强心。

葡萄柚中丰富的维生素C，抗氧化是维生素C的一个典型功效。维生素在细胞内，是一个强还原剂或者电子供体，它可以还原超氧化物、羟基、次氯酸及其他活性氧化物，这些个氧化物可损伤DNA，并可影响DNA转录、卵白质或者膜结构。除此之外，维生素C因为其还原性，可使双硫键还原为巯基，在体内与其他抗氧化剂一起清除自由基，因而葡萄柚对于防止肌肤干燥、美白肌肤的效果显著。

此款果汁有利于排出毒素，淡化色斑。

芹菜橘子汁 改善皮肤暗沉

原料

芹菜半根，橘子1个，柠檬2片，饮用水200毫升。

做法

1 将芹菜、柠檬洗净，切成块状；将橘子去皮，分开；2 将准备好的芹菜、橘子、柠檬和饮用水一起放入榨汁机榨汁。

【养生功效】

芹菜有美白的功效，但是，在炎热的夏季，不宜过多食用芹菜，因为芹菜所含的成分能够和阳光产生作用，从而增多面部黑色素。橘子不但营养价值高，而且还具有健胃、润肺、补血、清肠、利便等功效，可促进伤口愈合。此外，由于橘子含有生理活性物质皮苷，所以可降低血液的黏稠度，减少脑血管疾病。

此款果汁能够改善肤色暗沉。

贴心提示

芹菜叶中所含的胡萝卜素和维生素C比茎多，因此吃时不要把能吃的嫩叶扔掉；将西芹先放沸水中焯烫（焯水后要马上过凉水），除了可以使菜颜色翠绿，还可以减少炒菜的时间，从而减少油脂对蔬菜"入侵"的时间。

胡萝卜芦笋橙子汁 抑制黑色素形成

原料

胡萝卜1根，芦笋1根，橙子1个，柠檬2片，饮用水200毫升。

做法

1 将胡萝卜、芦笋洗净，切成块状；将橙子去皮，分开；将柠檬洗净，切成块状；2 将准备好的胡萝卜、芦笋、橙子、柠檬和饮用水一起放入榨汁机榨汁。

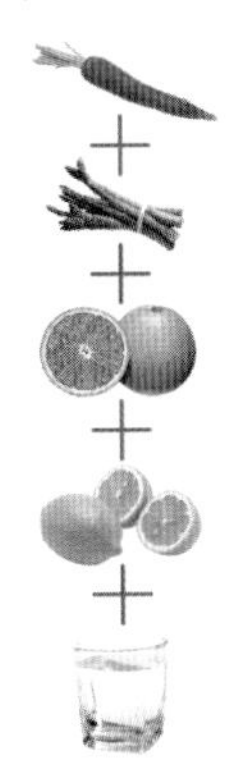

【养生功效】

胡萝卜中的β-胡萝卜素可维护眼睛和皮肤的健康，常吃胡萝卜可获得较好的强身健体效果，令皮肤光泽、红润、细嫩。芦笋对血管硬化、心血管病、肾脏疾病、胆结石、肝功能障碍和肥胖症均有益。芦笋还有利尿、消除黑色素的功效。橙子中几乎含有水果能提供的所有营养成分，能增强人体免疫力、促进病体恢复、加速伤口愈合。

此款果汁能有效淡化雀斑，减少黑色素形成。

贴心提示

不宜食用切碎后水洗或久浸于水中的胡萝卜；食用时不宜加醋太多，以免胡萝卜素损失；不可与白萝卜同时食用；不宜与富含维生素C的蔬菜（如菠菜、油菜、花菜、番茄、辣椒等）同食破坏维生素C，降低营养价值。

第4节 晒后修复

苹果柿子汁 抗氧化，晒后修复

原料

苹果1个，柿子1个，饮用水200毫升。

做法

1 将苹果洗净去核，切成块状；2 将柿子洗净去皮去核，切成块状；3 将准备好的苹果、柿子和饮用水一起放入榨汁机榨汁。

【养生功效】

苹果素来享有“水果之王”的美誉，苹果是美容佳品，既能减肥，又可使皮肤润滑细嫩。苹果中营养成分可溶性大，易被人体吸收，故有“活水”之称，有利于溶解硫元素，使皮肤润滑柔嫩。苹果中还有铜、碘、锰、锌、钾等元素，人体如缺乏这些元素，皮肤就会发生干燥、易裂、奇痒。苹果中还含有大量的抗氧化物，能够防止自由基对细胞的伤害与胆固醇的氧化，是抗癌防衰老的佳品。

柿子味甘、涩，性寒，有清热去燥、润肺化痰的作用。所以，柿子是慢性支气管炎、高血压、动脉硬化、内外痔疮患者的天然保健食品。柿子营养价值很高，含有丰富的蔗糖、葡萄糖、果糖、蛋白质、胡萝卜素、维生素C、瓜氨酸、碘、钙、磷、铁。

此款果汁含有丰富的维生素，能够抗老化，改善晒后肌肤。

贴心提示

患有缺铁性贫血和正在服用铁剂的患者不能吃柿子。因为，柿子含有的一种物质会妨碍铁的吸收。如果柿子还没有成熟，可以用个纸箱，里面放点儿青苹果，或者放点儿梨子，这样可以促使柿子的成熟。

芝麻番茄汁 去除体内老化物质

原料

番茄2个，芝麻1勺。

做法

1 在番茄的表面划几道口子，在沸水中浸泡10秒；2 剥去番茄的表皮，将番茄切成块状；3 将番茄和芝麻放入榨汁机榨汁。

【养生功效】

番茄中的番茄红素有很强的抗衰老功效，并且能增强免疫力，降低眼睛黄斑的退化，减少色斑沉着。

常吃芝麻，可使皮肤保持柔嫩、细致和光滑。有习惯性便秘的人，肠内存留的毒素会伤害人的肝脏，也会造成皮肤的粗糙。芝麻能滑肠治疗便秘，并具有滋润皮肤的作用。

此款果汁具有延缓衰老、驻颜美容的功效。

贴心提示

番茄一般以果形周正，无裂口、无虫咬，成熟适度，酸甜适口，肉肥厚，心室小者为佳。宜选择成熟适度的番茄，不仅口味好，而且营养价值高。

抹茶牛奶汁 抗氧化，亮白肌肤

原料

牛奶200毫升，抹茶粉2勺。

做法

将牛奶和抹茶粉放入榨汁机搅拌即可。

【养生功效】

“碧云引风吹不断，白花浮光凝碗面。”这是唐代诗人卢仝对抹茶的赞美，抹茶含有丰富的纤维素，具有消食解腻、减肥健美、去除痘痘的功效。抹茶中的茶多酚能清除机体内过多的有害自由基，能够再生人体内各种高效抗氧化物质，从而保护和修复抗氧化系统，对增强机体免疫、防癌、防衰老都有显著效果。抹茶与牛奶相结合，对于促进血液循环，延缓衰老、抵制晒斑有十分显著的疗效。

此款果汁能够抗氧化，修复晒后皮肤。

贴心提示

抹茶是将茶叶用石磨碾磨而成的粉末，它保留了茶叶中丰富的儿茶酚和维生素，用抹茶制作果汁时，可以使用牛奶、酸奶或者冰激凌。

小黄瓜蜂蜜饮 紧致肌肤，赶走黑色素

原料

小黄瓜1根，饮用水200毫升，蜂蜜适量。

做法

1 将小黄瓜洗净切成块状；2 将切好的小黄瓜和饮用水一起放入榨汁机榨汁；3 在榨好的果汁内加入适量蜂蜜搅拌均匀即可。

【养生功效】

小黄瓜富含黄瓜酶，除了润肤、抗衰老外，还有很好的细致毛孔的作用，其作用机理是鲜黄瓜中所含的黄瓜酶是一种有很强生物活性的生物酶，能有效地促进机体的新陈代谢，扩张皮肤毛细血管，促进血液循环，增强皮肤的氧化还原作用，预防晒斑，因此小黄瓜特别适合干性和敏感性肤质。

此款果汁能够紧致肌肤，预防晒斑。

贴心提示

小黄瓜适宜热病患者，肥胖、高血压、高血脂、水肿、癌症、嗜酒者多食；并且是糖尿病人首选的食品之一。

脾胃虚弱、腹痛腹泻、肺寒咳嗽者都应少饮，因黄瓜性凉，胃寒患者饮之易致腹痛泄泻。

黄瓜猕猴桃汁 抗衰老，养颜美容

原料

黄瓜1根，猕猴桃2个，柠檬2片，饮用水200毫升。

做法

1 将黄瓜、柠檬去皮洗净，切成块状；2 将猕猴桃去皮洗净，切成块状；3 将黄瓜、猕猴桃、柠檬和饮用水一起放入榨汁机榨汁。

【养生功效】

猕猴桃是一种高营养水果，除含有猕猴桃碱、蛋白水解酶、单宁果胶和碳水化合物等有机物，还含有可溶性固形物。猕猴桃汁可抑制黑素瘤和皮肤癌的发生；猕猴桃在天然抗氧剂含量方面居第四；叶黄素，是猕猴桃中一种重要的成分，与防治前列腺癌和肺癌有关；猕猴桃是少有的成熟时含有叶绿素的水果之一。

黄瓜、猕猴桃、柠檬均含有丰富的维生素C，有很强的抗氧化作用。

贴心提示

猕猴桃果实对环境中的乙烯特别敏感，乙烯浓度愈高，其成熟速度愈快。因此，目前常用乙烯气体或乙烯利催熟果实，从而使上市的时间提早。

橄榄薄荷汁 增强免疫力

原料

橄榄6颗，薄荷叶4片，柠檬2片，饮用水200毫升。

做法

1 将橄榄洗净，切下果肉；将薄荷叶洗净切碎；将柠檬洗净切成块状；2 将准备好的橄榄、薄荷叶、柠檬和饮用水一起放入榨汁机榨汁。

【养生功效】

青橄榄富含超氧化物歧化酶、有机硒、维生素C、维生素E及多种微量元素，其中维生素C含量是苹果的16倍。能滋润肌肤，增加肌肤弹性光泽，缩短色素的周期，减少黑色素的形成，美容肌肤。同时氧化物歧化酶能有效清除体内自由基，促进机体平衡，延缓人体衰老。

薄荷性凉味辛，有宣散风热、清头目、透疹之功。日晒后用薄荷泡茶喝能够减缓皮肤灼热感，预防红斑和黑色素沉着。薄荷的清凉香气，还可平缓夏日烦躁愤怒的情绪。

橄榄、薄荷、柠檬搭配出的饮料口味酸甜，能够清心怡神，还具有清热解毒、抵御晒斑的药理功效。

菠菜番茄汁 抗氧化，预防晒斑

原料

菠菜2棵，番茄1个，柠檬2片，饮用水200毫升。

做法

1 将菠菜、柠檬洗净切碎；将番茄洗净，在沸水中浸泡10秒，剥去番茄的表皮，切成块状；2 将准备好的菠菜、番茄、柠檬和饮用水一起放入榨汁机榨汁。

【养生功效】

菠菜含有叶酸、铁、维生素C，以及抗发炎的槲黄素，能促进人体新陈代谢，增进身体健康。番茄含胡萝卜素和维生素A、维生素C，有祛雀斑、减少色斑沉着、美容、抗衰老、护肤等功效，治真菌、感染性皮肤病。番茄中含有丰富的番茄红素，可以说是抗氧化的超强战斗力。柠檬所含的柠檬酸不但能防止和消除色素在皮肤内的沉着，而且能软化皮肤的角质层，令肌肤变得白净有光泽。

此款果汁能够抗氧化，预防晒斑。

贴心提示

未熟番茄含有大量番茄碱，多吃了会发生中毒，出现恶心、呕吐及全身疲乏等症状，严重的还会发生生命危险。

西蓝花芒果汁 富含维生素，美容养颜

原料

西蓝花2朵，芒果1个，饮用水200毫升。

做法

1 将西蓝花洗净，在热水中焯一下，切块；2 将芒果去皮去核，将果肉切成块状；3 将准备好的西蓝花、芒果和饮用水一起放入榨汁机榨汁。

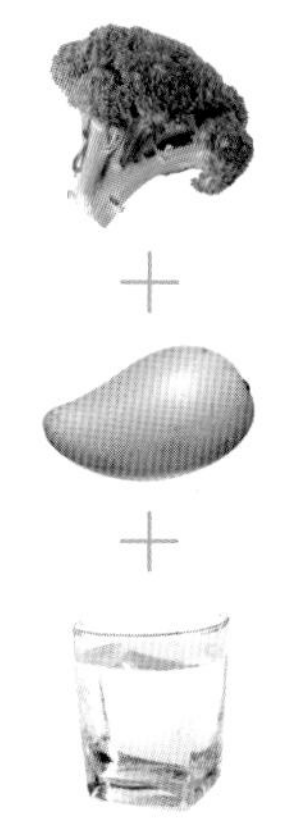

【养生功效】

常吃西蓝花可以抗衰老，防止皮肤干燥，是一种很好的美容佳品。西蓝花含有丰富的维生素A、维生素C和胡萝卜素，能增强皮肤的抗损伤能力，有助于保持皮肤弹性。芒果富含的胡萝卜素，可以活化细胞、促进新陈代谢、防止皮肤粗糙干涩。若皮肤胶原蛋白弹性不足就容易出现皱纹。芒果是预防皱纹的最佳水果，因为含有丰富的β－胡萝卜素和独一无二的酶，能激发肌肤细胞活力，促进废弃物排出，有助于保持胶原蛋白弹性，有效延缓皱纹出现。

此款果汁能够预防黑色素生成。

贴心提示

芒果性质带湿毒，若本身患有皮肤病或肿瘤，应避免进食。

草莓橙子牛奶汁 抗氧化，防止晒斑

原料

草莓8颗，橙子1个，柠檬2片，牛奶200毫升。

做法

1 将草莓洗净去蒂，切成块状；将橙子去皮，分开；将柠檬洗净切成块状；2 将准备好的草莓、橙子、柠檬和牛奶一起放入榨汁机榨汁。

【养生功效】

食用草莓能促进人体细胞的形成，维持牙齿、骨、血管、肌肉的正常功能和促进伤口愈合，能促使抗体的形成，增强人体抵抗力，并且还有解毒作用。

牛奶中的维生素B_2能提高视力。常喝牛奶能预防动脉硬化。牛奶含钙量高，吸收好。睡前喝牛奶能帮助睡眠。牛奶中的纯蛋白含量高，常喝牛奶可美容。

此款果汁对于预防晒斑有明显效果。

贴心提示

买来的牛奶（没有煮过或微波炉加热过的）迅速倒入干净的透明玻璃杯中，然后慢慢倾斜玻璃杯，如果有薄薄的奶膜留在杯子内壁，且不挂杯，容易用水冲下来，那就是原料新鲜的牛奶。

绿茶牛奶 修复晒后肌肤

原料

绿茶粉2勺，豆浆、牛奶各100毫升。

做法

将绿茶粉用温豆浆沏开，再加入牛奶搅拌均匀即可。

【养生功效】

绿茶中的茶多酚是水溶性物质，用它洗脸能清除面部的油腻，收敛毛孔，具有消毒、灭菌、抗皮肤老化，减少日光中的紫外线辐射对皮肤的损伤等功效。绿茶粉最大限度地保留了茶叶原有的天然绿色以及营养、药理成分，不含任何化学添加剂，绿茶粉具有良好的抗氧化和镇静作用，可减轻疲劳。豆浆和牛奶均有抗氧化，修复皮肤的作用。

此款果汁能够修复晒后肌肤。

贴心提示

绿茶中含有一定的咖啡因，和茶多酚并存时，能制止咖啡因在胃部产生作用，避免刺激胃酸的分泌，使咖啡因的弊端不在体内发挥，但却促进中枢神经、心脏与肝脏的功能。

芦荟柠檬汁 促进消化，亮白肌肤

原料

芦荟10厘米长，柠檬2片，胡萝卜1根，饮用水200毫升。

做法

1 将芦荟、柠檬洗净，切成块状；将胡萝卜去皮洗净，切成块状；2 将准备好的芦荟、柠檬、胡萝卜和饮用水一起放入榨汁机榨汁。

【养生功效】

芦荟中含的多糖和多种维生素对人体皮肤有良好的营养、滋润、增白作用；芦荟中含的胶质能使皮肤、肌肉细胞收缩，能保护水分，恢复弹性，消除皱纹。柠檬是美白的圣品。它含有丰富的维生素C，其主要成分是柠檬酸。柠檬有漂白作用，对肌肤美白、皮肤老化，具有极佳的效果，对消除疲劳也很有帮助。

此款果汁能够修复晒后皮肤。

贴心提示

鲜柠檬直接饮用：将柠檬鲜果洗净，横切成2毫米厚的片，去子后直接放入杯中沏凉开水，加入适量冰糖即可饮用。柠檬果汁是一种鲜美爽口的饮料，制作简便，味道清香。

第5节 消皱嫩肤

蒲公英葡萄柚汁 祛除皱纹，柔嫩肌肤

原料

蒲公英1棵，葡萄柚1个，饮用水200毫升。

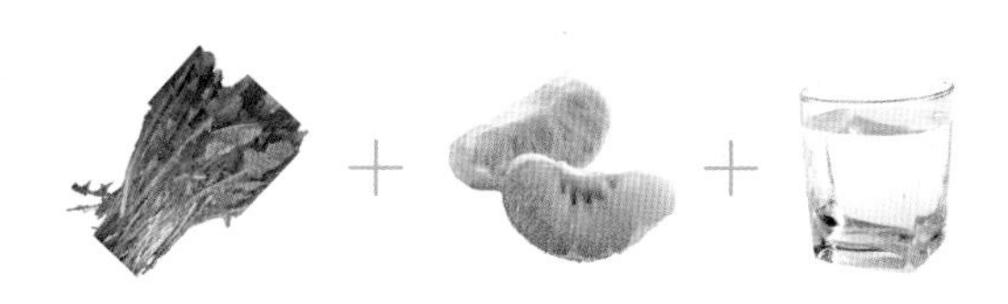

做法

1 将蒲公英洗净切碎；2 将葡萄柚去皮去子，切成块状；3 将准备好的蒲公英、葡萄柚和饮用水一起放入榨汁机榨汁。

【养生功效】

蒲公英性平味甘微苦，有清热解毒、消肿散结及催乳作用，对治疗乳腺炎十分有效。蒲公英是菊科蒲公英属多年生草本植物。现代科研证实：蒲公英营养丰富，药用价值高。它不仅是食疗佳蔬、治病良药，而且还具有美容养颜的功效。蒲公英可用于保养任何性质的皮肤，并能治疗面部痤疮、雀斑、色素沉着及白发脱发等病症。

葡萄柚中含有丰富的维生素C、维生素P，可溶性纤维素。维生素P能够防止维生素C被氧化而受到破坏，提高维生素的抗病能力。维生素C的主要作用是提高免疫力，预防癌症、心脑血管疾病等。维生素C还可以使皮肤黑色素沉着减少，从而减少脸部斑点形成，使皮肤白皙。葡萄柚还有助于因内耳疾病引起的水肿或头晕的治疗等，利于皮肤保健和美容。

此款果汁能够补充多种维生素，补水抗衰老。

贴心提示

葡萄柚影响高血压药物的代谢，使高血压类药物浓度减低的速度减缓，从而增强了高血压类药物的浓度和作用，服用葡萄柚的患者应多监测血压。

南瓜牛奶汁 预防皱纹，促进血液循环

原料

南瓜 2 片，牛奶 200 毫升。

做法

1 将南瓜焯一下；2 将南瓜切成丁；3 将南瓜和牛奶一起放入榨汁机榨汁。

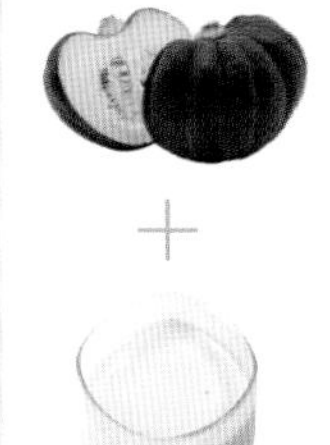

【养生功效】

南瓜中含有丰富的类胡萝卜素，这一营养成分可在机体内转化成具有重要生理功能的维生素 A，从而对上皮组织的生长分化、维持正常视觉、促进骨骼的发育具有重要生理功能。南瓜所含果胶还可以保护胃肠道黏膜，免受粗糙食品刺激，促进溃疡面愈合，适宜于胃病患者。南瓜所含成分能促进胆汁分泌，加强胃肠蠕动，帮助食物消化。南瓜中富含维生素，有很好的美容效果。

此款果汁能去除皱纹，促进血液循环。

贴心提示

南瓜有“日本南瓜”和“西洋南瓜”两种，西洋南瓜又被称为“栗子南瓜”，其沟壑较平缓，榨汁时宜选择西洋南瓜，因为西洋南瓜糖分较多，营养丰富。

桑葚柠檬牛奶汁 消除皱纹，延缓衰老

原料

桑葚 8 颗，柠檬 2 片，牛奶 200 毫升。

做法

1 将桑葚、柠檬洗净，切成块状；2 将切好的桑葚、柠檬和牛奶一起放入榨汁机榨汁。

【养生功效】

桑葚能够生津润肠、清肝明目、安神养颜、补血乌发等；现代医学还发现桑葚具有调节免疫、促进造血细胞生长、抗诱变、抗衰老、降血糖、降血脂、护肝等保健作用。

柠檬中含有维生素 B_1、维生素 B_2、维生素 C 等多种营养成分，还含有丰富的柠檬酸、有机酸。柠檬是碱性食品，有很强的抗氧化作用，能够抗氧化，延缓衰老。牛奶和桑葚一起不仅能够增强肌肤的抗氧化功能，还能够增强肠胃蠕动力，起到清体美肤的效果。

此款果汁具有预防和消除皮肤色素的作用。

贴心提示

清洗和盛桑葚器皿宜选用瓷器，忌用铁器。

山药苹果优酪乳 消脂丰胸，延缓衰老

原料

新鲜山药 200 克，苹果 200 克，酸奶 150 毫升，冰糖 15 克。

做法

① 将山药洗干净，削皮，切成小块；② 苹果洗干净，去皮，切成小块；③ 将准备好的材料放入果汁机内，倒入酸奶、冰糖搅打即可。

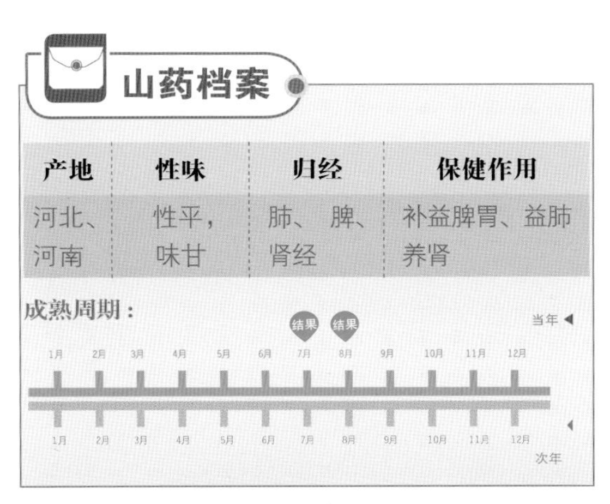

山药档案

产地	性味	归经	保健作用
河北、河南	性平，味甘	肺、脾、肾经	补益脾胃、益肺养肾

营养成分

膳食纤维	蛋白质	脂肪	碳水化合物
2.6g	6.2g	3.5g	59.5g
维生素B_1	维生素B_2	维生素E	维生素C
0.2mg	0.2mg	3.7mg	29mg

贴心提示

首先要看重量，大小相同的山药，较重的更好。其次看须毛，同一品种的山药，须毛越多的越好；须毛越多的山药口感更面，含山药多糖更多，营养也更好。最后再看横切面，山药的横切面肉质应呈雪白色，这说明是新鲜的，若呈黄色似铁锈的切勿购买。

【养生功效】

此饮可以丰胸消脂、抗衰老。脾胃较弱、消化不良、胀气者应减量服用。山药有收涩的作用，故大便燥结者不宜食用。

西瓜番茄汁 抗氧化，平复皱纹

原料

西瓜3片，番茄1个，柠檬2片，饮用水200毫升。

做法

1 将西瓜去皮去子，切块；将番茄洗净后剥皮，并切块；将柠檬洗净，切成块状；2 将准备好的西瓜、番茄、柠檬和饮用水一起放入榨汁机榨汁。

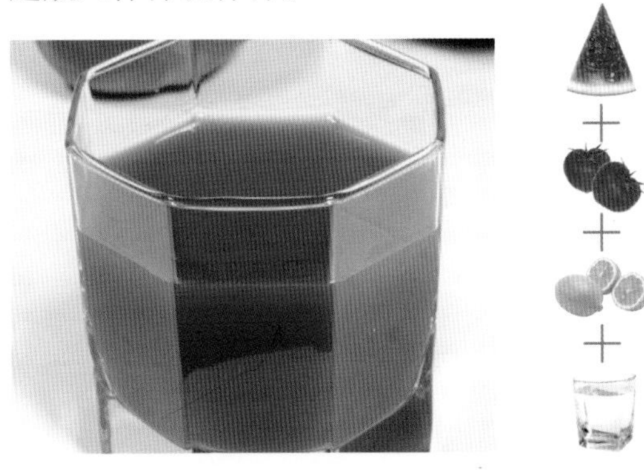

【养生功效】

西瓜含瓜氨酸、丙氨酸、谷氨酸、精氨酸、苹果酸、磷酸等多种具有皮肤生理活性的氨基酸，此外还含丰富的碳水化合物、维生素、矿物质等。这些成分对面部皮肤的滋润、防晒、增白效果很好。番茄富含的番茄红素能抵抗衰老，增强免疫系统，减少疾病的发生。番茄红素还能减少色斑沉着。新鲜柠檬的维生素含量最为丰富，是天然的美容佳品。

此款果汁能够补水，消除皱纹。

贴心提示

西瓜皮富含维生素C、维生素E，用它擦肌肤，或将它捣成泥浆状涂在皮肤上，10 ~ 15分钟后用水洗净，有养肤、嫩肤、美肤和防治痱疖的作用。

芒果芹菜汁 强化维生素吸收，抗氧化

原料

芒果1个，芹菜1根，饮用水200毫升。

做法

1 将芒果洗净去皮去核，切成块状；将芹菜洗净，切成块状；2 将准备好的芒果、芹菜和饮用水一起放入榨汁机榨汁。

【养生功效】

芒果富含维生素A，能有效地激发肌肤的细胞活力，可以使肌肤迅速排出废弃物，重现光彩活力。芹菜是高纤维食物，它经肠内消化作用产生一种木质素或肠内脂的物质，这类物质是一种抗氧化剂，高浓度时可抑制肠内细菌产生的致癌物质。

此款果汁能够去除皮肤黑色素，使肌肤保持水嫩。

贴心提示

过敏体质者要慎吃芒果，吃完后要及时清洗掉残留在口唇周围皮肤上的芒果汁肉，以免发生过敏反应。

猕猴桃桑葚奶 补充营养，缓解衰老

原料

桑葚 80 克，猕猴桃 50 克，牛奶 150 毫升。

做法

1 将桑葚用盐水浸泡、清洗干净；2 猕猴桃洗干净，去掉外皮，切成大小适合的块；3 将桑葚、猕猴桃一起放入果汁机内，加入牛奶，搅拌均匀即可。

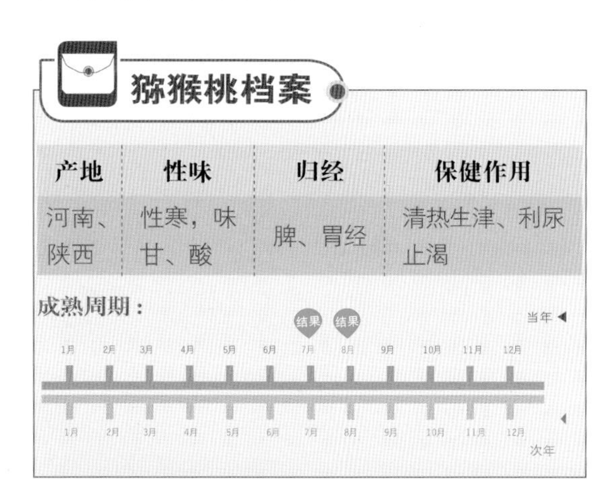

猕猴桃档案

产地	性味	归经	保健作用
河南、陕西	性寒，味甘、酸	脾、胃经	清热生津、利尿止渴

营养成分

膳食纤维	蛋白质	脂肪	碳水化合物
5.4g	3.6g	2.2g	17.7g
维生素B_1	维生素B_2	维生素E	维生素C
0.1mg	0.2mg	10.6mg	326mg

贴心提示

一般优质的猕猴桃果形规则，每颗重 80~140 克，果形多呈椭圆形，表面光滑无皱；果脐小而圆并且向内收缩；果皮呈均匀的黄褐色，富有光泽；果毛细而不易脱落。

【养生功效】

猕猴桃含丰富的维生素 C，有延缓衰老的作用。桑葚营养丰富，一般人均可食用，但是桑葚性寒，脾胃虚寒者不宜多食。本饮品具有润泽肌肤、延缓衰老之功效。

苹果橙子汁 温和细腻，滋养身体

原料

苹果1个，橙子1个，饮用水200毫升。

做法

1 将苹果洗净去核，切成块状；2 将橙子去皮，分开；3 将准备好的苹果、橙子和饮用水一起放入榨汁机榨汁。

【养生功效】

苹果中富含粗纤维，可促进肠胃蠕动，协助人体顺利排出废物，减少有害物质对皮肤的危害。苹果中含有大量的镁、硫、铁等微量元素，可使皮肤细腻。一个中等大小的橙子可以提供人一天所需的维生素C，提高身体抵挡细菌侵害的能力。橙子能清除体内对健康有害的自由基，抑制肿瘤细胞的生长。所有的水果中，柑橘类所含的抗氧化物质最高，黄酮类物质具有抗炎症、强化血管和抑制凝血的作用。

此款果汁能够充分补充身体所需的维生素，对抗老化。

贴心提示

过多食用橙子等柑橘类水果会引起中毒，出现手、足乃至全身皮肤变黄，严重者还会出现恶心、呕吐、烦躁、精神不振等症状。

胡萝卜西瓜汁 抗衰老，增强皮肤弹性

原料

胡萝卜1根，西瓜2片，饮用水200毫升。

做法

1 将胡萝卜洗净去皮，切成块状；2 将西瓜去皮去子，切成块状；3 将切好的胡萝卜、西瓜和饮用水一起放入榨汁机榨汁。

【养生功效】

新鲜的西瓜汁和鲜嫩的瓜皮可以为肌肤补水，增加皮肤弹性。把西瓜肉放在碗里压碎，然后小心地过滤出汁来，便是最好最天然的皮肤调色剂了。每天早晚在化妆之前将它当化妆水使用，清新而不刺激，坚持下去能使脸色更佳，妆容持久亮丽。胡萝卜所含的胡萝卜素可消除色素沉着、减少脸部皱纹。

此款果汁能够抗氧化，消除皱纹。

贴心提示

中医认为，口腔溃疡的主要原因是阴虚内热，虚火上扰，灼伤血肉脉络。西瓜有利尿作用，口腔溃疡者若多吃西瓜，会使体内所需正常水分通过西瓜的利尿作用排出一些，这样会加重阴液偏虚的状态。阴虚则内热益盛，加重口腔溃疡。

西瓜芹菜胡萝卜汁 防止细胞老化，对抗细纹

原料

西瓜2片，胡萝卜1根，芹菜半根，柠檬2片，饮用水200毫升。

做法

1 将西瓜去皮去子，切块；将芹菜、柠檬洗净，切块；将胡萝卜洗净去皮，切块；2 将准备好的西瓜、芹菜、胡萝卜、柠檬和饮用水一起放入榨汁机榨汁。

【养生功效】

一天半个西瓜就能起到降温解暑、抗衰老的作用。西瓜中含有多种营养成分，这些营养成分，易被皮肤吸收，对面部皮肤的滋润、营养、防晒、增白效果好。

胡萝卜性温味甘，能够补肝明目、健脾消食、清热解毒、降气止咳。胡萝卜含有大量胡萝卜素、木质素，不仅能够起到防癌作用，还能滋润皮肤，使肌肤保持柔嫩。

此款果汁能够维护皮肤健康，防止皮肤老化。

贴心提示

西瓜切开后经较长时间冷藏，瓜瓤表面往往结成冰晶。医生认为，人咬食"冰"西瓜时，口腔内的唾液腺、舌部味觉神经和牙周神经容易受到刺激，引起咽炎或牙痛等不良反应。

雪梨木瓜柠檬汁 抚平皱纹，延缓衰老

原料

雪梨1个，木瓜1/4个，柠檬2片，饮用水200毫升。

做法

1 将雪梨洗净去核，切块；将木瓜洗净去皮去瓤，切块；将柠檬洗净，切块；2 将准备好的雪梨、木瓜、柠檬和饮用水一起放入榨汁机榨汁。

【养生功效】

木瓜含有木瓜酶，维生素C、维生素B及钙、磷等矿物质，大量蛋白质、胡萝卜素、钙盐、柠檬酶、蛋白酶等，具有防治高血压、治疗便秘的功效，木瓜所含的一些微量元素、矿物质有美颜的作用。

柠檬能消暑解渴，也能祛痰，且祛痰功效比橙和橘还要好。它还能美容，因其柠檬酸能去斑，防止色素沉着，内服外涂均有效果。青柠，则可降血压、降胆固醇，改善心血管病。

此款果汁能够抚平皱纹，延缓衰老。

贴心提示

木瓜偏寒性，因此胃寒、体虚者不宜多吃，否则容易导致腹泻或造成胃寒恶心呕吐等。同时，木瓜中的木瓜碱有一定的毒性，孕妇、过敏体质者忌食，正常人每次食量也不宜过多。

橘子菠萝汁 改善循环，抗氧化

原料

橘子1个，菠萝4片，饮用水200毫升。

做法

1 将橘子去皮去子，切成块状；2 将菠萝洗净切成块状；3 将切好的橘子、菠萝和饮用水一起放入榨汁机榨汁。

【养生功效】

橘子能降低人体中的血脂和胆固醇，而且还能美容护肤。但中医认为，橘子性平温，多吃易上火，会出现口舌生疮、口干舌燥、喉咙干痛和大便干结等现象。

菠萝减肥的秘密在于它丰富的果汁，能有效地酸解脂肪，促进血液循环，降低血压，稀释血脂，食用菠萝，可以预防脂肪沉积。可以每天有效地在食物中搭配食用菠萝或饮用菠萝汁。菠萝所含的B族维生素能有效地滋养肌肤，防止皮肤干裂。

此款果汁能够预防角质层老化。

贴心提示

患有溃疡病、肾脏病、凝血功能障碍的人应禁食菠萝，发热及患有湿疹、疥疮的人也不宜多吃。

香蕉杏仁汁 永葆肌肤年轻

原料

香蕉1根，饮用水200毫升，玉米粒、杏仁粉适量。

做法

1 剥去香蕉的皮和果肉上的果络，切成块状；2 将准备好的香蕉、玉米粒、杏仁粉和饮用水一起放入榨汁机榨汁。

【养生功效】

全脂杏仁粉含有49%的杏仁油，可保养皮肤，淡化色斑，使皮肤白嫩。杏仁含天然维生素E，常吃杏仁能养颜美容，滋润皮肤。玉米味甘性平，具有调中开胃，益肺宁心，清湿热，利肝胆，延缓衰老等功能。玉米富含维生素C等，有长寿、美容作用。玉米胚尖所含的营养物质有增强人体新陈代谢、调整神经系统的功能，能使皮肤细嫩光滑，抑制、延缓皱纹出现。

此款果汁能够抗氧化，养颜美容。

贴心提示

杏仁粉，能够淡化色斑，使皮肤柔嫩。杏仁粉主要的原料就是纯杏仁粉，由于杏仁粉是单不饱和脂肪酸的来源，就是俗称的“好脂肪”，坚持服用可以起到明显的瘦身效果。

抹茶香蕉牛奶汁 抗氧化，保养肌肤

原料

香蕉 1 根，抹茶粉 1 勺，牛奶 200 毫升。

做法

1 剥去香蕉的皮和果肉上的果络，并切成块状；2 将准备好的香蕉、抹茶粉和牛奶一起放入榨汁机榨汁。

【养生功效】

香蕉含热量较高，但不含脂肪，可解饥饿又不会使人发胖。香蕉含多种维生素，并且胆固醇低，常吃香蕉能使皮肤细腻柔美。常用香蕉汁擦脸搓手，可防止皮肤老化、脱皮、瘙痒、皲裂。

补充足量的维生素 C 对防病强身极为有利，抹茶含丰富维生素 C，泡抹茶水温不宜过高，这样维生素 C 不会遭到破坏，故饮抹茶是补充天然维生素 C 的最佳办法。

此款果汁能够抗氧化，保养肌肤。

贴心提示

市场上的抹茶和绿茶粉混淆，普通消费者很难区分真假，鉴别时需要注意：

抹茶因为覆盖蒸青，呈深绿或者墨绿，绿茶粉为草绿。

草莓小白菜柠檬汁 双重抗氧化效果

原料

草莓 8 颗，小白菜 1 棵，柠檬 2 片，饮用水 200 毫升。

做法

1 将草莓去蒂洗净，切成块状；2 将小白菜、柠檬洗净，切小；3 将准备好的草莓、小白菜、柠檬和饮用水一起放入榨汁机榨汁。

【养生功效】

草莓外观呈浆果状圆体或心形，鲜美红嫩，果肉多汁，酸甜可口，香味浓郁，是水果中难得的色、香、味俱佳者，因此常被人们誉为“果中皇后”。

小白菜中含有大量胡萝卜素，并且还有丰富的维生素 C，进入人体后，可促进皮肤细胞代谢，防止皮肤粗糙及色素沉着，使皮肤亮洁，延缓衰老。

此款果汁具有双重的抗氧化功效。

贴心提示

草莓不要一次吃太多，尤其是脾胃虚寒、容易腹泻、胃酸过多的人，吃草莓更要控制量。另外，肺寒咳嗽（咳白痰）的人也不宜吃草莓。痰湿内盛、肠滑便泻者、尿路结石病人不宜多食。

木瓜柳橙优酪乳 死皮消失，光彩焕颜

原料

木瓜100克，柳橙50克，柠檬30克，酸奶120毫升。

做法

1 将木瓜去皮、去子，切小块；2 柳橙切半，榨汁；3 柠檬榨出汁；4 将木瓜、柳橙汁、柠檬汁、酸奶放入果汁机里打匀即可。

营养成分

膳食纤维	蛋白质	脂肪	碳水化合物
1.2g	2.8g	8.4g	31.4g

【养生功效】

促进皮肤的新陈代谢，使皮肤保持光滑细腻，抵抗紫外线，防止斑点生成。木瓜有收缩子宫的作用，可能导致流产，所以孕妇不宜。

果汁热量 756千焦

操作方便度：★★★★☆
推荐指数：★★★☆☆

第6节 乌发润发

白菜柿子汁 防治头发干燥

原料

柿子1个，白菜2片，饮用水200毫升。

做法

1 将柿子洗净去皮去核，切成块状；2 将白菜洗净，切成块状；3 将准备好的柿子、白菜和饮用水一起放入榨汁机榨汁。

【养生功效】

柿子味甘涩、性寒、无毒；柿蒂味涩，性平，入肺、脾、胃、大肠经。柿子有清热、润肺、化痰、健脾、止血等功能。《本草纲目》中说："柿乃脾肺血分之果也。其味甘而气平，性平而能收，故有健脾、涩肠、治嗽、止血之功。"柿子还是缺碘性甲状腺肿大患者的保健佳果；含有较多的鞣酸和维生素，有降压止血、清热滑肠的作用，痔疮、便秘患者常食有益；柿子含丰富的维生素C和胡萝卜素，可清热、润肺，还有解酒作用。柿饼表面的一层白霜称柿霜，含有甘露醇、葡萄糖、果糖等，其性凉味甘，为利肺之良药，且有乌发、美容之效。

白菜味道鲜美，营养丰富，素有"菜中之王"的美称。俗话说"百菜不如白菜"。白菜富含胡萝卜素、B族维生素、维生素C、钙、磷、铁等，大白菜中的微量元素锌的含量不但在蔬菜中名列前茅，就连肉蛋也比不过它。白菜的药用价值也很高，经常食用具有养胃生津、除烦解渴、利尿通便、清热解毒之功效。白菜洗净下锅煮水，然后用白菜水洗头发，能够营养发根，滋养头发。

此款果汁能够生津润发，呵护头发。

贴心提示

白菜柿子汁空腹不能饮用，因柿子含有较多的鞣酸及果胶，在空腹情况下会滞留在胃中形成胃柿石。

黄豆粉香蕉汁 改善脱发、须发早白

原料

香蕉1根，饮用水200毫升，黄豆粉1勺。

做法

1 去掉香蕉的皮和果肉上的果络，将香蕉切成块状；2 将切好的香蕉和饮用水，黄豆粉一起放入榨汁机榨汁。

【养生功效】

香蕉所含的核黄素能够促进人体的生长和发育，对于生发养发亦有好处。

吃黄豆对皮肤干燥粗糙、头发干枯大有好处，可以提高肌肤的新陈代谢，促使机体排毒，令肌肤常葆青春；黄豆中的皂苷类物质能降低脂肪吸收功能，促进脂肪代谢。

此款果汁能够细嫩皮肤，改善干枯发质。

贴心提示

有肾脏疾病及痛风的病人，应该少喝豆浆，患有严重肾脏疾病的人不能喝豆浆。未成年的儿童也不宜多喝豆浆，以免诱发性早熟。

苹果胡萝卜汁 滋养肌肤，生津润发

原料

苹果1个，胡萝卜半根，饮用水200毫升，蜂蜜适量。

做法

1 将苹果洗净去核，切成块状；将胡萝卜洗净切成块状；2 将切好的苹果、胡萝卜和饮用水一起放入榨汁机榨汁；在榨好的果汁内加入蜂蜜搅匀。

【养生功效】

苹果营养丰富，是一种广泛使用的天然美容品。苹果中所含的大量水分和各种保湿因子对皮肤有保湿作用，维生素C能抑制皮肤中黑色素的沉着。中医认为胡萝卜味甘，性平，有健脾和胃、补肝明目、清热解毒、壮阳补肾、透疹、降气止咳等功效。胡萝卜富含维生素，能够促进机体的新陈代谢，胡萝卜的发汗作用对乌发养发也有独到功效。同时，皮肤干燥、粗糙或患黑头粉刺、角化型湿疹者也适宜多吃胡萝卜。

此款果汁能够紧致皮肤，促进头发生长。

贴心提示

胡萝卜的品质要求：以质细味甜，脆嫩多汁，表皮光滑，形状整齐，心柱小，肉厚，不糠，无裂口和病虫伤害的为佳。

西瓜雪梨莲藕汁 生津止渴，改善干枯发质

原料

西瓜2片，雪梨1个，莲藕2片（1厘米厚）。

做法

1 将西瓜去皮去子，切块；将雪梨去核，切块；将莲藕去皮，切块；2 将准备好的西瓜、雪梨、莲藕一起放入榨汁机榨汁。

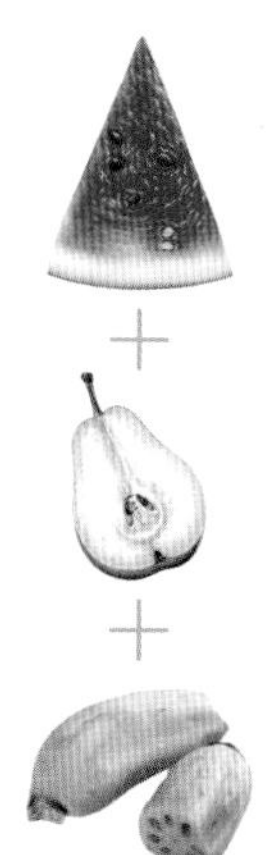

【养生功效】

《本草纲目》记载，“梨者，利也，其性下行流利”。它能治风热、润肺、凉心、消痰、降火、解毒。现代医学研究证明，梨有润肺清燥、止咳化痰、养血生肌的作用。

莲藕中含有黏液蛋白和膳食纤维，能与人体内胆酸盐，食物中的胆固醇及三酰甘油结合，使其从粪便中排出，从而减少脂类的吸收。莲藕散发出一种独特清香，还含有鞣质，有一定健脾止泻作用，能增进食欲，促进消化，开胃健中。

气血不足、风盛血燥，营养不良均可导致脱发。西瓜含有大量水分，能够迅速补充身体所需水分。西瓜、雪梨和莲藕均有生津养血、补充营养、清热降暑、润肺除燥的功效，此三者一起榨出的果汁能够为机体迅速补充水分，改善干枯发质。

核桃杏仁甜椒汁 防止脱发，保持秀发光泽

原料

红甜椒半个，饮用水200毫升，核桃仁、杏仁适量。

做法

1 将红甜椒洗净去子，切成块状；2 将准备好的红甜椒、核桃仁、杏仁和饮用水一起放入榨汁机榨汁。

【养生功效】

核桃仁含有的大量维生素E，经常食用有润肌肤、乌须发的作用，可以令皮肤滋润光滑，富于弹性；当感到疲劳时，嚼些核桃仁，有缓解疲劳和压力的作用。

杏仁能促进皮肤微循环，使皮肤红润光泽，发质亮泽。

甜椒是非常适合生吃的蔬菜，含丰富维生素C和维生素B及胡萝卜素为强抗氧化剂，可抗白内障、心脏病、癌症和脱发。

此款果汁能够滋养秀发。

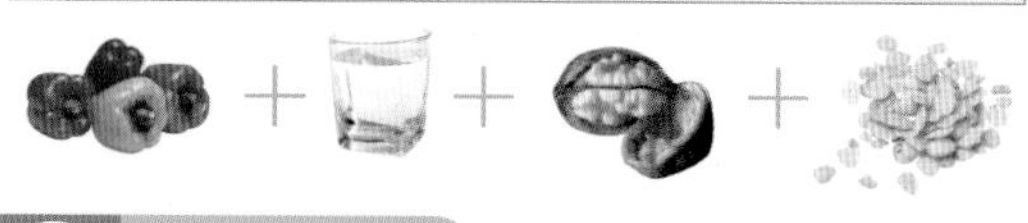

贴心提示

核桃不宜与酒同食。核桃性热，多食生痰动火，而白酒也属甘辛大热，二者同食，易致血热。

胡萝卜苹果姜汁 保持头皮健康

原料

胡萝卜1根，苹果1个，生姜2片（2厘米长），饮用水200毫升。

做法

1 将胡萝卜洗净去皮，切成块状；将苹果洗净去核，切成块状；将生姜洗净去皮，切成块状；2 将切好的胡萝卜、苹果、生姜和饮用水一起放入榨汁机榨汁。

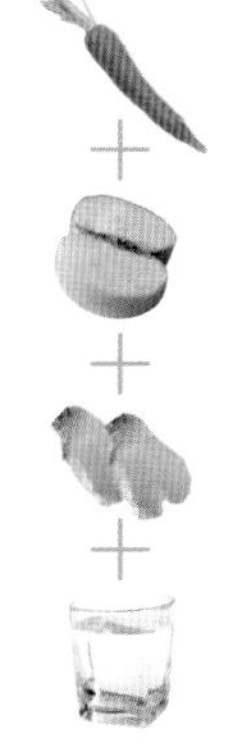

【养生功效】

β－胡萝卜素是类胡萝卜素之一，在促进动物的生育与成长方面具有较好的功效。苹果中含有大量的矿物质，能够改善粗糙肤质。头发的生长与脱落、润泽与枯槁，均与肾的精气盛衰有关，食用苹果能够增强肾脏功能，从而有利于头发的保养。生姜中所含的姜辣素和二苯基庚烷类化合物的结构均具有很强的抗氧化和清除自由基作用，吃姜能抗衰老，养发美颜。

贴心提示

β－胡萝卜素会被人体转换成维生素A。如果人体摄入过量的维生素A会造成中毒。所以只有当有需要时，人体才会将β－胡萝卜素转换成维生素A。这一个特征使β－胡萝卜素成为维生素A的一个安全来源。

苹果芥蓝汁 治疗脱发

原料

苹果2个，芥蓝1棵，饮用水200毫升。

做法

1 将苹果洗净去核，切成块状；2 将芥蓝洗净切成块状；3 将切好的苹果、芥蓝和饮用水一起放入榨汁机榨汁。

【养生功效】

芥蓝含丰富的维生素A、维生素C、钙、蛋白质、脂肪和植物糖类，能润肠，去热气，下虚火；芥蓝含纤维素、糖类等能够起到生发的作用。

苹果中的锌元素能够促进头发生长；芥蓝则能够去除肠胃湿热，养神补血。

此款果汁能够祛除湿热，生津养血，养发护发。

贴心提示

芥蓝味甘，性辛，除有利水化痰、解毒祛风作用外，还有耗人真气的副作用。久食芥蓝，可抑制性激素的分泌。

核桃油梨牛奶汁 调理发质干枯

原料

油梨1个，牛奶200毫升，核桃仁、黑芝麻适量。

做法

1 将油梨洗净去皮去核，切成块状；2 将准备好的油梨、牛奶和核桃仁一起放入榨汁机榨汁。

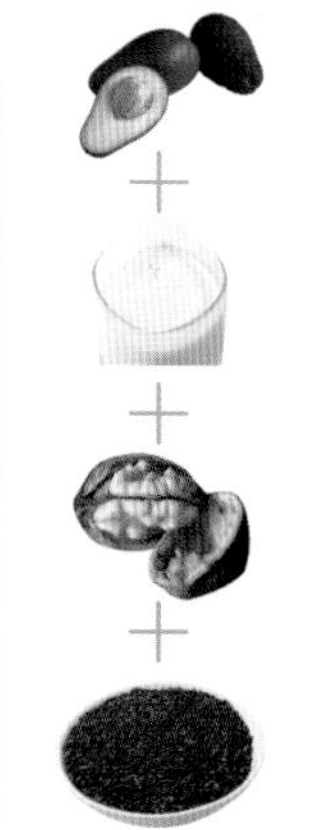

【养生功效】

油梨中所含丰富的维生素和微量元素对于营养发质有很好作用。核桃油对于头发也有护理作用，洗发后，往脸盆中注入少量温水，滴入核桃油若干，在掌心直接轻轻擦入头发，常用可使头发变得柔软、光滑和秀美，防止枯黄、脱发、减少头皮屑。中医认为，黑芝麻可有效治疗肝肾精血不足所致的眩晕、须发早白、脱发、皮燥发枯、肠燥便秘等病症。

此款果汁能够乌发养发。

贴心提示

辨别真假黑芝麻的方法其实很简单，只要找出一粒断口的黑芝麻，看断口部分的颜色即可，如果断口部分也是黑色的，那就说明是染色的；如果断口部分是白色的，那就说明这种黑芝麻是真的。

香蕉橙子豆浆汁 保持发丝光泽

原料

香蕉1根，橙子1个，豆浆200毫升。

做法

1 剥去香蕉的皮和果肉上的果络；2 将橙子去皮，分开；3 将准备好的香蕉、橙子和豆浆一起放入榨汁机榨汁。

【养生功效】

香蕉含有丰富的蛋白质、淀粉质、维生素及矿物质，将香蕉捣成泥状敷在头发上，兼具温和清洁及保湿效果。

橙子性寒，有清热降逆的功效。橙子富含的维生素C，对于美白肌肤、生发养发有很好的辅助作用。豆浆中所含的硒、维生素E、维生素C，有很大的抗氧化功能，能使人体的细胞“返老还童”，尤其对脑细胞作用最大。防止头发干枯、老年痴呆、艾滋病、便秘、肥胖等。

贴心提示

香蕉中含有较多的镁、钾等元素，这些矿物质元素虽然是人体健康所必需的，但若在短时间内一下子摄入过多，就会引起血液中镁、钾含量急剧增加，造成体内钾、钠、钙、镁等元素的比例失调，对健康产生危害。

黑芝麻芦笋豆浆汁 防治少白头和脱发

原料

芦笋1根，菠萝2片，豆浆200毫升，黑芝麻适量。

做法

①将芦笋去皮，切成块状；将菠萝洗净，切成块状；②将准备好的芦笋、菠萝、豆浆和黑芝麻一起放入榨汁机榨汁。

【养生功效】

芦笋有鲜美芳香的风味，膳食纤维柔软可口，能增进食欲，帮助消化。芦笋中氨基酸含量高而且比例适当。

黑芝麻含有的多种人体必需氨基酸，在维生素E和维生素B_1的作用参与下，能加速人体的代谢功能；黑芝麻含有的铁和维生素E是预防贫血、活化脑细胞、消除血管胆固醇的重要成分。黑芝麻在乌发养颜方面的功效更是有口皆碑。

此款果汁能够预防脱发，掉发。

贴心提示

染色黑芝麻的鉴定方法：将生黑芝麻放入冷水中，如掉色快，很有可能是被染色。也可以将黑芝麻放在手心，如果手心很快出现黑色，说明黑芝麻很有可能是被染色了。

胡萝卜苹果莴苣汁 净化血液，改善发质

原料

胡萝卜1根，苹果1个，莴苣6厘米长，饮用水200毫升。

做法

①将胡萝卜、莴苣洗净去皮，切成块状；②将苹果洗净去核，切成块状；③将准备好的胡萝卜、苹果、莴苣和饮用水一起放入榨汁机榨汁。

【养生功效】

脱发的因素之一是长期过食纯糖类和脂肪类食物，使体内代谢过程中产生酸毒素，因而，脱发的人要多吃新鲜的水果和蔬菜。莴苣含钾量较高，有利于促进排尿，减少对心房的压力，对高血压和心脏病患者极为有益。不同于一般蔬菜的是，莴苣含有非常丰富的氟元素，可参与牙骨、毛发的生长。胡萝卜中的维生素A具有生发明目的作用。常吃胡萝卜还能够净化血液，促进血液循环。苹果能够为身体补充锌元素，从而促进头发生长。

此款果汁能够促进血液循环，改善发质。

贴心提示

早上的苹果是金苹果，中午的苹果是银苹果，晚上的苹果是铜苹果，所以说苹果最好早上吃。

菠菜芹菜汁 明目护发

原料

菠菜2棵，芹菜1根，饮用水200毫升，蜂蜜适量。

做法

1 将菠菜洗净，切段；将芹菜洗净，切成块状；2 将准备好的菠菜、芹菜和饮用水一起放入榨汁机榨汁；3 在榨好的果汁内加入适量蜂蜜搅拌均匀即可。

【养生功效】

菠菜味甘，性凉，利五脏，解酒毒，能润燥滑肠，清热除烦，生津止渴，养肝明目。菠菜中大量的维生素C及胡萝卜素，都是保持头发健康的基本营养素，可明目护发。

研究证明，芹菜、香菜、西蓝花都有比较好的抗雄性激素的作用，因此，在治疗脱发的同时，多吃这几种食物，能帮助抑制雄激素分泌。

此款果汁能够明目养发，改善暗黄皮肤。

贴心提示

菠菜不宜与豆腐共煮，因为草酸在人体内容易与钙结合形成肾结石或膀胱结石，如果在食物中适当增加钙的含量，就可以防止结石的形成，最好是将菠菜与含钙量多的沙丁鱼或牛奶、胡萝卜、柑橘等合着吃。

黑芝麻香蕉汁 养发护发

原料

香蕉1根，黑芝麻1勺，饮用水200毫升。

做法

1 剥去香蕉的皮和果肉上的果络，切成块状；2 将准备好的香蕉、黑芝麻和饮用水一起放入榨汁机榨汁。

【养生功效】

常吃香蕉可防止高血压，因为香蕉可提供较多的能降低血压的钾离子，有抵制钠离子升压及损坏血管的作用。研究者还认为，人如缺乏钾元素，就会发生头晕、全身无力和心律失常。又因香蕉中含有多种营养物质，且含钠量低，不含胆固醇，食后既能供给人体各种营养素，又不会使人发胖。

黑芝麻中的维生素B_2有助于头皮内的血液循环，促进头发的生长，并对头发起滋润作用，防止头发干燥和发脆。黑芝麻含有头发生长所需的必需脂肪酸、含硫氨基酸，与多种微量矿物质，富含的优质蛋白质、不饱和脂肪酸、钙等营养物质均可养护头发，防止脱发和白发，使头发保持乌黑亮丽。

此款果汁能够改善皮燥发枯现象。

第7节 3分钟自制蔬果护肤品

面膜使用的十大注意事项

相信不少女性都会用面膜来补救自己干燥的脸蛋。不过面膜可不是用得越多肌肤就越好哦，处理不好反而会变得更糟糕。怎样敷面膜可是有很多讲究的，快点儿纠正你的美容误区吧。

1. 面膜不可天天用?

面膜是护肤品中的大餐，虽然效果很好，但除非有特别要求，原则上不能天天用。有些面膜有明确标示的周期，比如5天一疗程，或是10天3片。若想达到最佳效果，应该严格遵守才好。

如果长期连续使用，每周1～2次就够了。

2. 用了面膜就不用再敷眼膜?

眼部肌肤的厚度只有正常肌肤的1/4，所以它需要更加特别呵护。很多面膜，特别是清洁滋润类的，里面的成分对眼部薄弱的肌肤会造成刺激，应避开眼周使用。因此若想加强护理眼部的肌肤，眼膜的使用还是有必要的。特别是在眼周肌肤大量缺水、缺乏营养的情况下进行密集式保养，效果比较理想。

其实眼膜应该坚持使用，每周至少两次，并与眼霜配合，才能达到最佳的护眼效果。

3. 面膜可不可以敷颈部?

颈部肌肤最容易泄露年龄，所以必须做好颈部护理。

提前1周用保湿颈膜敷在颈部，让颈部肌肤喝足水分；在正式上妆前15分钟左右再敷一遍颈膜，可以快速淡化色素沉着，均匀颈部肤色；接着将保湿型隔离霜涂于颈部，这样就可以上妆了。

4. 面膜要敷到干透再撕下?

能有节约的意识是非常好的，但是要用对地方。敷面膜的时间“超支”，会导致肌肤失水、失养分。所以除了遵照使用说明外，你可以根据不同的面膜估算使用时间：水分含量适中的，大约15分钟后就卸掉，以免面膜干后反从肌肤中吸收水分。

水分含量高的，可以多用一会儿，但最多30分钟后就要卸掉。如果你实在舍不得里面的精华液的话，把它用来擦身体的其他部位也不错。

5. 撕拉式面膜到底好不好?

撕拉式面膜是利用面膜和皮肤的充分接触和黏合，在面膜被撕拉而离开皮肤时，将皮肤上的黑头、老化角质和油脂通通“剥”下。它的清洁能力最强，但对皮肤的伤害也最大，使用不当可能造成皮肤松弛、毛孔粗大和皮肤过敏。

对于撕拉式面膜向来争议比较多，因为撕拉这一动作本身就会造成对肌肤的损伤，所以不太建议用此类面膜。

测测你是哪种肤质

常见的五种肤质

（1）中性肌肤：皮肤摸上去细腻而有弹性，不干也不油腻，只是天气转冷时偏干，夏天则有时油光光的，比较耐晒，对外界刺激不敏感。很幸运，你是中性肌肤。大体上不会有什么问题，毛孔细致的你至多是有微量的出油状况。

（2）干性肌肤：皮肤看上去细腻，只是换季时皮肤变得干燥，有脱皮现象，容易生成皱纹及斑点，很少长粉刺和暗疮，触摸时会觉得粗糙。那么你是干性肌肤。用食指轻压皮肤，就会出现细纹。

（3）油性肌肤：面部经常油亮亮的，毛孔粗大，肤质粗糙，皮质厚且易生暗疮粉刺，不易产生皱纹。你是油性肌肤。不时出现的斑点和黑头粉刺会令你不胜烦恼。

（4）混合性肌肤：额头、鼻梁、下颌有油光，易长粉刺，其余部分则干燥。这是混合性皮肤。

（5）敏感性肌肤：皮肤较薄，天生脆弱缺乏弹性，换季或遇冷热时皮肤发红易起小丘疹，毛细血管浅，容易破裂形成小红丝。这是典型的敏感性皮肤。

自我检查肤质之几种方式

第一种方式：洗脸测试法

洗脸测试法是利用洁面后绷紧感觉持续的时间来判断。洁面后，不擦任何保养品，面部会有一种紧绷的感觉。

干性皮肤洁面后绷紧感 40 分钟后消失；

中性皮肤洁面后绷紧感 30 分钟后消失；

油性皮肤洁面后绷紧感 20 分钟后消失。

第二种方式：纸巾测试法

晚上睡觉前用温和的洁肤品洗净皮肤后，不擦任何化妆品上床休息，第二天早晨起床后，用一面纸巾轻拭前额及鼻部：

油性：鼻、前额、下巴、双颊、脖子中有四个地方出油。纸巾上留下大片油迹。

混合：鼻、前额、下巴、双颊、脖子中有两个或三个部位出油，其他部位较干或较紧滑。

中性：鼻、前额、下巴、双颊、脖子中全部都不干燥或四个以上之部位觉得紧实平滑不出油。纸巾上有油迹但并不多。

干性：鼻、前额、下巴、双颊、脖子都觉得干干紧紧无光泽。纸巾上仅有星星点点的油迹或没有油迹。

肤质特征与护理

1. 中性肤质

（1）中性肤质特征

洁面后 6~8 小时后出现面油；

细腻有弹性，不发干也不油腻；

天气转冷时偏干，天热时可能出现少许油光；

保养适当，皱纹很晚才出现；

很少有痘痘及阻塞的毛孔；

比较耐晒，不易过敏 。

（2）中性肤质护理重点

此类皮肤基本上没什么问题，日常护理以保湿养护为主。

中性肤质很容易因缺水缺养分而转为干性肤质，所以应该使用锁水保湿效果好的护肤品。如保养适当，可以使皱纹迟至很晚才出现。

2. 干性肤质

（1）干性肤质特征

12 小时内不出现面油；

细腻，容易干燥缺水；

季节变换时紧绷，易干燥、脱皮；

容易生成皱纹，尤以眼部及口部四周明显；

易脱皮，易生红斑及斑点。很少长粉刺和暗疮；

易被晒伤，不易过敏。

（2）干性肤质护理重点

以补水、营养为主，防止肌肤干燥缺水、脱皮或皲裂，延迟衰老。

应选用性质温和的洁面品；选用滋润型的营养水、乳液、面膜等保养品，以使肌肤湿润不紧绷。

每天坚持做面部按摩，改善血液循环。注意饮食营养的平衡（脂肪可稍多一些）。冬季室内受暖气影响，肌肤会变得更加粗糙，因此室内宜使用加湿器。并避免风吹或过度日晒。

3. 油性肤质

（1）油性肤质特征

1 小时后开始出现面油；

较粗糙，有油光；

夏季油光严重，天气转冷时易缺水；

不易产生皱纹；

皮质厚且易生暗疮、青春痘、粉刺等；

更易出油，不易过敏。

（2）油性肤质护理重点

以清洁、控油、补水为主。防止堵塞毛孔，平衡油脂分泌，防止外油内干。

应选用具有控油作用的洁面用品，要定期做深层清洁，去掉附着毛孔中的污物。用平衡水、控油露之类的护肤品调节油脂分泌。使用清爽配方的爽肤水、润肤露等做日常护养品，锁水保湿。不偏食油腻食物，多吃蔬菜、水果和含维生素 B 的食物，养成规律的生活习惯。

4. 混合性肤质

（1）混合性肤质特征

2 ~ 4 小时后 T 形部位出现面油，其余部位正常；

面孔中部、额头、鼻梁、下颌起油光，其余部位正常或者偏干燥；

不易受季节变换影响；

保养适当，不易生皱纹；

T 形部位易生粉刺；

比较耐晒，缺水时易过敏。

（2）混合性肤质护理重点

以控制 T 形区（额头、鼻子、下巴）分泌过多的油脂为主，收缩毛孔；并滋润干燥部位。

选用性质较温和的洁面用品，定期深层清洁 T 形部位，使用收缩水帮助收细毛孔。选用清爽配方的润肤露（霜）、面膜等进行日常护养，注意保持肌肤水分平衡。要特别注意干燥部位的保养，如眼角等部位要加强护养，防止出现细纹。

5. 敏感性肤质

（1）敏感性肤质特征

容易出现小红丝；

皮肤较薄，脆弱，缺乏弹性；

换季或遇冷热时皮肤发红、易起小丘疹；

易过敏产生丘疹、红肿，易生成面部红丝；

易过敏，易晒伤。

（2）敏感肤质护理重点

这类皮肤很麻烦，要特别小心。首先不要太用力揉搓面部肌肤，以免产生红丝。

尽量选用配方清爽柔和、不含香精的护肤品，注意避免日晒、风沙、骤冷骤热等外界刺激。选用护肤品时，先在耳朵后、手腕内侧等地方试用，确定没有过敏现象后再使用。一旦发现过敏症状立即停用所有的护肤品，情况严重者最好到医院寻求专业帮助。

草莓透亮面膜 美白淡斑

原料

草莓5个，白醋适量。

做法

①将草莓洗净切成块状，放入榨汁机榨汁；②在榨好的果汁内加入适量白醋调和均匀即可；③洁面后，将面膜液敷在脸上（避开眼部和唇部周围），15分钟后，用清水将脸冲洗干净。

+

【养生功效】

草莓含多种果酸、维生素及矿物质等，可增强皮肤弹性，具有增白和滋润保湿的功效。另外，草莓比较适合于油性皮肤，具有去油、洁肤的作用，将草莓挤汁可作为美容品敷面。经常使用草莓美容，可令皮肤清新、平滑，避免色素沉着。

白醋有多种功效，可帮助消除脸部细小的皱纹；可让皮肤光洁、细腻；每天洗脸后，擦拭面部长斑的地方，日久可令雀斑逐渐消除、隐退；白醋能够消除疲劳，焕发精神。

此款面膜能够焕白肌肤，改善肤色暗沉。

贴心提示

此款面膜尽可能一次用完。

柠檬醋祛斑水 美白淡斑

原料

柠檬4片，白醋适量。

做法

①将柠檬去皮，切成块状，放入榨汁机榨汁；②在榨好的柠檬汁里加入适量白醋调和均匀即可。③洁面后，用面膜纸蘸取榨好的面膜液敷在脸上（避开眼部和唇部周围），15分钟后，取下面膜纸，用清水将脸冲洗干净。

【养生功效】

柠檬是水果中的美容佳品，因含有丰富的维生素C和钙质而作为化妆品和护肤品的原料。

其主要的美容功效有：增白洁肤、去除色斑、紧肤、润肤、消除疲劳、抗肌肤老化等。对于头皮屑较多的人，可以用柠檬汁混合橄榄油在头皮上按摩，半小时后冲洗，效果非常好。

另外，柠檬中还含有大量的果酸成分，可软化角质层，去除死皮，促进皮肤新陈代谢。

白醋对于美容有着多方面的功效，尤其是在祛斑消皱方面。

此款面膜能够祛斑淡斑，美白肌肤。

此款面膜尽可能一次用完。

苹果番茄面膜 美白淡斑

原料

苹果1个，番茄半个，土豆粉一勺。

做法

1 将苹果洗净去核，切成块状；将番茄洗净去皮，切成块状；2 将切好的苹果、番茄和土豆粉一起放入榨汁机搅拌。3 洁面后，将面膜液敷在脸上（避开眼部和唇部周围），15分钟后，用清水将脸冲洗干净。

【养生功效】

苹果含丰富的果胶，有助调节肠的蠕动，而它所含的纤维质可帮助清除体内垃圾，从而助你排毒养颜。果中含有大量的维生素C，常吃苹果，可帮助消除皮肤雀斑、黑斑，保持皮肤细嫩红润。

番茄富含抗氧化剂，可有效对抗体内自由基，减少自由基对皮肤和头发的侵害。番茄内含的抗氧化剂之中，番茄红素最可有效缓冲皮肤细胞的氧化损伤，促进皮肤健康。

苹果和番茄都有很强的抗氧化作用，因而此款面膜能够淡化色斑，延缓肌肤衰老。

贴心提示

如果一次没有用完，可以放在冰箱冷藏，但不宜超过3天。

柠檬鲜奶淡斑面膜 美白淡斑

原料

柠檬1个，鲜奶50毫升，优酪乳适量。

做法

1 将柠檬洗净去皮，榨汁；2 将榨好的柠檬汁和鲜奶、优酪乳一起搅匀。3 洁面后，将面膜液敷在脸上（避开眼部和唇部周围），也可以用面膜纸吸附后直接敷在脸上，15分钟后，用清水将脸冲洗干净。

【养生功效】

柠檬有漂白作用，可以抑制黑斑，美白肌肤，也可以紧致肌肤，使皮肤光洁润滑具有极佳的效果，当然，减肥和消除疲劳的功效也很显著。柠檬可以增加肠胃蠕动，帮助消化。此外，柠檬还有很强的杀菌功效，降低血脂。在每天吃早餐前，先空肚饮两杯加有柠檬果肉的温水，就可以帮助身体排出毒素。

牛奶不仅具有滋补食疗作用，也具有良好的美容效果。它美容的作用主要在于润泽皮肤。经常饮用牛奶，可使皮肤白皙细嫩、滑润光泽、富有弹性，对皮肤干燥、粗糙、失去光泽、弹性减退有良好疗效。

此款面膜能够淡化黑色素。

贴心提示

此款面膜宜一次性用完。

猕猴桃芦荟面膜 美白淡斑

原料

猕猴桃 1 个，芦荟 6 厘米长。

做法

1 将猕猴桃去皮，芦荟洗净，切成块状；2 将切好的猕猴桃、芦荟一起放入榨汁机搅拌即可。3 洁面后，将面膜液敷在脸上（避开眼部和唇部周围），15 分钟后，用清水将脸冲洗干净。

【养生功效】

猕猴桃所含的维生素 C 和维生素 E 不仅能美丽肌肤，而且具有抗氧化作用，在增白皮肤、消除雀斑和暗疮的同时增强皮肤的抗衰老能力。另外，猕猴桃中还含有丰富的矿物质，能够让头发丰盈润泽。坚持每天饮用一杯猕猴桃汁，可促进头发的生长。芦荟中所含的氨基酸和复合多糖物质构成天然保湿因素。这种天然保湿因素，能够补充皮肤中损失掉的部分水分，恢复胶原蛋白的功能，防止面部皱纹，保持皮肤光滑、柔润、富有弹性。

此款面膜能够抗氧化，莹润肌肤。

贴心提示

此款面膜最好一次性用完，若有剩余，可放置冰箱冷藏，但不宜超过 3 天。

黄瓜土豆保湿面膜 滋润保湿

原料

黄瓜 1 根，土豆半个，面粉适量，纯净水少许。

做法

1 将黄瓜洗净，切成块状；将土豆去皮，切成块状；将黄瓜、土豆一起放入榨汁机榨汁；2 用过滤网过滤掉汁液中的残渣；3 在汁液中加入适量面粉搅拌均匀即可。4 洁面后，将面膜液敷在脸上（避开眼部和唇部周围），15 ~ 20 分钟后，用清水将脸冲洗干净。

【养生功效】

鲜黄瓜中所含的黄瓜酶是一种有很强生物活性的生物酶，能有效促进血液循环，增强皮肤的抗氧化作用。每日用鲜黄瓜汁涂抹皮肤，就可以收到滋润皮肤、减少皱纹的美容效果。

土豆有很好的呵护肌肤、保养容颜的功效。新鲜土豆汁液直接涂敷于面部，增白作用十分显著。人的皮肤容易在炎热的夏日被晒伤、晒黑，土豆汁对清除色斑效果明显，并且没有副作用。土豆对眼周皮肤也有显著的美颜效果。将熟土豆切片，贴在眼睛上，能减轻下眼袋的水肿。把土豆切成片敷在脸上，能美容护肤、减少皱纹。

此款面膜可为肌肤补充水分，保湿肌肤。

贴心提示

此款面膜尽可能一次用完。

葡萄面粉美白面膜 滋润保湿

原料

葡萄10颗，面粉适量。

做法

①将葡萄去皮去子，取出果肉，放入榨汁机榨汁；②在榨好的葡萄汁内加入适量面粉调和成糊状即可。③洁面后，将面膜液敷在脸上（避开眼部和唇部周围），15分钟后，用清水将脸冲洗干净。

【养生功效】

葡萄为葡萄科落叶木质藤本植物的果实，又名草龙珠、水晶明珠、蒲桃、蒲陶、李桃、山葫芦。葡萄被人们视为珍果，被誉为世界四大水果之首。葡萄具有超强抗氧化能力，能延缓衰老、维护皮肤健康、阻止紫外线对皮肤的侵袭，预防动脉硬化，也有皮肤维生素之称，其中的花青素，具脂溶性及水溶性的特质，有美白作用。在欧洲，葡萄子被誉为“口服的皮肤化妆品”。

面粉可使皮肤洁净、润白，对毛孔的收缩也有帮助，可以祛斑、紧实肌肤。

此款面膜能够润泽，美白肌肤。

贴心提示

此款面膜尽可能一次用完。

香蕉蜂蜜面膜 滋润保湿

原料

香蕉1根，蜂蜜适量。

做法

①剥去香蕉的皮和果肉上的果络，切成块状放在榨汁机榨汁；②在榨好的果汁内加入适量蜂蜜搅拌均匀即可。③洁面后，将面膜液敷在脸上（避开眼部和唇部周围），10～15分钟后，用清水将脸冲洗干净。

【养生功效】

香蕉是热带地区常见且价廉的水果，但是它的营养价值相当高，香蕉富含蛋白质、淀粉质、维生素及矿物质，特别是它含有丰富的钾，对于患心脏血管疾病的人是一种非常好的食品。对于肌肤来说，香蕉也是一种很好的面膜材料，直接将香蕉捣成泥状敷在脸上就具有温和清洁与滋养修护肌肤的功效。常用香蕉汁擦脸搓手，可防止皮肤老化、脱皮、瘙痒、皲裂。香蕉皮中含有抑制真菌和细菌生长繁殖的焦皮素，患有足癣、手癣等皮肤瘙痒症，将蕉皮贴敷患处，能促使病症早愈。

香蕉具有滋养修护皮肤的功效，配以蜂蜜，加强了保湿滋润的效果，因而，此款果汁能够莹润肌肤。

贴心提示

此款面膜尽可能一次用完。

橘汁芦荟保湿修护面膜 滋润保湿

原料

橘子半个，芦荟4厘米长，维生素E2粒，面粉适量。

做法

1 将橘子去皮，果肉切成块状；将芦荟洗净切成块状；将准备好的橘子、芦荟、维生素E和面粉一起放入榨汁机榨汁。2 洁面后，将面膜液敷在脸上（避开眼部和唇部周围），20分钟后，用清水将脸冲洗干净。

【养生功效】

橘子是大众非常熟悉的一种水果，以其丰富的果酸和维生素含量而被大量应用于护肤品和化妆品中。橘子还有护发的功效：将橘皮泡进热水中，用它洗头发，头发会光滑柔软，如同用了高质量的护发剂。芦荟汁是天然萃取物，含有多种对人体有益的保湿剂和营养剂。据测定，芦荟中含有聚糖的水合产物葡萄酸、甘糖露、少量的糖醛酸和钙等；还有少量水合蛋白酶、生物激素、荷尔蒙、蛋白质、维生素、矿物质等微量成分，因此，芦荟可以补充水分，恢复胶原蛋白。

此款面膜能够促进肌肤的新陈代谢，润泽皮肤。

贴心提示

此款面膜尽可能一次用完。

牛奶杏仁保湿面膜 滋润保湿

原料

奶粉1勺，杏仁粉1勺，蜂蜜适量。

做法

1 将准备好的奶粉、杏仁粉和蜂蜜一起放入碗中加入饮用水搅拌成糊状即可。2 洁面后，将面膜液敷在脸上（避开眼部和唇部周围），10～15分钟后，用清水将脸冲洗干净。

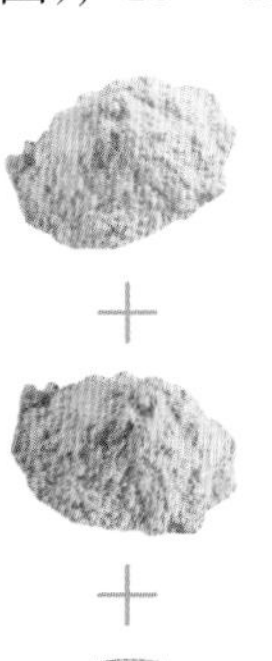

【养生功效】

杏仁中含有大量的营养成分和维生素、微量元素，杏仁中含有丰富的维生素A、维生素E、亚油酸等有清热解毒、祛湿散结、消斑抗皱的功效。

对面部痤疮、皮肤粗糙、色素沉着及面部皱纹等具有较好的防治作用，经常使用能有效地延缓皮肤衰老，使皮肤清洁亮丽、富有光泽和弹性。

牛奶含有丰富的蛋白质、维生素与矿物质，具有天然保湿效果。

此款面膜能够补充水分，滋润美白肌肤。

贴心提示

此款面膜宜一次性用完。甜杏仁多作润补美容用，苦杏仁多作药用，经过炮制后也可作食用。值得注意的是，未经炮制的苦杏仁食用过量，会引起中毒，甚至有生命危险。

水果泥深层滋养面膜 滋润保湿

原料

苹果、雪梨、香蕉各一个。

做法

1 将苹果、雪梨、香蕉去皮去核，切成块状；2 将准备好的苹果、香蕉、雪梨一起放入榨汁机搅拌成泥状即可。3 洁面后，将面膜液敷在脸上（避开眼部和唇部周围），20 ~ 25 分钟后，用清水将脸冲洗干净。

【养生功效】

苹果所含的大量水分和各种保湿因子对皮肤有保湿作用。苹果中所含的丰富果酸成分可以使毛孔通畅。雪梨也是美白佳品，把果泥混合一点儿柠檬汁，就能为油性肌肤去油滋润，加一点儿蜂蜜或植物油也能成为抗氧化的好面膜。

香蕉具有独特的护肤作用：对敏感肌肤有独特疗效；能为肌肤提供养分，并有消毒作用，对祛除口角、眼角的皱纹有疗效，对毛孔过大有收敛作用；质温和，对中性肤质特别适合；有柔化干性肌肤、祛除皱纹的效果。

此款面膜能够锁住水分，补水保湿。

贴心提示

此款面膜尽可能一次用完。

番茄酸奶面膜 滋润保湿

原料

番茄半个，酸奶 50 毫升，面粉适量。

做法

1 将番茄洗净去皮，切成块状；将番茄放入榨汁机榨汁；2 在榨好的果汁内加入酸奶和面粉搅拌成糊状即可。3 洁面后，将面膜液敷在脸上（避开眼部和唇部周围），15 分钟后，用清水将脸冲洗干净。

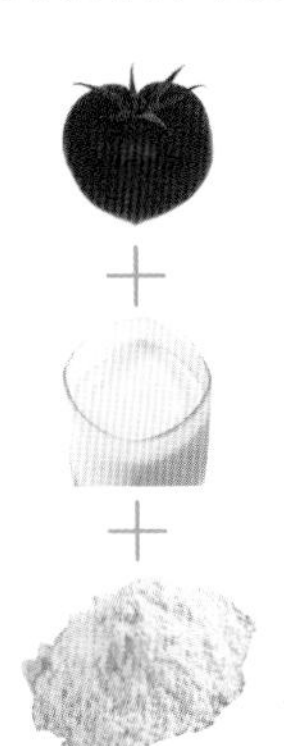

【养生功效】

常吃番茄，可补血益神，使皮肤柔嫩生辉，脸色红润。番茄含有丰富的酸性汁液，可以平衡皮肤的 pH 值，改善皮肤黑且粗糙的状态；番茄所含的维生素 C，有美白作用。

酸奶中含有丰富的乳酸，能有效滋润皮肤，使肌肤光滑细腻，酸奶中的有机酸还具有很强的杀菌作用，所含的维生素 A、维生素 B 能有效阻止细胞内的不饱和脂肪酸氧化和分解，延缓衰老。

此款面膜能够去除皮肤老化角质层，清洁滋润皮肤。

贴心提示

此款面膜宜一次性用完。如有剩余可放于冰箱冷藏，但不宜超过 3 天。

绿茶粉南瓜面膜 晒后修复

原料

绿茶粉 1 勺，南瓜 2 片，面粉适量。

做法

1 将南瓜去皮去子，切成块状，放入榨汁机榨汁；2 在榨好的南瓜汁内加入绿茶粉、面粉，搅拌成糊状即可。3 洁面后，将面膜液敷在脸上（避开眼部和唇部周围），15 分钟后，用清水将脸冲洗干净。

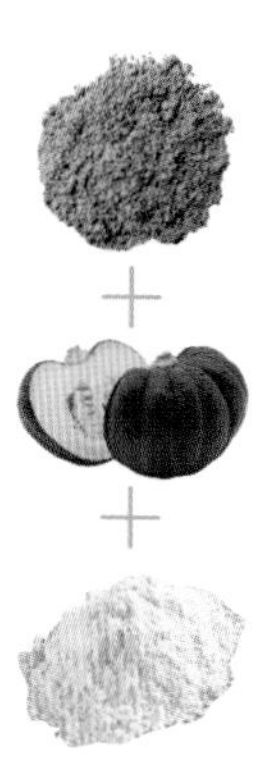

【养生功效】

绿茶粉中的儿茶素有着抗菌消炎的功效，是安抚肌肤的极佳成分；绿茶中含有大量的维生素 C，可淡化肌肤中的黑色素，使肌肤美白柔嫩；绿茶的抗氧化作用是维生素 E 的 20 倍，有效保护肌肤，减少因紫外线及污染而产生的游离基。在平时洗脸后，用手取绿茶粉沾水，然后拍打脸部，可以起到收缩肌肤、使皮脂膜强度增高，健美皮肤的功效。南瓜制成南瓜粉，长期服用，可治疗糖尿病；南瓜汁可减淡面部色素沉着，防治青春痘。生的南瓜连皮带肉捣烂，当面膜敷在脸上，也可以起到美容的作用。

此款面膜能够排毒养颜，消炎杀菌。

贴心提示

此款面膜尽可能一次用完。

香蕉橄榄油面膜 晒后修复

原料

香蕉 1 根，橄榄油适量。

做法

1 剥去香蕉的皮和果肉上的果络，切成块状；2 将香蕉放入榨汁机榨汁；3 在榨好的果汁内加入适量橄榄油调和均匀即可。4 洁面后，将面膜液敷在脸上（避开眼部和唇部周围），15 分钟后，用清水将脸冲洗干净。

【养生功效】

香蕉含多种维生素，常吃香蕉能使皮肤细腻柔嫩。用香蕉汁擦脸擦手，可防止皮肤老化、脱皮、瘙痒、皲裂。将香蕉皮贴在手足癣上能够缓解瘙痒症状，起到辅助治疗的作用。

橄榄油不仅是目前世界上最好的食用油，能降血脂，降胆固醇，预防多种癌症，还有非凡的美容功效。橄榄油富含不饱和脂肪酸以及各种维生素，清爽不油腻，容易被皮肤所吸收，被称为“可以吃的护肤品”。经常使用橄榄油，能够润泽皮肤，消除皱纹和色斑或使色斑变淡、减缓皮肤衰老。

此款面膜能除皱祛斑，延缓肌肤衰老。

贴心提示

此款面膜尽可能一次用完。

柠檬蛋清面膜 去皱紧肤

原料

柠檬1个，鸡蛋1个。

做法

1 将柠檬去皮，切成块状，放入榨汁机榨汁；2 将鸡蛋打破，取出蛋清；3 将蛋清加入榨好的柠檬汁中搅拌均匀。4 洁面后，将面膜液敷在脸上（避开眼部和唇部周围），15分钟后，用清水将脸冲洗干净。

【养生功效】

柠檬不但能防止和消除色素在皮肤内的沉着，还能软化角质层，令肌肤白皙润泽。柠檬在美容上有独特的作用，柠檬汁能清洁皮肤毛孔，使皮肤平滑光亮，洁白如玉。在晚上用棉花棍浸柠檬汁涂在色素斑上，然后擦上护肤霜，有除斑功效。中医古籍中有大量鸡蛋用于美容护肤的记载，例如，用陈醋浸泡鸡蛋3天，取出蛋清敷面，用于治疗面部疱疮；用酒密封浸泡鸡蛋7日，取蛋清每夜敷面以美白面部；以及用蛋清做洗发、护发用品等。

此款面膜能够去皱嫩肤，增加肌肤弹性。

贴心提示

此款面膜宜一次性用完。

木瓜蜂蜜面膜 去皱紧肤

原料

木瓜半个，饮用水200毫升，蜂蜜适量。

做法

1 将木瓜去皮去瓤，切成块状，放入榨汁机榨汁；2 在榨好的木瓜汁内加入适量蜂蜜搅拌成糊状即可。3 洁面后，将面膜液敷在脸上（避开眼部和唇部周围），15分钟后，用清水将脸冲洗干净。

【养生功效】

木瓜含有钙、铁、磷、钠、钾、镁、β－胡萝卜素及维生素C等，营养非常丰富。多吃木瓜能让肌肤显得更明亮、清新，所以有“木瓜美人”一说。

蜂蜜的营养成分全面，食用蜂蜜可使体质强壮起来，容颜也会发生质的变化，符合“秀外必先养内”的美容理论。

特别是蜂蜜具有很强的抗氧化作用，能清除体内的“垃圾”——自由基，因而有葆青春抗衰老、消除和减少皮肤皱纹及老年斑的作用，使人年轻靓丽。

此款面膜能够消除皱纹，滋养干燥肌肤。

贴心提示

此款面膜宜一次性用完。

杏仁粉蜂蜜面膜 去皱紧肤

原料

杏仁粉、面粉、蜂蜜、饮用水适量。

做法

❶ 将准备好的杏仁粉、面粉、蜂蜜和饮用水放在碗里搅拌均匀即可。❷ 洁面后，将面膜液敷在脸上（避开眼部和唇部周围），10 ~ 15 分钟后，用清水将脸冲洗干净。

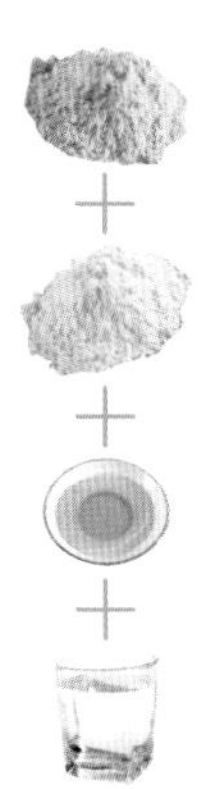

【养生功效】

杏仁含有丰富的维生素 E 和亚油酸，能帮助脆弱的肌肤抵抗氧化，抑制黄褐斑生成，使皮肤更加光滑细致。蜂蜜的营养价值很高，用蜂蜜涂抹皮肤，蜂蜜中的葡萄糖、果糖、蛋白质、氨基酸、维生素、矿物质等直接作用于表皮和真皮，为细胞提供养分，促使它们分裂、生长，常用蜂蜜涂抹的皮肤，其表皮细胞排列紧密整齐且富有弹性，还可以有效地减少或除去皱纹。

面粉可以清洁皮肤，能够收缩毛孔，使皮肤细腻嫩白，同时还能起到祛斑除皱的功效。

此款面膜能够抵抗皱纹，延缓衰老。

贴心提示

此款面膜宜一次性用完。

藕粉胡萝卜面膜 去皱紧肤

原料

胡萝卜 1 根，鸡蛋 1 个，藕粉适量。

做法

❶ 将胡萝卜洗净去皮，切成块状，放入榨汁机榨汁；❷ 在榨好的胡萝卜汁内加入鸡蛋和藕粉搅拌均匀即可。❸ 洁面后，将面膜液敷在脸上（避开眼部和唇部周围），15 ~ 20 分钟后，用清水将脸冲洗干净。

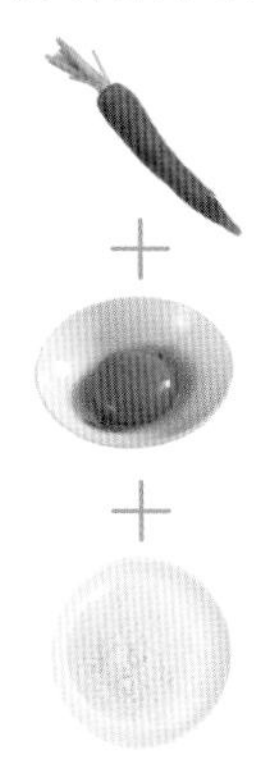

【养生功效】

由于胡萝卜具有滋润皮肤和治疗皮肤干燥症的功效，人们又称它为“美容保健食品”。又因其有乌发之功，人们又称其为“头发食品”。用胡萝卜做成面膜，能预防黑色素的沉淀。胡萝卜所含的 β – 胡萝卜素，可以抗氧化和美白肌肤。藕粉是效果显著而且价格低廉的美容品，有洁肤、美白功效，另外还能促进伤口愈合，提高细胞的再生活力，让肌肤平滑细腻，因此常常被制作成藕粉面膜，适合任何肤质使用。鸡蛋含有人体几乎所有需要的营养物质，中国民间流传的许多养生药膳也都离不开鸡蛋。

此款面膜能够紧致肌肤，促进肌肤新陈代谢。

贴心提示

此款面膜宜一次性用完。

橄榄油蛋黄面膜 去皱紧肤

原料

鸡蛋1个，橄榄油适量。

做法

1 将鸡蛋打破，取出蛋黄；2 将橄榄油放入蛋黄中搅拌均匀即可。3 洁面后，将面膜液敷在脸上（避开眼部和唇部周围），15～20分钟后，用清水将脸冲洗干净。

【养生功效】

橄榄油含有丰富的不饱和脂肪酸及维生素E，可被皮肤吸收，滋润营养肤质，使皮肤光泽细腻而富有弹性，促进血液循环和肌肤新陈代谢，有助于减肥，减少皱纹，延缓衰老。橄榄油富含不饱和脂肪酸以及多种维生素，极易被皮肤吸收，清爽自然，绝无油腻感，是纯天然的美容佳品，被称为“可以吃的护肤品”。

鸡蛋的维生素也大都集中在蛋黄中。蛋黄富含多种维生素。其中的维生素B_2，可以预防烂嘴角、舌炎、嘴唇裂口等。此外蛋黄还有紧致肌肤、抗氧化的作用。

此款面膜能够收缩毛孔，补水消皱。

贴心提示

此款面膜宜一次性用完。

芦荟芹菜清凉面膜 晒后修复

原料

芦荟8厘米长，芹菜1根。

做法

1 将芦荟洗净去皮，取出芦荟胶；将芹菜洗净切断；2 将芦荟胶、芹菜一起放入榨汁机榨汁。3 洁面后，用面膜纸蘸取榨好的面膜液敷在脸上（避开眼部和唇部周围），15分钟后，取下面膜纸，用清水将脸冲洗干净。

【养生功效】

芦荟中氨基酸和复合多糖物质构成了天然保湿因素，它可以补充水分，恢复胶原蛋白的功能，防止面部皱纹，保持皮肤柔润、光滑、富有弹性。芦荟中的某些成分能在皮肤上形成一层无形的膜，可防止因日晒引起的红肿、灼热感，保护皮肤免遭灼伤。芦荟中有些物质具有抗炎作用，既可清洁皮肤，又可防止细菌生长，促进细胞新陈代谢和皮肤再生，减轻疼痛和瘙痒，对一些皮肤病有明显疗效。

此款面膜能够抗过敏，预防和缓解因为日晒引起的面部红肿。

贴心提示

此款面膜宜一次性用完。

西瓜补水润泽面膜 晒后修复

原料

西瓜 2 片，蜂蜜适量。

做法

1 将西瓜去皮去子，切成块状；2 将切好的西瓜放入榨汁机榨汁；3 在榨好的果汁内加入适量蜂蜜搅拌成糊状即可。4 洁面后，将面膜液敷在脸上（避开眼部和唇部周围），15 分钟后，用清水将脸冲洗干净。

【养生功效】

夏季日光直射、紫外线较强，皮肤容易被灼伤。西瓜含水量在水果中是首屈一指的，所以特别适合夏季补充人体水分的损失。吃西瓜对人体不仅仅是水分的补充，西瓜汁中还含有多种重要的有益健康和美容的化学成分。西瓜还有大量水分和纤维，敷面可使皮肤清爽舒适，充分发挥补湿和收缩毛孔的作用。

蜂蜜含有的大量能被人体吸收的氨基酸、酶、激素、维生素及碳水化合物，有滋补护肤的美容作用。长期坚持，能使粗糙的皮肤变得细嫩润泽。

此款面膜可镇静肌肤，抗过敏。

贴心提示

此款面膜宜一次性用完。

圆白菜黄瓜镇定面膜 晒后修复

原料

圆白菜叶 1 片，小黄瓜 1 根。

做法

1 将圆白菜叶洗净，切碎；将小黄瓜洗净，切成块状；2 将准备好的圆白菜、小黄瓜一起放入榨汁机榨汁。3 睡觉前，洁面后，将面膜液敷在脸上（避开眼部和唇部周围），20 分钟后，用清水将脸冲洗干净。

【养生功效】

圆白菜中含有丰富的维生素 C、维生素 E 和胡萝卜素，具有很强的抗氧化、抗衰老作用，可起到消肿消炎、延年益寿的作用。

黄瓜中含维生素 E，能够延年益寿、抗衰老；黄瓜酶成分具有很强的生物活性，能够有效地促进机体的新陈代谢。黄瓜还有扩张皮肤毛细血管，促进血液循环，增强皮肤的氧化作用的功效。直接将黄瓜汁涂在脸上，能起到润肤、舒展皱纹的功效。

此款面膜能够消炎消肿，抗过敏。

贴心提示

此款面膜尽可能一次用完。

学习与孩子相处

给孩子留一个

自由的空间

热爱园艺的朋友都非常爱惜自己花园里的一草一木，不允许孩子去“动”自己的植物，好动的孩子如果不小心搞了“破坏”，甚至会被狠狠地教训一顿。这样，孩子根本体会不到园艺的乐趣，自然也慢慢失去了对植物的好奇心。

那应该怎么做呢？

我们可以在花园中给孩子留一个小空间，一个可以随意种植、不受干预的自由操作空间，让孩子充分玩起来。你可以在他们遇到问题时进行解答，但不过多干预孩子的所有决定，他们要用什么花盆，种什么植物，怎么种，都由他们自己发挥。不管他们的植物种得怎样，最后他们都会主动跟你分享自己的“杰作”，这时你们就可以像朋友一样交流与分享种植经验了。

这是孩子第一次亲自种草莓，每个环节都很认真，仔细地观察每个果的变化，期待着收获的那天。

发现了一个长着特别形状的果实，迫不及待地要跟我分享。

草莓成熟的时候，每天都能采收一些。我们还收获了一颗“巨大”的白草莓。

孩子品尝到自己亲手种的草莓时，笑得合不拢嘴。自己种的草莓味道未必比购买的更美味，但我们都品尝到了种植的乐趣。

不怕泥泞的孩子按照自己的构思种植水稻，尽管不知道最后的收成怎样。

晴朗的日子，孩子觉得是时候给菜浇水了。

孩子不知道向日葵为什么会跟着太阳转头，于是我们种下几棵向日葵，最后还收获了几盘葵花子。

像朋友一样

跟孩子相处

要与孩子相处融洽首先要转变心态。与孩子像朋友一样相处是最舒服的，但很多人往往会以家长的心态与孩子相处。只要孩子遇到一点困难就会马上帮他“摆平”，或者只要孩子犯了一点错误就会给予教训。这样孩子会慢慢变得在家长面前不敢表达，不会分享内心的真实想法。

我们平时与孩子相处应该先把家长的角色放一边，以朋友的心态来与他们相处。只要不是关乎重大是非的问题都不用太担心，不用过度干预，让孩子自己亲身体验，感受其中的苦与乐，他们会超出预期地成长起来。

家长越是将孩子保护得好，孩子越不会自己面对挫折。不要害怕泥土弄脏他们的衣服，不要害怕植物刺伤他们的皮肤，在玩耍中慢慢与孩子建立友谊。

防疫期间不能外出，于是我们在天台上来了一场“露营”，一起做了很多游戏。跟孩子相处也要有仪式感。

采摘是跟孩子互动的最好时机。

我们去采摘桃金娘果，这个是我童年时常吃的野果。虽然天气非常热，孩子满头大汗，但吃得很开心，这也成为孩子的童年味道。

我们种的四棱豆丰收了，有一些来不及摘就长老了，这些老了的果实可以用来留种，来年再用这些种子播种，这让孩子体会到植物生命的循环。

孩子采收时很开心，向我展示她的“战利品”。

我们去一个农场乐园游玩，孩子认真察看地图。

在农场里面捡鸡蛋，孩子想把鸡蛋带回家孵小鸡。我只好跟她解释鸡蛋不是受精蛋，不能孵小鸡。

孩子最爱的还是摘番茄，边摘边吃。

跟孩子一起

观察植物世界

孩子天生对世界充满好奇，他们在园艺中会接触各种植物，也可以学到很多知识。从园艺中认识植物是很好的开始。我们对孩子的一些问题要耐心解答，要用孩子听得懂的语言去讲解。有时候有一些我们习以为常的事物，孩子却是不能理解的，用一些简单的语言去讲解尤为重要。比如孩子问："植物是怎样结果的？"如果回答"植物开花，雄花与雌花授粉成功，雌花就会发育成果实"，孩子可能对"雄花""雌花""授粉"没有概念，他们根本听不懂。我们可以用"男花""女花"这样孩子能理解的词去讲解，孩子会更容易明白。告诉他们，"男花"上的花粉借助昆虫或风力传到"女花"上就是授粉，同时结合真实的花朵讲解，孩子就更能真正听懂你的话。

平时在与孩子的对话中，有时候会听到孩子说一些新词。我们可以问他们这个词的意思，听听他们的解释。很多时候孩子只是模仿别人说话，并不理解其中的含义。我们可以用简单的语言去解释给她听，这样孩子的词汇量会大大增加，他们的语言理解能力也会提升。

孩子在学习给刚播种的种子浇水。

孩子对瓜藤的“触手”非常好奇：它到底是怎样抓住物体的？

石头缝里长了很多好看的小花，孩子想知道小花在没有泥土的地方是怎么生长的。

孩子在玩的时候发现面包屑吸引来很多蚂蚁，蚂蚁是怎么发现面包屑的呢？孩子好奇地观察起来，查找着蚂蚁行走的路线。

在散步的时候，给孩子介绍她发现的一棵没见过的植物。

多留意我们的周围，会发现很多不认识而有趣的植物。

孩子从播种开始学习种植自己喜欢吃的甜瓜和西瓜。

瓜苗开了很多花。通过讲解，孩子已经可以清楚地分辨雄花和雌花了。

认识雌花和雄花后她可以熟练地给瓜授粉了。每一朵花都会仔细地授粉。

下雨了，她担心瓜的情况，等不到雨停就穿上雨衣去查看瓜的情况。

授粉成功的瓜逐渐长大，孩子每天都要去看看，盼着能早点采摘。

收获了多个品种的瓜，都是孩子爱吃的。我们开心地吃着瓜，聊着明年一定要多种一点。

很多孩子都不爱吃蔬菜，有时候不是孩子挑食，而是蔬菜味道不好。为了方便运输，很多好吃而不耐运输的品种都被淘汰了，而且市场里售卖的蔬果在地生长时间通常都比较短，很多是没有完全成熟就被提前采摘了，这导致很多蔬果风味寡淡。

孩子第一次接触的食物会直接影响他们之后对这种食物的感受。如果第一次是不好的体验，那么之后就会对这种食物有所抗拒，即使这种食物已经变得好吃了，他们也会不太敢尝试。

自己种植蔬果时，我们可以选择更美味的品种来种植，同时让蔬果生长足够长的时间，等自然成熟才采摘，风味会大大提升。此外，因为是孩子自己的劳动付出，他们会觉得自己亲手中的蔬菜水果更加美味。

与孩子一起 分享种植喜悦

我们第一次种植就收获了满满一大堆蔬果。灯笼果我们第一次尝试种植，没想到就获得了大丰收。

第一个白草莓。

我们收获了很多胡萝卜。

这种胡萝卜非常好吃，可以鲜食，我们拿来当作零食吃，放上一盘边吃边看电视。

我们在楼顶现采现做，吃了很多自己种的蔬菜。其中有一些孩子平时不怎么爱吃的菜，现在也都吃得格外香。

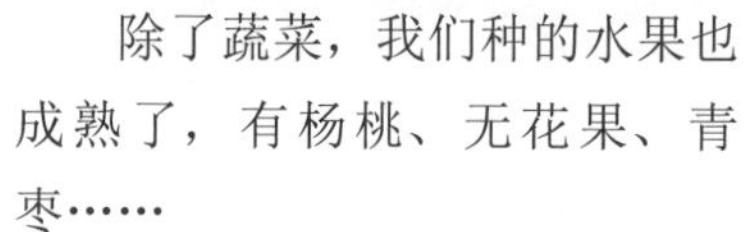

除了蔬菜，我们种的水果也成熟了，有杨桃、无花果、青枣……

跟孩子一起采收，一起烹煮。一些平时不爱吃的菜孩子都会吃得特别香。

蔬果汁养生大全

中卷

魏 倩 主编

长江出版传媒 湖北科学技术出版社

>> 第五章

一杯蔬果汁，减肥塑身

第1节 消脂瘦身

葡萄柚香瓜柠檬汁 清肠开胃，利于减肥

原料

葡萄柚1个，香瓜2片，柠檬片2片，饮用水100毫升。

做法

1 将葡萄柚去皮去子，切成块状；2 将香瓜、柠檬片洗净，切成块状；3 将切好的葡萄柚、香瓜、柠檬片和饮用水一起放入榨汁机榨汁。

【养生功效】

葡萄柚酸性物质可以帮助消化液的增加，借此促进消化功能，而且营养也容易被吸收。此外，葡萄柚在减肥时被列为必食的水果，原因是它含有丰富的维生素C，不仅可以消除疲劳，还可以美化肌肤。重要的是它的含糖量少，减肥时食用葡萄柚以补充维生素C最适合不过了。

香瓜在各地都被普遍栽培，其果肉可以生食。香瓜是一种夏令的消暑瓜果，具有非常丰富的营养价值，能够止渴清燥、消除口臭。据有关专家鉴定，各种香瓜均含有苹果酸、葡萄糖、氨基酸、甜菜茄、维生素C等丰富的营养，对感染性高热、干热口渴等，具有很好的疗效。多食用香瓜，有利于人体心脏、肝脏以及肠道系统的活动，能够促进人体内分泌以及造血机能。祖国医学确认香瓜具有“消暑热，解烦渴，利小便”的显著功效。

柠檬中也含有非常丰富的维生素C，能够维持人体各种组织以及细胞间质的生成，同时也有利于保持它们的正常生理机能。所以多多食用柠檬，也是有利于提升人体免疫能力和抵抗能力的。

此款果汁有助于改善肠胃功能，也是减肥佳饮。

贴心提示

柠檬，又称柠果、洋柠檬、益母果等。因其味极酸，肝虚孕妇最喜食，故称益母果或益母子。柠檬中含有丰富的柠檬酸，因此被誉为“柠檬酸仓库”。因为味道特酸，故只能作为上等调味料，用来调制饮料菜肴、化妆品和药品。

蜂蜜枇杷果汁 消脂润肤，润肠通便

原料

枇杷 8 颗，饮用水 200 毫升，蜂蜜适量。

做法

1 将枇杷洗净去皮去核；2 将枇杷果肉和饮用水一起放入榨汁机榨汁；3 在榨好的果汁内放入适量蜂蜜搅拌均匀即可。

【养生功效】

枇杷富含人体所需的各种营养元素，是营养的保健水果。可促进食欲、帮助消化；也可预防癌症、防止皮肤老化。枇杷叶及枇杷核也是常用的中药材，枇杷叶具有清肺胃热、降气化痰功能，用于肺热干咳、胃痛、流鼻血、胃热呕吐；枇杷核则用于治疗疝气，消除水肿，利关节。

此款果汁能够扫清体内废弃物，排出毒素。

贴心提示

中医认为枇杷果实有润肺、止咳、止渴的功效。吃枇杷时要剥皮。除了鲜吃外，也可将枇杷肉制成糖水罐头，或将枇杷酿酒。

番茄牛奶蜜 瘦身美容，强健体魄

原料

番茄 1 个，牛奶 200 毫升。

做法

1 在番茄的表皮上划几道口子，在沸水中浸泡 10 秒；2 去掉番茄的皮，切成块状；3 将切好的番茄和牛奶一起放入榨汁机榨汁。

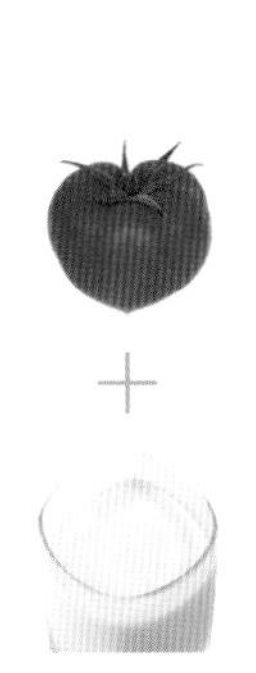

【养生功效】

番茄能够健胃消食，生津止渴，润肠通便。所含苹果酸、柠檬酸等有机酸，能促使胃液分泌，加强对脂肪及蛋白质的消化。增加胃酸浓度，调整胃肠功能，有助胃肠疾病的康复。所含果酸及纤维素，有助消化、润肠通便作用，可防治便秘。番茄含的胡萝卜素和维生素有祛雀斑、美容、抗衰老、护肤等功效。番茄汁还对消除狐臭有一定作用。番茄红素具有独特的抗氧化能力，能清除自由基，保护细胞，使脱氧核糖核酸及基因免遭破坏，能阻止癌变进程。

此款果汁能够抗氧化，预防便秘。

贴心提示

番茄红素对氧化反应敏感，经日光照射会损失，所以贮藏番茄制品时要尽量避光避氧，放置阴凉处。

麦片木瓜奶昔 缓解便秘带来的不适

原料

麦片5克，木瓜60克，脱脂鲜奶100毫升。

做法

1 将木瓜清洗干净，去皮，把果肉切成小块；2 麦片放入温水中浸泡15分钟；3 将所有原材料拌匀倒入果汁机内，以慢速搅打30秒，倒出即可饮用。

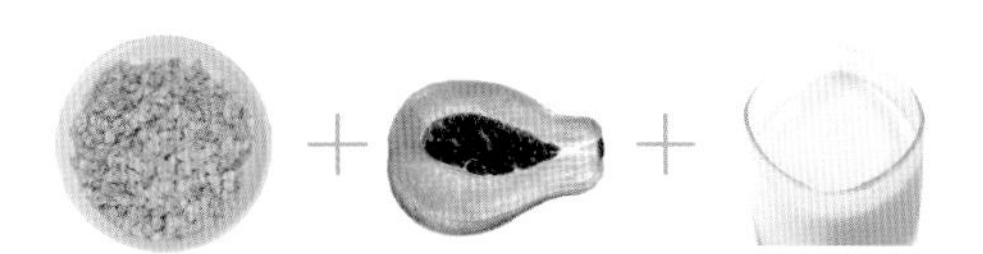

营养成分

膳食纤维	蛋白质	脂肪	碳水化合物
0.5g	3.2g	3g	7.8g

【养生功效】

木瓜具有助消化、消暑解渴、润肺止咳的功效。经常食用具有平肝和胃、舒筋活络、软化血管、抗菌消炎、抗衰养颜、抗癌防癌的效果。

果汁热量 295千焦

操作方便度：★★★★☆

推荐指数：★★★★☆

山药菠萝枸杞汁 强身降脂，排毒瘦身

原料

山药8厘米长，菠萝2片（1厘米厚），枸杞6粒，饮用水200毫升，蜂蜜适量。

做法

1 将山药去皮，洗净，切成块状；将菠萝洗净，切成丁；2 将切好的山药、菠萝和枸杞、饮用水一起放入榨汁机榨汁；最后加入适量蜂蜜搅拌均匀。

【养生功效】

山药所含的胡萝卜素、维生素C等具有抗氧化功能，并可提高人体免疫力。而黏多糖与无机盐结合，可增强骨质，对心血管大有裨益。菠萝含有大量的果糖、葡萄糖、维生素、矿物质等物，能够解暑止渴、消食止泻。枸杞含有甜菜碱、多糖、粗脂肪、粗蛋白、胡萝卜素、维生素A、维生素C、维生素B_1、维生素B_2及钙、磷、铁、锌、锰、亚油酸等营养成分，对造血功能有促进作用，还能抗衰老、抗突变、抗肿瘤、抗脂肪肝及降血糖等。蜂蜜具有滋养、润燥、解毒的功效，可清热、润燥、补中、助排便。

山药、菠萝、枸杞和蜂蜜制成的果汁具有提高免疫力、降低胆固醇、利尿的作用，不仅可以排毒减肥，还能够有效地降低高血脂。此款果汁适于减肥瘦身者。

香蕉苦瓜果汁 降脂降糖，纤体瘦身

原料

香蕉一根，苦瓜4厘米长，饮用水200毫升。

做法

1 剥去香蕉的皮和果肉上的果络，并切成块状；2 将苦瓜洗净在沸水中焯一下，切成丁；3 将切好的香蕉、苦瓜和饮用水一起放入榨汁机榨汁。

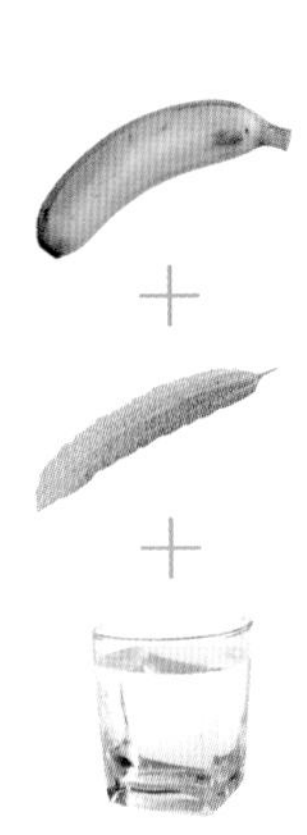

【养生功效】

香蕉味甘性寒，可以用来清热润肠，促进肠胃蠕动，常吃香蕉可以促消化，具有一定的减肥功效。苦瓜性苦寒，具有清热消暑、凉血解毒、滋肝明目的功效，对治疗痢疾、疮肿、中暑发热、痱子过多、结膜炎等病具有一定的功效。苦瓜素被誉为“脂肪杀手”，能够减少人体对脂肪和多糖的摄取，所以很多人都在用苦瓜减肥。

此款果汁富含大量的食物纤维，经常饮用能够促进脂肪和胆固醇的分解，达到纤体的效果。

贴心提示

在选购香蕉的时候，一定要注意选择那些颜色鲜黄的。然后再用手捏捏，富有弹性的比较好，如果香蕉质地过硬的话，则说明其比较生，而太软的话又可能是过熟容易腐烂。

圣女果芒果汁 降低血脂，轻松减肥

原料

圣女果4个，芒果半个，饮用水200毫升。

做法

1 将圣女果清洗干净，去掉果蒂，切成小块；2 将芒果清洗干净，去掉外皮和果核，切成小块；3 将切好的圣女果、芒果和饮用水一起放入榨汁机榨汁。

【养生功效】

圣女果中维生素PP的含量居果蔬之首，是保护皮肤、维护胃液正常分泌、促进红细胞生成的重要元素，对于肝病也具有辅助治疗的作用，同时还具有非常好的美容、防晒效果。

食用芒果能够具有益胃、解渴、利尿的功用，有助于消除水肿所造成的肥胖。成熟的芒果在医药上可做缓泻剂和利尿剂，种子则可做杀虫剂和收敛剂。

此款果汁能够强壮身体、瘦身排毒。

贴心提示

不宜大量生吃圣女果，尤其是脾胃虚寒及月经期间的妇女。如果只把圣女果当成水果吃补充维生素C，或盛夏清暑热，则以生吃为佳。

草莓蜜桃菠萝汁 防治便秘，健胃健体

原料

草莓4颗，蜜桃1个，菠萝2片，饮用水200毫升。

做法

1 将草莓洗净去蒂，切成块状；将蜜桃洗净去核，切成块状；将菠萝洗净，切成块状；2 将切好的草莓、蜜桃、菠萝和饮用水一起放入榨汁机榨汁。

【养生功效】

草莓能够促进胃肠蠕动，改善便秘症状，预防痔疮以及肠癌的发生，同时还能有效地减轻体重，收到瘦身养颜的功效。中医称肺为“娇脏”，喜湿润，恶干燥。桃子富含胶质物，这类物质到大肠中能吸收大量的水分，可以达到预防便秘的效果。菠萝中所含的蛋白质分解酵素可以分解蛋白质以助消化，对于长期食用过多肉类和油腻食物的现代人来说，菠萝是一种非常合适的水果。

此款果汁能够减肥瘦身，活血化瘀。

贴心提示

草莓一定要清洗干净再吃，因为草莓容易受病虫害和微生物的侵袭，所以种植草莓的过程中，要经常使用农药。这些农药、肥料以及病菌等，很容易附着在草莓粗糙的表面上，如果清洗不干净，很可能引发腹泻，甚至农药中毒。

南瓜柳橙牛奶 补益身心，紧致小腹

原料

南瓜 100 克，柳橙 80 克，牛奶 100 克。

做法

①将南瓜洗干净，去掉外皮，入锅中蒸熟；②柳橙去掉外皮，切成大小适合的块；③最后将南瓜、柳橙、牛奶倒入果汁机内搅匀、打碎即可。

营养成分

膳食纤维	蛋白质	脂肪	碳水化合物
1.1g	4.1g	3.1g	13.8g
维生素B_1	维生素B_2	维生素E	维生素C
0.1mg	1.1mg	0.9mg	25mg

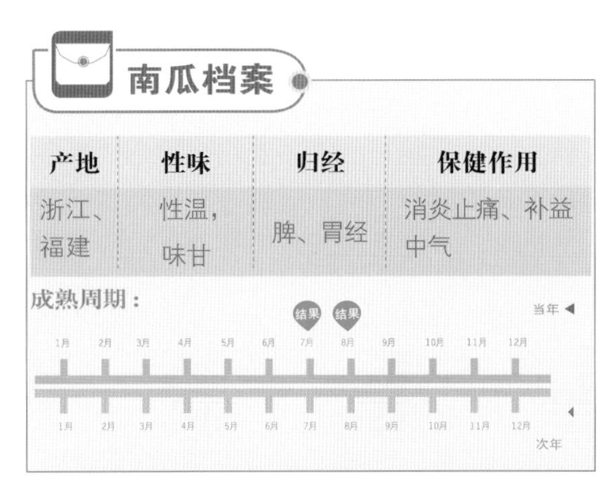

南瓜档案

产地	性味	归经	保健作用
浙江、福建	性温，味甘	脾、胃经	消炎止痛、补益中气

成熟周期：

贴心提示

挑选南瓜时，可以用手指甲在南瓜上掐一下，就会有水渗出来。用食指沾水少许，与拇指摩擦，如果手上有白色的粉，就说明南瓜是面的。

【养生功效】

南瓜含有丰富的微量元素、果胶，柳橙富含维生素 A 和维生素 C，均可以改善肝功能。常喝此果汁可以有效提高人体免疫力。

果汁热量 462千焦

操作方便度：★★★★☆

推荐指数：★★★★☆

猕猴桃蔬菜汁 改善身体亚健康，健康减肥

原料

猕猴桃1个，生菜2片，白菜2片，饮用水200毫升。

做法

1 将猕猴桃去皮，切成块状；将白菜、生菜洗净后切碎；2 将切好的猕猴桃、生菜、白菜和饮用水一起放入榨汁机榨汁。

【养生功效】

猕猴桃含有丰富的维生素C，可强化免疫系统，促进伤口愈合和对铁质的吸收；猕猴桃还含有其他水果中少见的镁。对爱美的女士来说，猕猴桃是最合适的减肥食品。

生菜味道清新且略带苦味，可刺激消化酶分泌，增进食欲。其乳状浆液可增强胃液、消化腺的分泌和胆汁的分泌，从而促进各消化器官的功能，对消化功能减弱、消化道中酸性降低和便秘病人具有治疗作用。生菜是很适合生吃的蔬菜，对于减肥亦有帮助。大白菜富含胡萝卜素、维生素、矿物质等，中医认为其性微寒，经常食用具有养胃生津、除烦解渴、利尿通便、清热解毒的功效。

此款果汁能改善身体亚健康并起到减肥瘦身的效果。

清热果汁 减肥塑身，延缓衰老

原料

柚子2片，苹果1个，柠檬2片，饮用水200毫升，蜂蜜适量。

做法

1 将柚子、柠檬洗净后切成块状；将苹果洗净，切成块状；2 将切好的柚子、苹果、柠檬和饮用水一起放入榨汁机榨汁；最后加入适量蜂蜜搅拌均匀。

【养生功效】

柚子的热量低是公认的，所以它也是一种有名的瘦身水果。柚子含有的酸性物质可以帮助人体消化，促进营养物质的吸收。此外，它含有丰富的维生素C，以及类胰岛素等成分，可以降血糖、降血脂、减肥。

柠檬汁能够增强人体免疫力、延缓衰老。

此款果汁能够减肥塑身、延缓衰老。

贴心提示

柚子虽好，因其性寒，所以气虚及身体虚寒的人不宜多吃，而且柚子有滑肠的作用，经常腹泻的人也应少食。柚子甘酸，消食化积，含有能够降低血糖的成分，如果低血糖患者多食柚子，病情就会加重。所以，秋季低血糖患者忌多食用柚子。

柳橙菠萝椰奶 香浓顺滑，减肥塑形

原料

柳橙 50 克，柠檬 30 克，菠萝 60 克，椰奶 35 毫升，碎冰适量。

做法

①柳橙、柠檬洗净，对切后榨汁；②菠萝去皮，切块。③将碎冰除外的其他材料放入果汁机内，高速搅打 30 秒，再倒入杯中加入碎冰即可。

【养生功效】

中医认为：椰子有生津止渴、祛风湿的功效，常用于清肺胃热、润肠、平肝火。椰子肉中含有多种微量元素和多糖体，营养丰富，常榨汁用。椰子油外用还可治疗皮肤病。

营养成分

膳食纤维	蛋白质	脂肪	碳水化合物
0.7g	0.9g	0.4g	9.2g
维生素 B_1	维生素 B_2	维生素E	维生素C
0.1mg	0.1mg	0.3mg	34.4mg

贴心提示

柠檬切开后最好在 12 小时内食用，以避免和空气接触太久，使其营养成分变质。

营养师提醒

✓ 椰子可供制罐头、椰干、糕饼等食品，用途广泛。每天喝三次椰子制品，可以治肌肤水肿。

✗ 椰汁性温，肠胃不好的人不宜过量饮用。

果汁热量 259千焦

操作方便度：★★★★☆

推荐指数：★★★★☆

芒果哈密牛奶 舒适双眼，减肥健身

原料

芒果 100 克，哈密瓜 200 克，牛奶 200 克。

做法

①将芒果去掉外皮，切成可放入果汁机大小的块，备用；②将哈密瓜去掉皮和子，切碎，备用；③将芒果、哈密瓜、牛奶都放入果汁机内搅打成汁即可。

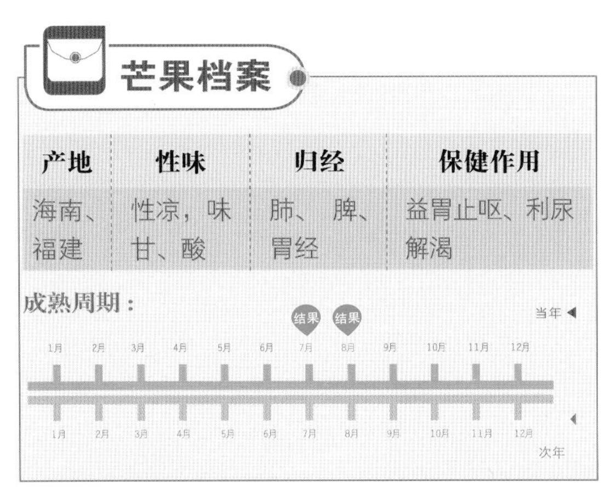

芒果档案

产地	性味	归经	保健作用
海南、福建	性凉，味甘、酸	肺、脾、胃经	益胃止呕、利尿解渴

营养成分

膳食纤维	蛋白质	脂肪	碳水化合物
1.7g	4.8g	3.3g	26.5g
维生素 B_1	维生素 B_2	维生素E	维生素C
0.1mg	0.2mg	1.8mg	94mg

贴心提示

挑果尖部圆润突出、果把凹陷的芒果，这样的会比较香甜。

【养生功效】

这道饮品富含维生素 A，可以舒缓眼部疲劳、改善视力。

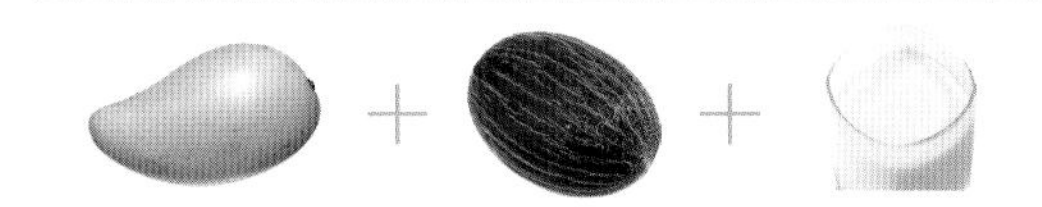

大蒜胡萝卜甜菜根汁 排出体内毒素，利尿减肥

原料

大蒜2瓣，胡萝卜半根，甜菜根1个，芹菜半根，饮用水200毫升。

做法

1 将大蒜、胡萝卜去皮并切碎；2 将甜菜根、芹菜洗净并切碎；3 将准备好的大蒜、胡萝卜、甜菜根、芹菜和饮用水一起放入榨汁机榨汁。

【养生功效】

大蒜能够有效抑制和杀死引起肠胃疾病的幽门螺杆菌等细菌病毒，清除肠胃有毒物质，刺激胃肠黏膜，加速消化。胡萝卜中含有植物纤维，具有很强的吸水性，能够润燥通便，排出毒素。甜菜根含有大量的纤维素和果胶成分，多食甜菜有助于肠胃蠕动，消除腹中过多的水分，缓解腹胀。芹菜含有挥发性的芳香油，吃些芹菜对增进食欲，帮助消化、吸收都大有好处。

此款果汁能够排出体内毒素，科学减肥。

贴心提示

目前，大蒜已经成为人们日常生活中的美蔬和佳料，作为蔬菜与葱、韭菜并重，作为调料与盐、豉齐名，食用方式也多种多样。

番茄黄瓜饮 抗氧化，塑造完美体型

原料

番茄1个，黄瓜半根，饮用水200毫升。

做法

1 将番茄洗净，在其表皮上划几道口子，投入沸水中浸泡10秒后去皮并切成块状；将黄瓜洗净切成丁；2 将切好的番茄、黄瓜和饮用水一起放入榨汁机榨汁。

【养生功效】

番茄中的番茄红素能够抑制人体热量的摄取，减少脂肪积累，并补充多种维生素，保持身体均衡营养。饭前吃一个番茄，其中含有的食物纤维不为人体消化吸收，在减少米饭及高热量的菜肴摄食量的同时，阻止身体吸收食品中较多的脂肪。番茄红素清除自由基的功效远胜于其他类胡萝卜素和维生素E。它可以有效防治因衰老、免疫力下降引起的各种疾病。

此款果汁能够降低脂肪摄入量，保持体形。

贴心提示

番茄含有大量可溶性收敛剂等成分，与胃酸发生反应，凝结成不溶解的块状物，容易引起胃肠胀满、疼痛等不适症状，所以空腹时最好不要饮用此果汁。

葡萄柚杨梅汁 帮助燃烧脂肪

原料

葡萄柚1个，杨梅4个，饮用水200毫升。

做法

1 将葡萄柚去皮去子，切成块状；将杨梅洗净去核；2 将准备好的葡萄柚、杨梅和饮用水一起放入榨汁机榨汁。

【养生功效】

葡萄柚中的维生素C可参与人体胶原蛋白合成，促进抗体的生成，以增强机体的解毒功能。葡萄柚略有苦味，食用久了会使人的口味趋于清淡，从而减少脂肪的摄入，达到减肥的目的。

杨梅还含有类似辣椒素的成分，可以将体内葡萄柚的糖分立刻作为能量燃烧，而不让脂肪囤积。

此款果汁能够消脂减肥，美容护肤。

贴心提示

食用杨梅后应及时漱口或刷牙，以免损坏牙齿；杨梅对胃黏膜有一定的刺激作用，故溃疡患者要慎食；杨梅性温热，牙痛、胃酸过多、上火的人不要多食；糖尿病人忌食杨梅，以免使血糖过高。

西瓜菠萝柠檬汁 抑制脂肪摄入

原料

西瓜2片，菠萝2片，柠檬2片，饮用水100毫升。

做法

1 将西瓜、柠檬去皮，切成块状；2 将菠萝洗净切成块状；3 将切好的西瓜、菠萝、柠檬和饮用水一起放入榨汁机榨汁。

【养生功效】

西瓜含有丰富的钾元素，钾是美丽双腿所必需的元素之一，千万不要小看西瓜修饰腿部线条的作用，常吃西瓜、多喝西瓜汁，会让你在享受清凉口感的同时惊喜地获得漂亮的腿形。对于那些因为过多食用肉类或者是油腻食物而造成肥胖的人来说，菠萝是一种非常适用的水果。所以说，菠萝不仅美味，还可以减肥，并且对于身体健康同样有着非凡的功效。

此款果汁能够消除水肿，瘦身美体。

贴心提示

菠萝全身密布着空隙和粗纤维，这些空隙和粗纤维具有强大的吸附作用，可以吸进对人身体有害的二氧化碳释放出氧气，使室内一直保持着较高的含氧量。

葡萄菠萝蜜奶 轻松排毒，简单减肥

原料

葡萄50克，柳橙30克，菠萝150克，鲜奶30毫升。

做法

①葡萄洗净，去皮、去子；②柳橙洗净，切块，压汁；③菠萝去皮，切块；④碎冰除外的材料放入果汁机，搅打后倒入杯中再加冰块即可。

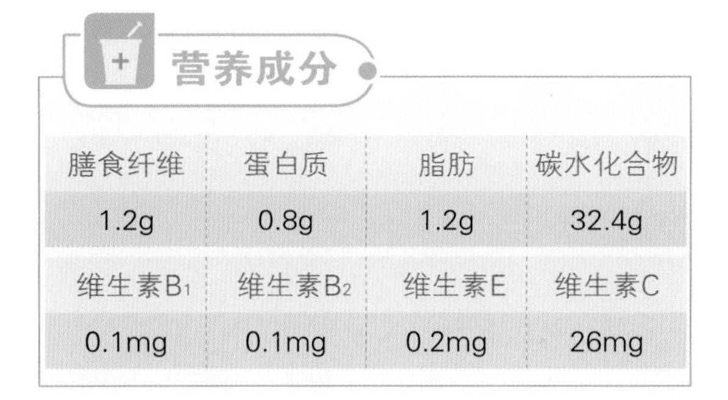

营养成分

膳食纤维	蛋白质	脂肪	碳水化合物
1.2g	0.8g	1.2g	32.4g
维生素B_1	维生素B_2	维生素E	维生素C
0.1mg	0.1mg	0.2mg	26mg

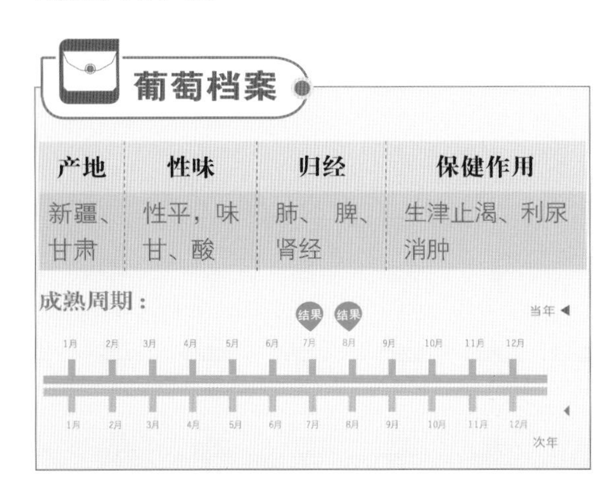

葡萄档案

产地	性味	归经	保健作用
新疆、甘肃	性平，味甘、酸	肺、脾、肾经	生津止渴、利尿消肿

贴心提示

外观新鲜，颗粒饱满，外有白霜者，品质为最佳。成熟度适中的葡萄，颜色较深、较鲜艳，如玫瑰香葡萄为黑紫色、巨峰葡萄为黑紫色、马奶葡萄为黄白色等。

【养生功效】

葡萄舒筋活血、助消化、抗癌防老、通利小便；菠萝也可助消化、利尿。常饮此汁有助于身体排毒。

哈密瓜双奶果汁 瘦身美容

原料

哈密瓜2片，酸奶100毫升，牛奶100毫升，蜂蜜适量。

做法

1 将哈密瓜去皮，切成块状；2 将哈密瓜和酸奶、牛奶一起放入榨汁机榨汁。

【养生功效】

哈密瓜当中含有丰富的抗氧化剂，而这种抗氧化剂能够有效增强细胞防晒的能力，减少皮肤黑色素的形成。

将牛奶进行乳酸菌发酵而成的便是酸奶，酸奶能够增强人的饱腹感，因而人们认为它具有减肥作用。

由哈密瓜、酸奶、牛奶和蜂蜜共同组成的密奶饮，综合了以上这些原料共同的营养成分，常喝有助于消化和清除便秘，能够起到塑身减肥的作用，同时还可以维持人体正常的新陈代谢，有利于提高人体的免疫能力。

贴心提示

此款果汁宜饭后2小时左右饮用。

清凉蔬果汁 净化血液，改善发质

原料

苦瓜2片（2厘米厚），黄瓜半根，青椒半个，青苹果半个，西芹半根。

做法

1 将苦瓜、青椒洗净后去瓤，切成块状；2 将黄瓜、青苹果、西芹洗净后切成块状；3 将切好的苦瓜、黄瓜、青椒、青苹果和西芹一起放入榨汁机榨汁。

【养生功效】

苦瓜性苦寒，能够清热消暑、凉血解毒、滋肝明目，可以用来治疗痢疾、疮肿、中暑发热、痱子过多以及结膜炎等病症。苦瓜当中的苦瓜素还被誉为“脂肪杀手”，能够减少人体对脂肪以及多糖的摄取，所以很多人都在通过食用苦瓜减肥。

青椒强烈的香辣味能够刺激唾液和胃液的分泌，有助于增加食欲，促进肠道蠕动，帮助消化；它特有的味道能够刺激唾液分泌；所含的辣椒素能够增进食欲，帮助消化，防止便秘。

青苹果具有减肥、排毒、养心和美白的功效。西芹含有大量的钙质，可以补“脚骨力”，还含有钾，可以减少身体内水分的积聚，具有一定的去水肿、减肥的效果。

此款果汁是选择健康减肥者的最爱。

西红柿胡柚优酪乳 补充钙质，瘦身塑形

原料

西红柿 200 克，胡柚 300 克，柠檬 30 克，酸奶 240 克，冰糖 20 克。

做法

1. 将西红柿洗干净，切成大小适中的块；
2. 胡柚去皮，剥掉内膜，切成块，备用；
3. 将所有材料倒入果汁机内搅打 2 分钟即可。

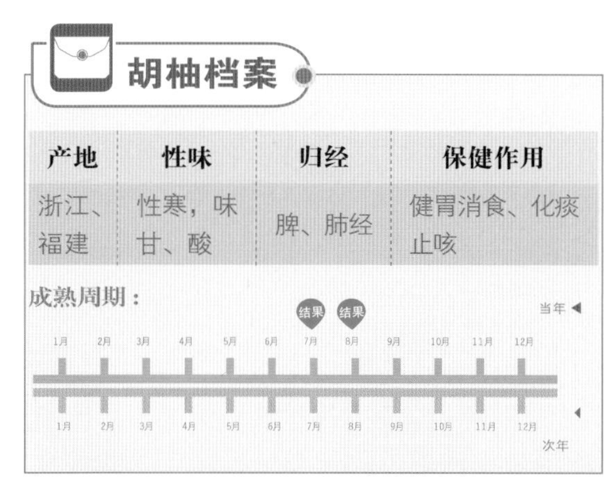

胡柚档案

产地	性味	归经	保健作用
浙江、福建	性寒，味甘、酸	脾、肺经	健胃消食、化痰止咳

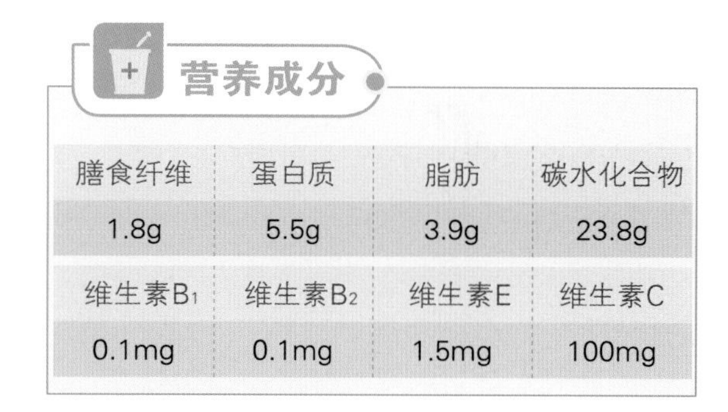

营养成分

膳食纤维	蛋白质	脂肪	碳水化合物
1.8g	5.5g	3.9g	23.8g
维生素 B_1	维生素 B_2	维生素E	维生素C
0.1mg	0.1mg	1.5mg	100mg

贴心提示

首先要看外表，表皮没有虫蛀、没有腐烂，且颜色鲜艳；然后就要掂重量，重的则水分比较多，吃起来口感更好。

【养生功效】

西红柿营养丰富，搭配钙质丰富的酸奶，可以抑制因为盐分摄取过量所导致的血压升高。若要预防高血压最好戒烟，因为抽烟者容易导致钙质流失。

柠檬葡萄柚汁 排尽毒素，自然瘦得健康

原料

柠檬2片，葡萄柚1个，饮用水100毫升，蜂蜜适量。

做法

1 将柠檬、葡萄柚去皮洗净，切成块状；2 将切好的柠檬、葡萄柚和饮用水一起放入榨汁机榨汁；3 在榨好的果汁内放入适量蜂蜜搅拌均匀即可。

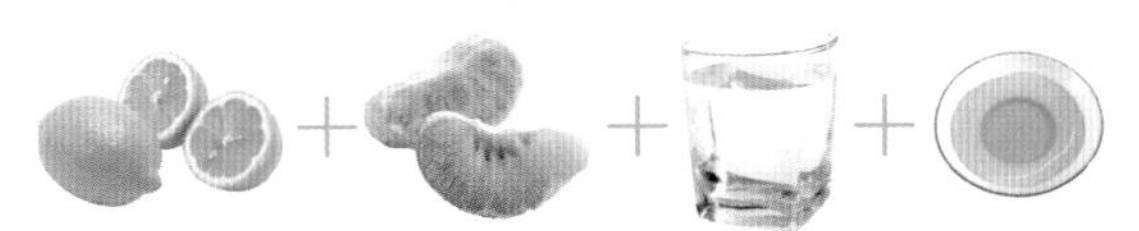

【养生功效】

柠檬中含有维生素 B_1、维生素 B_2、维生素C等多种营养成分，有利于肌肤的新陈代谢和抗氧化。柠檬是一种富含维生素C的营养水果，一般人都将之作为美容食品。柠檬耐久易保存，含丰富的维生素C，能防止牙龈红肿出血，还可减少黑斑、雀斑发生的概率，并有部分美白的效果。柠檬的美白功能不能小看，经常喝柠檬水美白绝对有惊人效果。柠檬皮还有丰富的钙质，为了达到理想的效果，最好还是连皮榨汁最有营养。从生物学上看，柠檬是碱性物质，可以调节人体pH值（健康人的人体血液中pH值偏碱性），对人身健康有大好处。葡萄柚含有丰富的营养成分，是集预防疾病及保健与美容于一身的水果。其果肉柔嫩，略有香气，味偏酸、带苦味及麻舌味。其果汁略有苦味，但口感舒适。葡萄柚及其果汁在北美、欧洲各国和日本，是很多家庭早餐必备的水果和饮料，已经成为柑橘类水果中消费量仅次于甜橙的重要农产品。葡萄柚能够帮助清除肠道垃圾，从而对于美白排毒有很好作用。

此款果汁能够排出毒素，减肥塑身。

贴心提示

柠檬属于柑橘类的水果，柠檬果实椭圆形，果皮橙黄色，果实汁多肉脆，闻之芳香扑鼻，食之味酸微苦，一般不能像其他水果一样生吃鲜食，而多用来制作饮料。柠檬二三月份成熟，味道极酸，故孕妇肝虚者嗜食，又有“宜母子”或“宜母果”的美誉。

草莓果菜汁 养颜排毒，安稳睡眠

原料

草莓6颗，甜椒1个，苦瓜4厘米，饮用水200毫升。

做法

1 将草莓去蒂，洗净切成块状；将甜椒洗净切碎；将苦瓜洗净去瓤，切成丁；2 将切好的草莓、甜椒、苦瓜和饮用水一起放入榨汁机榨汁。

【养生功效】

草莓有去火、解暑、清热的作用，春季人的肝火往往比较旺盛，吃点儿草莓可以起到抑制作用。另外，草莓最好在饭后吃，因为其含有大量果胶及纤维素，可促进胃肠蠕动、帮助消化、改善便秘，预防痔疮、肠癌的发生。

苦瓜正逐渐成为人们喜爱的健康食品，既可凉拌也可烧炒。专家建议，作为春末的季节性时蔬，用苦瓜榨汁或泡茶，排毒解热的功效更好。

此款果汁有助于肠胃消化，排出毒素。

贴心提示

要把草莓洗干净，最好用自来水不断冲洗，流动的水可避免农药渗入果实中。洗干净的草莓也不要马上吃，最好再用淡盐水或淘米水浸泡5分钟。

芹菜胡萝卜汁 排尽毒素，纤体瘦身

原料

芹菜半根，胡萝卜一根，饮用水200毫升。

做法

1 将芹菜洗净切成块状；2 将胡萝卜去皮，洗净切成块状；3 将切好的芹菜、胡萝卜和饮用水一起放入榨汁机榨汁。

【养生功效】

芹菜含有丰富的纤维，经常食用，可以帮助身体排毒，对付由于身体毒素累积所造成的疾病。这些粗纤维能抑制肠内细菌产生的致癌物质，加快粪便在肠内的运转时间，减少致癌物与结肠黏膜的接触，有助于预防结肠癌。

现代医学已经证明，胡萝卜是有效的解毒食物，它不仅含有丰富的胡萝卜素，而且含有大量的维生素A和果胶，与体内的汞离子结合之后，能有效降低血液中汞离子的浓度，加速体内汞离子的排出。

此款果汁能够排尽毒素，安定情绪。

贴心提示

男性多吃芹菜会抑制睾酮的生成，从而有杀精作用，会减少精子数量。

芦笋苦瓜汁 抵制毒素囤积

原料

芦笋 1 根，苦瓜半根，饮用水 200 毫升。

做法

1 将芦笋洗净，切成块状；将苦瓜去瓤洗净，切成块状；2 将切好的芦笋、苦瓜和饮用水一起放入榨汁机榨汁。

【养生功效】

芦笋具有利水的功效，能够及时排出体内毒素。

现代医学研究发现，苦瓜中存在一种具有明显抗癌作用的活性蛋白质，这种蛋白质能够激发体内免疫系统的防御功能，增加免疫细胞的活性，清除体内的有害物质。

体内毒素的囤积也是导致肥胖的原因，芦笋和苦瓜均具有排毒养颜的功效，两者搭配能够强化排毒瘦身的功效。

贴心提示

苦瓜中含有的草酸可妨碍食物中钙的吸收。因此，在榨汁之前，应先把苦瓜放在沸水中焯一下，待去除草酸后再榨汁。

茼蒿圆白菜菠萝汁 利尿排毒，开胃消食

原料

茼蒿 2 根，圆白菜 2 片，菠萝 2 片，饮用水 200 毫升。

做法

1 将茼蒿、圆白菜、菠萝洗净切成块状；2 将切好的茼蒿、圆白菜、菠萝和饮用水一起放入榨汁机榨汁。

【养生功效】

茼蒿气味芬芳，可以消痰开郁，避秽化浊。茼蒿中含有特殊香味的挥发油，有助于宽中理气，消食开胃，增加食欲，并且其所含粗纤维有助肠道蠕动，促进排便，达到通腑利肠的目的。圆白菜也是糖尿病和肥胖患者的理想食物。圆白菜富含叶酸，所以，怀孕的妇女、贫血患者应当多吃些圆白菜，它也是妇女的重要美容品。

此款果汁能够帮助消化，有利于消除体内多余脂肪。

贴心提示

茼蒿的茎和叶可以同食，有蒿之清气、菊之甘香，鲜香嫩脆，一般营养成分无所不备，尤其胡萝卜素的含量超过一般蔬菜，为黄瓜、茄子含量的 1.5 ~ 30 倍。茼蒿辛香滑利，胃虚泄泻者不宜多饮。

草莓花椰汁 通便利尿，调节情绪

原料

草莓20克，香瓜300克，花椰菜80克，柠檬50克，冰块50克。

做法

① 将草莓洗净；② 香瓜削皮，切块；花椰菜洗净、切块；柠檬切片；③ 将草莓和香瓜挤压成汁，再放花椰菜榨汁；④ 加入柠檬，榨成汁后加入少许冰块即可。

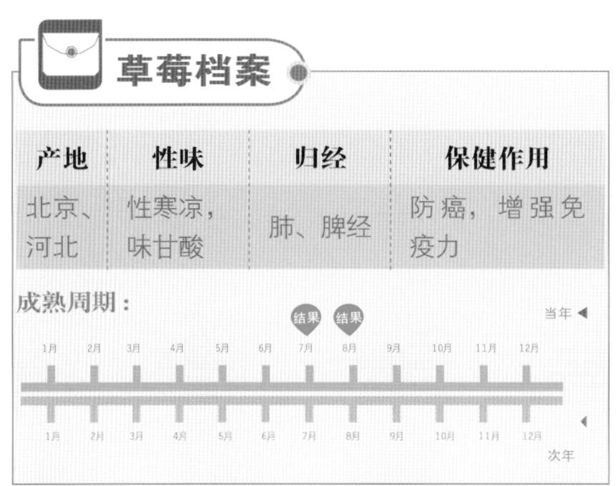

草莓档案

产地	性味	归经	保健作用
北京、河北	性寒凉，味甘酸	肺、脾经	防癌，增强免疫力

营养成分

膳食纤维	蛋白质	脂肪	碳水化合物
1.7g	2.4g	0.5g	10.3g
维生素B_1	维生素B_2	维生素E	维生素C
0.1mg	0.1mg	0.9mg	96.4mg

挑选草莓小窍门

挑选草莓的时候，我们一定要避免买到畸形草莓。有些草莓虽然色鲜个大，但颗粒上有畸形凸起，吃起来味道比较淡，而且果实中间有空心。这种畸形草莓往往是在种植过程中滥用激素造成的，长期大量食用这样的果实，有可能损害人体健康。

【养生功效】

此饮中的草莓富含多种有效成分，能治疗食欲缺乏、小便短少等症。经常饮用此蔬果汁能利尿、通便，还可以改善不良情绪。

果汁热量 252千焦

操作方便度：★★★★☆
推荐指数：★★★★★

芒果茭白牛奶 利尿止渴，去热排毒

原料

芒果150克，茭白100克，柠檬30克，鲜奶200毫升，蜂蜜10克。

做法

1 将芒果洗干净，去掉外皮、去核，取果肉；2 茭白洗干净备用；3 柠檬去掉皮，切成小块；4 把芒果、茭白、鲜奶、柠檬、蜂蜜放入搅拌机内，打碎搅匀即可。

营养成分

膳食纤维	蛋白质	脂肪	碳水化合物
3.2g	4.8g	3.3g	15.1g

【养生功效】

此饮具有促进胃肠蠕动，利大小便的功效。茭白的营养价值高，有祛暑、止渴、利尿的功效。将茭白与芒果一起榨汁饮用，营养丰富，口味独特。

果汁热量 462千焦

操作方便度：★★★☆☆

推荐指数：★★★★☆

莲雾汁 利尿排毒，清凉退火

原料

莲雾8颗，饮用水200毫升。

做法

1 将莲雾清洗干净，切片；2 将切好的莲雾和饮用水一起放入榨汁机榨汁。

【养生功效】

民间有“吃莲雾清肺火之说”。人们把莲雾视为消暑解渴的佳果，习惯用它煮冰糖治干咳无痰或痰难咯出。常吃这种水果可以消凉退火、改善便秘的症状。莲雾汁可以帮助人体排毒，有效改善便秘，消水肿，对于由于毒素堆积而引发的肥胖具有不错的疗效，同时还可以去火安神。此款果汁能够去火安神，预防便秘。

贴心提示

在选购莲雾的时候，粉红色种以果实大、饱满端正、果色暗红者为佳，而以红得发黑的黑珍珠最甜，暗青红色的次之。在对莲雾进行清洗的时候，一定要注意莲雾底部比较容易藏有脏东西，要用水将其冲洗干净，略微在盐水中泡上一会儿后再用会更好。

苹果牛奶汁 排出体内毒素

原料

苹果1个，牛奶200毫升。

做法

1 将苹果洗净去核，切成块状；2 将切好的苹果和牛奶一起放入榨汁机榨汁。

【养生功效】

苹果能够促进肠道排毒，它所含有的半乳糖醛酸、果胶，将肠道中的毒素降至最低；其中的可溶性纤维素，有效增加了宿便的排出功能，保证肠道循环正常运转。苹果皮中含有很多丰富的抗氧化活性物质，能降低肠道老化的速度。牛奶中的铁、铜和卵磷脂能大大提高大脑的工作效率。牛奶中的钙能增强骨骼和牙齿，减少骨骼萎缩病的发生。此款果汁能够帮助体内排毒。

贴心提示

有人在煮牛奶时，为了使糖化得快，常常把牛奶和糖一起煮，这是不科学的。因为牛奶中的赖氨酸与果糖在高温下，会生成一种有毒物质——果糖基赖氨酸。这种物质不能被人体消化吸收，会对人体产生危害。如果要喝甜牛奶，最好等牛奶煮开后再放糖。

苹果西蓝花汁 排毒通便

原料

苹果1个，西蓝花2朵，饮用水200毫升，蜂蜜适量。

做法

1 将苹果洗净去核，切成块状；将西蓝花洗净，在热水中焯一下，切块；将准备好的苹果、西蓝花和饮用水一起放入榨汁机榨汁；2 在榨好的果汁内加入适量蜂蜜搅拌均匀即可。

【养生功效】

吃苹果可以减少血液中胆固醇含量，增加胆汁分泌和胆汁酸功能，因而可避免胆固醇沉淀在胆汁中形成胆结石。苹果中所含的纤维素能使大肠内的粪便变软；苹果含有丰富的有机酸，可刺激胃肠蠕动，促使大便通畅。西蓝花所含的维生素 K_1、维生素U是抗溃疡因子，常吃能预防胃溃疡和十二指肠溃疡，并对贫血、皮肤创伤等具改善的功效。此款果汁能够增强肠胃蠕动，保持大便通畅。

贴心提示

花椰菜中含少量的致甲状腺肿的物质，但可以通过食用足量的碘来中和，这些碘可由碘盐和海藻等海味食物提供，因此在食用花椰菜时要注意食物的搭配。

土豆莲藕汁 清除体内毒素

原料

土豆半个，莲藕3片，柠檬2片，饮用水200毫升。

做法

1 将土豆、莲藕洗净去皮，切成块状，煮熟；2 将柠檬洗净，切成块状；3 将切好的土豆、莲藕、柠檬和饮用水一起放入榨汁机榨汁。

【养生功效】

营养学认为，土豆属于块茎类食物，吃后可刺激肠道蠕动；同时，它富含的膳食纤维不能被人体消化吸收，但能够吸收和保留水分，使粪便变得柔软，因此食用土豆可以起到缓解便秘、排出体内累积毒素的功效。鲜藕含有20%的糖类物质和丰富的钙、磷、铁及多种维生素。莲藕所含的物质使其具有清热润肺、生津去燥、清体通便的功效。

土豆和莲藕相结合是清体畅体的理想选择。

贴心提示

土豆削皮时，只应该削掉薄薄的一层，因为土豆皮下面的汁液有丰富的蛋白质。去了皮的土豆如不马上烧煮，应浸在凉水里，以免发黑。

甜瓜优酪乳 消除便秘，增强代谢

原料

甜瓜 100 克，酸奶 300 克，蜂蜜 30 克。

做法

1 将甜瓜洗干净，去掉皮；2 将去皮后的甜瓜切块，切成可放入榨汁机的大小；3 放入榨汁机中榨成汁；4 将果汁倒入果汁机中，加入酸奶、蜂蜜，搅拌均匀即可。

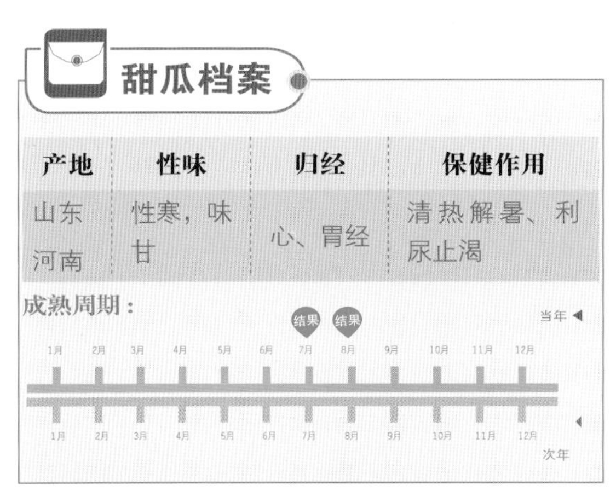

甜瓜档案

产地	性味	归经	保健作用
山东 河南	性寒，味甘	心、胃经	清热解暑、利尿止渴

成熟周期：

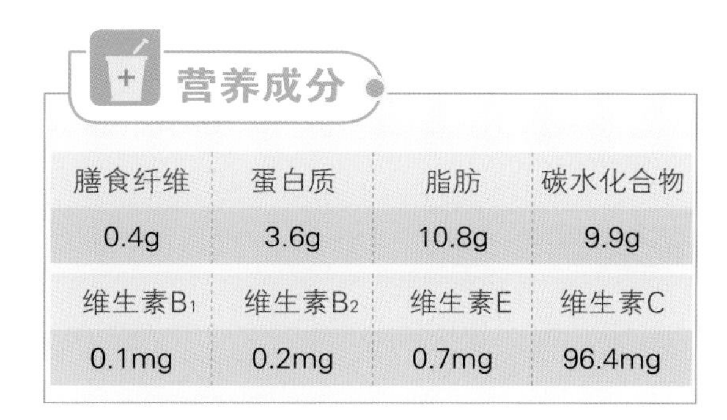

营养成分

膳食纤维	蛋白质	脂肪	碳水化合物
0.4g	3.6g	10.8g	9.9g
维生素B_1	维生素B_2	维生素E	维生素C
0.1mg	0.2mg	0.7mg	96.4mg

贴心提示

在挑选甜瓜时要注意比较一下果柄，如果果柄过粗，可能这个瓜沾了较多的生长素，口味自然差。好瓜的果柄既新鲜，又相对要细一些。

【养生功效】

此果汁具有利尿、消除便秘的功效。酸奶能帮助消化、促进食欲，加强肠的蠕动和机体代谢，对改善便秘症状有很好的疗效。加上甜瓜的甜味，酸甜适中，风味独特。

果汁热量 483千焦

操作方便度：★★★★☆

推荐指数：★★★★☆

苦瓜橙子苹果汁 促进肠胃蠕动，排出毒素

原料

苦瓜6厘米长，橙子1个，苹果1个，饮用水200毫升。

做法

1 将苦瓜洗净去瓤，切成块状；2 剥去橙子的皮，分开；3 将苹果洗净去核，切成块状；4 将准备好的苦瓜、橙子、苹果和饮用水一起放入榨汁机榨汁。

贴心提示

生吃苦瓜应选较成熟的苦瓜，一次不可进食太多，孕妇、脾胃虚寒者不宜食用。很多人因为不习惯苦瓜的苦味，在吃之前经常用滚水焯一遍，或者多加作料爆炒，这样，苦味确实会减少。但相应的，苦瓜中的一部分营养素流失，清热解毒的作用也减少了。苦瓜越苦，清热功效越明显。

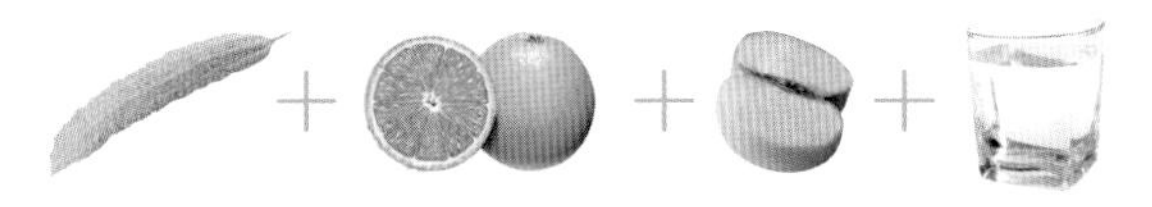

【养生功效】

苦瓜有减肥的特效，其中的苦瓜素可以减少食物中的脂肪被人体吸收，并且苦瓜素能够迅速分解腰、腹、臀部的脂肪，消除小肚腩，减小腰围。苦瓜所含元素能够控制能量的转换，从而起到减肥美体的作用。

橙子所含的纤维素和果胶物质，能够清肠通便，排出毒素。橙子果皮中所含的果胶具有促进肠道蠕动，加速食物通过消化道的作用，使油脂及胆固醇能更快地随粪便排泄出去，并减少外源性胆固醇的吸收，防止胃肠胀满充气，促进消化。

苹果含有丰富的膳食纤维——果胶，因此苹果在通便问题上能起到双向调节的作用。当大便干结时，多吃苹果可以起到润肠通便的作用。苹果中的果胶可以吸收自己本身容积2.5倍的水分，使粪便变软易于排出，可以解除便秘之忧。当腹泻时，苹果中的果胶又能够吸收粪便中的水分，使稀便变稠，从而起到止泻的作用。

此款果汁能够促进消化，排出毒素。

双果双菜优酪乳 补体强身，减肥瘦身

原料

生菜50克，芹菜50克，西红柿50克，苹果50克，酸奶250毫升。

做法

1 将生菜洗净，撕成块；芹菜洗净，切成段；2 西红柿洗净，切成小块；苹果洗净，去皮切成块；3 将所有准备好的材料倒入果汁机内搅打成汁即可。

营养成分

膳食纤维	蛋白质	脂肪	碳水化合物
1g	3.8g	3.3g	20.3g

【养生功效】

这道蔬果汁富含B族维生素，可以强化肝功能，每天喝一杯能有益身体健康。

果汁热量 552千焦

操作方便度：★★★★☆
推荐指数：★★★★☆

第3节 防止水肿

冬瓜苹果蜜汁 清热解暑，消肿圣品

原料

冬瓜1片（1厘米厚），苹果1个，饮用水200毫升，蜂蜜适量。

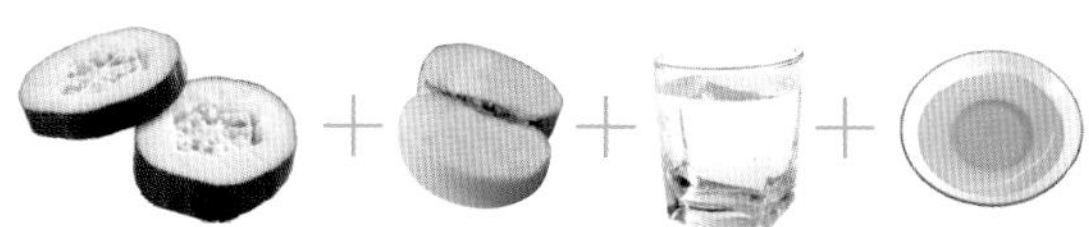

做法

1 将冬瓜去皮，洗净切成块状；2 将苹果洗净去核，切成块状；3 将切好的冬瓜、苹果和饮用水一起放入榨汁机榨汁；4 在榨好的果汁内加入适量蜂蜜搅拌均匀即可。

【养生功效】

冬瓜含维生素C较多，且钾盐含量高，钠盐含量较低，高血压、肾脏病、水肿病等患者食之，可达到消肿而不伤正气的作用。冬瓜中所含的丙醇二酸，能有效地抑制糖类转化为脂肪，加之冬瓜本身不含脂肪，热量不高，对于防止人体发胖具有重要作用，还可以有助于体形健美。冬瓜性寒味甘，清热生津，解暑除烦，在夏日服食尤为适宜。

医学认为苹果具有润肺除烦、生津止渴、健脾益胃的功效。所以食用苹果还具有减肥、排毒和美白的功效。摄取苹果营养最简单的方法当然是直接食用，坚持每天早餐吃一个苹果，会让你走在上班的路上都精神饱满。作用，苹果中丰富的营养和维生素是我们每一个人所必需的。如果连皮吃当然好，但一定要清洁干净。最好的方法是用盐水泡2分钟，然后再食用。如果不怕麻烦可以使用榨汁机将苹果榨成汁再食用，早、晚饭前各一次，排毒利尿效果十分明显。

此款果汁能够生津止渴，利尿消肿。

贴心提示

苹果虽因品种问题颜色有所不同，但选购要点大致相同，即果皮的表面一定要光滑，无黑色斑痕。食用时，观其果蒂新鲜者为上品。此外，用手指弹击果实，回声清脆者汁液较丰富。

苹果西芹芦笋汁 清热解暑，消肿圣品

原料

苹果1个，西芹半根，芦笋尖2根，饮用水200毫升。

做法

1 将苹果洗净去核，切成块状；2 将西芹、芦笋尖洗净，切成块状；3 将苹果、西芹、芦笋和饮用水一起放入榨汁机榨汁。

【养生功效】

苹果含有丰富的有机酸，能够帮助增加消化酶，刺激胃肠蠕动，促进食物消化和营养吸收。苹果还可以促使大便通畅，起到消肿利尿的作用。苹果含有的果胶，能调节肠道蠕动，能够调节消化活动，从而抑制轻度腹泻或便秘。芹菜的利尿成分，能够消除身体水肿。并且芹菜还有清体畅体的功效。芦笋对于身体水肿、过度疲劳、膀胱炎等病症有辅助治疗的作用。此款果汁有利于排尿消肿，增强抵抗力。

贴心提示

汉末文人刘熙撰《释名》称："柰，作柰脯、柰油。有称苹婆者。"到了明代学者王象晋撰《群芳谱》载述："苹果出北地，燕赵者优。生青，熟则半红半白或全红。"始有"苹果"称谓。

姜香冬瓜蜜露 通利小便，祛除水肿

原料

冬瓜1片（1厘米厚），生姜2片（1厘米厚），饮用水200毫升，蜂蜜适量。

做法

1 将冬瓜洗净去皮，切成块；将生姜洗净切块；2 将冬瓜、生姜和饮用水一起放入榨汁机榨汁；在榨好的果汁内加入适量蜂蜜搅拌匀。

【养生功效】

冬瓜味甘淡，性微寒。本品含蛋白、碳水化合物、胡萝卜素、多种维生素、粗纤维和钙、磷、铁，且钾盐含量高，钠盐含量低，可清热解毒、利水消痰、除烦止渴、祛湿解暑，用于心胸烦热、小便不利、肺痈咳喘、肝硬化腹水、高血压等。生姜中的姜辣素进入体内后，能产生一种抗氧化酶，它有很强的对付自由基的本领，比维生素E还要强得多。此款果汁有助于利水消炎，健美身形。

贴心提示

冬瓜的品质，除早采的嫩瓜要求鲜嫩以外，一般晚采的老冬瓜则要求：发育充分，老熟，肉质结实，肉厚，心室小；皮色青绿，带白霜，形状端正，表皮无斑点和外伤，皮不软、不腐烂。

西瓜皮菠萝鲜奶汁 消除水肿

原料

西瓜皮2片，菠萝2片，鲜奶200毫升。

做法

1 将西瓜皮洗净切碎；2 将菠萝洗净，切成块状；3 将切好的西瓜皮、菠萝和鲜奶一起放入榨汁机榨汁。

【养生功效】

西瓜皮中所含的瓜氨酸能增进人体肝中的尿素形成，从而具有利尿的作用。中医称西瓜皮为“西瓜翠衣”，能够清暑解热，止渴，利小便。菠萝中含有丰富的维生素B_2，能够有效地防止皮肤干裂并滋养皮肤，同时还能够滋润头发，令其变得光亮。鲜奶能够增强肠胃的蠕动能力，能够修炼出好的气色。此款果汁能够利尿消肿，增强免疫力。

贴心提示

肾功能不全的人要谨慎饮用西瓜汁，因为在短时间内大量饮用西瓜汁，会使体内的水分增多，超过人体的生理容量。多余的水分不能及时调节及排出体外，致血容量急剧增多，容易因急性心力衰竭而死亡。

香蕉西瓜汁 消脂瘦身，防止水肿

原料

香蕉1根，西瓜2片，饮用水200毫升。

做法

1 去掉香蕉的皮和果肉上的果络，切成块状；2 将西瓜去子去皮，切成块状；3 将切好的香蕉、西瓜和饮用水一起放入榨汁机榨汁。

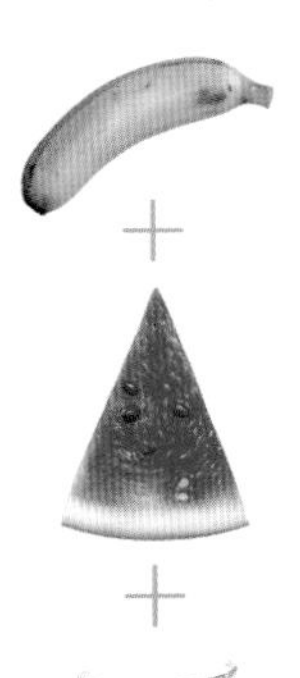

【养生功效】

香蕉对减肥相当有效，是因为它热量低，一根香蕉的热量，只有365千焦而已，大约只有一餐的白饭热量的一半儿。另外，香蕉中淀粉含量很高，所以很容易饱腹，加上淀粉在体内要转变成糖类需要一些时间，因此不会产生过多的能量堆积。西瓜水分大，吃西瓜后排尿量会增加，能够促使盐分排出体外，减轻水肿。

此款果汁能够消除水肿，增加肠胃蠕动。

贴心提示

优质香蕉果皮呈鲜黄或青黄色，梳柄完整，无缺只和脱落现象，一般每千克在25个以下；单只香蕉体弯曲，果实丰满、肥壮，色泽新鲜、光亮、果面光滑，无病斑、无虫疤、无真菌、无创伤，果实易剥离，果肉稍硬。

苹果苦瓜芦笋汁 轻松摆脱水肿

原料

苹果1个，苦瓜6厘米，芦笋1根，饮用水200毫升。

做法

1 将苹果洗净去核，切成块状；将苦瓜洗净去瓤，切成块状；将芦笋洗净，切成块状；2 将切好的苹果、苦瓜、芦笋和饮用水一起放入榨汁机榨汁。

【养生功效】

苦瓜性寒味苦，入心、肺、胃经，具有清暑解渴、降血压、降血脂、养颜美容、促进新陈代谢等功能。从苦瓜中提取的清脂素能够由内而外排出长期积聚的脂肪和剩余物，从而分解腰、腹、臀部的脂肪，消除小肚腩。

芦笋具有暖胃、宽肠、润肺、止咳、利尿诸功能。

此款果汁能够消除水肿，减肥瘦身。

贴心提示

专家表示，食苦味食品不宜过量，过量易引起恶心、呕吐等。苦瓜性凉，多食易伤脾胃，所以脾胃虚弱的人更要少吃苦瓜。另外，苦瓜含奎宁，会刺激子宫收缩，引起流产，孕妇也要慎食苦瓜。

哈密瓜木瓜汁 消肿利尿，补充铁质

原料

哈密瓜1/4个，木瓜半个，饮用水200毫升，蜂蜜适量。

做法

1 将哈密瓜、木瓜去皮去瓤，切成块状；2 将切好的哈密瓜、木瓜和饮用水一起放入榨汁机榨汁；在榨好的果汁内加入适量蜂蜜搅拌均匀即可。

【养生功效】

哈密瓜性寒味甘，含蛋白质、膳食纤维、胡萝卜素、果胶、碳水化合物、维生素A、维生素B、维生素C、磷、钠、钾等。木瓜能够有效防止人被晒出斑来，夏日紫外线能透过表皮袭击真皮层，令皮肤中的骨胶原和弹性蛋白受到重创，这样长期下去皮肤就会出现松弛、皱纹、微血管浮现等问题，同时导致黑色素沉积和新的黑色素形成。

此款果汁能够消肿利尿，还能预防贫血。

贴心提示

木瓜果皮光滑美观，果肉厚实细致、香气浓郁、汁水丰多、甜美可口、营养丰富，有“百益之果”“水果之皇”“万寿瓜”之雅称。木瓜富含多种氨基酸及钙、铁等。半个中等大小的木瓜足可供成人整天所需的维生素C。

冬瓜生姜汁 清热解毒，消肿利尿

原料

冬瓜2片，生姜2片，饮用水200毫升，蜂蜜适量。

做法

1 将冬瓜去皮去瓤，切成块状；将生姜洗净，切成块状；2 将切好的冬瓜、生姜和饮用水一起放入榨汁机榨汁；在榨好的果汁内加入适量蜂蜜搅匀。

【养生功效】

冬瓜性微寒，味甘淡，无毒，入肺、大小肠、膀胱三经。能清肺热化痰、清胃热、除烦止渴，去湿解暑，利小便，消除水肿。科学研究发现，生姜中的姜辣素和化合物具有很强的抗氧化和清除自由基作用；生姜还能起到抗生素的作用。生姜提取液具有显著抑制皮肤真菌和杀灭阴道滴虫的功效，可治疗各种痈肿疮毒。

此款果汁能够清热解毒，消除水肿。

贴心提示

冬瓜，果呈圆形、扁圆形或长圆形，大小因果种不同，小的重数千克，大的数十千克；皮绿色，多数品种的成熟果实表面有白粉；果肉厚，白色，疏松多汁，味淡，嫩瓜或老瓜均可食用。

西瓜苦瓜汁 降脂瘦身，预防水肿

原料

西瓜4片，苦瓜6厘米长。

做法

1 将西瓜去皮去子，切成块状；2 将苦瓜洗净去瓤，切成块状；3 将切好的西瓜、苦瓜一起放入榨汁机榨汁。

【养生功效】

西瓜94%以上都是水分，可以帮助排出体内多余的水分，使肾脏功能维持正常的运作，消除水肿的现象。西瓜中的氨基酸有利尿的功能。苦瓜中的苦瓜苷和苦味素能增进食欲，健脾开胃；所含的生物碱类物质奎宁，有利尿活血、消炎退热、清心明目的功效。

此款果汁能够消肿瘦身，改善粗糙肤质。

贴心提示

少吃西瓜中间含糖多的部分，而选择红白相间的西瓜皮来吃，在夏天，甚至可以用西瓜皮做菜。减肥时可以用西瓜代替一部分主食，例如以西瓜为食，再吃一点儿瘦肉、蔬菜、红薯等。严格控制分量，每天吃西瓜不应超过1500克。

凤柳蛋蜜奶 利尿消炎，预防水肿

原料

菠萝100克，柳橙80克，柠檬15克，鲜奶90毫升，蛋黄1个。

做法

1 菠萝去皮切块，压成汁；2 柳橙、柠檬洗净，压汁；3 将菠萝汁、柳橙汁、柠檬汁、其他材料都倒入搅拌杯中，盖紧盖子摇动10~20下后，再倒入杯中即可。

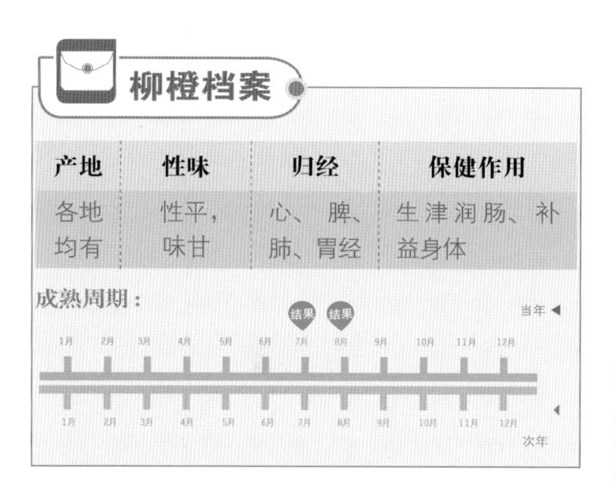

柳橙档案

产地	性味	归经	保健作用
各地均有	性平，味甘	心、脾、肺、胃经	生津润肠、补益身体

成熟周期：

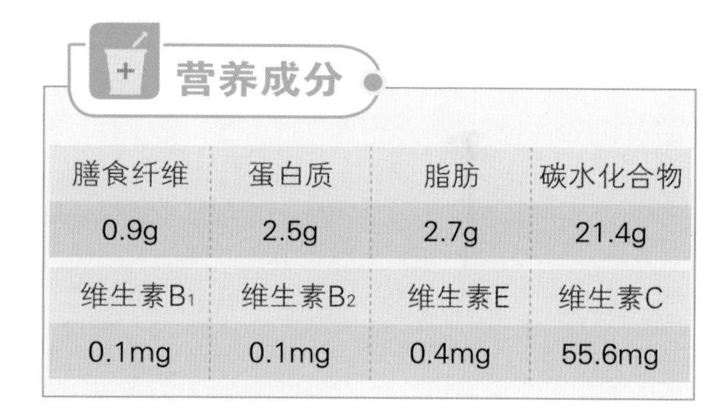

营养成分

膳食纤维	蛋白质	脂肪	碳水化合物
0.9g	2.5g	2.7g	21.4g
维生素B_1	维生素B_2	维生素E	维生素C
0.1mg	0.1mg	0.4mg	55.6mg

贴心提示

根据含脂量的不同，牛奶分为全脂、部分脱脂、脱脂三类。一般低脂或脱脂牛奶特别适合需限制或减少饱和脂肪摄入量的成年人饮用，可降低罹患心脏病的风险。不过，2岁之下婴儿脑部的发育需要额外脂肪，应该喝全脂牛奶。

【养生功效】

蛋黄有清热、解毒、消炎的作用，可用于治疗食物以及药物中毒、咽喉肿痛、慢性中耳炎等疾病。本饮品能够消除体内毒素、利尿消肿。

第4节 丰胸美体

木瓜玉米牛奶果汁 美肤丰胸，降脂减肥

原料

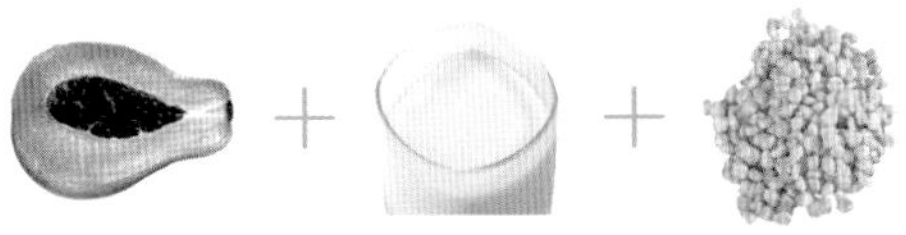

木瓜半个，牛奶200毫升，玉米粒适量。

做法

1 将木瓜去皮去瓤，切成块状；2 将准备好的木瓜、玉米粒、牛奶一起放入榨汁机榨汁。

【养生功效】

木瓜含丰富的胡萝卜素、蛋白质、钙、蛋白酶、柠檬酶等，对于高血压、肾炎、便秘的防治有作用。木瓜还有促进新陈代谢和抗衰老的作用。另外，木瓜还具有美容护肤、丰胸美体的功效。

玉米中所含的胡萝卜素，被人体吸收后能转化为维生素A，它具有防癌作用；植物纤维素能加速致癌物质和其他毒物的排出；天然维生素E则有促进细胞分裂、延缓衰老、降低血清胆固醇、防止皮肤病变的功能，还能减轻动脉硬化和脑功能衰退。研究人员指出，玉米含有的黄体素、玉米黄质可以对抗眼睛老化。此外，多吃玉米还能抑制抗癌药物对人体的副作用，刺激大脑细胞，增强人的脑力和记忆力。玉米中还含有大量镁，镁可加强肠壁蠕动，促进机体废物的排泄。玉米上述的成分与功能，对于减肥非常有利。玉米成熟时的花穗、玉米须，有利尿作用，也对减肥有利。玉米可煮汤代茶饮，也可粉碎后制作成玉米粉、玉米糕饼等。膨化后的玉米花体积很大，食后可消除肥胖人的饥饿感，但食后含热量很低，也是减肥的代用品之一。

草莓柳橙蜜汁 美白消脂，润肤丰胸

原料

草莓6颗，柳橙1个，饮用水200毫升，蜂蜜适量。

做法

1 将草莓去蒂洗净，切成块状；将柳橙去皮，洗净切成块状；2 将草莓、柳橙和饮用水一起放入榨汁机榨汁；在榨好的果汁内加入适量蜂蜜搅匀即可。

【养生功效】

草莓富含氨基酸、果糖柠檬酸、苹果酸、果胶、胡萝卜素、维生素B_1、维生素B_2及矿物质钙、镁、磷、铁等，这些营养素对机体的生长发育有好处。饭后吃草莓，可分解食物脂肪，有利消化。

柳橙含有维生素A、维生素B、维生素C、维生素D及柠檬酸、苹果酸、果胶等成分，对于瘦身塑身有很好效果。

此款果汁能够消脂润肤，丰胸美白。

贴心提示

购买草莓的时候可以用手或者纸对草莓表面进行轻拭，如果手上或纸上粘了大量的红色，那就要小心了。还有，如果是通过喷施色素染红的草莓在用水冲洗的时候水会变成浅红色。

木瓜牛奶汁 改善胸部平坦

原料

木瓜半个，牛奶200毫升，白糖适量。

做法

1 将木瓜洗净去皮去瓤，切成块状；2 将切好的木瓜和牛奶一起放入榨汁机榨汁。

【养生功效】

木瓜中的凝乳酶有通乳作用，番木瓜碱具有抗淋巴性白血病之功，故可用于通乳及治疗淋巴性白血病（血癌）。木瓜酵素中含丰富的丰胸激素及维生素A，能刺激女性激素分泌，并刺激卵巢分泌雌激素，使乳腺畅通，因此木瓜有丰胸作用；还可以促进肌肤代谢，让肌肤显得更明亮、更清新。

此款果汁能够改善胸部平坦。

贴心提示

木瓜也分公母，肚子大的是母的，比较甜。一般挑鼓肚子的，表面斑点很多，颜色刚刚发黄、摸起来不是很软的那种。如果木瓜表面上有胶质东西，这是糖胶，这样的会比较甜。买木瓜如果要马上吃，就要挑黄皮的，但是不可以太软，这样的木瓜才甜而不烂。

李子蛋蜜奶 缓解水肿，加速消化

原料

李子4颗，蛋黄1个，鲜奶200毫升，冰糖适量。

做法

1 将李子洗净去核，切成块状；2 将准备好的李子、蛋黄、鲜奶一起放入榨汁机榨汁；3 在榨好的果汁内放入适量冰糖即可。

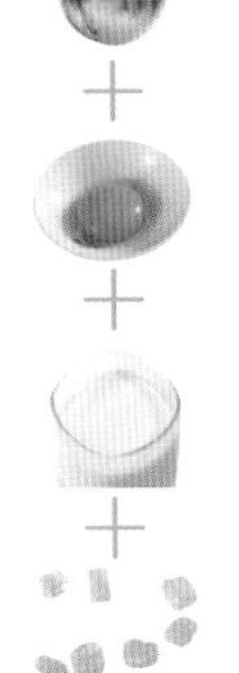

【养生功效】

李子有助于胃酸和胃消化酶的分泌，可以增加肠胃蠕动的作用，胃酸缺乏、食后饱胀、大便秘结者可多吃李子。蛋黄中含有宝贵的维生素A、维生素D，这些脂溶性维生素能够补充身体所需营养物质。冰糖能够补充体内的水分和糖分，具有补充体液、供给能量、补充血糖、强心利尿、解毒等作用。此款果汁能够消肿祛湿，缓解水肿造成的肥胖。

贴心提示

冰糖品质纯正，不易变质，除可作糖果食用外，还可用于高级食品甜味剂，配制药品浸渍酒类和滋补佐药等。一般人群均可食用，但是糖尿病患者不宜食用冰糖，所以糖尿病患者不宜过多饮用李子蛋蜜奶。

西瓜皮莲藕汁 消除水肿，清热降火

原料

西瓜皮1片，莲藕2片（2厘米厚），蜂蜜适量。

做法

1 将西瓜皮洗净切成块状；将莲藕去皮洗净，切成块状；2 将切好的西瓜皮和莲藕一起放入榨汁机榨汁；在榨好的果汁内加入适量蜂蜜搅拌均匀即可。

【养生功效】

西瓜皮具有清热解暑、泻火除烦、降低血压等功效。西瓜皮靠近瓜瓤的一层也可以化热除烦，去风利湿，还可以作为利尿剂，治疗肾炎水肿、糖尿病、黄疸等。中医认为，莲藕生食能凉血散瘀，熟食能补心益肾，具有滋阴养血的功效。可以补五脏之虚，强壮筋骨，补血养血。

此款果汁有消除水肿、清热降火的功效，对于水肿引起的肥胖具有不错的疗效。

贴心提示

在挑选藕的时候，一定要注意，发黑、有异味的藕不宜食用。应该挑选外皮呈黄褐色，肉肥厚而又白的，不要选用那些伤、烂，有锈斑、断节或者是干缩变色的藕。

紫苏菠萝花生汁 软化脂肪，健胃消食

原料

紫苏叶4片，菠萝2片，饮用水200毫升，熟花生适量。

做法

1 将紫苏叶洗净切碎；将菠萝洗净切碎；2 将切好的紫苏叶、菠萝、熟花生和饮用水一起放入榨汁机榨汁。

【养生功效】

菠萝含有菠萝蛋白酶，这种酶在胃中可分解蛋白质，补充人体内消化酶的不足，使消化不良的病人恢复正常消化机能。花生的油脂当中含有大量的亚油酸，这种物质可使人体内胆固醇分解为胆汁酸排出体外，避免胆固醇在体内沉积，减少因胆固醇在人体中超过正常值而引发多种心脑血管疾病的发生率。此款果汁能够消毒、消肿，分解肠内腐败物质，实现减肥的目的。

贴心提示

在制作紫苏菠萝花生汁的时候，一定要选用熟花生，因为这样的话比较容易将花生处理成浆。由于紫苏里面含有大量的草酸，所以含有紫苏的蔬果汁不宜过多长期饮用，容易上火又气虚体弱的人也不宜饮用。

木瓜乳酸饮 排毒清肠，美白丰胸

原料

木瓜半个，乳酸饮料200毫升。

做法

1 将木瓜去皮去瓤，切成块状；2 将切好的木瓜和乳酸饮料一起放入榨汁机榨汁。

【养生功效】

在木瓜的乳状液汁中含有一种被称为木瓜酵素的蛋白质分解酶，能够分解蛋白质，有辅助治疗肠胃炎、消化不良的作用。乳酸饮料能够帮助消化、保持肠道健康，调整大、小肠的蠕动，以利肠道正常运作。乳酸菌可在肠胃道中生长，由于微生物族群的抗癌作用，会使产生致癌物的不良细菌大量减少，进而减少致癌概率。此款果汁能够增加肠胃蠕动，丰胸美体。

贴心提示

木瓜有公母之分。公瓜椭圆形，身重，核少肉结实，味甜香。母瓜身稍长，核多肉松，味稍差。生木瓜或半生的比较适合煲汤；作为生果食用的应选购比较熟的瓜。木瓜成熟时，瓜皮呈黄色，味特别清甜。皮呈黑点的，已开始变质，甜度、香味及营养都已被破坏了。

第5节 腹部消脂

芹菜香蕉酸奶汁 润肠清肠，减去腹部脂肪

原料

芹菜1根，香蕉1根，酸奶200毫升。

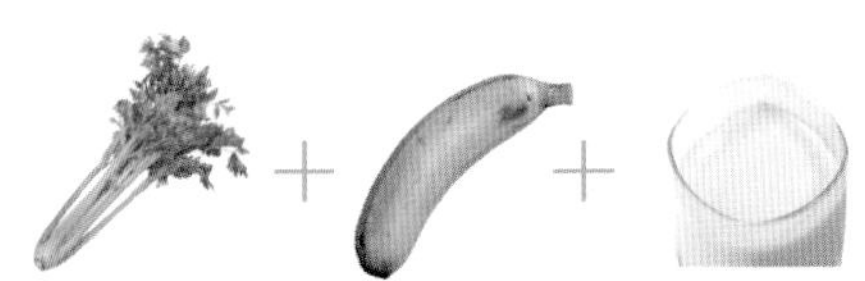

做法

1 将芹菜洗净，切成块状；2 剥去香蕉的皮和果肉上的果络，切成块状；3 将准备好的芹菜、香蕉和酸奶一起放入榨汁机榨汁。

【养生功效】

芹菜味甘、苦，性凉、无毒，归肺、胃、肝经，具有平肝清热、除烦消肿、凉血止血、清肠利便、降低血压、润肺止咳、健脑镇惊的功效。香蕉里丰富的果胶与水溶性纤维及酵素，可以帮助排便及降低胆固醇，对于清除宿便很有帮助，解除便秘同时也让皮肤更漂亮；丰富的钾则有降血压与排水的功能，对水肿型肥胖会有些帮助；血清素可帮助消除压力，避免因为压力而吃。

香蕉富含膳食纤维，可以刺激肠胃的蠕动。香蕉的消化、吸收良好，且能长时间保持能量。如果什么都不吃，只吃香蕉蘸蜂蜜，热量远比正餐低，自然也就瘦下来了。但若是长期靠香蕉为生，身体缺乏蛋白质、矿物质等营养成分，身体就会发出危险警报。不过，无论是作为早餐或者是运动前的果腹食物，香蕉都是减肥人士非常好的选择。香蕉果肉甲醇提取物的水溶性部分，对细菌、真菌有抑制作用，对人体有消炎解毒之功效。

芹菜和香蕉配以酸奶，能够有效清除肠道垃圾，减去腹部脂肪。

贴心提示

香蕉是热带、亚热带的水果，为了便于保存和运输，采摘香蕉的时候，不等成熟就摘下入库。吃生香蕉，非但不能帮助通便，反而可发生明显的便秘。

葡萄菠萝杏汁 消除腹部脂肪与赘肉

原料

葡萄6颗，菠萝2片，杏4颗，饮用水200毫升。

做法

1 将葡萄洗净去皮去子；将菠萝洗净切成块状；将杏洗净去核，切成块状；2 将准备好的葡萄、菠萝、杏和饮用水一起放入榨汁机榨汁。

【养生功效】

葡萄含多量果酸能帮助消化，清理肠胃垃圾，并对大肠杆菌、绿脓杆菌、枯草杆菌均有抗菌作用，葡萄中还含有维生素P，可降低胃酸毒性，治疗胃炎、肠炎及呕吐等。未熟的杏中含类黄酮较多，类黄酮有预防心脏病和减少心肌梗死的作用；杏是维生素B_{17}含量最为丰富的果品，而维生素B_{17}又是极有效的抗癌物质，并且只对癌细胞有杀灭作用，对正常健康的细胞无任何毒害；苦杏仁能止咳平喘，润肠通便，可以治疗肺病、咳嗽等疾病；杏仁还含有丰富的维生素C和多酚类成分，这种成分不但能够降低人体内胆固醇的含量，还能显著降低心脏病和很多慢性病的发病危险性。此款果汁能够润肠通便，消除腹部脂肪。

菠萝柳橙蛋黄果汁 帮助消耗腹部脂肪

原料

菠萝2片，柳橙半个，蛋黄1个，饮用水200毫升。

做法

1 将菠萝洗净，切成块状；将柳橙去皮洗净，切成块状；2 将准备好的菠萝、柳橙、蛋黄和饮用水一起放入榨汁机榨汁。

【养生功效】

橙子中的果胶能帮助燃烧体内脂类及排出胆固醇，同时能控制外源性胆固醇的吸收。鸡蛋中富含蛋白质、脂肪、维生素、钙、锌、铁、核黄素、DHA和卵磷脂等人体所需的营养物质。鸡蛋蛋白质对肝脏组织损伤有修复作用，蛋黄中的卵磷脂可促进肝细胞的再生。

此款果汁能够降低胆固醇，帮助腹部燃烧脂肪。

贴心提示

一些人常将煮熟的鸡蛋浸在冷水里，使蛋壳容易剥落，但这种做法不卫生。因为新鲜鸡蛋外表有一层保护膜，使蛋内水分不易挥发，并防止微生物侵入，鸡蛋煮熟后壳上膜被破坏，冷水和微生物可通过蛋壳和壳内双层膜上的气孔进入蛋肉。

西蓝花橘子汁 消脂减脂

原料

西蓝花2朵，橘子1个，饮用水200毫升。

做法

1 将西蓝花洗净，在热水中焯一下，切成块状；2 将橘子去皮，分开；3 将准备好的西蓝花、橘子和饮用水一起放入榨汁机榨汁。

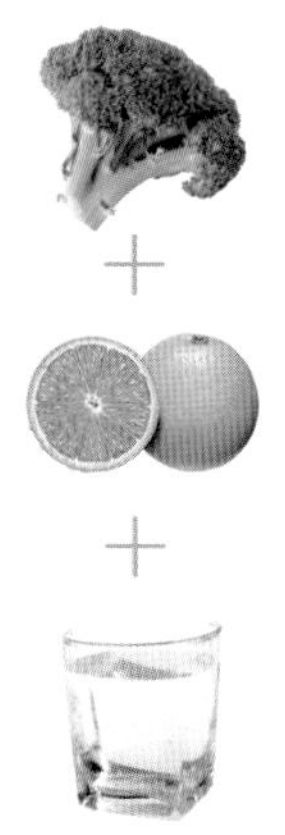

【养生功效】

西蓝花含维生素C较多，比大白菜、番茄、芹菜都高，在防治胃癌、乳腺癌方面效果尤佳。在鲜柑橘汁中，有一种抗癌活性很强的物质“诺米林”，它能使人体内除毒酶的活性成倍提高，阻止致癌物对细胞核的损伤。此款果汁有利于消减腹部脂肪。

贴心提示

橘子不宜与萝卜同食。萝卜等十字花科蔬菜摄食到人体后，可迅速产生一种叫硫氰酸盐的物质，并很快代谢产生一种抗甲状腺物质——硫氰酸。该物质产生的量与摄入量成正比。此时，如果摄入含大量植物色素的水果，如橘子、梨、苹果、葡萄等，其中的类黄酮在肠道被细菌分解后，可加强硫氰酸抑制甲状腺的作用，从而导致甲状腺肿大。

黄瓜胡萝卜汁 抗氧化，辅助减肥

原料

黄瓜1根，胡萝卜1根，饮用水200毫升。

做法

1 将黄瓜洗净，切成块状；将胡萝卜洗净去皮，切成块状；2 将准备好的黄瓜、胡萝卜和饮用水一起放入榨汁机榨汁。

【养生功效】

容易发胖的人，大多是因为代谢能力低，循环功能不佳，结果就让多余的脂肪及水分累积在体内，日积月累就成了肥胖的元凶。而胡萝卜汁就像一把强有力的刀，可以切断这种恶性循环，可说是爱美女性每天不可或缺的营养素。此外，它还可以治疗便秘，预防感冒，巩固视力。即使是懒散的减肥者，也可以轻而易举地进行；一面调整身材，一面维持健康。

此款果汁能够抗氧化，辅助减肥。

贴心提示

胡萝卜素的得名，则与胡萝卜的颜色有关。胡萝卜的橘红色色素后来被化学家分析出来是一种化学物，因此人们就将它命名为胡萝卜素，并一直沿用到今天。

第6节 纤细腰部

优酪星星果汁 去掉小腹，清燥润肠

原料

阳桃1个，优酪乳200毫升。

做法

1 将阳桃洗净切成块状；2 将切好的阳桃和优酪乳一起放入榨汁机榨汁。

【养生功效】

阳桃肉厚汁多，果味清甜，有蜜味，含有胡萝卜素、硫胺素、核黄素、烟酸和抗坏血酸，对肠胃、呼吸系统疾病具有一定的辅助疗效。阳桃里面含有特别多的果酸，能够抑制黑色素的沉淀，能有效地去除或淡化黑斑，并且有保湿的作用，可以让肌肤变得滋润、有光泽，对改善干性或油性肌肤组织也有显著的功效。另外，阳桃对于减肥也具有奇效。

优酪乳则是从鲜奶转化而来的食物，它同时具有鲜奶和乳酸菌两者的营养成分。除去钙、磷、钾之外，优酪乳当中还包含维生素A、维生素B_2、维生素B_6、维生素B_{12}、叶酸以及烟酸等。一般在制作优酪乳的时候，都会选用脱脂的鲜奶为原料，所以优酪乳当中不会含有脂肪，食用优酪乳对于限制动物脂肪的摄入是十分有益的。而优酪乳最主要的作用便是帮助有益菌来抑制坏菌的生长，能够助消化和防止出现便秘的情况，进一步对肠内的菌群比例进行改善，促进肠胃蠕动的正常。

此款果汁能够消除腹部脂肪，增强肠胃蠕动力。

贴心提示

阳桃鲜果性稍寒，吃得太多的话很容易使脾胃湿寒，便溏泄泻，影响食欲以及消化吸收。若为食疗目的，无论食生果或饮汁，最好不要冰凉及加冰饮食。

苹果柠檬汁 降脂降压，纤体塑形

原料

苹果1个，柠檬2片，饮用水200毫升。

做法

1 将苹果洗净去核，切成块状；将柠檬洗净切成块状；2 将切好的苹果、柠檬和饮用水一起放入榨汁机榨汁。

【养生功效】

苹果容易使人有饱腹感，因而，吃苹果减肥能使人体摄入的热量减少，当身体需要的热量不足时就需要体内积蓄的热量供给。所谓体内积蓄的热量即脂肪。将体内的多余脂肪消耗掉，自然而然，人就减掉了多余的体重。柠檬能够溶解多余的脂肪，清除身体各种器官的废物和毒素，净化血液，改善血质，促进新陈代谢，清洁并修复整个消化吸收系统，增强消化能力，调整吸收平衡。

此款果汁能够消脂降压，促进血液循环。

贴心提示

柠檬果肉味极酸。主要的酸叫柠檬酸，占汁液总量的5%以上。柠檬汁富含维生素C，并含少量维生素B。

柳橙薄荷汁 告别脂肪，重塑体型

原料

柳橙1个，薄荷叶2片，饮用水200毫升。

做法

1 将柳橙去皮去子，切成块状；将薄荷叶洗净，切碎；2 将切好的柳橙、薄荷叶和饮用水一起放入榨汁机榨汁。

【养生功效】

柳橙的皮中含有欣乐芬素，这种元素能够提升体内的新陈代谢率，帮助脂肪燃烧。由于它是属于第三乙型之正肾上腺刺激素，所以它在促进体内代谢、燃烧脂肪的同时，并不会让人产生心悸及高血压之副作用。柳橙中的橙黄素对于清除身体自由基有效，并且能够以此预防癌症。柳橙中所含的其他元素能够帮助扩张血管及降低胆固醇，以用来预防肥胖患者所可能产生的一些疾病。

薄荷可以调理不洁、阻塞的肌肤，其清凉的感觉，能收缩微血管、舒缓发痒、发炎和灼伤，也可柔软肌肤，对于清除黑头粉刺及油性肤质也极具效果。收缩微血管，排出体内毒素，改善湿疹、癣，柔软皮肤，消除黑头粉刺，有益于改善油性发质和肤质。

此款果汁能够纤细腰部，改善过敏体质。

芹菜葡萄柚汁 清凉消脂

原料

芹菜1根，葡萄柚1个，饮用水200毫升，蜂蜜适量。

做法

1 将芹菜洗净，切块；将葡萄柚去皮，切块；2 将准备好的芹菜、葡萄柚和饮用水一起放入榨汁机榨汁；榨好后放入适量蜂蜜搅拌均匀即可。

【养生功效】

芹菜当中的矿物质如钙、磷、铁的含量高于一般的绿色蔬菜。芹菜含酸性的降压成分，有明显降压作用；芹菜有利尿作用，能够消除体内水钠潴留。葡萄柚酸性物质可以帮助消化液的增加，促进消化功能，而且营养也容易被人体所吸收。此外葡萄柚是减肥最佳食品水果，原因是它含有丰富的维生素C，不但能够消除疲劳，还可以美化肌肤。

此款果汁能够抑制食欲，纤细腰部。

贴心提示

《本草纲目》："旱芹，其性滑利。"

《食鉴本草》："和醋食损齿，赤色者害人。"

《本草推陈》："治肝阳头痛，面红目赤，头重脚轻，步行飘摇等症。"

番茄葡萄柚苹果汁 减肥塑身，预防水桶腰

原料

番茄1个，葡萄柚半个，苹果1个，饮用水100毫升。

做法

1 将番茄洗净，剥皮后切成块状；将葡萄柚去皮，切成块状；将苹果洗净去核，切成块状；2 将准备好的番茄、葡萄柚、苹果和饮用水一起放入榨汁机榨汁。

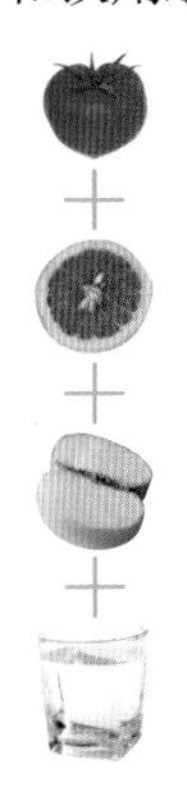

【养生功效】

番茄中的番茄红素可以有效地清除人体内的自由基，保持细胞正常代谢，预防衰老。番茄红素在体内通过消化道黏膜吸收进入血液和淋巴，分布到睾丸、肾上腺、前列腺、胰腺、乳房、卵巢、肝以及各种黏膜组织，促进腺体分泌激素，从而使人体保持旺盛的精力。时下流行苹果减肥法，是因为苹果中所含的维生素和纤维质能够满足身体所需，不仅能使人有饱腹感利于减肥，还有嫩肤的效果。此款果汁能够减肥塑身。

贴心提示

研究显示，如果老年女性每天食用1/4个葡萄柚，患乳腺癌的风险可能提高30%。研究者认为，这可能是因为葡萄柚会导致血液中的雌激素水平升高，而激素水平与患乳腺癌的风险有关。

芒果蜜桃汁 消减下半身脂肪

原料

芒果1个，蜜桃2个，饮用水200毫升。

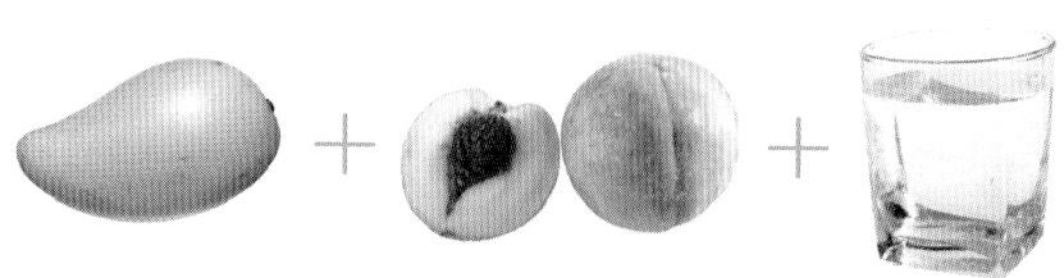

做法

1 将芒果去皮去核，切成块状；2 将蜜桃洗净去核，切成块状；3 将切好的芒果、蜜桃和饮用水一起放入榨汁机榨汁。

【养生功效】

芒果含有维生素C、矿物质等丰富的营养素，除了具有防癌的功效外，同时也具有防止动脉硬化及高血压的食疗作用。芒果果实含芒果酮酸、异芒果醇酸等三醋酸和多酚类化合物，具有抗癌的药理作用；芒果汁还能增加胃肠蠕动，使粪便在结肠内停留时间缩短，因此食芒果对防治结肠癌很有裨益。芒果中含有大量的维生素，可以起到滋润肌肤的作用。

蜜桃所含的营养成分有蛋白质、脂肪、碳水化合物、钙、磷、铁和维生素B及维生素C等，具有深层滋润和紧实肌肤的作用，使肌肤润泽有弹性而且能增强皮肤抵抗力，同时蜜桃还能给予头发高度保湿和滋润，增强头发的柔软度。苹果酸、柠檬酸、草酸及维生素B、维生素C，微量脂肪、蛋白质等多种营养成分，可以帮助体内消化、滋养和保健，对头发具有保湿及增强弹性的作用，让头发恢复天然美态。多吃桃子可以解决因体内毒素堆积所引发的肥胖。

此款果汁能够防止体内毒素堆积，预防肥胖。

贴心提示

对坏血病的治疗研究，最早始于英国医生林德，18世纪中叶，他用柠檬治愈了坏血病。事隔40多年，英国海军采用这种方法，规定水兵入海期间，每人每天要饮用定量的柠檬叶子水。只过了两年，英国海军中的坏血病就绝迹了。英国人由此常用“柠檬人”这个有趣的雅号，来称呼自己的水兵和水手。

葡萄柚草莓汁 增加消化液，减掉大腿脂肪

原料

葡萄柚1个，草莓6颗，饮用水200毫升。

做法

1 将葡萄柚去皮洗净，切成块状；将草莓去蒂洗净，切成块状；2 将切好的葡萄柚、草莓和饮用水一起放入榨汁机榨汁。

【养生功效】

葡萄柚具有纤维含量高，抗氧化效果好和血糖指数低等特点，是一种可以天天享受的健康水果。中医认为，草莓性味甘凉，入脾、胃、肺经，有润肺生津、健脾和胃、利尿消肿、解热祛暑的功效，适用于肺热咳嗽、食欲缺乏、小便短少、暑热烦渴等。此款果汁能够生津润燥，甩掉大腿脂肪。

贴心提示

目前，市场上常见的葡萄柚有3个主要品种。果肉白色的马叙葡萄柚，又称无核葡萄柚，品种内也有果肉红色的品系；果肉白色的邓肯葡萄柚，果较大，果皮较厚，种子较多，果肉略带苦味；果肉红色的汤姆逊葡萄柚。此外，还有的品种果肉为淡黄色或粉红色或近无色透明。

洋葱芹菜黄瓜汁 增加肠胃蠕动，消减大腿脂肪

原料

洋葱1/4个，芹菜半根，黄瓜半根，饮用水200毫升。

做法

1 将洋葱、芹菜、黄瓜洗净，切成块状；2 将切好的洋葱、芹菜、黄瓜和饮用水一起放入榨汁机榨汁。

【养生功效】

洋葱的硫矿成分能促进肠蠕动，同时丰富的可溶性食物纤维能刺激肠胃运动，低聚糖也能抵制肠内有害细菌繁殖，有效改善便秘情况。洋葱能提高纤溶活性，达到清血作用。芹菜含有利尿成分，因而能够消除身体水肿，起到瘦身效果。

此款果汁能够利尿排毒，瘦身。

贴心提示

黄瓜食用禁忌:(1)不宜生食不洁黄瓜。(2)不宜弃汁制馅食用。(3)不宜多食偏食。(4)不宜加碱或高热煮后食用。(5)不宜和辣椒、菠菜、番茄同食。(6)不宜与花菜、小白菜、柑橘同食。(7)不宜与花生搭配，否则易引起腹泻。(8)不宜与辣椒搭配，否则维生素C会被破坏。

香蕉苹果汁 攻克“大象腿”

原料

香蕉1根，苹果半个，饮用水200毫升。

做法

1 去掉香蕉的皮和果肉上的果络，切成块状；2 将苹果洗净去核，切成块状；3 将切好的香蕉、苹果和饮用水一起放入榨汁机榨汁。

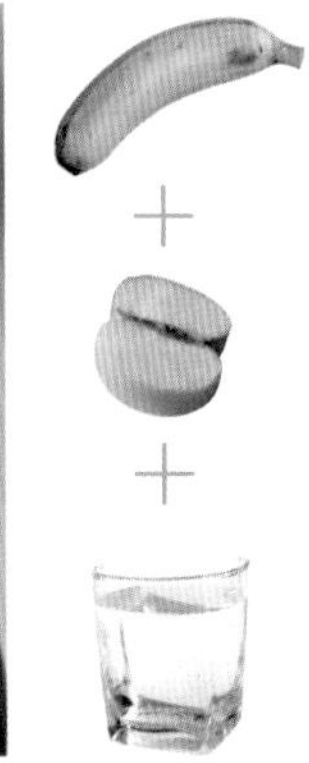

【养生功效】

由于香蕉易于消化、吸收，因此从小孩到老年人，都可以安心地食用，并补充均衡的营养。

苹果含有多种营养元素，不仅能够补充人体所需的营养物质，促进骨骼生长，还能增强食欲。因为苹果营养丰富且有饱腹感，因而，有人以苹果代替食物从而达到减肥的目的。时下流行的苹果减肥法是减肥期间每天吃苹果，能按照人们习惯的早、中、晚餐进食，食量以不怎么感觉饥饿为好。3天之内不能吃别的食物。要知道什么食物都会刺激你的肠胃，使正常的消化吸收功能混乱，当然如果因为工作或其他无法抗拒的原因，也能自己做1日或2日减肥，只要做到了，也可以收到效果。

此款果汁能够润肠助消化，消肿利尿。

香蕉草莓牛奶汁 消脂瘦身

原料

香蕉1根，草莓8颗，牛奶200毫升，蜂蜜适量。

做法

1 剥去香蕉的皮和果肉上的果络，切成块状；2 将草莓去蒂洗净，切成块状；3 将准备好的香蕉、草莓和牛奶一起放入榨汁机榨汁；在果汁内加入适量蜂蜜搅拌均匀即可。

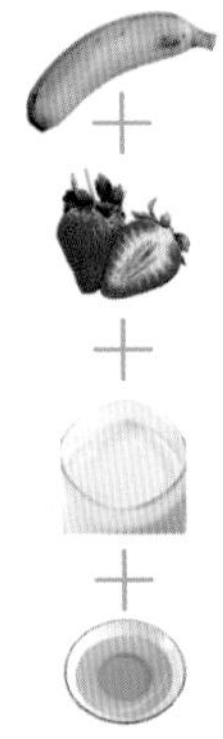

【养生功效】

香蕉是一种淀粉丰富的有益水果，但是从中医学的角度去进行分析的话，香蕉味甘性寒，可以用来清热润肠，促进肠胃蠕动。正是因为香蕉能够清热润肠、增强肠胃蠕动力，所以说香蕉有一定的减肥功效。

此款果汁能够消减大腿脂肪。

贴心提示

挑选草莓的时候，太大的和过于水灵的草莓不能买；不要去买长得奇形怪状的畸形草莓。应该尽量去选全果鲜红均匀，色泽鲜亮，具有光泽的。不宜选购没有全红或者是半红半青的果实。草莓表面的“芝麻粒”应该呈金黄色，如果“芝麻粒”也是红色的，那便有可能是染色草莓。

第8节 体态健美

山药香蕉牛奶果汁 通便排毒，塑身

原料

山药4厘米长，香蕉1根，牛奶200毫升。

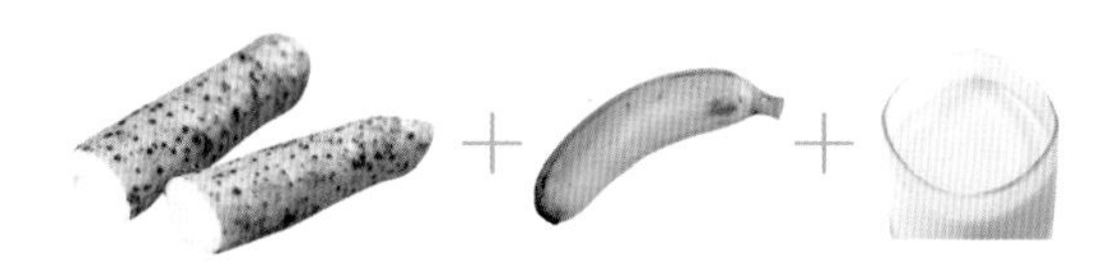

做法

1 将山药去皮洗净，切成块状；2 去掉香蕉的皮和果肉上的果络，切成块状；3 将切好的山药、香蕉和牛奶一起放入榨汁机榨汁。

【养生功效】

山药含有淀粉酶、多酚氧化酶等物质，有利于脾胃消化吸收功能，是一味平补脾胃的药食两用之品。不论脾阳亏或胃阴虚，皆可食用。临床上常与胃肠药同用治脾胃虚弱、食少体倦、泄泻等病症。山药含有多种营养素，有强健机体、滋肾益精的作用。大凡肾亏遗精，妇女白带多、小便频数等症，皆可服之。山药含有大量的黏液蛋白、维生素及微量元素，能有效阻止血脂在血管壁的沉淀，预防心血管疾病，取得益志安神、延年益寿的功效。

香蕉富含膳食纤维中的果胶，可促进肠蠕动，使排便顺畅。坚持晚上睡觉前吃一根香蕉可以有效缓解习惯性便秘，从而起到排毒瘦身的作用。

此款果汁能够通便排毒，保持身形。

贴心提示

山药在0 ~ 4℃可以保存3年。如果在37℃的温度下，生的可保存10天左右，熟的可保存半天。如果需长时间保存，应该把山药放入木锯屑中包埋，短时间保存则只需用纸包好放入冷暗处即可。如果购买的是切开的山药，则要避免接触空气，以用塑料袋包好放入冰箱里冷藏为宜。切碎的山药也可放入冰箱冷冻起来。

火龙果乌梅汁 清除毒素，防老抗衰

原料

火龙果半个，乌梅6颗，水200毫升。

做法

1 将火龙果去皮，切成块状；将乌梅去核，洗净切成块状；2 将切好的火龙果、乌梅和饮用水一起放入榨汁机榨汁。

【养生功效】

在火龙果的果皮当中还含有花青素，这是一种非常珍贵的营养物质，是一种强力的抗氧化和提升免疫力的物质，通过血液被运到全身，能够起到抗氧化、抗自由基、防衰老以及抑制老年痴呆症的作用。

医学研究发现，食用乌梅之后，腮腺会分泌出较多的腮腺素，这种腮腺素有“回春”作用，可焕发人的青春，40岁左右的女性常食乌梅有保青春的作用。

此款果汁能够减肥瘦身，排毒美颜。

贴心提示

新鲜的乌梅不能生吃，因为乌梅中含有微量的氰酸，能够产生剧毒物质氰酸钾，食用后会引起腹泻甚至中毒。

胡萝卜瘦身汁 排出废物，丢掉脂肪

原料

胡萝卜2个，饮用水200毫升。

做法

1 将胡萝卜洗净去皮，切成块状；2 将切好的胡萝卜和饮用水一起放入榨汁机榨汁。

【养生功效】

胡萝卜性微温，入肺、胃二经，具有清热、解毒、利湿、散瘀、健胃消食、化痰止咳、顺气、利便、生津止渴、补中、安五脏等功能。胡萝卜中的B族维生素和钾、镁等矿物质可以促进肠胃蠕动，有助于体内废物的排出。吃胡萝卜能够降血脂、软化血管、稳定血压，预防冠心病、动脉硬化及胆结石等疾病。胡萝卜当中含有的淀粉酶能够将食物当中的淀粉、脂肪等成分分解掉，使之分解后为人体所充分吸收和利用。此款果汁能够帮助体内排毒废物，起到塑身的效果。

贴心提示

如果觉得单饮胡萝卜汁不易入口的话，便可以加些苹果、番茄或者香蕉一起搅拌榨汁，或者用柠檬汁、蜂蜜来进行调味。

番木瓜生姜汁 防止肥胖，健脾消食

原料

番木瓜1个，生姜2片（1厘米厚），饮用水200毫升。

做法

1 将番木瓜洗净去皮去子，切成块状；2 将生姜去皮切成块状；3 将切好的番木瓜、生姜和饮用水一起放入榨汁机榨汁。

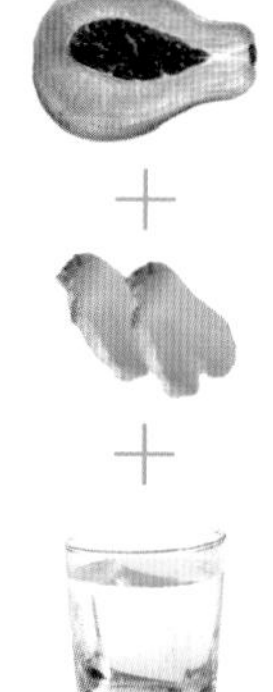

【养生功效】

番木瓜碱和木瓜蛋白酶具有抗结核杆菌及寄生虫如绦虫、蛔虫、鞭虫、阿米巴原虫等作用，故可用于杀虫抗结核；木瓜所含的碳水化合物、脂肪、蛋白质、维生素及多种人体必需的氨基酸，能够补充人体所需的营养，增强免疫功能。番木瓜能够均衡营养，修身美体。生姜皮有加速排汗、防止中暑的作用；还有刺激胃肠道黏膜、增加胃肠道消化液、和脾行水、利尿的功效。此款果汁能够促进人体对食物的消化吸收，达到减肥的效果。

贴心提示

凡属阴虚火旺、目赤内热者，或患有痈肿疮疖、肺炎、肺脓肿、肺结核、胃溃疡、胆囊炎、肾盂肾炎、糖尿病、痔疮者，都不宜长期食用生姜。

火龙果猕猴桃汁 抗氧化，纤体瘦身

原料

火龙果1个，猕猴桃1个，饮用水200毫升，蜂蜜适量。

做法

1 将火龙果、猕猴桃去皮，切块；将切好的火龙果、猕猴桃和饮用水一起放入榨汁机榨汁；2 在榨好的果汁内加入适量蜂蜜搅拌均匀。

【养生功效】

火龙果中花青素含量较高，花青素是一种效用明显的抗氧化剂。火龙果富含维生素C，可以消除氧自由基，具有美白皮肤的作用。火龙果是一种低能量、高纤维的水果，因此具有减肥、降低胆固醇、润肠、预防大肠癌等功效。

猕猴桃纤维素含量和水果纤维含量都很丰富，能增加分解脂肪酸素的速度，避免过剩脂肪让腿部变粗。因此，猕猴桃是既能减肥又能补充营养的水果。

此款果汁能够抗氧化，纤体瘦身。

贴心提示

猕猴桃的选择：看外表，体型饱满、无伤无病的果较好。表皮毛刺的多少，因品种而异。看颜色，浓绿色果肉、味酸甜的猕猴桃品质最好，维生素含量最高。果肉颜色浅些的略逊。

葡萄芦笋苹果汁 清热解毒、润肠通便、防止肥胖

原料

葡萄20颗，芦笋2根，苹果1/2个，冰块4块。

做法

1 葡萄洗净，去皮去子；苹果洗净后去核去皮，切成小块；芦笋洗净，切段；2 上述蔬果放进榨汁机中榨取汁液；3 将冰块放入杯中，倒入蔬果汁调匀，即可直接饮用。

贴心提示

葡萄以果串大、果粒饱满、外有白霜者品质最佳，干柄、皱皮、掉粒者质次；成熟度适中的果粒颜色较深、色泽鲜艳，如玫瑰香为紫色，龙眼为紫红色，巨峰为黑紫色等；果粒紧密的葡萄，生长时不透风，见光少，味较酸，反之果粒较稀疏者，味较甜。

【养生功效】

葡萄中丰富的维生素C和钾等物质具有降血脂，扩张血管，增加冠脉血流量，降低血压和胆固醇，软化血管等作用，能阻止血栓形成，对冠心病、高脂血症的治疗十分有益；葡萄是水果中含复合铁元素最多的水果，是贫血患者的理想食品；葡萄中含的类黄酮是一种强力抗氧化剂，可清除体内的氧自由基，有效延缓衰老。芦笋拥有鲜美芬芳的风味，能促进食欲，帮助消化。在西方，芦笋被称为“十大名菜之一”。苹果含有丰富的钾，可排出体内多余的钠盐，如每天吃3个以上苹果，即能维持满意的血压，从而有助于预防脂肪肝。苹果含有丰富的果胶，能降低血液的胆固醇浓度，具有防止脂肪聚集的作用。这款果汁能清热解毒，润肠通便，防止肥胖。

>> 第六章

一杯蔬果汁，对症治百病

第1节 防治生活习惯病

芝麻胡萝卜酸奶汁 降低血压，补充维生素

原料

胡萝卜半根，酸奶200毫升，芝麻适量。

做法

1 将胡萝卜在热水中焯一下，再切成块状；2 将切好的胡萝卜、酸奶、芝麻一起放入榨汁机榨汁。

【养生功效】

低密度胆固醇是引起高血压的元凶，胡萝卜中所含的元素对于预防高血压有显著的功效。高血压患者与健康人群相比，血液内的维生素A、维生素E水平较高，而抗氧化剂如维生素C、β－胡萝卜素水平较低。因而食用胡萝卜能够起到很好地预防高血压、高血脂的作用。

胡萝卜中的胡萝卜素、维生素B_2、叶酸等成分有预防癌症的功效。建议大家坚持每天饮用胡萝卜汁。每天能食用一根胡萝卜同样有效。胡萝卜能保护喉咙和鼻腔的黏膜组织，增强人体对细菌的抵抗力。如果患有高血压，或容易感冒，最好每天喝一杯胡萝卜汁，以降低血压、增强免疫力。高血压患者经常食用胡萝卜还能有效治疗轻度贫血。胡萝卜中的铁可以起到补血功效，轻度贫血的人，可以经常食用。

此款果汁能够降低血压，疏通血管。

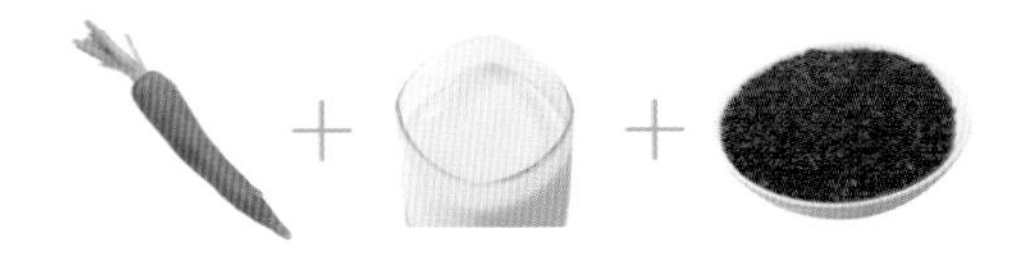

贴心提示

芝麻是我国四大食用油料作物的佼佼者，是我国主要油料作物之一。芝麻产品具较高的应用价值，它的种子含油量高达61%。我国自古就有许多用芝麻和芝麻油制作的名特食品和美味佳肴，一直著称于世。

荞麦茶猕猴桃汁 防止毛细血管破裂，预防高血压

原料

猕猴桃1个，荞麦茶200毫升。

做法

1 剥掉猕猴桃的皮，切成块状；2 将猕猴桃和荞麦茶放入榨汁机榨汁。

【养生功效】

猕猴桃富含精氨酸，能阻止血栓的形成，对降低冠心病、高血压、心肌梗死、动脉硬化等心血管疾病的发病率和治疗阳痿有特别功效。荞麦茶中的芸香苷可抑制体内的磷酸二酯酶的活动，避免血小板凝集。它有助净化血液和改善血液循环。此外，它亦有保护血小板脂肪过氧化的功能，能帮助患高血压的人士保持健康的血压。芸香苷可抑制脂肪氧合酵素和前列腺素合成霉素的活性，以防止血管变得脆弱，特别是微血管。此款果汁能够保护微血管，降低血脂及预防脑中风。

贴心提示

荞麦富含芸香苷（亦被称为维生素P或卢丁），芸香苷可以保持体内胶原蛋白水平，美容养颜，减少细纹；健胃排毒，帮助减轻体重。

乌龙茶苹果汁 去除体内活性氧，降低血压

原料

苹果半个，乌龙茶200毫升。

做法

1 将苹果削皮后切成苹果丁；2 将苹果丁和乌龙茶一起放入榨汁机榨汁。

【养生功效】

乌龙茶是经过杀青、萎雕、摇青、半发酵、烘焙等工序后制出的品质优异的茶类。只有经过半发酵的绿茶才会有乌龙多酚这种特殊的成分。乌龙多酚具有抗氧化作用，能够降低血液中的胆固醇和三酰甘油。乌龙茶还可以降低血液黏稠度，防止红细胞集聚，改善血液高凝状态。另外，乌龙茶对于预防肥胖和过敏反应，缓解压力等也有特殊功效。苹果中的胶质和微量元素铬不仅能保持血糖的稳定，还能有效地降低胆固醇。此款果汁具有去除体内活性氧、降低血压的功效。

贴心提示

乌龙茶是由宋代贡茶龙团、凤饼演变而来，创制于1725年前后。乌龙茶的药理作用，突出表现为分解脂肪、减肥健美等方面。

苹果豆浆汁 降低胆固醇

原料

苹果 1 个，豆浆 200 毫升。

做法

1 将苹果削皮后切成苹果丁；2 将苹果丁和豆浆一起放入榨汁机榨汁。

【养生功效】

鲜豆浆被我国营养学家推荐为防治高脂血症、高血压、动脉硬化等疾病的理想食品。作为日常饮品，豆浆中含有大豆皂苷、异黄酮、大豆低聚糖等具有显著保健功能的特殊保健因子。多喝鲜豆浆，可维持正常的营养平衡，全面调节内分泌系统，降低血压、血脂，减轻心血管负担，增加心脏活力。此款果汁能够清通血脂，降低人体有害胆固醇含量。

贴心提示

豆浆性平偏寒，平素胃寒，饮后有发闷、反胃、嗳气、吞酸的人，脾虚易腹泻、腹胀的人以及夜间尿频、遗精肾亏的人，均不宜饮用豆浆。豆浆不宜与鸡蛋一起食用，鸡蛋中的鸡蛋清会与豆浆里的胰蛋白酶结合，产生不易被人体吸收的物质。

洋葱橙子汁 清理血管，减少三酰甘油

原料

洋葱半个，橙子半个。

做法

1 将洋葱去皮后切成块状；将洋葱放在微波炉里加热变软；将带皮的橙子切成小块；2 将洋葱、橙子、饮用水一起放入榨汁机榨汁。

【养生功效】

洋葱中含有硫化丙基成分，这种成分具有促进血液中糖分代谢和降低血糖含量的作用。硫化丙基接触空气后会被氧化，加热后会转化成烯丙基二硫化物，它可以减少血液中的胆固醇和三酰甘油含量。

洋葱是目前所知唯一含前列腺素 A 的。洋葱还是天然的血液稀释剂，前列腺素 A 能扩张血管、降低血液黏度，因而会产生降血压、能减少外周血管和增加冠状动脉的血流量，预防血栓形成作用。

此款果汁能够清理血管，预防高血压。

贴心提示

洋葱的品质要求：以葱头肥大、外皮光泽、不烂、无机械伤和泥土、鲜葱头不带叶，经贮藏后不松软、不抽薹、鳞片紧密、含水量少、辛辣和甜味浓的为佳。

芹菜菠萝鲜奶汁 促进血液循环，降低血压

原料

芹菜半根，菠萝2片，鲜奶200毫升。

做法

1 将芹菜、菠萝洗净切成块状；2 将切好的芹菜、菠萝和牛奶一起放入榨汁机榨汁。

【养生功效】

菠萝营养丰富，有清热解暑、生津止渴、消肿利尿的功效。菠萝中所含的酶能够促进血液循环，降低血压，稀释血脂。食用菠萝，可以预防脂肪沉积。

芹菜所含物质能够增进食欲、改善肤色和发质、健脑提神、增强骨骼，对于高血压、头痛、头晕、水肿、小便热涩不利有显著疗效。

此款果汁适于高血压、高血脂患者。

贴心提示

小偏方：芹菜500克，糖、醋各适量。将嫩芹菜去叶留茎洗净，入沸水氽过，待茎软时，捞起沥干水，切寸段，加糖、盐、醋拌匀，淋上香油，装盘即可。本菜酸甜可口，去腻开胃，具有降压、降脂的功效，高血压病患者可常食。

西瓜芹菜汁 预防高血压

原料

西瓜2片，芹菜1根，饮用水200毫升。

做法

1 将西瓜去皮去子，切成块状；2 将芹菜洗净，切成块状；3 将准备好的西瓜、芹菜和饮用水一起放入榨汁机榨汁。

【养生功效】

西瓜不仅是夏季常备的水果，降暑解渴，还有降压的功效。西瓜皮味甘，性凉，能清暑热除心烦，能治疗因暑热引发的小便赤短。你也可吃完西瓜后留下瓜皮，把绿衣切去，剩下白色部分炒肉当菜吃。也可以用鲜西瓜皮煮肉片汤喝。而高血压者、心脏及肾脏性水肿者可直接煮水服用。高血压患者可以将其作为降压解暑的饮品。凉凉的西瓜汁还有稳定情绪的功效。芹菜含铁量较高，是缺铁性贫血患者的佳蔬。芹菜中含有丰富的钾，是治疗高血压病及其并发症的首选之品，对于血管硬化、神经衰弱患者亦有辅助治疗作用。此款果汁能够预防高血压。

贴心提示

西瓜是清热解暑的佳果，但感冒初期的患者应慎食。如果在感冒初期吃西瓜，不但不能治病，反而会使病情加重或延长治愈时间。

火龙果降压果汁 清热凉血，降低血压

原料

火龙果1个，柠檬2片，酸奶200毫升。

做法

1 将火龙果去皮，切成块状；2 将柠檬洗净，切成块状；3 将准备好的火龙果、柠檬和酸奶一起放入榨汁机榨汁。

【养生功效】

火龙果中花青素含量较高，花青素能够增强血管弹性，改善循环系统和增进皮肤的光滑度，抑制炎症和过敏，改善关节的柔韧性。经常食用火龙果还可以降低血压和血脂。柠檬具有止渴生津、健胃、止痛等功能。高血压、心肌梗死患者常饮柠檬饮料，对改善症状缓解病情非常有益。柠檬与钙离子结合能生成一种可溶性络合物，可有效地缓解钙离子对血液的凝固作用。此款果汁能够降低血压和胆固醇，还能够预防动脉硬化。

贴心提示

火龙果可以分为三类：白火龙果，紫红皮白肉，有细小黑色种子分布其中，鲜食品质一般；红火龙果，红皮红肉，鲜食品质较好；黄火龙果，黄皮白肉，鲜食品质最佳。

香瓜蔬菜蜜汁 排出毒素，降低血压

原料

香瓜半个，紫甘蓝2片，芹菜半根，饮用水200毫升，蜂蜜适量。

做法

1 将香瓜去皮去瓤，切成块状；将紫甘蓝洗净，切成丝；将芹菜洗净，切成块状；2 将香瓜、紫甘蓝、芹菜和饮用水一起放入榨汁机榨汁；在榨好的果汁内加入适量蜂蜜搅拌均匀即可。

【养生功效】

香瓜含大量碳水化合物及柠檬酸等，且水分充沛，可消暑清热、生津解渴、除烦；香瓜蒂中的葫芦素B能保护肝脏，减轻慢性肝损伤。紫甘蓝中含有的大量纤维素，能够增强胃肠功能，促进肠道蠕动，以及降低胆固醇水平。其中的铁元素，能够提高血液中氧气的含量，有助于机体对脂肪的燃烧。芹菜味甘、苦、性凉、无毒，归肺、胃、肝经。芹菜含酸性的降压成分，有明显降压作用。

此款果汁能够促进新陈代谢，预防高血压。

贴心提示

香瓜的热量适合运动量少而有减肥需求的年轻白领一族。脾胃虚寒、腹胀者忌食。有吐血、咯血病史患者，胃溃疡及心脏病者宜慎食。出血及体虚者，脾胃虚寒、腹胀便溏者忌食。

菠萝豆浆果汁 去除多余血脂，改善高血脂

原料

菠萝切片 2 片，豆浆 200 毫升。

做法

1 将菠萝切成块状；2 将菠萝和豆浆一起放入榨汁机榨汁。

【养生功效】

菠萝含有一种叫菠萝朊酶的物质，它能分解蛋白质，溶解阻塞于组织中的纤维蛋白和血凝块，改善局部的血液循环；菠萝中所含糖、盐类和酶有利尿作用，适当食用对肾炎、高血压病患者有益。国外研究还发现，菠萝所含的生物碱及蛋白酶，也能使血液凝块消散与抑制血液凝块形成。对冠状动脉和脑动脉血管栓塞所引起的疾病有缓解作用。此款果汁能够预防和改善高血脂。

贴心提示

优质菠萝的果实呈圆柱形或两头稍尖的卵圆形，大小均匀适中，果形端正，芽眼数量少。成熟度好的菠萝表皮呈淡黄色或亮黄色，两端略带青绿色，上顶的冠芽呈青褐色；生菠萝的外皮色泽铁青或略带褐色。

桃子乌龙茶果汁 促进脂质分解，清通血液

原料

桃 1 个，乌龙茶 200 毫升。

做法

1 把桃削皮后切成块状；2 把桃和乌龙茶一起放入榨汁机榨汁。

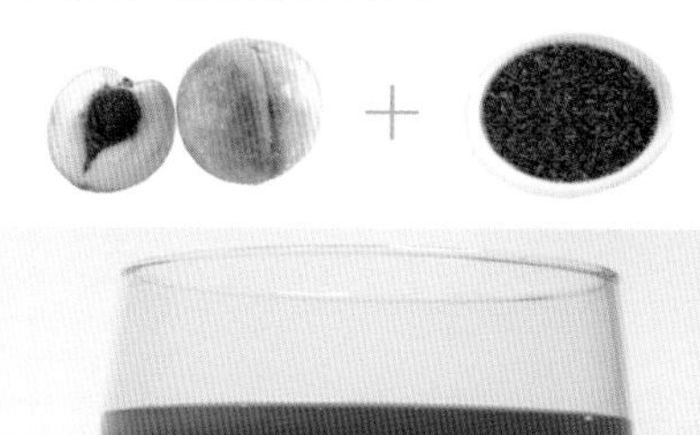

【养生功效】

乌龙茶可以降低血液中的胆固醇含量，是不可多得的减肥茶。乌龙茶除了具有消除疲劳、生津利尿、解热防暑、杀菌消炎、解毒防病、消食去腻、减肥健美等保健功能外，还突出表现在防癌症、降血脂、抗衰老等特殊功效。桃有补益气血、养阴生津的作用，能够改善气血亏虚、面黄肌瘦、心悸气短等症状。桃仁提取物有抗凝血作用，并能抑制咳嗽中枢而止咳，同时能使血压下降，可用于高血压病人的辅助治疗。此款果汁具有促进脂质分解，降低血脂的功效。

贴心提示

此果汁饮用有三忌：空腹不饮，否则感到饥肠辘辘，头晕欲吐；睡前不饮；冷茶不饮，冷后性寒，对胃不利，因而最好加热饮用。

洋葱蜂蜜汁 预防和治疗高血脂

原料

洋葱半只，蜂蜜水200毫升。

做法

1 将洋葱在微波炉加热后切成块状；2 将洋葱和蜂蜜水一起放入榨汁机榨汁。

【养生功效】

蜂蜜含有与人体血清浓度相近的多种无机盐，还含有一定数量的维生素B_1、B_2、B_6及铁、钙、铜、锰、钾、磷等多种有机酸和有益人体健康的微量元素，以及果糖、葡萄糖、淀粉酶、氧化酶、还原酶等，具有滋养、润燥、解毒之功效。洋葱具有扩张血管、降低血黏度的功效，所以吃洋葱能调理高血脂等疾病。

此款果汁能够抑制脂肪的摄入，防止和治疗高血脂。

贴心提示

选购洋葱，其表皮越干越好，包卷度愈紧密愈好；从外表看，最好可以看出透明表皮中带有茶色的纹理。洋葱有橘黄色皮和紫色皮两种，最好选择橘黄色皮的，这种洋葱每层比较厚，水分比较多，口感比较脆；紫色皮的水分少，每层比较薄，易老。

香蕉猕猴桃荸荠汁 降低胆固醇，减脂

原料

香蕉1根，猕猴桃1个，荸荠6颗，饮用水200毫升。

做法

1 剥去香蕉的皮和果肉上的果络，切成块状；将猕猴桃去皮洗净，切成块状；将荸荠洗净去皮，切下果肉；2 将准备好的香蕉、猕猴桃、荸荠和饮用水一起放入榨汁机榨汁。

【养生功效】

猕猴桃含有维生素C、维生素E、维生素K等多种维生素，含有丰富的营养和膳食纤维，是低脂肪食物，对减肥健美、美容有独特的功效。荸荠对于高血压、便秘、糖尿病尿多者、小便淋沥涩痛者、尿路感染患者均有一定功效。在呼吸道疾病传染病较多的春季，常吃荸荠有利于流脑、麻疹、百日咳及急性咽炎的预防。

此款果汁能够降低胆固醇，畅清血脂。

贴心提示

食用荸荠需注意以下两点：一是荸荠性寒，脾肾虚寒慎用；二是荸荠生于水田中，其皮能聚集有害有毒的生物排泄物和化学物质，荸荠皮中还含有寄生虫，如果吃了未洗净的荸荠皮，会导致各种疾病，因此食用前一定要洗净去皮。

茄子番茄汁 抗氧化，降低有害胆固醇含量

原料

茄子1个，番茄1个，牛奶200毫升。

做法

① 将带皮的茄子切成碎块；将番茄的表皮划几道口子，放入沸水中浸泡10秒；去皮后切块；② 将准备好的茄子和番茄、牛奶一起放入榨汁机榨汁。

【养生功效】

茄子含有蛋白质、脂肪、碳水化合物、维生素以及钙、磷、铁等多种营养成分，特别是维生素P的含量很高。这是许多蔬菜水果望尘莫及的。维生素P能使血管壁保持弹性和生理功能，防止硬化和破裂。茄色素是茄子紫红色皮中的色素，具有抗氧化的作用。这种色素有降低有害胆固醇和提高有益胆固醇含量的功效，还能够去除体内过多的活性氧。

此款果汁能够抗氧化，预防动脉硬化。

贴心提示

茄子的表皮覆盖着一层蜡质，具有保护茄子的作用，一旦蜡质层被冲刷掉或受机械损害，就容易受微生物侵害而腐烂变质。因此，要保存的茄子绝对不能用水冲洗，还要防雨淋，防磕碰，防受热，并存放在阴凉通风处。

西蓝花绿茶汁 保护血管，畅清血脂

原料

西蓝花2朵，绿茶200毫升。

做法

① 将西蓝花在热水中焯一下；② 将西蓝花和绿茶一起放入榨汁机榨汁。

【养生功效】

茶叶不仅能够提神醒脑，对心脑血管病、辐射病、癌症等有一定的药理功效。茶叶具有药理作用的主要成分是茶多酚、咖啡因、脂多糖、茶氨酸等。

西蓝花是含有类黄酮最多的食物之一，类黄酮除了可以防止感染，还是最好的血管清理剂，能够阻止胆固醇氧化，防止血小板凝结，因而减少患心脏病与中风的危险。

此款果汁能够维护血管的韧性，降低血脂。

贴心提示

此款果汁不适宜发热、肾功能不全、心血管疾病、习惯性便秘、消化道溃疡、神经衰弱、失眠、孕妇、哺乳期妇女、儿童饮用。因为绿茶能在很短的时间内，迅速降低人体血糖，所以低血糖患者慎用。

草莓双笋汁 利尿降压，保护血管

原料

草莓 8 颗，芦笋 1 根，莴苣 6 厘米长，饮用水 200 毫升。

做法

1 将草莓去蒂洗净，切成块状；将芦笋洗净切成块状；将莴苣去皮洗净，切成块状；2 将准备好的草莓、芦笋、莴苣和饮用水一起放入榨汁机榨汁。

【养生功效】

芦笋中的药用成分如多种甾体苷类化合物、芦丁、甘露聚糖、胆碱、叶酸等在食疗保健中占有非常特殊的地位，可以增进食欲，帮助消化，缓解疲劳、心脏病、高血压、肾炎、肝硬化等病症，并具有利尿、镇静等治疗作用。莴苣含有丰富的钾，对高血压、水肿、心脏病人有一定的治疗作用；莴苣可促进消化腺和胆汁的分泌，从而促进各消化器官的功能，对消化功能减弱、消化道中酸性降低和便秘的病人尤其有利。

此款果汁能够降脂降压，保护血管。

贴心提示

草莓的食法比较多，常见的是将草莓冲洗干净，直接食用，或将洗净的草莓拌以白糖或甜牛奶食用，风味独特，别具一格。

芹菜洋葱胡萝卜汁 安定神经，促进血液循环

原料

芹菜半根，洋葱 1/4 个，胡萝卜 1 根，柠檬 2 片，饮用水 200 毫升。

做法

1 将芹菜、胡萝卜、柠檬洗净，切成块状；2 将洋葱洗净，在微波炉加热，再切成丁或丝；3 将切好的芹菜、洋葱、胡萝卜、柠檬和饮用水一起放入榨汁机榨汁。

【养生功效】

芹菜能够提神健脑，改善肤色、发质，增强骨骼，对于高血压、头痛、头晕有抑制作用。芹菜中所含的碱性成分，对人体有安定作用，能使人情绪安定，消除烦躁。

洋葱开胃提神、抗菌消炎、降糖降脂、抗氧化防衰老、补充钙质、预防骨质疏松的功效显著。多吃洋葱有利尿的作用，所以它也被经常用于改善血液循环，有助缓解心血管病。

此款果汁能够安定神经，预防脑中风。

贴心提示

在日常生活中，类似洋葱和生姜等具有的特殊气味还有安神助眠的作用：取洋葱适量，洗净，捣烂，置于小瓶内盖好，睡前稍开盖，闻其气味，10 分钟内即可入睡，洋葱特有的刺激成分，会发挥镇静神经、诱人入眠的神奇功效。一般在使用 10 天至一个月后，睡眠就会有所改善。

山药牛奶汁 缓解血糖上升，抑制胰岛素分泌

原料

山药10厘米长，牛奶200毫升。

做法

1 将山药洗净后去皮；2 将洗净的山药切成块状；3 将切好的山药和牛奶一起放入榨汁机榨汁。

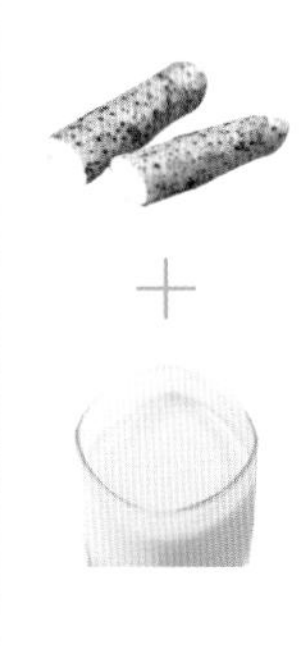

【养生功效】

山药的黏液蛋白有降低血糖的作用，是糖尿病人的食疗佳品；山药含有大量的维生素、微量元素及黏液蛋白，能够保护血管的畅通，从而起到预防心血管疾病的作用。山药与牛奶结合，能够缓解人体就餐后血糖的上升，并且抑制胰岛素的分泌。

此款果汁能够预防和治疗糖尿病。

贴心提示

选择山药时首先要掂重量，大小相同的山药，较重的更好。其次看须毛，同一品种的山药，须毛更多的更好；须毛越多的山药口感更面，含山药多糖更多，营养也更好。最后再看横切面，山药的横切面肉质应呈雪白色，这说明是新鲜的，若呈黄色似铁锈的切勿购买。表面有异常斑点的山药，绝对不能买。

苹果汁 降低人体血糖含量

原料

苹果半个，饮用水200毫升。

做法

1 将苹果去皮切成苹果丁；2 将苹果丁和饮用水一起放入榨汁机榨汁。

【养生功效】

苹果中含有较多的钾，能与人体过剩的钠盐结合，使之排出体外。当人体摄入钠盐过多时，吃些苹果，有利于平衡体内电解质。苹果中含有的磷和铁等元素，易被肠壁吸收，有补脑养血、宁神安眠作用。此外，苹果还具有降低血糖的作用。糖尿病是由胰岛素不足引起的，如果人体缺少钾的话，胰岛素的作用就会减弱。喝苹果汁可以补充钾。另外，苹果中的果胶进入肠胃吸收水分后，能在肠道内形成凝胶过滤系统，阻碍肠道的糖分吸收。

贴心提示

苹果酸甜可口，营养丰富，是老幼皆宜的水果之一，它被越来越多的人称为“大夫第一药”。许多美国人把苹果作为瘦身必备品，每周节食一天，这一天只吃苹果，号称“苹果日”。

芹菜番茄汁 降低血压血脂

原料

芹菜半根，番茄1个，饮用水200毫升。

做法

1 将芹菜洗净切成块状；将番茄皮划几道口子，放在沸水中浸泡10秒，去掉番茄的皮；2 将准备好的芹菜、番茄和饮用水一起放入榨汁机榨汁。

【养生功效】

研究发现，番茄中的番茄红素有助预防2型糖尿病等与肥胖有关的疾病。芹菜为高纤维素食物，高纤维素饮食能改善糖尿病患者细胞的糖代谢，增加胰岛素受体对胰岛素的敏感性，能使血糖下降，从而可减少患者对胰岛素的用量。适合糖尿病患者食用。芹菜可使血糖浓度缓慢上升，可防止血糖水平急剧波动，有助于保护受损的胰腺功能。

此款果汁能够抑制身体内糖的过度摄取，有效预防糖尿病。

贴心提示

选购芹菜时，应挑选菜梗短而粗壮，菜叶翠绿而稀少的；芹菜新鲜不新鲜，主要看叶身是否平直，新鲜的芹菜是平直的，存放时间较长的芹菜，叶子尖端就会翘起，叶子软，甚至发黄起锈斑。

番石榴芹菜汁 辅助治疗糖尿病

原料

番石榴1个，芹菜半根，饮用水200毫升。

做法

1 将番石榴去皮和果瓤，切成块状；2 将芹菜洗净切成块状；3 将切好的番石榴、芹菜和饮用水一起放入榨汁机榨汁。

【养生功效】

番石榴含有蛋白质、脂肪、碳水化合物、维生素A、维生素B、维生素C，钙、磷、铁，可增加食欲，促进儿童生长发育，防治高血压、糖尿病，对于肥胖症及肠胃不佳之患者而言是最为理想的食用水果。番石榴的叶片和幼果切片晒干泡茶喝，可辅助治疗糖尿病。番石榴的食疗药用价值高，对于预防糖尿病、高血压均有效果。

此款果汁适于糖尿病患者。

贴心提示

番石榴为热带、亚热带水果，原产美洲，现在华南地区及四川盆地均有栽培，因其闻上去有一股臭味，故又名鸡屎果，但吃起来全然没有那股臭味，香甜可口。成熟的番石榴为浅绿色，果皮脆薄，食用时一般不用削皮，果肉厚，清甜脆爽。

土豆茶汁 抗氧化，清血脂，防止动脉硬化

原料

土豆半个，绿茶200毫升。

做法

① 将土豆去皮后在热水中焯一下；② 将加热后的土豆切成丁；③ 将切好的土豆和绿茶一起放入榨汁机榨汁。

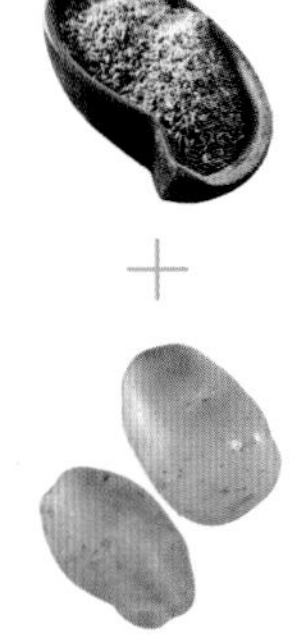

【养生功效】

土豆含有大量的优质纤维素，这些纤维素在人体肠道内被微生物消化后还可生成大量的维生素 B_6。维生素 B_6 有较好的防止动脉硬化的作用。绿茶中含有一定量的茶多酚。茶多酚不是一种物质，是从茶叶中提取的复合物，含有30种以上的酚性物质，故名“多酚”。茶多酚具有明显的降血脂、抗动脉硬化、改善毛细血管功能等作用。此外，茶多酚还可抑菌、解毒、抗癌、抗辐射。土豆搭配绿茶制成的果饮不仅具有抗氧化作用，还能预防动脉硬化。

贴心提示

土豆的皮含有一种叫生物碱的有毒物质，人体摄入大量的生物碱，会引起中毒、恶心、腹泻等反应，因此食用时一定要去皮，特别是要削净已变绿的皮。

香蕉豇豆果汁 降低血液中脂质含量

原料

香蕉半根，牛奶200毫升，大豆粉100毫升，豇豆适量。

做法

① 剥掉香蕉皮和果肉上的果络；将香蕉切成块状；② 将豇豆洗净提前浸泡，③ 将切好的香蕉、牛奶、大豆粉一起放入榨汁机榨汁。

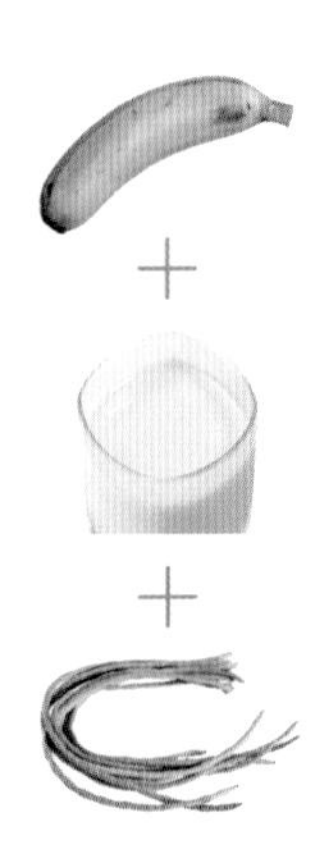

【养生功效】

香蕉果肉营养价值颇高，并且含有多种微量元素和维生素。其中维生素A和核黄素能促进生长，增强机体对疾病的抵抗力。

大豆粉是由脱脂大豆制成的豆粉。大豆中的卵磷脂可除掉附在血管壁上的胆固醇，防止血管硬化，预防心血管疾病，保护心脏。大豆中的卵磷脂还具有防止肝脏内积存过多脂肪的作用，从而有效地防治因肥胖而引起的脂肪肝。此款果汁能够降低血液中的脂质含量，预防动脉硬化。

贴心提示

有些人购买香蕉时，往往爱拣色泽鲜黄、表皮无斑的果实。其实这样的香蕉内部还没有完全脱涩转熟，吃起来果肉硬而带涩味。香蕉应该挑选果皮黄黑泛红，稍带黑斑，皮上有黑芝麻的，表皮有皱纹的香蕉风味最佳。

橙子豆浆果汁 促进新陈代谢，预防动脉硬化

原料

橙子半个，豆浆200毫升。

做法

①将橙子连皮切碎；②将切好的橙子和豆浆一起放入榨汁机榨汁。

【养生功效】

一些专家认为，适当喝豆浆能够强身健体、防止衰老。中老年女性喝豆浆对身体健康有好处，豆浆除富含抗氧化剂、矿物质和维生素以外，还含有牛奶中没有的植物雌激素——黄豆苷原，能调节女性内分泌系统的功能，抑制雌激素依赖性癌细胞和其他女性生殖系统癌细胞的生长繁殖，对防止动脉硬化有重要意义。此款果汁能促进新陈代谢，预防动脉硬化。

贴心提示

长期食用豆浆的人不要忘记补充微量元素锌。由于豆浆是由大豆制成的，而大豆里面含嘌呤成分很高，且属于寒性食物，所以有痛风症状、乏力、体虚、精神疲倦等症状的虚寒体质者都不适宜饮用豆浆。另外，腹胀、腹泻的人最好别喝豆浆。

香蕉可可果汁 抗氧化，预防动脉硬化

原料

香蕉半根，牛奶200毫升，可可粉1勺。

做法

①剥掉香蕉皮和果肉上的果络，切成适当大小的块状；②将切好的香蕉、牛奶、可可粉一起放入榨汁机榨汁。

【养生功效】

天然可可粉中生物碱具有健胃、刺激胃液分泌，促进蛋白质消化的功效，可可粉含有蛋白质、多种氨基酸、高热量脂肪、维生素A、维生素D、维生素E、维生素B_1、维生素B_2、维生素B_6，多种矿物质及具有多种生物活性功能的生物碱，能有效促进肌肉和身体的反射系统，并能防止血管硬化。食用可可能够稳定血糖，控制体重。可可富含可可脂、蛋白质、纤维素、多种维生素和矿物质，营养全面。吃可可容易有饱腹感，并对血糖影响很小。可可中丰富的原花青素和儿茶素以及维生素E，具有很强的抗氧化作用。这些抗氧化剂和可可中的维生素A和锌一起可以美肤美容，祛痘除疤。香蕉中含有多种微量元素，能够提高机体的抗病能力。

此款果汁能够刺激血液循环，对抗动脉硬化。

苹果蜂蜜果汁 促进体内胰岛素的分泌

原料

苹果半个，蜂蜜水200毫升。

做法

1 将苹果去皮并切成适当大小；2 将切好的苹果和蜂蜜水一起放入榨汁机榨汁。

【养生功效】

蜂蜜中具有滋养、润燥、解毒之功效，尤其是钾元素，能够促使人体产生胰岛素，预防糖尿病。蜂蜜含有刺槐苷和挥发油，其性清凉，有舒张血管、改善血液循环、防止血管硬化、降低血压等作用，临睡前服用能起到催眠作用。

此款果汁适用于糖尿病人。

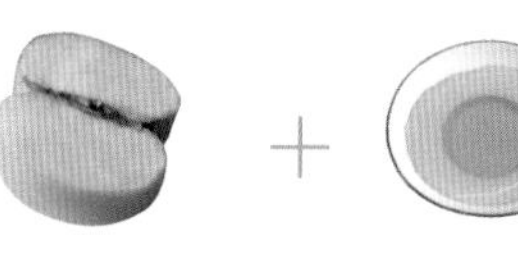

贴心提示

蜂蜜的成分除了葡萄糖、果糖之外还含有各种维生素、矿物质和氨基酸。1千克的蜂蜜含有12348千焦的热量。蜂蜜是糖的过饱和溶液，低温时会产生结晶，生成结晶的是葡萄糖，不产生结晶的部分主要是果糖。

番茄红彩椒汁 抗氧化，保护血管

原料

红彩椒半个，番茄1个，饮用水200毫升。

做法

1 去除辣椒子，将辣椒切碎；2 将番茄划几道口子，在沸水中浸泡10秒；3 将番茄的表皮去掉并切成块状；4 将红彩椒、番茄、饮用水一起放入榨汁机榨汁。

【养生功效】

彩椒富含多种维生素及微量元素，其中的维生素C不仅可以改善黑斑及雀斑，还有消暑去烦、补血、预防感冒等功效。辣椒吃完后，身体会有微微发汗的作用，这是正常的机能反应。

番茄红素具有抗氧化的作用，能够帮助人体产生有益胆固醇、扩张血管。

此款果汁能够促进血液循环，预防动脉硬化。

贴心提示

清代汪灏在《广群芳谱》的果谱附录中有“番柿”：“一名六月柿，茎似蒿。高四五尺，叶似艾，花似榴，一枝结五实或三四实……草本也，来自西番，故名。”当时仅作观赏栽培。到20世纪初，我国始有栽培食用。

姜茶果汁 抗氧化，促进血液循环

原料

姜1片，红茶200毫升。

做法

①将生姜切成丁；②将切好的姜与红茶一起放入榨汁机榨汁。

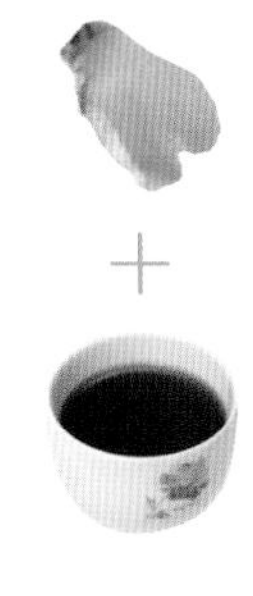

【养生功效】

生姜具有解毒杀菌的作用，生姜中的姜辣素有很强的抗氧化作用，能够保护血管。生姜能刺激胃黏膜，引起血管运动中枢及交感神经的反射性兴奋，促进血液循环，振奋胃功能，达到健胃、止痛、发汗、解热的作用。红茶含有的多酚类、氨基酸、果胶等与口涎产生化学反应，且刺激唾液分泌，导致口腔觉得滋润，并且产生清凉感。此款果汁具有抗氧化、促进血液循环的功效。

贴心提示

世界上最早的红茶由中国福建武夷山茶区的茶农发明，名为“正山小种”。属于全发酵茶类，是以茶树的芽叶为原料，经过萎凋、揉捻（切）、发酵、干燥等典型工艺过程精制而成。因其干茶色泽和冲泡的茶汤以红色为主调，故名红茶。

豆浆蜂蜜柠檬汁 扩张和保护血管

原料

豆浆200毫升，柠檬2片，蜂蜜适量。

做法

①将柠檬切成丁；②将切好的柠檬、蜂蜜、豆浆一起放入榨汁机榨汁。

【养生功效】

柠檬能缓解钙离子促使血液凝固的作用，可预防和治疗高血压和心肌梗死，柠檬酸有收缩、增固毛细血管，降低通透性，提高凝血功能及血小板数量的作用，可缩短凝血时间和出血时间，具有止血作用。柠檬能使血液畅通，因而减轻静脉曲张部位之压力。柠檬能够恢复红细胞的活力，减轻贫血的现象。豆浆含有大量纤维素，能有效地阻止糖的过量吸收，减少糖分，预防糖尿病；所含的豆固醇和钾能够预防高血压，软化血管。蜂蜜中所含的微量元素能够促进血液循环，滋阴润燥。此款果汁能够促进血液循环扩张，保护血管。

贴心提示

此款果汁对于暑热口干、消化不良者，维生素C缺乏者，胎动不安的孕妇，肾结石患者，高血压、心肌梗死患者均适宜。

生菜芦笋汁 抑制血管硬化

原料

生菜叶2片，芦笋1根，饮用水200毫升。

做法

1 将生菜叶洗净切碎；将芦笋洗净切成丁；2 将切好的生菜叶、芦笋和饮用水一起放入榨汁机榨汁。

【养生功效】

据研究，芦笋对高血脂、高血压、动脉硬化以及癌症具有良好的预防效果。生菜叶适宜肥胖、减肥者；适宜高胆固醇者、神经衰弱者、肝胆病患者食用。

此款果汁能够抗氧化，预防动脉硬化。

贴心提示

在挑选生菜的时候，除了要看菜叶的颜色是否青绿外，还要注意茎部。茎色带白的才够新鲜。越好的生菜叶子越脆，用手掐一下叶子就能感觉得到。而且叶片不是非常厚，叶面有诱人的光泽度，如果在叶子的正面滴上一滴水，水滴是不会滑开的。在叶面有断口或者褶皱的地方，不新鲜的生菜会因为空气氧化的作用而变得好像生了锈斑一样，而新鲜的生菜则不会如此。

苹果番茄汁 降低胆固醇

原料

苹果半个，番茄1个，饮用水200毫升。

做法

1 将苹果洗净切成丁；将番茄划几道口子，在沸水中浸泡10秒；将番茄的表皮去掉并切成块状；2 将切好的苹果、番茄和饮用水一起放入榨汁机榨汁。

【养生功效】

苹果因富含果胶、纤维素和维生素C，有非常好的降脂作用。如果每天吃两个苹果，坚持1个月，大多数人血液中的低密度脂蛋白胆固醇（对心血管有害）会降低，对心血管有益的高密度脂蛋白胆固醇水平则会升高。法国国家农艺研究所的研究报告说，番茄红素有助预防糖尿病等，并且能够预防跟肥胖有关的疾病。具体方法是：小番茄20个，陈醋200毫升，白糖1匙，盐1/3小匙。将小番茄洗净、去蒂，用牙签在上面均匀地扎孔；其余原料放入锅中，边加热边搅拌，直到糖和盐溶化；把小番茄放入瓶中，再倒入完全冷却的混合液体，5～6小时后即可食用，每天吃6个左右。

此款果汁能够降低胆固醇，保护血管。

贴心提示

加入适量蜂蜜会使口味更加香醇。

青椒葡萄柚汁 保护心脏，心血管功能

原料

青椒半个，葡萄柚2片，饮用水200毫升，蜂蜜适量。

做法

1 将青椒洗净去子，切成丁；将葡萄柚去皮切成块状；2 将切好的青椒、葡萄柚和饮用水一起放入榨汁机榨汁；在果汁内加入适量蜂蜜搅拌均匀即可。

【养生功效】

高血压病患者常服用降压药，排出体内多余的钠，以维持身体正常的生化代谢平衡，但同时又使得体内必需的钾流失；而钾对于维护心脏、血管、肾脏的功能非常重要。葡萄柚中含有钾，却不含钠，而且还含有能降低血液中胆固醇的天然果胶，因此是高血压和心血管疾病患者的最佳食疗水果。青椒特有的味道和所含的辣椒素有刺激唾液和胃液分泌的作用，能增进食欲，帮助消化，防止便秘。此款果汁适于能够增进食欲，预防动脉硬化。

贴心提示

新鲜的青椒在轻压下虽然也会变形，但抬起手指后，能很快弹回。不新鲜的青椒常是皱缩或疲软的，颜色晦暗。此外，不应选肉质有损伤的青椒，否则保存时容易腐烂。

番茄洋葱芹菜汁 预防动脉硬化

原料

番茄1个，洋葱半个，芹菜半根，饮用水200毫升。

做法

1 在番茄的表皮划几道口子，在沸水中浸泡10秒；将番茄的表皮去掉，切成块状；将洋葱洗净后在微波炉加热后切碎；将芹菜洗净后成块状；2 将准备好的番茄、洋葱、芹菜和饮用水一起放入榨汁机榨汁。

【养生功效】

番茄中富含番茄红素，番茄红素清除氧自由基的能力是维生素E的100倍，是α、β－胡萝卜素的2倍之多。番茄红素对于预防和治疗心血管疾病、动脉硬化等有一定作用。洋葱是目前所知唯一含前列腺素A的食物，对抗人体内儿茶酚胺等升压物质的作用，又能促进钠盐的排泄，从而使血压下降。此款果汁能够促进血液循环，防止动脉硬化。

贴心提示

番茄红素的含量随果实成熟迅速增加，人们通过番茄的颜色可大致判断番茄红素含量的多寡。在番茄类鲜果中，一般每100克番茄含3～5毫克番茄红素。夏季番茄中的番茄红素含量较高，冬季含量较低。不论在夏季还是冬季，在温室里种植的番茄的番茄红素含量，都比夏季在室外生长的番茄的含量低。

柑橘果汁 强化毛细血管，缓解脑中风症状

原料

柑橘2个。

做法

1 将柑橘带皮切成块；2 将切好的柑橘放入榨汁机榨汁。

【养生功效】

橘皮中含有的维生素C远高于果肉，维生素C为抗坏血酸，在体内起着抗氧化的作用，能降低胆固醇，预防血管破裂或渗血；维生素C、维生素P配合，可以增强对坏血病的治疗效果；经常饮用橘皮茶，对患有动脉硬化或维生素C缺乏症者有益；柑橘还能降低患心血管疾病、肥胖症和糖尿病的概率；同时，柑橘可以调和肠胃，刺激肠胃蠕动、帮助排气。

贴心提示

柑橘内含大量胡萝卜素，入血后转化为维生素A，积蓄在体内，使皮肤泛黄，即导致“胡萝卜血症”，俗称“橘黄症”，继而出现恶心、呕吐、食欲缺乏、全身乏力等综合症状。因此不宜多饮用。

香蕉红茶果汁 抗氧化，稳定血压，抵御中风

原料

香蕉1根，红茶200毫升。

做法

1 将香蕉去皮并剥掉果肉上的果络；2 将香蕉切成块状；3 将切好的香蕉和红茶一起放入榨汁机榨汁。

【养生功效】

红茶中的红色素是一种多酚成分，具有抗氧化的作用，能够防止血压上升和血液黏稠，能够预防动脉硬化，改善血液循环。

香蕉中所含的维生素A能促进骨骼生长，增强机体免疫力，能够维持正常的生殖力和视力；香蕉中的硫胺素能治疗脚气病，开胃助消化。

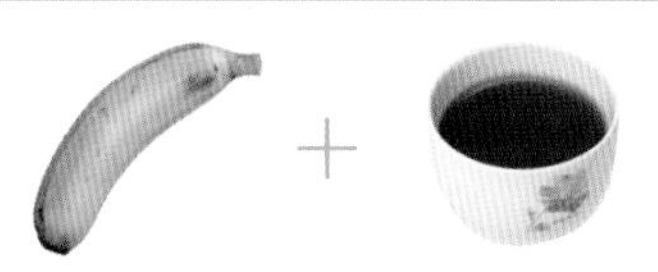

贴心提示

香蕉在冰箱中存放容易变黑，可以把香蕉放进塑料袋，再放一个苹果，然后尽量排出袋子里的空气，扎紧袋口，再放在家里不靠近暖气的地方，这样香蕉至少可以保存一个星期左右。

菠萝番茄苦瓜汁 降低血压

原料

菠萝 2 片，番茄 1 个，苦瓜半根，饮用水 200 毫升。

做法

1 将菠萝洗净切成块状；2 将番茄表皮划几道口子，放在沸水中浸泡 10 秒，去掉番茄的皮；3 将苦瓜去瓤，切成丁；4 将准备好的菠萝、番茄、苦瓜、水一起放入榨汁机榨汁。

贴心提示

苦瓜虽苦，却从不会把苦味传给“别人”，如用苦瓜烧鱼，鱼块绝不沾苦味，所以苦瓜又有“君子菜”的雅称。

【养生功效】

番茄中含有丰富的维生素 A 及维生素 C，其酸性是由于柠檬酸及苹果酸所致。番茄汁可使高血压下降，平滑肌兴奋。番茄所含维生素 C、芦丁、番茄红素及果酸，可降低血胆固醇，预防糖尿病、动脉粥样硬化及冠心病。番茄中的维生素 P 可以预防毛细血管出血症；所含的铁可以补血；苹果酸、柠檬酸和糖类有助消化，还有利尿的作用。另外番茄中的谷胱甘肽还可以起到抗癌、抗衰老的功效。

苦瓜被人们誉为“植物胰岛素”，药物分析表明，苦瓜多肽类物质，能快速降糖、调节胰岛功能，能修复 B 细胞，增加胰岛素的敏感性，预防改善并发症，调节血脂，提高免疫力，因而营养学家和医生都推荐苦瓜为糖尿病患者的最佳保健品。

此款果汁适于降低血压，增强免疫力，对糖尿病患者也有保健功效。

第2节 治疗肠胃、肝脏疾病

圆白菜汁 保护胃黏膜，控制炎症

原料

圆白菜叶 2 片，饮用水 200 毫升。

做法

① 将圆白菜叶洗净后切碎；② 将切好的圆白菜和饮用水一起放入榨汁机榨汁。

【养生功效】

圆白菜中含有某种溃疡愈合因子，对溃疡有着很好的治疗作用，胃溃疡患者宜多吃。圆白菜还含有一种名为异硫氰酸酯的含硫化合物，这种物质能够清理体内的活性氧，增强白细胞的活性，化解致癌物质的毒性，对于预防癌症有很好的功效。

新鲜的圆白菜中有杀菌消炎的作用，对于咽喉疼痛、外伤肿痛、蚊叮虫咬、胃痛牙痛之类有很好疗效。

此款果汁能够保护肠胃健康，适于胃炎、胃溃疡患者。

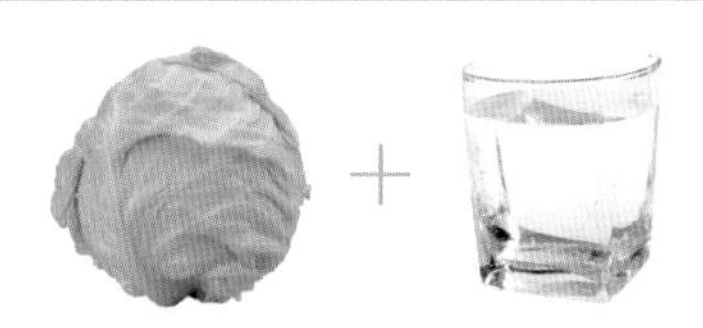

贴心提示

皮肤瘙痒性疾病、眼部充血患者忌饮。圆白菜含有粗纤维量多，且质硬，故脾胃虚寒、泄泻不宜多饮；对于腹腔和胸外科手术后，胃肠溃疡及其出血特别严重时，腹泻及肝病时不宜饮。

圆白菜的味道略苦，榨汁之前先在沸水中焯一下，或者榨汁后加点儿蜂蜜都可以去除苦味。

山药酸奶汁 改善肠胃功能，促进消化

原料

山药约 6 厘米长，酸奶 200 毫升。

做法

1 将山药洗净去皮；将山药切成块状；2 将山药和酸奶一起放入榨汁机榨汁。

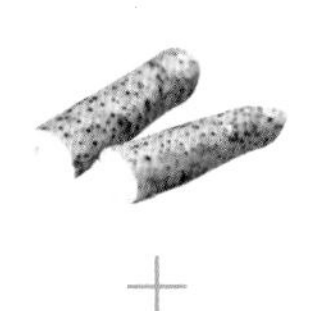

+

【养生功效】

山药含有大量的维生素及微量元素，能有效清血脂，预防心血管疾病，益志安神、延年益寿；山药中的黏蛋白能够降低血糖，保护胃壁，修复受损黏膜，预防胃炎、胃溃疡。酸奶中的乳酸菌能够维护肠道菌群生态平衡，形成生物屏障，抑制有害菌对肠道的入侵；通过产生大量的短链脂肪酸促进肠道蠕动及菌体大量生长改变渗透压而防止便秘；通过抑制腐生菌在肠道的生长，抑制了腐败所产生的毒素。此款果汁能够保护胃壁，改善肠胃功能。

贴心提示

刚买回的山药放置在通风、阴凉处即可。新鲜山药容易跟空气中的氧产生氧化作用，与铁或金属接触也会形成氧化现象，所以切开山药最好用竹刀或塑料刀片。

番茄西芹汁 防止胃溃疡，消炎止痛

原料

西芹半根，番茄 2 个，饮用水 200 毫升。

做法

1 去除西芹的根，切成适当大小；2 在番茄的表皮上划几道口子，在沸水中浸泡 10 秒；3 剥掉番茄的皮，将番茄切成块状；4 将切好的西芹、番茄和饮用水一起放入榨汁机榨汁。

【养生功效】

西芹营养丰富，富含蛋白质、碳水化合物、矿物质及多种维生素等营养物质，还含有芹菜油，具有降血压、镇静、健胃、利尿等疗效。

番茄所含的苹果酸、柠檬酸等物质，能够帮助分泌胃酸，调整胃肠功能。

此款果汁具有消炎、抗疲劳的作用。

贴心提示

蔬菜市场上的番茄主要有两类。一类是大红番茄，糖、酸含量都高，味浓；另一类是粉红番茄，糖、酸含量都低，味淡。不要购买着色不匀、花脸的番茄。因为这是感染病毒的果实，口感、营养均差。

西芹香蕉可可汁 预防胃溃疡

原料

西芹半根，香蕉半根，饮用水 200 毫升，可可粉适量。

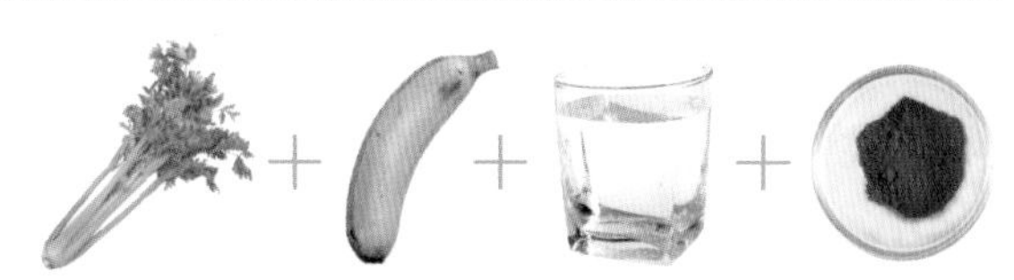

做法

1 将西芹洗净切碎；2 将香蕉切成适当大小；3 将西芹、香蕉、饮用水放入榨汁机榨汁；4 在榨好的果汁中加入可可粉搅拌均匀即可。

【养生功效】

可可粉中生物碱具有健胃功效，能刺激胃液分泌，促进蛋白质消化，减少抗生素不能解决的营养性腹泻。

中医认为，香蕉性寒味甘，能够清热解毒、润肠通便、润肺止咳、降低血压和滋补身体等。

此款果汁能够有效预防胃溃疡。

贴心提示

在果汁中加入适量蜂蜜能够使口感更加润滑。

花椰菜汁 对症消化性溃疡

原料

花椰菜 2 朵，饮用水 200 毫升，蜂蜜适量。

做法

1 将花椰菜在水中焯一下，切成丁；2 将切好的花椰菜和饮用水一起放入榨汁机榨汁；3 在榨好的果汁内加入蜂蜜搅拌均匀即可。

【养生功效】

花椰菜性平味甘，有强肾壮骨、补脑填髓、健脾养胃、清肺润喉作用。适用于先天和后天不足、久病虚损、腰膝酸软、脾胃虚弱、咳嗽失音者。绿花椰菜尚有一定的清热解毒作用，对脾虚胃热、口臭烦渴者更为适宜。花椰菜营养丰富，质体肥厚，蛋白质、微量元素、胡萝卜素含量均丰富。每百克花椰菜含蛋白质 2.4 克、维生素 C88 毫克。花椰菜是防癌、抗癌的保健佳品，所含的多种维生素、纤维素、胡萝卜素、微量元素都对抗癌、防癌有益。其中绿花椰菜所含维生素 C 更多，加之所含蛋白质及胡萝卜素，可提高细胞免疫功能。

此款果汁对于消化性溃疡有显著疗效。

贴心提示

花椰菜里面含有一种有害化学物质叫做硫氰酸烯丙酯，小孩不宜过多饮用。

圆白菜蔬果汁 治疗胃炎、胃溃疡

原料

圆白菜叶2片，苹果1个，饮用水200毫升。

做法

1 将圆白菜在水中焯一下，切碎；2 将苹果洗净去核，切成块状；3 将切好的圆白菜、苹果和饮用水一起放入榨汁机榨汁。

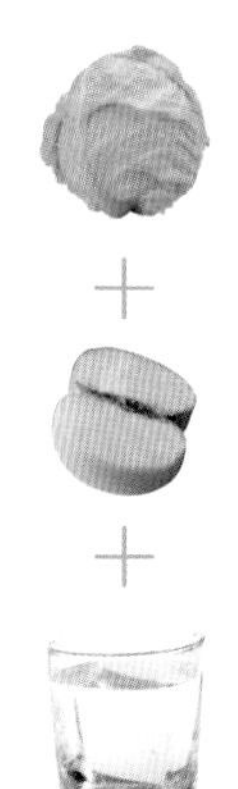

【养生功效】

圆白菜来自欧洲地中海地区，也叫洋白菜，学名是“结球甘蓝”。它在西方是最为重要的蔬菜之一。圆白菜和大白菜一样产量高、耐储藏，是四季的佳蔬。中医认为，圆白菜性甘平，无毒，有补髓，利关节，壮筋骨，利五脏，调六腑，清热、止痛等功效。圆白菜的营养价值与大白菜相差无几，其中维生素C的含量还要高出一倍左右。圆白菜还含有大量抗溃疡因子的维生素，具有分解亚硝酸胺的作用。此款果汁适于胃炎、胃溃疡患者。

贴心提示

世界卫生组织推荐的最佳食物中，蔬菜首推为红薯（山芋），山芋含丰富维生素，又是抗癌能手，其次是芦笋、圆白菜、花椰菜、芹菜、茄子、胡萝卜等，圆白菜排名第三。

圆白菜芦荟汁 保健肠胃

原料

圆白菜2片，芦荟4厘米长，饮用水200毫升。

做法

1 将圆白菜洗净切碎；2 将芦荟洗净，切成块状；3 将切好的圆白菜、芦荟和饮用水一起放入榨汁机榨汁。

【养生功效】

圆白菜中含有溃疡愈合因子，能加速伤口愈合，是胃溃疡患者的有效食品。

芦荟的黄汁有消炎、杀菌、健胃、通便等作用，对急性胃炎的治疗效果显著。另外，因为芦荟丰富的黏液可以黏附在破损的溃疡面上，不仅可以激活细胞组织再生，还可以使溃疡部位以及周围组织长出新的组织，所以，芦荟对治疗胃酸引起的胃溃疡也有很大帮助。

此款果汁能够保护肠胃健康。

贴心提示

圆白菜和其他芥属蔬菜都含有少量致甲状腺肿的物质（如硫氰酸盐），可以干扰甲状腺对碘的利用，当机体发生代偿反应，就使甲状腺变大，形成甲状腺肿。圆白菜的致甲状腺肿作用可以用大量的膳食碘来消除，如用碘片、碘盐以及海鱼、海藻等海产品来补充碘。

苹果香瓜汁 改善肠胃不适

原料

苹果1个，香瓜半个，饮用水200毫升。

做法

1 将苹果洗净去核，切成块状；2 将香瓜去皮去瓤，切成块状；3 将切好的苹果、香瓜和饮用水一起放入榨汁机榨汁。

【养生功效】

苹果能调理肠胃，有止泻和通便的双重作用，是因为苹果中含有鞣酸、果胶、膳食纤维等特殊物质。未经加热的生果胶可软化大便，与膳食纤维共同起到通便作用。而煮过的果胶则摇身一变，不仅具有吸收细菌和毒素的作用，而且还有收敛、止泻的功效。香瓜含有维生素A、维生素B、维生素C和镁、钠、钾等矿物质。香瓜由于不含胆固醇，含有丰富的钾，它可以帮助控制血压，并能预防中风。此外，香瓜中的钾还可以减少肾结石问题。此款果汁能够改善肠胃不适，预防胃溃疡。

贴心提示

如果一个苹果能够15分钟才吃完，则苹果中的有机酸和果酸质就可以把口腔中的细菌杀死。因此，慢慢地吃苹果，对于人体的健康有好处。

木瓜果汁 缓解消化不良，促进肠胃健康

原料

木瓜半个，酸橙适量。

做法

1 将木瓜去皮，切成块状；2 将酸橙去皮，切成块状；3 将切好的木瓜和酸橙放入榨汁机榨汁。

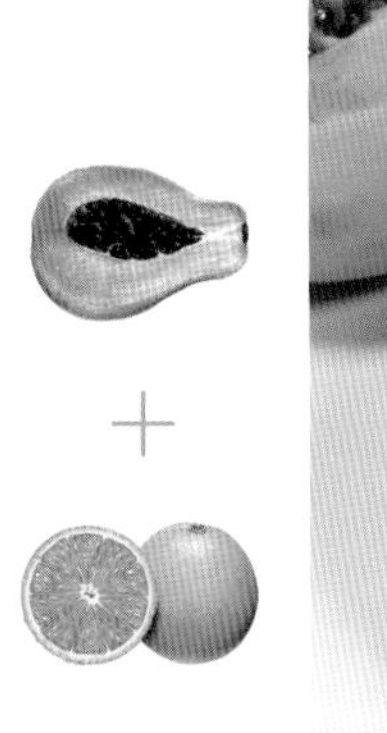

【养生功效】

木瓜里的蛋白分解酵素、番瓜素可帮助分解脂肪，减低胃肠的工作量。木瓜中含有碳水化合物、蛋白质、脂肪、多种维生素及多种人体必需的氨基酸，可有效补充人体的养分。木瓜的维生素A及维生素C的含量特别高，是西瓜及香蕉的5倍，其中的维生素C就有预防感冒的功能。木瓜肉色鲜红，含有大量的β－胡萝卜素，它是一种天然的抗氧化剂，能有效对抗破坏身体细胞、使人体加速衰老的游离基，因此也有防癌的功效。酸橙有理气宽胸、提肛消胀、健胃消食、增强身体抵抗力的功效。此款果汁适用于肠炎患者。

贴心提示

熟木瓜使用时要注意，木瓜中有胡萝卜素，此物见光即分解为黑色素。所以建议吃完木瓜后4个小时内不要见阳光。

西红柿海带饮品 清理肠道，防治肠癌

原料

西红柿 200 克，海带（泡软）50 克，柠檬 20 克，果糖 20 克。

做法

1 海带切成片；西红柿切成块；柠檬切片；2 上述材料放入果汁机中搅打 2 分钟，滤其果菜渣；3 将汁倒入杯中加入果糖即可。

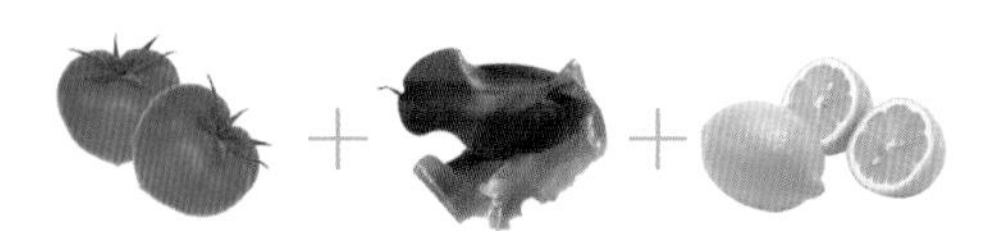

营养成分

膳食纤维	蛋白质	脂肪	碳水化合物
1.4g	2.4g	0.6g	8.6g

【养生功效】

常吃海带，对头发的生长、滋润、乌亮都具有特殊功效。另外，海带含钙量高，经流行病学调查发现，吃含钙丰富的食物，大肠癌的发病率明显降低。

果汁热量 204千焦

操作方便度：★★★★☆

推荐指数：★★★★★

苹茄优酪乳 整肠利尿，改善便秘

原料

西红柿 80 克，苹果 100 克，酸奶 200 毫升。

做法

① 将西红柿洗干净，去掉蒂，切成小块；② 苹果洗干净，去掉外皮，切成小块，备用；③ 将所有材料放入果汁机内搅打成汁即可。

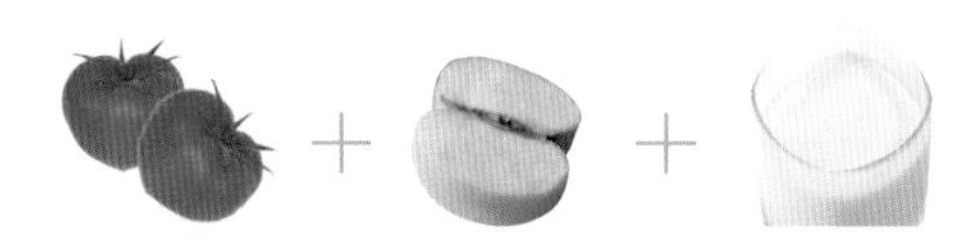

营养成分

膳食纤维	蛋白质	脂肪	碳水化合物
1g	3.8g	3.3g	20.3g

【养生功效】

西红柿可以助消化、解油腻、抗氧化，苹果可以整肠利尿、改善便秘，加入酸奶打成果汁饮用可以改善便秘。

果汁热量 529千焦

操作方便度：★★★★☆

推荐指数：★★★★☆

红豆优酪乳 健胃生津，祛湿益气

原料

小红豆20克，香蕉10克，蜂蜜10克，酸奶200毫升。

做法

1 将小红豆洗净，入锅中煮熟、煮软备用；2 香蕉去皮，切成小段；3 再将所有材料放入果汁机内搅打成汁即可。

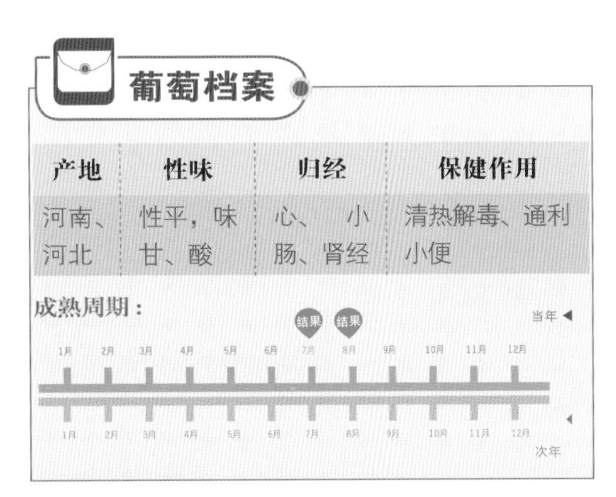

葡萄档案

产地	性味	归经	保健作用
河南、河北	性平，味甘、酸	心、小肠、肾经	清热解毒、通利小便

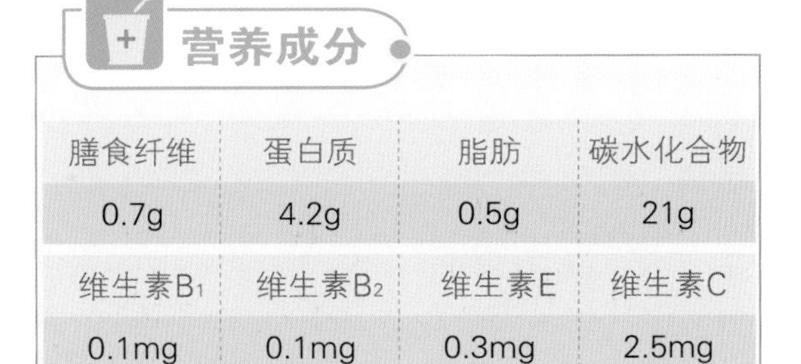

营养成分

膳食纤维	蛋白质	脂肪	碳水化合物
0.7g	4.2g	0.5g	21g
维生素B_1	维生素B_2	维生素E	维生素C
0.1mg	0.1mg	0.3mg	2.5mg

贴心提示

首先看豆子上有没有虫眼，然后要挑选颗粒饱满颜色鲜艳的。颜色不鲜艳，品质干瘪者都不能选用。

【养生功效】

红豆能促进心脏活化，可健胃生津、祛湿益气，还可补血、增强抵抗力、舒缓经痛。

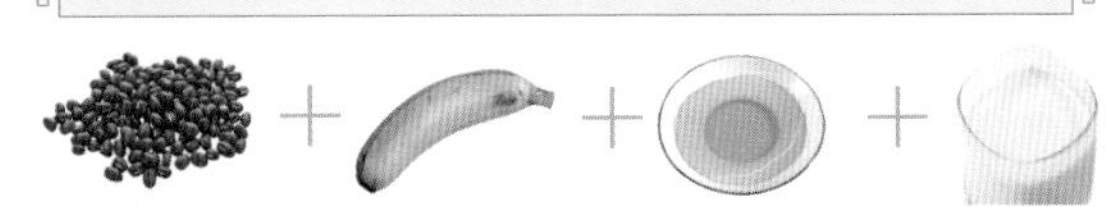

乳酸菌西芹汁 遏制有害细菌繁殖，调节肠胃功能

原料

西芹半根，乳酸菌饮料200毫升。

做法

1 将西芹洗净切成块状；2 将切好的西芹和乳酸菌放入榨汁机榨汁。

+

【养生功效】

乳酸菌对人体具有多方面的保健作用，如调节人体胃肠道正常菌群、保持体内微生态平衡、改善便秘、降低胆固醇水平、改善肝功能、控制体内毒素、抑制肠道内腐败菌生长繁殖和腐败产物的产生，从而对机体的营养状态、生理功能、细胞感染、毒性反应、衰老过程等产生积极作用。西芹中所含的成分能够增强乳酸菌调节肠胃功能的功效。此款果汁能够遏制体内有害细菌繁殖，治疗和预防肠炎。

贴心提示

酸奶中含有大量的乳酸菌，这些乳酸菌能够在人体内有效地抑制有害菌的生长，减少由于肠道内有害菌产生的毒素对整个机体的毒害，能使人健康长寿。

乳酸菌香蕉果汁 有效预防大肠癌

原料

香蕉半根，乳酸菌饮料200毫升。

做法

1 去掉香蕉的皮和果肉上的果络；2 将香蕉切成适当大小；3 将切好的香蕉和乳酸菌饮料一起放入榨汁机榨汁。

【养生功效】

乳酸菌能够防治有色人种普遍患有的乳糖不耐症（喝鲜奶时出现的腹胀、腹泻等症状）；能够促进蛋白质、单糖及钙、镁等营养物质的吸收，产生B族维生素等大量有益物质；还能够使肠道菌群的构成发生有益变化，改善人体胃肠道功能；对于抑制体内腐败菌的繁殖，消解腐败菌所产生的毒素，清除肠道垃圾同样有效。

此款果汁适用于肠炎患者。

贴心提示

经发酵的乳酸菌奶酪蛋白及乳脂被转化为短肽、氨基酸和低分子的游离脂类等更易被人体吸收的小分子。奶中丰富的乳糖已被分解成乳酸，乳酸与钙结合形成乳酸钙，极易被人体吸收。乳酸菌奶能促进胃液分泌，促进消化，对胃具有保养功能。

南瓜杏汁 保护肠道，加速消化

原料

南瓜2片（2厘米厚），杏子6颗，饮用水200毫升。

做法

1 将南瓜去皮切成块状；将杏子洗净去核，切成块状；2 将切好的南瓜、杏子和饮用水一起放入榨汁机榨汁。

【养生功效】

南瓜内含有维生素和果胶，其中果胶具有非常好的吸附性，能黏结和消除体内的细菌毒素和其他有害的物质，能起到解毒的作用；南瓜中所含的果胶还可以保护胃肠道黏膜，令其免受粗糙食品的刺激。杏含有碳水化合物、粗膳食纤维、钙、磷、铁、胡萝卜素、维生素C、维生素B、鞣酸等几十种营养成分。此款果汁可生津止渴，清热解毒，还具有非常不错的减肥效果。

贴心提示

南瓜不宜久存，削去皮后放置太久的话，瓜瓤便会自然无氧酵解，产生酒味，在制作果汁的时候一定注意不要选用这样的南瓜，否则便有可能会引起中毒；杏虽然好吃但是也不可以食之过多，产妇、幼儿、病人，尤其是糖尿病患者更应注意。

苹果土豆汁 润肠，预防亚健康

原料

苹果1个，土豆1个。

做法

1 将苹果洗净去核，切成块状，在热水中焯一下；2 将土豆洗净去皮，切成片，在热水中焯一下；3 将焯好的苹果和土豆一起放入榨汁机榨汁搅拌即可。

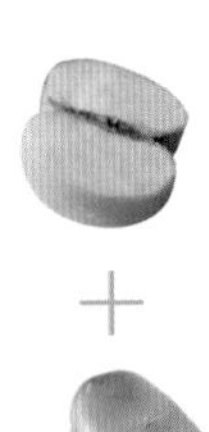

【养生功效】

苹果可用作整肠止泻剂，《本草纲目》即有苹果止痢的说法。土豆含有丰富的维生素B_1、维生素B_2及大量的优质纤维素，还含有氨基酸、蛋白质和优质淀粉等营养元素。土豆不仅不会使人发胖，还有愈伤、利尿、解痉的功效。它能防治瘀斑、神经痛、关节炎、冠心病，还能治眼痛。土豆含有丰富的钾元素，肌肉无力及食欲缺乏的人、长期服用利尿剂或轻泻剂的人多吃土豆，能够补充体内缺乏的钾。此款果汁能够润肠通便，保护肠胃健康。

贴心提示

吃土豆要去皮吃，有芽眼的地方一定要挖去，以免中毒。切好的土豆丝或片不能长时间地浸泡，泡太久会造成水溶性维生素等营养流失。买土豆时不要买皮的颜色发青和发芽的土豆，以免龙葵素中毒。

香蕉牛奶汁 保护肠胃健康

原料

香蕉1根，牛奶200毫升。

做法

1 剥去香蕉的皮和果肉上的果络，切成块状；2 将切好的香蕉和牛奶一起放入榨汁机榨汁。

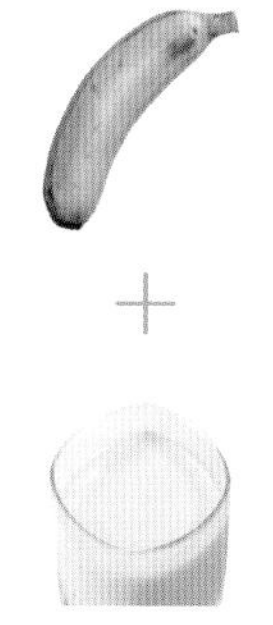

【养生功效】

香蕉味甘性寒，可清热润肠，促进肠胃蠕动，但脾虚泄泻者不宜食用。身体燥热者大可一日一香蕉，但如害怕香蕉性寒，可选吃大蕉（通便力更强）、皇帝蕉等其他品种。牛奶中的钾可使动脉血管在高压时保持稳定，减少中风风险；牛奶可助阻止人体吸收食物中有毒的金属铅和镉。此款果汁能够保护肠胃健康，促进消化。

贴心提示

钾是人体内重要的营养成分，也是重要的电解质，主要储存于细胞内，对维持体内酸碱平衡和渗透压、细胞的新陈代谢、神经肌肉的兴奋性起着十分重要的作用。热天防止缺钾，最安全有效的方法就是多吃富钾食品，主要有豆类、蔬菜、水果等。

姜黄香蕉牛奶汁 解酒护肝

原料

香蕉半根，牛奶200毫升，姜黄粉适量。

做法

1 剥掉香蕉的皮和果肉上的果络；将香蕉切成适当大小；2 将切好的香蕉、牛奶和姜黄粉一起放入榨汁机榨汁。

【养生功效】

姜黄的提取物姜黄素、挥发油、姜黄酮以及姜烯、龙脑和倍半萜醇等，都有利胆作用，能增加胆汁的生成和分泌，并能促进胆囊收缩。姜黄色素有抗氧化的作用，它能够提高酒精分解酶的分解率，降低血液中的酒精含量，减轻酒精对肝脏的损害。常饮牛奶可减少中风风险；牛奶中所含的微量元素对于解酒有一定功效。此款果汁适于肝脏功能减退者。

贴心提示

许多人习惯早餐只喝一杯牛奶，这是错误的生活方式。因为牛奶作为一种饮料，更多的成分是水，当牛奶进入胃肠道后，一方面稀释了胃液，使胃液不能得到充分的分解与酶化，不利于营养吸收；另一方面，牛奶在肠道内停留时间很短，不利于多种营养的充分吸收。故在喝牛奶前吃一些其他干食品为好。

西蓝花芝麻汁 抗氧化，抑制肝癌

原料

西蓝花 2 朵，饮用水 200 毫升，芝麻适量。

做法

1 将西蓝花洗净焯一下；2 将西蓝花、芝麻和饮用水放入榨汁机榨汁。

【养生功效】

芝麻中的维生素 E，能抵消或中和细胞内有害物质游离基的积聚，能防止各种皮肤炎症。芝麻中含有的木脂素具有很强的抗氧化作用，能够提高肝脏的解毒功效，抑制癌细胞的生长。西蓝花中所含的一种叫萝卜硫素的物质，具有很强的防癌抗癌功效，尤其对乳腺癌、直肠癌、胃癌等有预防作用。另外，西蓝花还具有杀死导致胃癌的幽门螺旋菌的功效。

此款果汁适用于酒精肝、肝炎患者。

贴心提示

菜花属十字花科，是甘蓝的变种，原产地中海沿岸，其食用部分为洁白、短缩、肥嫩的花蕾、花枝、花轴等聚合而成的花球，是一种粗纤维含量少、品质鲜嫩、营养丰富、人们喜食的蔬菜。

番茄圆白菜甘蔗汁 增强肝脏解毒功能

原料

番茄一个，圆白菜 1 片，甘蔗 8 厘米长。

做法

1 在番茄的表皮上划几道口子，在沸水中浸泡 10 秒；剥掉番茄的皮，将番茄切成块状；2 将圆白菜洗净切碎；将甘蔗去皮，切成块状；3 将准备好的番茄、圆白菜、甘蔗一起放入榨汁机榨汁。

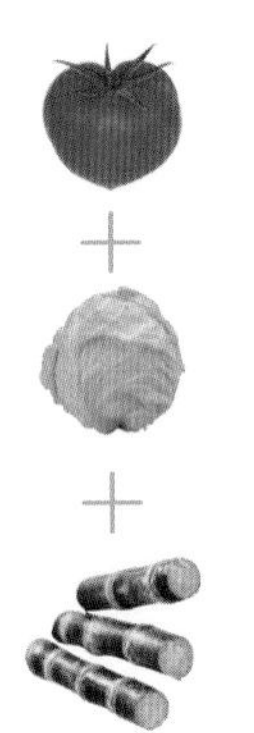

【养生功效】

番茄中的营养成分烹调时遇热、酸、碱不易破坏，对肝脏、心脏等器官都具有营养保健功效，是肝病患者理想的蔬菜。番茄中的大量纤维素有利于各种毒素排出，可以减轻肝脏排毒代谢的负担。

甘蔗可以通便解结，饮其汁还可缓解酒精中毒，从而起到保护肝脏的作用。

圆白菜具有杀菌消炎、解毒的作用。将番茄、甘蔗和圆白菜榨汁饮用，不仅能够保护肝脏健康，还能增强肝脏的解毒功能。

贴心提示

唐代诗人王维在《樱桃诗》中写道：“饮食不须愁内热，大官还有蔗浆寒。”而大医学家李时珍对甘蔗则别有一番见解，他说：“凡蔗榨浆饮固佳，又不若咀嚼之味永也。”将食用甘蔗的微妙之处表述得淋漓尽致。

红薯汁 保持身体畅通

原料

红薯半根，牛奶200毫升。

做法

1 将红薯连皮洗净后在沸水中煮10秒；将红薯拿出后切成丁；2 将切好的红薯和牛奶一起放入榨汁机榨汁。

【养生功效】

红薯含有丰富的淀粉、膳食纤维、胡萝卜素、维生素A、维生素B、维生素C、维生素E以及钾、铁、铜、硒、钙等10余种微量元素和亚油酸等，能有效地阻止糖类变为脂肪，有利于减肥、健美。红薯含有大量不易被消化酵素破坏的纤维素和果胶，能刺激消化液分泌及肠胃蠕动，从而起到通便作用。另外，它含量丰富的β-胡萝卜素是一种有效的抗氧化剂，有助于清除体内的自由基，起到驻颜的作用。此款果汁适于长期便秘者。

贴心提示

红薯中的紫茉莉苷成分具有防止便秘的功效，这种物质靠近红薯表皮，因而，榨汁时不要去掉红薯皮。另外，红薯和柿子不宜在短时间内同时食用。

橙汁 刺激肠胃运动

原料

橙子2个。

做法

1 将橙子洗净带皮切成片；2 把切好的橙子放入榨汁机榨汁。

【养生功效】

橙子具有抑制胃肠道（及子宫）平滑肌运动的作用，从而能止痛、止呕、止泻等；而其果皮中所含的果胶具有促进肠道蠕动、加速食物通过消化道的作用。鲜橙果实中含有的橙皮苷，可降低毛细血管脆性，防止微血管出血。而丰富的维生素C、维生素P及有机酸，对人体新陈代谢有明显的调节和抑制作用，可增强机体抵抗力。

此款果汁适于便秘、腹泻者。

贴心提示

选购橙子并不是越光滑越好，进口橙子往往表皮破孔较多，比较粗糙，而经过“美容”之后的橙子，则非常光滑，几乎没有破孔；也可以用湿纸巾在水果表面擦一擦，如果上了色素，一般都会在餐巾纸上留下颜色。

玉米土豆牛奶汁 促进排便，增加肠内有益细菌

原料

煮好的玉米半根，牛奶200毫升，土豆半个。

做法

1 剥下玉米粒；2 将土豆放入沸水中10秒拿出并切成丁；3 将玉米粒、土豆、牛奶一起放入榨汁机榨汁。

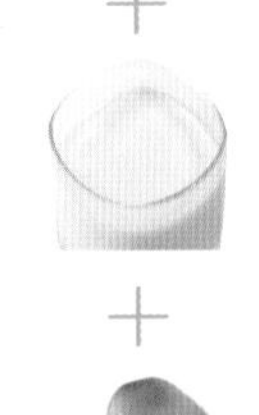

【养生功效】

玉米中所含的植物纤维素能加速体内致癌物质和肠道垃圾的排出；玉米表皮含有一种食物纤维半纤维素，有利于有害物质排出体外，它还能预防大肠癌，增加肠内的有益细菌。玉米富含纤维素，可刺激肠蠕动。吃玉米时应注意嚼烂，以助消化。玉米中含有大量的营养保健物质，对预防心脏病、癌症等有很大的好处。此款果汁能够改善血液循环，预防和治疗腹泻。

贴心提示

玉米熟吃比生吃好。尽管烹调使玉米损失了部分维生素C，却获得了更有营养价值的抗氧化剂。不论油炸还是水煮，玉米都会释放出更多的营养物质。同时，烹饪过的玉米还释放一种酚类化合物赖氨酸，对癌症等疾病具有一定疗效。

西蓝花牛奶汁 清除肠道废弃物

原料

西蓝花2朵，牛奶200毫升。

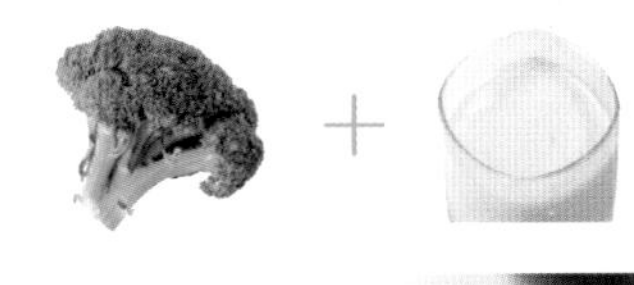

做法

1 将西蓝花洗净焯一下；2 将西蓝花切碎；3 将切好的西蓝花和牛奶一起放入榨汁机榨汁。

【养生功效】

西蓝花含有丰富的食物纤维，有助于排便，并且能够及时排出肠内废弃物，有助于预防大肠癌。西蓝花富含蛋白质、脂肪、碳水化合物、食物纤维、维生素及矿物质。其中维生素C含量较高，不但能增强肝脏的解毒能力，促进生长发育，而且有提高机体免疫力的作用，能够防止感冒、坏血病等的发生。

此款果汁能够有效预防和治疗便秘。

贴心提示

喜食甜味的人可以在果汁内加入适量蜂蜜。

菠萝果汁 分解肠内有害物质

原料

菠萝6片。

做法

❶ 将菠萝切成适当大小；❷ 将切好的菠萝放入榨汁机榨汁。

【养生功效】

菠萝含有一种叫菠萝朊酶的物质，它能分解蛋白质，改善局部的血液循环，消除炎症和水肿。

菠萝蛋白酶是一种蛋白质分解酶，能够分解肠内的有害物质，治疗腹泻和消化不良；菠萝中的食物纤维含量也非常丰富，它能够吸收肠胃中的水分，治疗腹泻。

此果汁能够促进肠内有害物质的排泄，预防肠癌。

贴心提示

患有溃疡病、肾脏病、凝血功能障碍的人应禁食菠萝，患有湿疹疥疮的人也不宜多饮用。

土豆莲藕汁 肠胃蠕动，告别便秘

原料

土豆2片（2厘米厚），莲藕2片（2厘米厚），饮用水200毫升，蜂蜜适量。

做法

❶ 将土豆、莲藕去皮切成块状；将切好的土豆、莲藕和饮用水一起放入榨汁机榨汁；

❷ 在榨好的果汁内加入适量蜂蜜搅拌均匀即可。

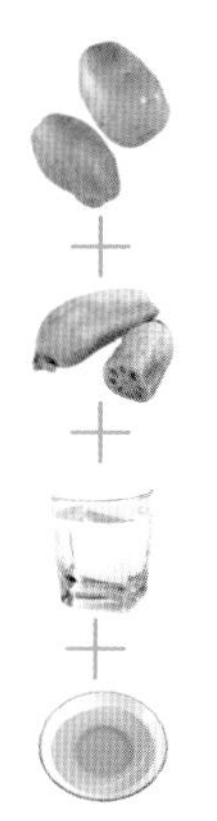

【养生功效】

土豆营养丰富，是抗衰老食物。它含有丰富的维生素 B_1、维生素 B_2、维生素 B_6 和大量的优质纤维素，还含有微量元素、蛋白质、氨基酸、脂肪和优质淀粉等营养元素。莲藕特有的清香和鞣质，能够起到一定的健脾止泻的作用，并且开胃健中，促进消化，有益于肠胃不佳者恢复健康。

此款果汁能够改善便秘症状。

贴心提示

在挑选榨汁原料的时候，一定要注意，土豆含有一些有毒的生物碱，主要是茄碱和毛壳霉碱，一般情况下不会对人体造成伤害，但是如果土豆储存时暴露在光线下，会变绿，同时有毒物质会增加；发芽土豆芽眼部分变紫也会使有毒物质积累，容易发生中毒事件，选用时要加以挑选。

三果综合汁 缓解便秘，抵御癌细胞

原料

无花果、猕猴桃、苹果各一个，饮用水200毫升。

做法

1 将无花果、猕猴桃去皮洗净，切成块状；将苹果洗净去核，切成块状；2 将切好的无花果、猕猴桃、苹果和饮用水一起放入榨汁机榨汁。

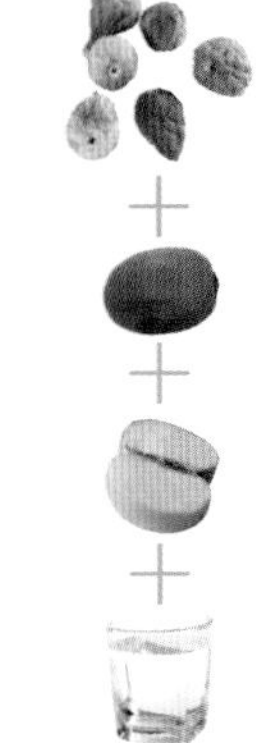

【养生功效】

无花果能帮助人体对食物的消化，无花果含有多种脂类，故具有润肠通便的效果；未成熟果实的乳浆中含有补骨脂素、佛柑内酯等活性成分，其成熟果实的果汁中可提取一种芳香物质苯甲醛，二者都具有防癌抗癌、增强机体抗病能力的作用，可以预防多种癌症的发生。猕猴桃含有较多的膳食纤维和寡糖、蛋白质分解酵素，这些物质除了可以快速清除体内堆积的有害代谢产物，预防、治疗便秘以外，还有预防结肠癌及动脉硬化的作用。

此款果汁能够预防便秘和癌症。

贴心提示

脂肪肝患者、脑血管意外患者、腹泻者、正常血钾性周期性麻痹等患者不适宜食用；大便溏薄者不宜饮用。

木瓜橙子豆浆汁 清除宿便

原料

木瓜半个，橙子1个，柠檬2片，豆浆200毫升。

做法

1 将木瓜去皮去子，洗净切成块状；将橙子去皮，分开；将柠檬洗净，切成块状；2 将准备好的木瓜、橙子、柠檬和豆浆一起放入榨汁机榨汁。

【养生功效】

木瓜中含有大量的木瓜蛋白酶，对动植物蛋白、多肽、酯、酰胺等有较强的水解能力，因此可以解除食物中的油腻。肉类制品进入人体后，主要由胃分泌的胃蛋白酶和胰腺产生的胰蛋白酶，将肉类中的蛋白质分解为易于被人体吸收的小分子物质。而木瓜中所含的木瓜蛋白酶，作用原理与胃蛋白酶和胰蛋白酶完全相同。人们所熟悉的嫩肉粉，就是从木瓜中提取的木瓜蛋白酶加淀粉做成的。橙子中含有的果胶物质和纤维素，能够帮助肠道蠕动，清肠通便，及时排出体内有害物质。此款果汁能够增强肠胃蠕动，清除宿便。

贴心提示

木瓜中的番木瓜碱，对人体有小毒，每次食量不宜过多，过敏体质者应慎食。怀孕时不能吃木瓜是怕引起子宫收缩腹痛，但不会影响胎儿。

莲藕甘蔗汁 治疗腹泻

原料

莲藕6厘米长，甘蔗8厘米长，饮用水200毫升。

做法

1 将莲藕、甘蔗去皮，切成丁；2 将切好的莲藕、甘蔗和饮用水一起放入榨汁机榨汁。

【养生功效】

藕粉在一定程度上对肠炎是有利的，在民间，陈年的老藕粉多用于治疗小孩的腹泻，效果明显。藕粉品质天然，气味芬芳，具有生津清热、开胃补肺、滋阴养血等功效，是体虚者理想的营养保健佳品。肠炎期间食用藕粉对身体恢复是比较有利的。甘蔗有滋养润燥之功，适用于咽喉肿痛、大便干结、虚热咳嗽等病症。甘蔗还有清热润肺、健肝补脾、生津解酒的功效，适宜于肺热干咳、胃热呕吐、肠燥便秘。此款果汁能够补气血，治疗腹泻。

贴心提示

藕微甜而脆，可生食也可做菜，而且药用价值相当高。用藕制成粉，能消食止泻，开胃清热，滋补养性，预防内出血，是妇孺童妪、体弱多病者上好的流质食品和滋补佳珍。

香蕉大豆粉牛奶汁 润肠通便

原料

香蕉1根，大豆粉1勺，牛奶200毫升。

做法

1 剥去香蕉的皮和果肉上的果络，切成块状；2 将准备好的香蕉和大豆粉、牛奶一起放入榨汁机榨汁。

【养生功效】

现代研究表明，香蕉中含有一种化学物质能刺激胃黏膜细胞生长繁殖，产生更多的黏液来维护胃黏膜屏障的厚度，使溃疡面不受胃酸的侵蚀，进而起到预防和治疗胃溃疡的作用。大豆含有大量的不饱和脂肪酸、多种微量元素、维生素及优质蛋白质。大豆具有健脾益气宽中、润燥消水等作用，可用于脾气虚弱、消化不良、疳积泻痢、腹胀羸瘦、妊娠中毒等症。此款果汁能够润肠通便，防止腹泻。

贴心提示

美国从事转基因农产品与人体健康研究的人士发现，吃豆奶长大的孩子，成年后引发甲状腺和生殖系统疾病的风险系数增大。据美国专门机构研究，这与婴儿对大豆中的植物雌激素的反应与成人完全不同有关，所以不要让婴儿多喝豆奶。

芹菜猕猴桃酸奶汁 改善便秘，排毒养颜

原料

芹菜半根，猕猴桃1个，酸奶200毫升。

做法

1 将芹菜洗净，切成块状；2 将猕猴桃去皮，切成块状；3 将芹菜、猕猴桃和酸奶一起放入榨汁机榨汁。

+

+

【养生功效】

经常吃些芹菜有助于清热解毒、祛病强身。肝火过旺、皮肤粗糙者及经常失眠、头痛的人可适当多吃些。猕猴桃可以治疗腹泻和痢疾。一杯猕猴桃果汁或粉末可以减少肠胃不适。猕猴桃中有良好的膳食纤维，可以帮助消化，防止便秘，快速清除并预防体内堆积的有害代谢物。

此款果汁能够治疗便秘和腹泻。

贴心提示

猕猴桃果食肉肥汁多，清香鲜美，甜酸宜人，耐贮藏。适时采收下的鲜果，在常温下可放一个月都不坏；在低温条件下甚至可保鲜五六个月以上。除鲜食外，还可加工成果汁、果酱、果酒、糖水罐头、果干、果脯等，这些产品色泽诱人，风味可口，营养价值不亚于鲜果。

无花果李子汁 促进肠胃蠕动，调节肠道功能

原料

无花果4个，李子4个，猕猴桃1个，饮用水200毫升。

做法

1 将无花果去皮，切成块状；将李子洗净去核，取出果肉；将猕猴桃去皮，切成块状；2 将准备好的无花果、李子、猕猴桃和饮用水一起放入榨汁机榨汁。

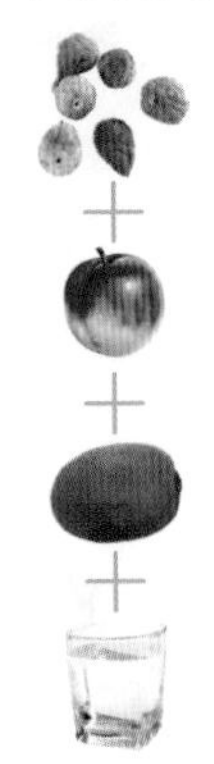

【养生功效】

无花果果实中含有丰富的葡萄糖、果糖、蔗糖、柠檬酸以及少量苹果酸、琥珀酸等。它的干果、未成熟果实和植物的乳汁中均含抗肿瘤的成分，乳汁中还含有淀粉糖化酶、酯酶、脂肪酶、蛋白酶等。现代研究的结果表明，无花果有一定的轻泻作用，在便秘时，可以用作食物性的轻泻剂。李子具有增加食欲的作用，为胃酸缺乏、食后饱胀、大便秘结者的食疗良品；新鲜李子肉中含有多种氨基酸，生食之对于治疗肝硬化腹水大有裨益。

此款果汁能够调节肠道功能。

贴心提示

李子性温，过食可引起脑涨虚热，如心烦发热、潮热多汗等症状。切记李子不可与雀肉、蜂蜜同食，同食可损人五脏，严重者可致人死亡。

芒果菠萝猕猴桃汁 减轻便秘、痤疮的痛苦

原料

芒果1个，菠萝2片，猕猴桃1个，饮用水200毫升。

做法

1 将芒果去皮去核，切成块状；将菠萝洗净，切成块状；将猕猴桃去皮，切成块状；2 将芒果、菠萝、猕猴桃和饮用水放入榨汁机。

【养生功效】

芒果能降低胆固醇，常食有利于防治心脏病、动脉硬化。芒果的果汁能增加胃肠蠕动，使粪便在结肠内停留时间变短，因此对防治结肠癌很有裨益。常常因为食用肉的含量多少而烦恼的人，菠萝可以帮助你解决消化吸收的顾虑。菠萝蛋白酶能有效分解食物中蛋白质，增加肠胃蠕动。此款果汁味道清冽，富含的膳食纤维和矿物质能够减缓便秘的痛苦。

贴心提示

食用菠萝时应注意不要空腹暴食，要削净果皮、鳞目须毛及果丁，果肉切片后，一定要用食盐浸泡若干分钟后才能食用。患有牙周炎、胃溃疡、口腔黏膜溃疡的人要慎食菠萝，因为菠萝是酸性水果，刺激牙龈、黏膜，胃病患者还会出现胃内返酸现象，多吃还会发生过敏反应。

苹果芹菜草莓汁 改善便秘，排毒养颜

原料

苹果1个，芹菜半根，草莓8个，饮用水200毫升。

做法

1 将苹果洗净去核，切成块状；将芹菜洗净切成块状；将草莓去蒂洗净，切成块状；2 将准备好的苹果、芹菜、草莓和饮用水一起放入榨汁机榨汁。

【养生功效】

苹果既可治便秘，又可治腹泻。对于便秘有效的是苹果中所含的食物纤维，包括水溶性和不溶性两种。被称作果胶的水溶性纤维有很强的持水能力，它能吸收相当于纤维本身质量30倍的水分。而且和琼脂中所含的纤维一样，它会在小肠内变成魔芋般的黏性成分，苹果酱中稠糊糊的成分就是果胶。实验证明，苹果的果胶能增加肠内的乳酸菌，因此能够清洁肠道。中医学认为，草莓性味甘酸、凉，能润肺生津、健脾和胃、补血益气、凉血解毒，对动脉硬化、高血压结肠癌等有辅助疗效。此款果汁能够调节肠胃功能。

贴心提示

芹菜的品质要求：以大小整齐，不带老梗、黄叶和泥土，叶柄无锈斑、虫伤，色泽鲜绿或洁白，叶柄充实肥嫩者为佳。

芦荟西瓜汁 利尿降火，防止便秘

原料

芦荟6厘米，西瓜4片。

做法

1 将芦荟洗净，切成丁；将西瓜去皮去子，切成块状；2 将切好的芦荟、西瓜一起放入榨汁机榨汁。

【养生功效】

芦荟叶去皮后，通过重力收集或离心等促进收集，所得的黏液为内凝胶基质的一个部分，称为黏浆。黏浆含有表皮及纤维的生长因子，并直接刺激纤维细胞的生长与修复，这些细胞迁移到伤口以适当的方式促进伤口的治疗。营养学研究证明，西瓜汁及皮中所含的无机盐类有利尿作用；苷具有降压作用；蛋白酶可把不溶性蛋白质转化为可溶性蛋白质。

此款果汁能够消肿利尿，预防便秘。

贴心提示

西瓜是生冷之品，吃多了易伤脾胃，所以，脾胃虚寒、消化不良、大便滑泄者少食为宜，多食会腹胀、腹泻、食欲下降，还会积寒助湿，导致疾病。一次食入西瓜过多，西瓜中的大量水分会冲淡胃液，引起消化不良和胃肠道抵抗力下降。

胡萝卜酸奶柠檬汁 预防便秘，清空宿便

原料

胡萝卜半根，柠檬2片，酸奶200毫升，冰糖适量。

做法

1 将胡萝卜洗净，切成丁；将柠檬洗净切成块状；2 将准备好的胡萝卜、柠檬和酸奶一起放入榨汁机榨汁；3 在榨好的果汁内加入适量冰糖即可。

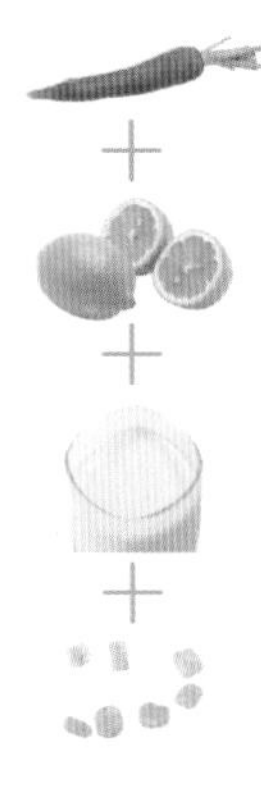

【养生功效】

胡萝卜中含有的类胡萝卜素等功能成分，为增殖肠道益生菌、保护肠道黏膜、改善双歧杆菌生存环境、减轻氧自由基损伤奠定了物质基础，可以有效防治内毒素血症的发生。早上空腹饮用自制的柠檬水，不但可以解决便秘之苦，还可以排出肾毒，亦有美白肌肤的作用，爱美的女性朋友不妨一试。

酸奶能够促进消化液的分泌，增加胃酸，促进食欲。此款果汁有消脂美容、防病治病的功效。

贴心提示

人们在吃胡萝卜时习惯把皮削掉，殊不知胡萝卜中所含的钙有98%在皮内，所以，胡萝卜最好带皮吃。胡萝卜虽好，但吃时也要注意。脾胃虚寒，进食不化，或体质虚弱者宜少食；胡萝卜破气，服补药后不要食用。

蔬菜精力汁 燃烧脂肪，降压利尿

原料

芦笋半根，洋葱半个，香菜一根，饮用水200毫升。

做法

1 将芦笋洗净在沸水中焯一下，切丁；将洋葱在微波炉加热后切丁；将香菜洗净切碎；2 将切好的芦笋、洋葱、香菜和饮用水一起放入榨汁机榨汁。

【养生功效】

芦笋中所含有的天门冬素能够有效地提高肾脏细胞的活性，并且其中的钾以及皂角苷都具有利尿的作用，非常适合体重超标的高血压患者食用。通常情况下，芦笋的粉末都会被当作利尿剂或者是药茶来服用，是一种非常有效的燃烧脂肪的佳品。香菜能起表出体外，又可开胃消郁，还有止痛解毒的作用。洋葱中含糖、蛋白质及各种无机盐、维生素等营养成分对机体代谢起一定作用，其挥发成分亦有较强的刺激食欲、帮助消化、促进吸收等功能。

此款果汁能够消减体内脂肪，帮助消化。

贴心提示

此款果汁不宜加热饮用，芦笋质嫩可口，长时间高温烹煮会破坏其中的养分。另外，痛风病和糖尿病患者不宜多饮。

苹果醋蔬菜汁 去除体内活性氧，开胃消食

原料

西蓝花2簇，苹果醋10毫升。

做法

1 用热水将西蓝花焯一下，或者用微波炉加热；2 向苹果醋加入适量的矿泉水，调节酸味；3 将焯后的西蓝花和苹果醋一起放入榨汁机榨汁。

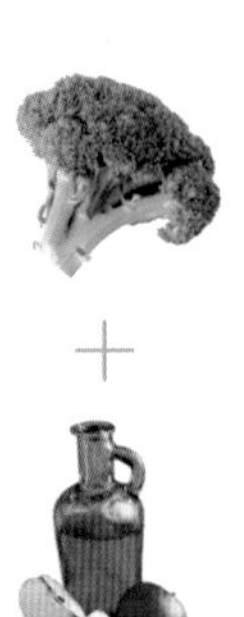

【养生功效】

苹果醋含有果胶、维生素、矿物质及酵素，其酸性成分能疏通软化血管，杀灭病菌，增强人体的免疫和抗病毒能力，改善消化系统，清洗消化道，具有明显降低血脂和排毒保健功能。西蓝花的维生素C含量极高，不但有利于去除体内活性氧，促进人的生长发育，更重要的是能促进肝脏解毒，增强体质，增加抗病能力，提高机体免疫功能。生吃苹果，除了能获得以上好处，还能调理肠胃，因为它的纤维质丰富，有助排泄。

此款果汁能够去除体内活性氧，开胃助消化。

贴心提示

优质的西蓝花清洁、坚实、紧密，具“夹克式”（外层叶子部分保留紧裹菜花）的叶子，新鲜、饱满且呈绿色。反之劣质西蓝花块状花序松散，这是生长过于成熟的表现。

紫苏梅子汁 促进胃液分泌，帮助肠胃消化吸收

原料

紫苏叶4片，梅子2粒，蜂蜜水200毫升。

做法

1 将紫苏叶切碎；去掉梅子的核；2 将切好的紫苏叶、梅子、蜂蜜水一起放入榨汁机榨汁。

【养生功效】

紫苏含有丰富的脂肪、蛋白质等营养成分，脂肪多为亚麻酸、亚油酸、油酸，可下气、消痰、润肺、宽肠，增强食欲，防暑降温。梅子有含量极高的柠檬酸，能生津止渴，开胃解郁。所含的果酸既能开胃生津，消食解暑，又有阻止体内的糖向脂肪转化的功能，有助于减肥。

此款果汁能够促进胃液分泌，其香味能够刺激肠胃，增强肠胃消化能力。

贴心提示

梅子属碱性食品，与酸性食物搭配可以改善人体的酸碱值，但要适量。身体重量除以13，即是每天应吃几颗梅子或喝多少梅酒、汁、醋的量。同时，胃酸过多者、外感咳嗽、湿热泻痢等忌饮。

菠萝西瓜汁 增进食欲，助消化

原料

菠萝2片，西瓜2片，饮用水200毫升。

做法

1 将菠萝洗净，切成丁；将西瓜去子，切成块状；2 将切好的菠萝、西瓜和饮用水一起放入榨汁机榨汁。

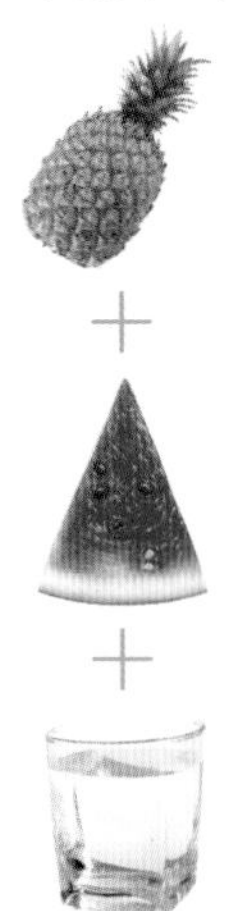

【养生功效】

菠萝果肉甜中带酸，吃起来爽口多汁，有强烈的芳香气味，也可以增进食欲。菠萝尤其适合于长期食用肉类及油腻食物的人群。菠萝的芳香和酸味用来入菜，最能消除疲劳。

把西瓜做成各种菜式，可以帮老年人开胃解暑，并且利于维生素和蛋白质的吸收。如西瓜与苦瓜配合，可以起到利尿作用；把西瓜汁做成西瓜酪，有利补充蛋白质；西瓜浇点儿辣汁，可以提高老人食欲和消化系统功能。

此款果汁对于健脾开胃有很好疗效。

贴心提示

肾功能出现问题的病人吃了太多的西瓜，会因摄入过多的水，又不能及时排出这些过多的水，就造成了水分在体内储存过量，血容量增多，容易诱发急性心力衰竭。因而不宜多喝。

木瓜百合果汁 排出体内废物，消食

原料

木瓜半个，百合适量，牛奶200毫升。

做法

1 将木瓜去皮去瓤，切成块状；2 将木瓜、百合和牛奶一起放入榨汁机榨汁。

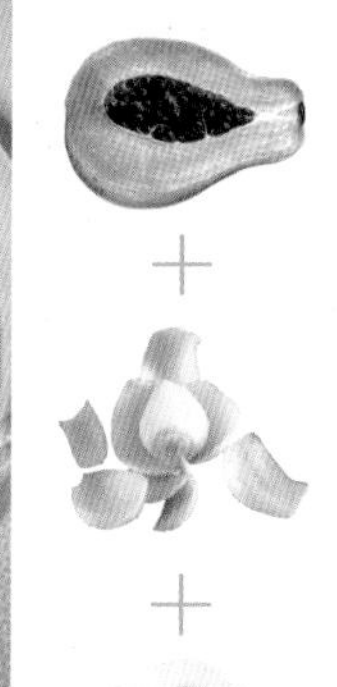

【养生功效】

木瓜中含有木瓜蛋白酶，可将脂肪分解为脂肪酸。百合除含有淀粉、蛋白质、脂肪及钙、磷、铁、维生素B_1、维生素B_2、维生素C等营养素外，还含有秋水仙碱等多种生物碱。同时百合具有养心安神、润肺止咳、开胃健脾的功效，对病后虚弱的人非常有益。

此款果汁能够清理肠道，改善循环系统。

贴心提示

优质干百合呈长椭圆形，表面类白色、淡棕黄色，有数条纵直平行的白色维管束。顶端稍尖，基部较宽，边缘薄，微波状，略向内弯曲。质硬而脆，断面较平坦，角质样，无臭，味微苦。劣质百合，含有杂质、烂心或霉变，味酸，有些还会有刺鼻的硫黄味，这是将陈年百合用硫黄熏漂的结果。

芹菜苹果汁 生津润肺，增强食欲

原料

芹菜半根，苹果半个，饮用水200毫升。

做法

1 将芹菜、苹果洗净切成块状；2 将准备好的芹菜、苹果和饮用水一起放入榨汁机榨汁。

【养生功效】

芹菜含有胡萝卜素、维生素C、维生素B_1、蛋白质、钙等物质，对于增进食欲、生津润肺有促进作用。芹菜具有平肝清热、祛风利湿、除烦消肿、健胃舒胃、清肠利便、润肺止咳、降低血压、健脑镇静的作用。

苹果味甘酸而平、微咸，无毒，具有和胃降逆、生津止渴的功效。

此款果汁能够生津止渴，增加食欲。

贴心提示

高血压、动脉硬化、高血糖、缺铁性贫血、肝火过旺、皮肤粗糙者及经常失眠、头痛的人、经期妇女可适当多吃些芹菜。

甘蔗生姜茶 缓解心烦、恶心等症状

原料

甘蔗10厘米长，生姜2片（2厘米厚），饮用水200毫升。

做法

1 将甘蔗去皮，切成块状；将生姜洗净去皮，切成块状；2 将切好的甘蔗、生姜和饮用水一起放入榨汁机榨汁。

【养生功效】

《本草纲目》言：甘蔗性平，有清热下气、助脾健胃、利大小肠、止渴消痰、除烦解酒之功效，可改善心烦口渴、便秘、酒醉、口臭、肺热咳嗽、咽喉肿痛等症。

生姜性味辛微温，有化痰、止呕的功效，主要用于恶心呕吐及咳嗽痰多等症。生姜可刺激唾液、胃液和消化液的分泌，增加胃肠蠕动，增进食欲。

此款果汁能够除烦去燥，防止呕吐。

贴心提示

鉴别甘蔗时先检验甘蔗的软硬度；再看甘蔗的瓤部是否新鲜（新鲜甘蔗质地坚硬，瓤部呈乳白色，有清香味）；闻闻甘蔗有无气味。霉变的甘蔗质地较软，瓤部颜色略深、呈淡褐色，闻之无味或略有酒糟味。

葡萄柚香橙甜橘汁 促进食欲

原料

葡萄柚1个，橙子1个，橘子1个，饮用水200毫升。

做法

1 将葡萄柚去皮，取出果肉；将橙子、橘子去皮，分开；2 将准备好的葡萄柚、橙子、橘子和饮用水一起放入榨汁机榨汁。

【养生功效】

葡萄柚有开胃消食的作用在于它所含的酸性物质，并且葡萄柚的营养很容易被人体所吸收。葡萄柚还可预防多种心血管疾病。橙子味甘、酸，性凉，具有生津止渴、开胃下气、帮助消化、防治便秘的功效。橘子味甘酸、性凉，入肺、胃经；具有开胃理气、止渴润肺的功效；治胸膈结气、呕逆少食、胃阴不足、口中干渴、肺热咳嗽及饮酒过度。

此款果汁对于食欲缺乏者有很大帮助。

贴心提示

橘子个头以中等为最佳，太大的皮厚、甜度差，小的又可能生长得不够好，口感较差。多数橘子的外皮颜色是从绿色慢慢过渡到黄色，最后是橙黄或橙红色，所以颜色越红，通常熟得越好。甜酸适中的橘子大都表皮光滑，且上面的油胞点比较细密。

香蕉菠萝汁 润肠道，增强食欲

原料

香蕉1根，菠萝2片，饮用水200毫升。

做法

1 剥去香蕉的皮和果肉上的果络，切成块状；2 将菠萝洗净，切成块状；3 将切好的香蕉、菠萝和饮用水一起放入榨汁机榨汁。

【养生功效】

香蕉味甘性寒，可清热润肠，促进肠胃蠕动。香蕉中含有一种能预防胃溃疡的化学物质，能刺激胃黏膜细胞的生长和繁殖，产生更多的黏膜来保护胃。香蕉能够帮助排出肠道垃圾，增进食欲。菠萝所含的菠萝朊酶，能分解蛋白质。在食肉类或油腻食物后，吃些菠萝对身体大有好处。菠萝朊酶能改善身体血液循环，消除水肿和炎症。

此款果汁能够排毒通便，增强食欲。

贴心提示

香蕉皮可以用来擦拭皮鞋、皮衣、皮制沙发等，有维护皮制品光泽、延长皮制品“寿命”的作用。蕉皮有催熟的作用，可以和要催熟的水果放在一起，很快就可以吃到熟的水果了，如：芒果、猕猴桃等。

胡萝卜树莓汁 开胃

原料

胡萝卜1根，树莓10颗，饮用水200毫升。

做法

1 将胡萝卜洗净去皮，切成块状；2 将树莓洗净；3 将准备好的胡萝卜、树莓和饮用水一起放入榨汁机榨汁。

【养生功效】

树莓果实性味微甘、酸、温，浙江和福建一带常用其未成熟果实替代覆盆子入药做引，具有涩精益肾、助阳明目、醒酒止渴、化痰解毒之功效。叶性微苦，具有清热利咽、解毒、消肿、敛疮等作用，主治咽喉肿痛、多发性脓肿、乳腺炎等症。 树莓含丰富糖类、蛋白质、有机酸、维生素等营养成分，被称为“第三代黄金水果”。树莓果汁健胃开胃很有效果。此款果汁能够增强肠胃蠕动，改善食欲缺乏。

贴心提示

树莓属落叶半灌木，主要分布在北半球的寒带和温带。中国约有210种，南北各地野生。中国仅东北地区栽培。树莓果柔软多汁，色泽鲜艳，味酸甜而富芳香，适于鲜食，而大量产品主要用于加工制作果酱、果酒、蜜饯和果汁等。

胡萝卜酸奶汁 助消化

原料

胡萝卜1根，柠檬2片，酸奶200毫升，蜂蜜适量。

做法

1 将胡萝卜洗净去皮，切成块状；将柠檬洗净，切成块状；将准备好的胡萝卜、柠檬和酸奶一起放入榨汁机榨汁；2 在榨好的果汁内加入适量蜂蜜搅拌均匀即可。

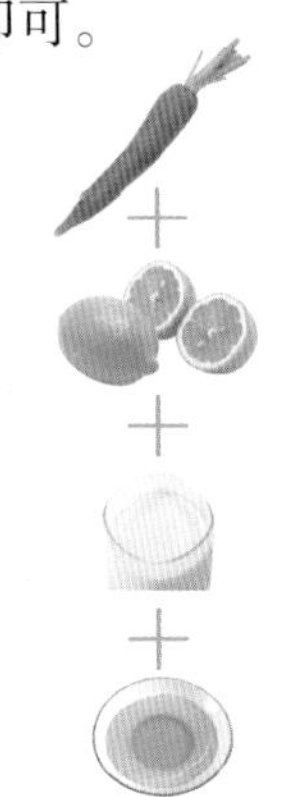

【养生功效】

中医认为胡萝卜可以补中气、健胃消食、壮元阳、安五脏，对消化不良、久痢、咳嗽、夜盲症等有较好疗效，故被誉为“东方小人参”。用油炒熟后吃，在人体内可转化为维生素A，提高机体免疫力，间接消灭癌细胞。胡萝卜还能帮助食物消化和吸收。柠檬富有香气，能使肉质细嫩，柠檬还能促进胃酸的分泌，增强胃肠蠕动力。

此款果汁能够改善食欲不振。

贴心提示

胡萝卜的营养十分丰富。包括蛋白质、脂肪、膳食纤维、碳水化合物、胡萝卜素、维生素B_1、B_2、烟酸、维生素C、维生素E、钾、钠、钙、镁、铁、锰、锌、铜、磷、硒等。其中最突出的是胡萝卜素。

柚子橙子生姜汁 增强食欲

原料

葡萄柚1个，橙子1个，生姜2片，饮用水200毫升。

做法

1 将葡萄柚、橙子去皮，分开；将生姜洗净，切成块状；2 将准备好的葡萄柚、橙子、生姜和饮用水一起放入榨汁机榨汁。

【养生功效】

柚肉中含有非常丰富的维生素C以及类胰岛素等成分，经常食用，对高血压、糖尿病、血管硬化等疾病有辅助治疗作用，对肥胖者有健体养颜功能。柚子还具有健胃、润肺、补血、清肠、利便等功效，可促进伤口愈合，对败血症等有良好的辅助疗效。柚子所含的苦味能够促进消化液的分泌。在炎热的夏天，因为人体唾液、胃液分泌会减少，因而影响食欲，如果饭前吃几片生姜，可刺激唾液、胃液和消化液的分泌，增加胃肠蠕动，增进食欲。此款果汁能够增强食欲。

贴心提示

柚子外形浑圆，象征团圆之意，所以也是中秋节的应景水果。过年的时候吃柚子象征着金玉满堂，柚和“有”谐音，大柚是大有的意思，除去霉运带来来年好运势。

第3节 治疗女性疾病

草莓牛奶果汁 预防贫血，提高身体免疫力

原料

草莓6颗，牛奶200毫升。

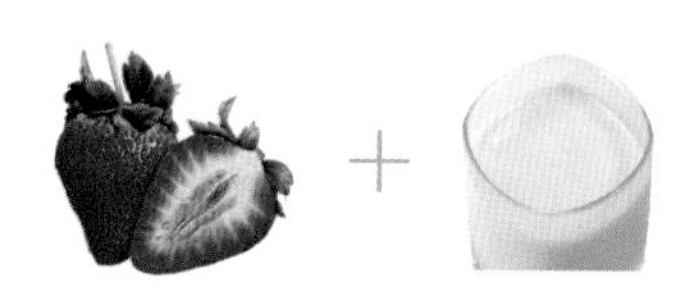

做法

1 将草莓去掉叶子，洗净后切成块状；2 将切好的草莓和牛奶一起放入榨汁机榨汁。

【养生功效】

草莓中的叶酸和维生素能够相互作用，促进红细胞的生成，有预防贫血的功效。经肠胃吸收，随血液输入到身体的各个组织，能从皮肤的基底层黑色素细胞开始，由内抵御自由基的氧化损伤，加上一些微量元素的帮助，抑制酪氨酸酶活性，阻断黑色素生成，从内而外改善肤色，提升肌肤透白度。

奶制品不但是提供钙元素的好食品，而且它含大量的蛋白质，维生素（包括维生素D）和矿物质。

这些元素都是对抗骨质疏松症的关键元素。营养专家建议大家每天要摄入低脂奶制品，同时还建议每天做承重活动训练，这样可以强健骨骼，提高免疫力。

草莓和牛奶相结合能够增强身体的免疫力，补充多种维生素，抵抗贫血和衰老。

此款果汁适于贫血、体质虚弱者。

贴心提示

正常生长的草莓外观呈心形，市场上有些草莓色鲜个大，颗粒上有畸形凸起，咬开后中间有空心。这种畸形草莓往往是在种植过程中滥用激素造成的，不宜食用。

梅脯红茶果汁 补充铁元素，调治贫血

原料

梅脯 4 颗，红茶 200 毫升。

做法

1 去除梅脯的核，将果肉切成适当大小；2 将梅脯和红茶一同放入榨汁机榨汁。

【养生功效】

梅脯富含碳水化合物，能够储存和提供热能，维持大脑功能必需的能源；能够调节脂肪代谢、提供膳食纤维、增强肝脏的解毒功能。另外，梅脯中含有丰富的铁元素，铁在体内有运送氧气的作用，如果体内缺铁，就会因为缺氧而导致贫血，因而，梅脯有预防贫血的功效。

此款果汁适用于贫血的女性。

+

贴心提示

果脯含糖量较高，糖尿病患者等不宜过多摄入糖分的人群，最好选择一些功能性低糖甜味品代替果脯蜜饯产品。

红葡萄汁 预防和改善贫血

原料

葡萄 1 串，清水 200 毫升。

做法

1 将葡萄洗净，去皮，去子；2 将葡萄和清水一起放入榨汁机榨汁。

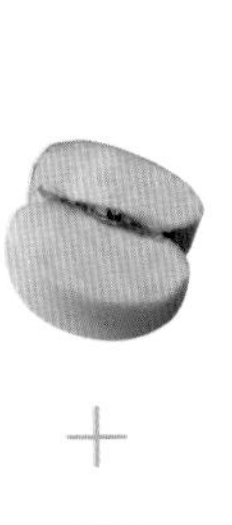
+

【养生功效】

中医学认为，葡萄能生津止渴，补益气血，强筋骨，利小便。《神农本草经》载葡萄“益气培力，强志，令人肥健耐饥，久食轻身不老延年”。细胞代谢会产生自由基，对皮肤伤害极大，而葡萄里的抗氧化剂能预防和修复自由基导致的皮肤干燥、起皱纹和松弛下垂问题。一天吃两小串葡萄就可满足正常人每日 20% 的维生素 C 摄入量，还可防止皮肤弹性蛋白的流失。

此款果汁适于贫血和体质虚弱者。

贴心提示

牛奶和糖不能在一起煮，因为牛奶中的赖氨酸与果糖在高温下，会生成一种有毒物质——果糖基赖氨酸。这种物质不能被人体消化吸收，会对人体产生危害。如果要喝甜牛奶，最好等牛奶煮开后再放糖。

胡萝卜菠菜汁 改善血液循环，调理贫血

原料

胡萝卜半根，菠菜2片，饮用水200毫升。

做法

1 将胡萝卜洗净切成丁；将菠菜洗净切碎；2 将准备好的胡萝卜和菠菜一起放入榨汁机榨汁。

【养生功效】

菠菜中含有丰富的胡萝卜素、维生素C、钙、磷及一定量的铁、维生素E等有益成分，能为人体补充多种营养物质。菠菜含有大量的铁质，对于缺铁性贫血有很好的辅助治疗作用。

此款果汁有利于改善人体血液循环，并调理贫血。

贴心提示

胡萝卜菠菜汁不适宜肾炎患者、肾结石患者饮用。菠菜草酸含量较高，健康人群不宜过多饮用，另外脾虚便溏者不宜多饮。

胡萝卜蛋黄菜花汁 防治腹泻，补铁补血

原料

胡萝卜1根，熟蛋黄1个，菜花2朵，饮用水200毫升。

做法

1 将胡萝卜洗净去皮，切成块状；将菜花洗净，在沸水中焯一下，切碎；2 将胡萝卜、菜花和蛋黄、饮用水一起榨汁。

【养生功效】

胡萝卜含有大量胡萝卜素，胡萝卜素能够促进血液循环，增强机体的造血功能，对预防贫血有着很好的功效。蛋黄中有宝贵的维生素A、维生素D、维生素E、维生素K，各种微量元素也一样集中在蛋黄中，同时，鸡蛋中所有的卵磷脂均来自蛋黄，而卵磷脂可以提供胆碱，帮助合成一种重要的神经递质——乙酰胆碱。蛋黄有很好的补血作用，因而能够预防贫血。此款果汁能够防止腹泻，预防贫血。

贴心提示

鸡蛋蛋白含有抗生物素蛋白，会影响食物中生物素的吸收，使身体出现食欲缺乏、全身无力、肌肉疼痛、皮肤发炎、脱眉等症状。鸡蛋中含有抗胰蛋白酶，它们影响人体对鸡蛋蛋白质的消化和吸收。未熟的鸡蛋中这两种物质没有被分解，因此影响蛋白质的消化、吸收。

毛豆葡萄柚乳酸饮 改善气色

原料

葡萄柚半个，原味酸奶200毫升，熟毛豆适量。

做法

1 将葡萄柚去皮，取出果肉；2 将准备好的葡萄柚、原味酸奶、熟毛豆一起放入榨汁机榨汁。

+

+

【养生功效】

毛豆中含有黄酮类化合物，特别是大豆异黄酮，被称为天然植物雌激素，在人体内具有雌激素作用，可以改善妇女更年期的不适，防治骨质疏松；毛豆具养颜润肤、有效改善食欲不振与全身倦怠的功效。人体缺乏叶酸就会使红细胞成熟过程受阻，从而导致恶性贫血。叶酸的最重要功能是它参与核酸代谢，在蛋白质合成以及细胞分裂生长过程中起着非常重要的作用。葡萄柚含有天然叶酸，能够起到预防和治疗贫血的作用。此款果汁能够改善气色。

贴心提示

春季毛豆即菜用大豆，也称毛豆、青毛豆、白毛豆，是指籽粒鼓满期至初熟期之间收获的青荚大豆，豆荚嫩绿色，青翠可爱，毛豆老熟后就是我们熟悉的黄豆。

菠菜圆白菜汁 补血止血

原料

菠菜2棵，圆白菜2片，胡萝卜1根，饮用水200毫升，蜂蜜适量。

做法

1 将菠菜、圆白菜洗净切碎；将胡萝卜洗净去皮，切成块状；2 将准备好的菠菜、圆白菜、胡萝卜和饮用水一起放入榨汁机榨汁；在榨好的果汁内加入适量蜂蜜搅拌均匀即可。

【养生功效】

菠菜对缺铁性贫血有改善作用，能令人面色红润，光彩照人，因此被推崇为养颜佳品。菠菜叶中含有一种类胰岛素样物质，其作用与胰岛素非常相似，能使血糖保持稳定。菠菜丰富的维生素含量能够防止口角炎、夜盲等维生素缺乏症的发生。菠菜含有大量的抗氧化剂，具有抗衰老、促进细胞增殖作用，既能激活大脑功能，又可增强青春活力。圆白菜能提高人体免疫力，预防感冒，对防治癌症有很好的疗效。此款果汁能够补血止血，预防贫血。

贴心提示

《本草纲目》中认为食用菠菜可以“通血脉，开胸膈，下气调中，止渴润燥”。

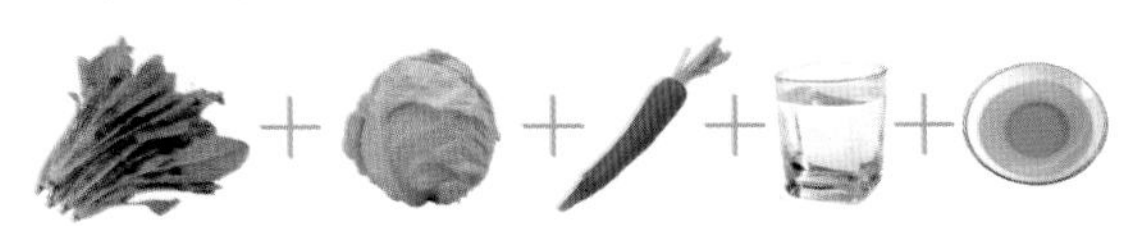

菠菜生姜酸奶汁 补血，生发阳气

原料

菠菜 2 棵，生姜 2 片，酸奶 200 毫升。

做法

❶ 将菠菜洗净切碎；将生姜洗净去皮，切成丁；❷ 将准备好的菠菜、生姜和酸奶一起放入榨汁机榨汁。

＋

＋

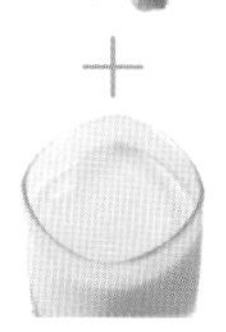

【养生功效】

菠菜中所含的胡萝卜素尤其对缺铁性贫血有用，经常食用能够改善气色。生姜中所含的姜辣素对口腔和胃黏膜有刺激作用，能增进食欲，可使肠张力、节律和蠕动增加。有末梢性镇吐作用，有效成分为姜酮和姜烯酮的混合物，对呼吸和血管运动中枢有兴奋作用，能促进血液循环。生姜还有促进机体造血的功能。酸奶能促进胃酸分泌，增强消化功能，显著提高蛋白质、脂肪、钙、磷、铁等的消化吸收率，从而能够预防和治疗贫血。此款果汁能够促进血液循环，预防贫血。

贴心提示

不要吃腐烂的生姜，腐烂的生姜会产生一种毒性很强的物质，可使肝细胞变性坏死，诱发肝癌、食道癌等。

胡萝卜苹果醋汁 促进血液循环，改善畏寒体质

原料

胡萝卜半根，苹果醋 8 毫升，饮用水 200 毫升。

做法

❶ 将胡萝卜洗净切成丁；❷ 将胡萝卜、果醋、饮用水一起放入榨汁机榨汁。

【养生功效】

长期作息不规律、缺乏运动以及心肺功能不好的人，是怕冷的人群。这些人怕冷的主要原因是脏器功能不调或代谢不畅。对于这种情况下的怕冷人群，建议常喝胡萝卜洋葱汤。因为胡萝卜能够增强体力和免疫力，激活内脏功能和血液运行，从而达到调理内脏、暖身、滋养的功效。而洋葱不但可以降血脂，防治动脉硬化，还有显著的杀菌作用，同样能增强抵抗力。胡萝卜富含维生素，并有发汗的作用，对于促进血液循环有很好疗效。果醋中的柠檬酸能够促进血液循环，消除疲劳，改善畏寒体质。此款果汁适于畏寒体质者。

贴心提示

胡萝卜天然的胡萝卜素，能够维持呼吸道的黏膜组织的完整性，保护气管与支气管和肺部，对于吸二手烟的人来说非常适宜。

姜枣橘子汁 暖宫散寒，改善月经不调

原料

生姜2片，大枣4颗，橘子半个，饮用水200毫升。

做法

1 将生姜去皮切成末；将大枣去核；将橘子洗净切成块状；2 将准备好的生姜、大枣、橘子和饮用水一起放入榨汁机榨汁。

【养生功效】

生姜可以帮助暖胃驱寒，对缓解畏寒怕冷症状极有帮助，对于缓解痛经也疗效极佳，所以寒凉体质女性一定要多吃姜。大枣性味甘温，具有补中益气、养血安神的作用；生姜性味辛温，具有温中止呕、解表散寒的作用；二者合用，可充分发挥姜的作用，促进气血流通，改善手脚冰凉的症状。橘子则具有开胃理气、止渴润肺的功效。常用来治疗胸膈结气、呕逆少食、胃阴不足、口中干渴、肺热咳嗽等。此款果汁能驱除体内寒气，适于畏寒者。

贴心提示

品质好的生姜修整干净，不带泥土、毛根，不烂，无蔫萎、虫伤，无受热、受冻现象。姜受热易生白毛，皮变红，易烂；受冻则皮软，外皮脱落，手捏流姜汁。

南瓜桂皮豆浆 促进血液循环，驱走寒冷

原料

南瓜4片，豆浆200毫升，桂皮适量。

做法

1 将南瓜去皮，洗净切成块状；2 将准备好的南瓜、桂皮和豆浆一起放入榨汁机榨汁。

【养生功效】

在我国湖南邵阳地区一个苗族村，村民们世世代代有常年吃南瓜的饮食习惯。卫生部门在调查时发现，这个村居民患贫血病极少。原来南瓜不仅含有丰富的碳水化合物、淀粉、脂肪和蛋白质，更重要的是含有人体造血必需的微量元素铁和锌。其中铁是构成血液中红细胞的重要成分之一，锌直接影响成熟红细胞的功能。

看来，民间流传“南瓜补血”确有一定科学道理。

桂皮用于肾阳不足的畏寒、肢冷、腰膝冷痛，亦可用于肾不纳气的虚喘、气逆。能温通血脉、散寒止痛，用于寒凝气滞引起的痛经、肢体疼痛。

此款果汁能够促进身体血液循环，均衡体质。

大枣生姜汁 滋阴壮阳，保持体温

原料

生姜2片，大枣4颗，饮用水200毫升。

做法

1 将生姜去皮切成末；2 将大枣去核；3 将准备好的生姜、大枣和饮用水一起放入榨汁机榨汁。

【养生功效】

据《黄帝内经》《本草纲目》记载：枣具有益气养肾、补血养颜、补肝降压、安神壮阳、治虚劳损之功效。红枣中含量丰富的环磷酸腺苷、儿茶酸具有独特的防癌降压功效。红枣为补养佳品，食疗药膳中常加入红枣以补养身体、滋润气血。姜含有挥发性姜油酮和姜油酚，不仅具有活血、祛寒、除湿、发汗等功能，还有健胃止呕和消水肿之功效。有关专家认为，冬季适度在饮食中加入姜，或是用姜进行身体和头部护理，可益气活血，使代谢加快。此款果汁能够滋阴润燥，消除体内寒气。

贴心提示

此果汁不宜多饮，以免吸收大量姜辣素，在经肾脏排泄过程中会刺激肾脏，并产生口干、咽痛、便秘等“上火”症状。

香瓜胡萝卜芹菜汁 促进新陈代谢，改善畏寒症状

原料

香瓜半个，胡萝卜1根，芹菜半根，饮用水200毫升，蜂蜜适量。

做法

1 将香瓜去皮去瓤，切成块状；将胡萝卜洗净去皮，切成块状；将芹菜洗净，切成块状；2 将香瓜、胡萝卜、芹菜和饮用水一起放入榨汁机榨汁；在榨好的果汁内加入适量蜂蜜搅拌均匀即可。

【养生功效】

寒冷会影响人体的泌尿系统，使排尿量增多，大量钠、钾、钙等矿物质随尿排出，因此也需要适当补充。

同时，铁能明显增强人体的耐寒能力，可有意识地增加含铁量高的食物摄入，如动物肝脏、瘦肉、菠菜、蛋黄等。

芹菜叶柄含水分高，热量低，是钾的优质来源。只要可能，芹菜叶柄应该尽可能地与叶子一起食用，因为芹菜叶含钙、铁、钾、维生素A和维生素C的量较叶柄要丰富得多。

此款果汁能够促进血液循环和新陈代谢。

贴心提示

挑选白色的香瓜应该选瓜比较小，瓜大头的部分没有脐，但是有一点儿绿。还有就是挑有脐的，脐越大的越好，按一下脐的部分较软的。闻一闻香瓜的尾部，有香味的就是味甜的好瓜。

玉米牛奶汁 为身体提供能量

原料

甜玉米1根，生姜2片，牛奶200毫升。

做法

1 将甜玉米蒸熟，剥下玉米粒；2 将生姜洗净，切成块状；3 将玉米粒、生姜和牛奶一起放入榨汁机榨汁。

【养生功效】

玉米中含的硒和镁有防癌、抗癌作用：当硒与维生素E联合作用时，能防止十多种癌瘤，尤其是最常见的乳腺癌和直肠癌。生姜性温，吃过生姜后，人会有身体发热的感觉，这是因为它能使血管扩张，血液循环加快，促使身上的毛孔张开，这样不但能把多余的热带走，同时还把体内的病菌、寒气一同带出。

此款果汁能够为身体提供能量，改善畏寒体质。

贴心提示

有人认为，牛奶越浓，身体得到的营养就越多，这是不科学的。所谓过浓牛奶，是指在牛奶中多加奶粉少加水，使牛奶的浓度超出正常的比例标准。也有人唯恐新鲜牛奶太淡，便在其中加奶粉。其实这样会增加肠胃负担，不益于健康。

胡萝卜西蓝花茴香汁 防治乳腺癌，润滑肌肤

原料

胡萝卜半根，西蓝花两朵，茴香适量，饮用水200毫升。

做法

1 将胡萝卜洗净切成丁；将西蓝花在水中焯一下，切碎；将茴香洗净切碎；2 将准备好的胡萝卜、西蓝花、茴香和饮用水一起放入榨汁机榨汁。

【养生功效】

患胃癌时人体胃液中的维生素C浓度也低于正常人，而西蓝花不但能给人补充一定量的硒和维生素C，还能提供大量的胡萝卜素，它们共同作用于癌细胞，有抑制癌前细胞病变的功能。西蓝花内还有多种吲哚衍生物，此化合物可以降低体内雌激素水平，从而预防乳腺癌的发生。茴香油有不同程度的抗菌作用，能刺激胃肠神经血管，促进唾液和胃液分泌，起到增进食欲、帮助消化的作用。适合脾胃虚寒、肠绞痛、痛经患者用于食疗。此款果汁能够养颜美肌，预防乳腺癌。

贴心提示

西蓝花中容易生菜虫，常有残留的农药，在吃之前，将其放在盐水里浸泡几分钟，菜虫就跑出来了，还能去除残留农药。

芒果香蕉牛奶 调节内分泌，缓解抑郁

原料

芒果半个，香蕉1根，牛奶200毫升。

做法

1 将芒果去皮，取出果肉；2 将香蕉去皮和果肉上的果络，切成块状；3 将准备好的芒果、香蕉和牛奶一起放入榨汁机榨汁。

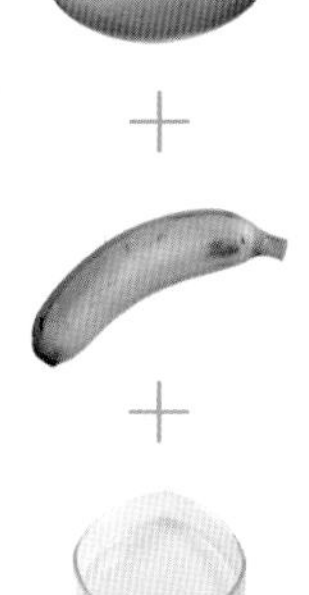

【养生功效】

芒果含有大量的维生素A、维生素C、矿物质、芒果酮酸、异芒果醇酸等三醋酸和多酚类化合物，具有抗癌的药理作用。芒果汁能够促进胃肠蠕动，使粪便在结肠内停留时间缩短，因此芒果对防治结肠癌很有裨益。芒果所特有的气味能够除去烦躁心情，培养好心情。

香蕉里富含维生素A、维生素B、维生素C以及8种主要氨基酸，铁和钙等矿物质及钾、镁等微量元素含量也很丰富，是一种很好的临时补充物。钾能防止血压上升及肌肉痉挛，还能缓解紧张情绪。

此款果汁能够安心怡神，调节内分泌。

贴心提示

芒果叶或汁对过敏体质的人可引起皮炎，故当注意。

胡萝卜西芹莴苣汁 补血，预防乳腺增生

原料

胡萝卜1根，西芹半根，莴苣6厘米长，菠菜1棵，饮用水200毫升。

做法

1 将胡萝卜、莴苣洗净去皮，切成块状；2 将西芹、菠菜洗净，切成段；3 将切好的胡萝卜、西芹、莴苣、菠菜和饮用水一起放入榨汁机榨汁。

【养生功效】

很多女性在40岁以后都会感觉到便秘的情况越来越严重。研究证明，女性便秘不仅会引起轻度毒血症症状，如食欲减退、精神萎靡、头晕乏力等。时间长了，还会导致贫血和营养不良，甚至使女性乳房组织细胞发育异常，从而增加患乳腺癌的可能性。莴苣含有多种维生素和矿物质，具有调节神经系统功能的作用，其所含有机化合物中富含人体可吸收的铁元素，对缺铁性贫血病人十分有利。菠菜含维生素A、B族维生素、维生素C，特别是维生素A、维生素C的含量比一般蔬菜多，是低热量、高纤维、高营养的减肥蔬菜。

此款果汁能够预防乳腺增生和癌症。

贴心提示

做菠菜时，先将菠菜用开水烫一下，可除去80%的草酸，然后再炒、拌或做汤就好。

橙子蛋蜜汁 预防乳腺增生

原料

橙子1个，熟蛋黄1个，饮用水200毫升，蜂蜜适量。

做法

1 将橙子去皮，切成块状；2 将准备好的橙子、蛋黄和饮用水一起放入榨汁机榨汁；3 在榨好的果汁内加入适量蜂蜜即可。

【养生功效】

橙子味酸性寒凉，有和中开胃、降逆止呕之功。鸡蛋具有预防乳腺癌的功效，这是美国乳腺癌研究专刊公布出的最新医学研究成果。除了鸡蛋之外，植物脂肪和富含能促进肠蠕动的纤维素类食物也具有预防乳腺癌的功效。

此款果汁能够缓解焦虑和压力，调节机体内分泌紊乱。

贴心提示

生鸡蛋的蛋白质结构致密，大部分不能被人体吸收，只有煮熟后蛋白质才变得松软，人体胃肠道才可消化吸收。生鸡蛋有特殊的腥味，会引起中枢神经抑制，使唾液、胃液和肠液等消化液的分泌减少，从而导致食欲缺乏、消化不良。

小白菜香蕉牛奶汁 增强抵抗力，调节抑郁情绪

原料

小白菜1棵，香蕉1根，牛奶200毫升。

做法

1 将小白菜洗净，切碎；2 剥去香蕉的皮和果肉上的果络，切成块状；3 将准备好的小白菜、香蕉和牛奶一起放入榨汁机榨汁。

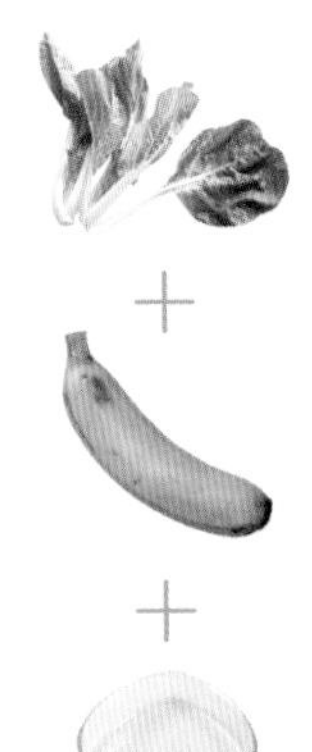

【养生功效】

小白菜中所含的维生素C，在体内形成一种“透明质酸抑制物”，这种物质具有抗癌作用，可使癌细胞丧失活力。患有乳腺增生的人要多吃香蕉。香蕉中含有大量的碳水化合物、粗纤维，能将体内致癌物质迅速排出体外，其经细菌消化生成的丁酸盐是癌细胞生长的强效抑制物质。因此香蕉是一种较好的防癌、抗癌果品。在压力较大，心情烦躁低落之时吃香蕉还能够使情绪平复，预防抑郁症。此款果汁能够改善气郁体质。

贴心提示

因小白菜性凉，故脾胃虚寒者不宜多食。小白菜不易生食。用小白菜制作菜肴，炒、煮的时间不宜过长，以免损失营养。小白菜包裹后冷藏只能维持2～3天，如两根一起贮藏，可稍延长1～2天。

香蕉橙子果汁 改善肤质，预防子宫疾病

原料

香蕉1根，橙子半个，饮用水200毫升。

做法

1 将香蕉去皮和果肉上的果络，切成块状；2 将橙子洗净切成块状；3 将香蕉、橙子和饮用水一起放入榨汁机榨汁。

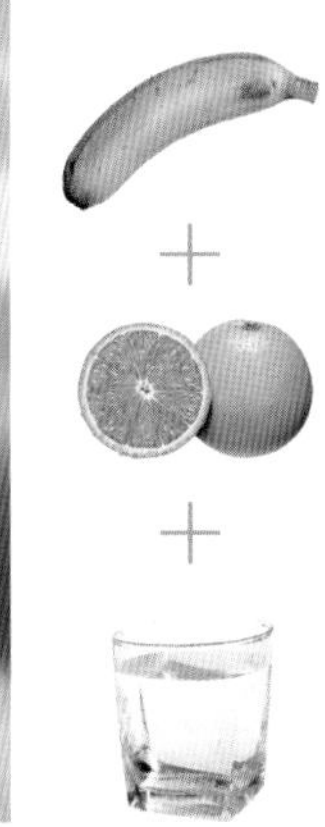

【养生功效】

香蕉中含有丰富的维生素 B_6，而维生素 B_6 具有安定神经的作用，不仅可以稳定女性在经期的不安情绪，还有助于改善睡眠、减轻腹痛。橙子含有丰富的维生素C，维生素C可以减轻电脑辐射的危害等，抑制色素形成，使皮肤白皙润泽。对于熬夜的人来说，休息不够会导致便秘，橙子中特有的纤维素、果胶以及橙皮苷等营养物质，具有生津止渴、开胃下气的功效，利于清肠通便，排出体内有害物质，增强机体免疫力。此款果汁不仅能美容养颜，还有预防子宫疾病的功效。

贴心提示

香蕉容易因碰撞挤压受冻而发黑，在室温下很容易滋生细菌，最好丢弃。香蕉不宜放在冰箱内存放，温度太低，反而易坏。

葡萄柚葡萄干牛奶 提高免疫力，保护子宫

原料

葡萄柚一个，牛奶200毫升，葡萄干适量。

做法

1 将葡萄柚去皮，切成块状；2 将葡萄柚、葡萄干、牛奶一起放入榨汁机榨汁。

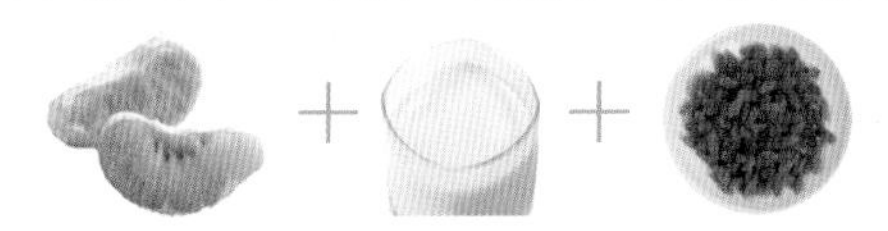

【养生功效】

葡萄柚果肉性寒，味甘酸，有清热化痰、止咳平喘、解酒除烦、健脾消食的作用；柚肉中含有非常丰富的维生素C以及类胰岛素等成分，故有降血糖血脂、减肥养容等功效。经常食用，对富贵病有辅助治疗作用。葡萄柚还具有健胃、润肺、补血、清肠、利便等功效，女性食用能够缓解紧张抑郁。葡萄柚中含有大量的维生素C，能降低血液中的胆固醇。葡萄柚还有增强体质的功效，它帮助身体更容易吸收入钙及铁质，所含的天然叶酸，对于孕妇而言，有预防贫血发生和促进胎儿发育的功效。

此款果汁尤其适于怀孕期间的女性。

贴心提示

柚皮又名橘红，广橘红性温，味苦、辛，有理气化痰、健脾消食、散寒燥湿的作用。也可以直接连皮榨汁喝。

菠菜胡萝卜牛奶果汁 预防贫血，滋阴凉血

原料

菠菜叶 2 片，胡萝卜半根，牛奶 200 毫升。

做法

1 将菠菜叶、胡萝卜洗净切碎；2 将切好的菠菜叶、胡萝卜和牛奶一起放入榨汁机榨汁。

【养生功效】

菠菜含有人体造血原料之一的铁，常吃菠菜，令人面色红润，光彩照人，不患缺铁性贫血。现营养学家已测定出菠菜的含铁量为每 100 克含铁 1.6 ~ 2.9 毫克，在蔬菜中名列前茅。

胡萝卜含有丰富的维生素 B、维生素 C，更重要的是它含有胡萝卜素，胡萝卜素对能够促进身体的造血功能，对于补气养血极为有益。

此款果汁能够改善贫血症状，保养子宫。

贴心提示

早上吃菠菜有清除瘀血之效，中午吃可补血，晚上吃则可产生钙沉积。菠菜虽能健身益体，但肠胃虚寒、腹泻病人应少吃。

香蕉葡萄汁 补充营养，使肌肤富有弹性

原料

香蕉 1 根，葡萄 6 颗，饮用水 200 毫升。

做法

1 将香蕉去皮和果肉上的果络，切成块状；2 将葡萄去皮去子，取出果肉；3 将准备好的香蕉、葡萄和饮用水一起放入榨汁机榨汁。

【养生功效】

葡萄营养丰富，酸甜可口，具有补肝肾、益气血、生津液、利小便等功效。葡萄制干后，铁和糖的含量相对增加，是儿童、妇女的滋补佳品。紫葡萄富含花青素和类黄酮，这两类物质都是强力抗氧化剂，有对抗和清除体内自由基的功效。所以，它预防衰老的作用显著。

此款果汁能够缓解压力和抑郁心情。

贴心提示

“提子”即广东语“葡萄”的意思。从广义上讲，红色的葡萄即为红提，黑色的葡萄称黑提，青色的葡萄则叫青提。但是，“提子”的叫法是在近几年引入美国红地球葡萄后才开始在国内流行的。人们只把从美国引进的红地球等葡萄称为“提子”，而对巨峰等还叫葡萄。

西蓝花猕猴桃汁 增强抵抗力，预防子宫疾病

原料

西蓝花2朵，猕猴桃1个，饮用水200毫升。

做法

1 将西蓝花在热水中焯一下，切成块状；2 将猕猴桃去皮，切成块状；3 将准备好的西蓝花、猕猴桃和饮用水一起放入榨汁机榨汁。

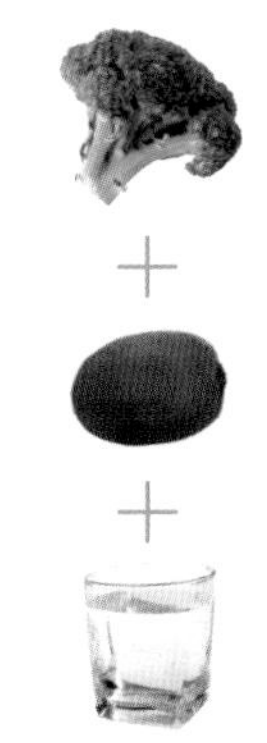

【养生功效】

西蓝花最负盛名的便是维生素C的含量，能提高人体机体免疫功能，在防治子宫疾病、乳腺癌、胃癌方面效果尤佳。研究发现，猕猴桃有相当强大的抗癌作用，能阻断致癌物质亚硝胺的合成。其所含的叶黄素，能防治前列腺癌和肺癌；其所含的叶绿素是肝癌诱变的抑制剂。此款果汁能够增强抵抗力，预防子宫疾病。

贴心提示

挑选猕猴桃的时候要细致地把果实全身轻摸一遍，选质地较硬的果实。凡是已经整体变软或局部有点软的果实，都尽量不要。如果选了，回家后要马上食用。猕猴桃要挑接蒂处是嫩绿色的，这种猕猴桃才新鲜。整体软硬一致，如果一个部位软就是烂的。颜色在接蒂处周围是深色的也甜。

莴苣菠萝苹果汁 抑制细胞癌化

原料

莴苣8厘米长，菠萝2片，苹果1个，饮用水200毫升。

做法

1 将莴苣去皮洗净，切成块状；将菠萝洗净，切成块状；将苹果洗净去核，切成块状；2 将准备好的莴苣、菠萝、苹果和饮用水一起放入榨汁机榨汁。

【养生功效】

莴苣的茎叶中含有一种芳香烃羟化酯，能够分解食物中的致癌物质亚硝胺，防止癌细胞的形成，对于肝癌、胃癌等消化系统癌症有一定的预防作用。莴苣含有丰富的胡萝卜素，是体内的抗氧化剂，可以维持上皮细胞结构正常、抵抗致癌物的侵入、延迟癌细胞的转移。菠萝叶中的有效成分具有阻止肿瘤增生的功能，可以用来研制抵抗癌症的新产品。此款果汁能够减少自由基对细胞的伤害，避免细胞癌化。

贴心提示

过量或食用未经处理的生菠萝，容易降低味觉，刺激口腔黏膜；也容易导致对菠萝蛋白酶过敏的人出现皮肤发痒等症状。避免这种情况发生的方法很简单：菠萝去皮后，切片或块状，放置淡盐水中浸泡半小时，然后用凉开水冲洗去咸味，即可放心大胆地享受菠萝的鲜美。

胡萝卜豆浆汁 治理月经不调

原料

胡萝卜半根，豆浆 200 毫升。

做法

1 将胡萝卜洗净切成丁；2 将胡萝卜丁和豆浆一起放入榨汁机榨汁。

【养生功效】

豆浆有安神养志的功效，适宜在经期饮用。女性多贫血，豆浆有助于改善贫血女性的症状，其调养作用比牛奶要强。进入中老年的女性喝豆浆，还可调节内分泌、延缓衰老。豆浆中的异黄酮对于月经不调有很好的调理作用，还能预防乳腺癌、骨质疏松等女性疾病。

此款果汁适于月经不调，痛经者。

贴心提示

生豆浆加热到 80 ~ 90℃的时候，会出现大量的白色泡沫，此时的温度不能破坏豆浆中的皂甙物质，在出现“假沸”现象后再继续加热 3 ~ 5 分钟，使泡沫完全消失。但是如果将豆浆反复煮好几遍，这样虽然去除了豆浆中的有害物质，同时也造成了营养物质流失，因此，煮豆浆要恰到好处，控制好加热时间。

西芹苹果胡萝卜汁 改善经期不适

原料

西芹半根，苹果半个，胡萝卜半根，饮用水 200 毫升。

做法

1 将西芹、苹果、胡萝卜洗净切成块状；2 将三者连同饮用水一起放入榨汁机榨汁。

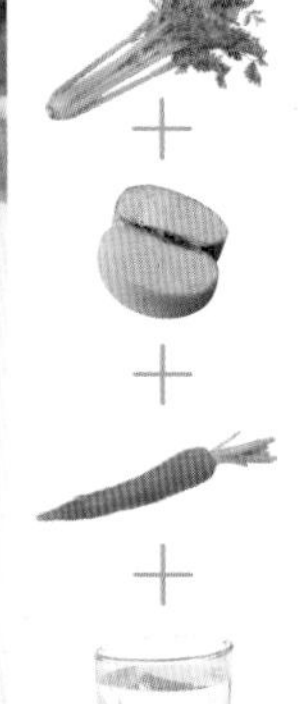

【养生功效】

西芹营养十分丰富，100 克西芹中含蛋白质 2.2 克，钙 8. 5 毫克，磷 61 毫克，铁 8.5 毫克，其中蛋白质含量比一般瓜果蔬菜高 1 倍，铁含量为番茄的 20 倍左右，西芹中还含丰富的胡萝卜素和多种维生素等，对人体健康都十分有益。

苹果是营养丰富的水果，而且可以调理肠胃、止泻、通便，并可用于治疗高血压，有预防和消除疲劳的功效。苹果中所含的钾元素能够增强身体的免疫功能，对于女性非常有帮助。

此果汁能够润肺除烦，改善经期不适。

贴心提示

白细胞减少症、前列腺肥大的病人均不宜多喝此果汁，以免使症状加重或影响治疗结果。

生姜苹果汁 改善血液循环，缓解经期疼痛

原料

生姜4片，苹果半个，饮用水200毫升。

做法

1 将生姜去皮，洗净切碎；2 将苹果洗净切成块状；3 将生姜、苹果和饮用水一起放入榨汁机榨汁。

【养生功效】

生姜富含姜辣素，对心脏和血管有一定的刺激作用，可使心跳加快，血管扩张，从而使络脉通畅，供给正常。常饮生姜红糖水对妇女月经顺畅也有帮助，可让身体温暖，增加能量，活络气血，加快血液循环，月经也会排得较为顺畅。经后若感觉精神差，气色不好，可以在每天中餐前，喝一杯浓度约20%的生姜红糖水。不适症状较重时则可在晚餐前再加饮一杯，持续一星期即可有效改善。苹果可以促进血液内白细胞的生成，提高人体的抵抗力和免疫力。

此款果汁能促进血液循环，缓解痛经。

贴心提示

食用苹果首先要选择没有受过农药污染的，生吃前要洗净。尽可能食用新鲜的苹果。一些人不适宜生食苹果，可以做成果酱、果汁食用。

圣女果圆白菜汁 缓解经期不适

原料

圣女果4个，圆白菜2片，饮用水200毫升。

做法

1 将圣女果洗净切成块状；2 将圆白菜在水中焯一下，切成块状；3 将准备好的圣女果、圆白菜和饮用水一起放入榨汁机榨汁。

【养生功效】

圣女果含大量的维生素C。维生素C是人体结缔组织所需要的成分，对软骨、血壁管、韧带和骨的基层部分有增大其动力和伸缩自如能力的作用。圣女果可以促进人体的生长发育，适合生长发育，还可以增加人体的抵抗能力，延缓人的衰老、减少皱纹的产生，所以，特别适合女性美容，可以说是女性天然的美容水果。

此款果汁适于女性经期饮用。

贴心提示

番茄的食疗显著：用番茄、西米同煮粥，食后能生津止渴、健胃消食，适用于高血压、心脏病、肝炎、口渴、食欲缺乏者。番茄肉片汤能生津、通血脉、养肝脾、助消化。猪骨番茄汤，能预防小儿软骨病的发生。牙龈出血，可每日空腹吃生番茄2个。

菠萝豆浆汁 安神消痛

原料

菠萝4片，柠檬2片，豆浆200毫升。

做法

1 将菠萝、柠檬洗净切成丁；2 将菠萝、柠檬和豆浆一起放入榨汁机榨汁。

【养生功效】

豆浆中含有维生素、氧化剂和矿物质，还含有一种牛奶所没有的植物雌激素，该物质可调节女性内分泌系统的功能。妇女每天喝300～500毫升豆浆，坚持一个月即可起到调整内分泌的作用，可以明显改善心态和身体素质。临床发现，常喝豆浆能有效地预防乳腺癌和子宫癌的发生。菠萝、柠檬和豆浆制成的果汁味道酸甜可口，其清香的气味还能够安神，解除烦躁。此果汁加热饮用能够安神消痛，美化心情。

贴心提示

挑选菠萝要注意色、香、味三方面：果实青绿、坚硬、没有香气的菠萝不够成熟，色泽已经由黄转褐，果身变软，溢出浓香的便是果实成熟了，捏一捏果实，如果有汁液溢出就说明果实已经变质，不可以再食用了。

苹果菠萝老姜汁 驱除宫内寒气

原料

苹果半个，菠萝2片，生姜4片，饮用水200毫升。

做法

1 将苹果、菠萝、生姜洗净后切成块状；2 将准备好的苹果、菠萝、生姜和饮用水一起放入榨汁机榨汁。

【养生功效】

生姜是传统治疗恶心、呕吐的中药，有“呕家圣药”之誉。在夏季，尤其是伏天内，细菌生长繁殖异常活跃，容易污染食物而引起急性肠胃炎，但是适当吃些生姜能起到防治作用。夏季人们好贪凉，喜爱电扇、空调对着吹，很容易受风寒，引起伤风感冒。这时及时喝点儿姜糖水，将有助于驱逐体内风寒。中医认为生姜能“通神明”，即提神醒脑，所以经常出现头昏、心悸及胸闷恶心的人，适当喝点儿生姜汤大有裨益。另外，生姜辛温，具有促进血液循环的作用，经期吃姜，有助于驱除宫内寒气。女性吃姜还能抗衰老、减少胆结石的发生。苹果和菠萝具有益气润肺、生津止渴、益脾止泻、提高免疫力的功效。

贴心提示

菠萝和蜂蜜不能同时食用。

樱桃枸杞桂圆汁 补肾益气，延缓衰老

原料

樱桃6颗，桂圆6颗，枸杞10粒，饮用水200毫升。

做法

1 将樱桃洗净去核；将桂圆去壳去核，洗净；2 将准备好的樱桃、桂圆、枸杞和饮用水一起放入榨汁机榨汁。

【养生功效】

樱桃含铁量高，铁是合成人体血红蛋白、肌红蛋白的原料，在人体免疫、蛋白质合成及能量代谢等过程中，发挥着重要的作用，同时也与大脑及神经功能、衰老过程等有着密切关系。常食樱桃可补充体内对铁元素的需求，促进血红蛋白再生，既可防治缺铁性贫血，又可增强体质，健脑益智。桂圆对于脾胃虚弱、食欲不振，或气血不足、体虚乏力有很好的调节作用。枸杞子含有甜菜碱、多糖、胡萝卜素、维生素等营养成分，对造血功能有促进作用，还有抗衰老作用。

此款果汁能够补肾益气，调理气色。

贴心提示

挑选桂圆要注意剥开时果肉应透明无薄膜，无汁液溢出，留意蒂部不应沾水，否则易变坏。

苹果橙子生姜汁 促进血液循环，缓解痛经

原料

苹果1个，橙子1个，生姜2片，饮用水200毫升。

做法

1 将苹果洗净去核，切成块状；将橙子去皮，分开；将生姜洗净，切成块状；2 将准备好的苹果、橙子、生姜和饮用水一起放入榨汁机榨汁。

【养生功效】

生姜能够有效促进血液循环。用生姜浓缩萃取液或者直接用生姜涂抹头发，其中的姜辣素、姜烯油等成分，可以使头部皮肤血液循环正常化，促进头皮新陈代谢，活化毛囊组织，有效地防止脱发，刺激新发生长，并可抑制头皮痒，强化发根。用生姜煮水泡脚，全身气血通畅，温暖舒畅。姜辣素有很强对抗脂褐素的作用，生姜切片，在沸水中浸泡10分钟后，加蜂蜜调匀，每天一杯，可明显减少老年斑。此款果汁能够促进血液循环，缓解疼痛。

贴心提示

饭前或空腹时不宜食用橙子，否则橙子所含的有机酸会刺激胃黏膜，对胃不利。橙子味美但不要吃得过多。吃完橙子应及时刷牙漱口，以免对牙齿有害。

第4节 预防中老年疾病

香蕉番茄汁 抗氧化，舒缓心情

原料

香蕉1根，番茄1个，柠檬2片，饮用水200毫升。

做法

1 剥去香蕉的皮和果肉上的果络，切成块状；2 将番茄洗净，在沸水中浸泡10秒；3 剥去番茄的表皮，切成块状；4 将柠檬洗净切成块状；5 将准备好的香蕉、番茄、柠檬和饮用水一起放入榨汁机榨汁。

【养生功效】

《本草纲目》记载香蕉“甘、大寒、无毒”;《本草求原》则记载香蕉“清脾滑肠，脾火盛者食之，反能止泻止痢”。若从西方营养学来看，香蕉则好处多多，是不折不扣的好食物。一根香蕉约是半碗饭的热量，是很好的热量来源。运动选手上场时，如果吃太多食物会想呕吐，这时香蕉就是补充体力的最佳食物。香蕉也可预防中风，因为有高量的钾，它继黄豆之后，被美国食品药物管理局许可，可以在产品上明确标示:“具高钾与低钠，可以降低中风、高血压的发生”。更令人雀跃的是，香蕉还是“快乐食物”。香蕉中所含的血清素、去甲肾上腺素、多巴胺都是脑中的神经传导物质，可以抗忧郁，振奋精神。

柠檬清新香甜，带有新鲜又强劲的轻快干净的香气，是柑橘类解毒、除臭功效最好的一种，也是许多香水工业常拿来当做定香剂的一种很好的香味来源。

香蕉中含有血管紧张素转化酶抑制物质，可抑制血压升高，对降低血压有辅助作用。此款果汁能够抗氧化，调节情绪。

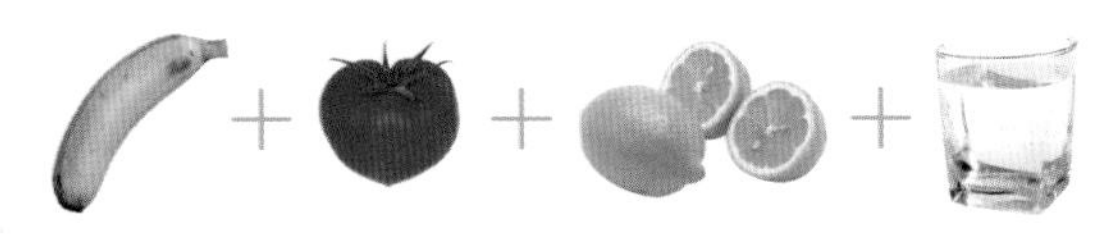

贴心提示

如果只把番茄当成水果吃补充维生素C，或盛夏清暑热，则以生吃为佳。番茄不宜空腹吃，空腹时胃酸分泌量增多，因番茄所含的某种化学物质与胃酸结合易形成不溶于水的块状物，食之往往引起腹痛，造成胃不适、胃胀痛。

豆浆蓝莓果汁 改善更年期症状

原料

蓝莓4颗，豆浆200毫升。

做法

1 将蓝莓洗净且用盐水浸泡5分钟；2 将蓝莓和豆浆一起放入榨汁机榨汁。

+

【养生功效】

现代营养研究认为，鲜豆浆除了含有植物雌激素以外，还有大豆蛋白、异黄酮、卵磷脂等物质，对某些癌症如乳腺癌、子宫癌还有一定的预防作用，是一味天然的雌激素补充剂。同时，豆浆所含的黄豆苷原，可调节女性内分泌系统的功能。蓝莓中含有丰富的花青素，有抗菌、抗自由基的作用。经常食用蓝莓制品，可营养皮肤，延缓脑神经衰老，增强心脏功能，预防老年痴呆。此款果汁适用于步入更年期的中老年女性。

贴心提示

购买豆浆时需要注意，优质豆浆具有豆浆固有的香气，无任何其他异味；次质豆浆固有的香气平淡，稍有焦煳味或豆腥味；劣质豆浆有浓重的焦煳味、酸败味、豆腥味或其他不良气味。

芹菜柚姜味汁 缓解更年期生理症状

原料

芹菜半根，柚子2片，生姜2片，饮用水200毫升。

做法

1 将芹菜、柚子洗净切成块状；将生姜去皮，切成丁；2 将切好的芹菜、柚子、生姜和饮用水一起放入榨汁机榨汁。

【养生功效】

芹菜子中分离出的一种碱性成分，对人体能起安定作用；对于皮肤苍白干燥、面色无华的人来说，食用芹菜也有很好的功效。自己做的蜂蜜柚子茶味道更清香更甜美，坚持长期喝还有美白祛斑、嫩肤养颜的功效。柚子维生素C含量比较高，有一定的美白效果。蜂蜜柚子茶能将这两种功效很好地结合起来，清热降火，嫩白皮肤。经常食用生姜能抗衰老。

此款果汁适于更年期人群。

贴心提示

好柚子“身材”一般比较匀称，一旦出现畸形，比如一边大一边小，便说明它营养不良，它的果肉极可能是酸中带苦。成熟度比较高的柚子，外皮应当呈黄色。抓起柚子，拿手指摁一摁，皮薄的柚子，果肉结实，水分足，甜度高。

木瓜豆浆汁 抗菌消炎，安神养心

原料

木瓜半个，豆浆200毫升。

做法

1 将木瓜去皮和瓤，切成块状；2 将木瓜和豆浆一起放入榨汁机榨汁。

【养生功效】

番木瓜碱具有抗肿瘤的功效，并能阻止人体致癌物质亚硝胺的合成，对淋巴性白血病细胞具有强烈抗癌活性。木瓜含有大量的β－胡萝卜素，β－胡萝卜素是一种天然的抗氧化剂，能有效对抗破坏身体正常细胞、使人体加速衰老的自由基。类风湿性关节炎的规范化治疗主要使用两类药物：消炎止痛药和免疫调节药，木瓜里恰恰含有这两种药效成分。现代研究发现，木瓜的消炎止痛功效主要是靠木瓜中的木瓜苷来实现的。此款果汁能够消炎抗菌，抗氧化。

贴心提示

豆浆煮熟后才能饮用。生豆浆里含有皂素、胰蛋白酶抑制物等有害物质，未煮熟就饮用，会发生恶心、呕吐、腹泻等中毒症状。

苹果油菜汁 补中益气，增强抵抗力

原料

苹果半个，油菜叶4片，饮用水200毫升。

做法

1 将苹果洗净切成块状；2 将油菜叶洗净切碎；3 将切好的苹果、油菜叶和饮用水一起放入榨汁机榨汁。

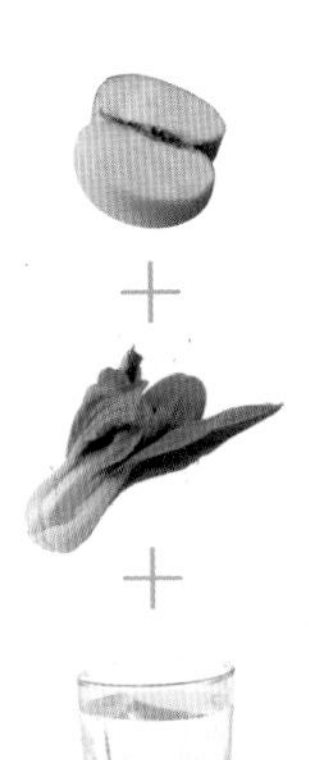

【养生功效】

油菜味辛、性温、无毒，入肝、肺、脾经。茎、叶可以消肿解毒，治痈肿丹毒、血痢、劳伤吐血。种子可行滞活血，治产后心、腹诸疾及恶露不下、蛔虫肠梗阻。油菜中含有大量的植物纤维素，能促进肠道蠕动，增加粪便的体积，缩短粪便在肠腔停留的时间，从而治疗多种便秘，预防肠道肿瘤。

油菜和苹果相组合，能够增强免疫力，改善更年期症状。

此款果汁能抗氧化，增强抵抗力，预防癌症。

贴心提示

苹果的营养价值高，含有多种维生素和酸类物质。但吃苹果要注意细嚼慢咽，这样不仅有利于消化，更重要的是能够为口腔杀菌。

活力番茄蔬菜汁 对抗细胞老化

原料

番茄2个，生菜叶2片，饮用水200毫升。

做法

① 在番茄的表皮上划几道口子，在沸水中浸泡10秒；剥掉番茄的皮，将番茄切成块状；② 将生菜叶洗净切碎；③ 将准备好的番茄、生菜叶和饮用水一起放入榨汁机榨汁。

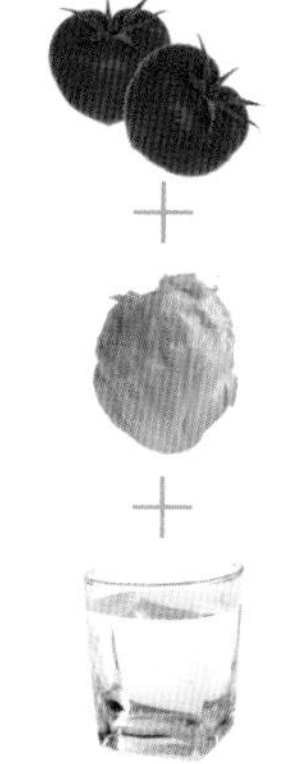

【养生功效】

番茄红素清除自由基的功效远胜于其他类胡萝卜素和维生素E，是目前自然界中被发现的最强抗氧化剂之一；番茄红素还能够提高精力和机体免疫力，抵御细胞老化。生菜中有多种成分含抗癌物质。蔬菜中的叶绿素有抗癌作用。目前经过动物实验和人体临床实验得到证实，叶绿素的铜钠盐具有抗癌变性能。生菜中富含维生素，不仅爽口开胃，还有一定的抗氧化作用。番茄红素搭配叶绿素、纤维素不仅能够抗氧化，还能预防更年期综合征。

贴心提示

服用肝素、双香豆素等抗凝血药物时不宜食番茄。番茄含维生素K较多，维生素K主要催化肝中凝血酶原以及凝血质的合成。维生素K不足时，会使凝血时间延长造成皮下和肌肉出血。

豆浆可可汁 预防骨质疏松

原料

豆浆200毫升，可可粉1勺。

做法

将豆浆和可可粉一起放入榨汁机榨汁即可。

【养生功效】

豆浆性平味甘，能利水下气、制诸风热、解诸毒。经常喝豆浆可以预防骨质疏松和便秘。对于年轻女性来说，常喝豆浆可以减少面部青春痘、暗疮的发生，使皮肤白皙润泽。老年人多喝鲜豆浆还可预防老年痴呆，防治气喘病。对于贫血病人的调养，豆浆比牛奶作用还要强，以喝热豆浆的方式补充植物蛋白，可以使人的抗病能力增强。更年期的女性每天喝一杯豆浆，就可以帮助调节内分泌系统，减轻并改善更年期症状，延缓衰老。

此款果汁具有延缓衰老，预防骨质疏松的功效。

贴心提示

豆浆中的草酸盐可与肾中的钙结合，会加重肾结石的症状，所以肾结石患者不宜饮用，另外，豆浆对痛风病人也不适宜。

橘子牛奶汁 增加骨密度

原料

橘子半个，牛奶200毫升。

做法

1 将橘子连皮洗净，切成块状；2 将切好的橘子和牛奶一起放入榨汁机榨汁。

【养生功效】

膝关节退变增生是随年龄增长的正常生理过程，中老年人都有一定程度的骨质疏松，当站立位和行走时全身重量均由双膝承担，膝关节长期劳损、反复扭伤时膝关节肌力减弱、失衡，产生不协调之摩擦损伤，久之，软骨面退变，弹性降低，部分或以至完全碎裂、脱落，而导致膝关节疼痛、积液、纤维组织增生。美国的研究人员发现，常规给实验室小鼠喂橘子汁能够预防骨质疏松。此款果汁能够增强机体免疫力，预防骨质疏松。

贴心提示

橘皮菜：吃过橘子后，把新鲜的橘皮收集起来，清洗干净，在清水中泡2天，然后切成细丝，再用白糖腌20天，就成了非常可口的下酒菜。不仅吃起来甜香爽口，而且还有解酒的作用。

苹果荠菜香菜汁 补钙，促进骨骼生长

原料

苹果半个，荠菜2棵，香菜1棵，饮用水200毫升。

做法

1 将苹果洗净，切成块状；2 将荠菜、香菜洗净后切碎；3 将苹果、荠菜、香菜和饮用水一起放入榨汁机榨汁。

【养生功效】

荠菜富含促进骨质形成所必需的维生素K，不仅能减少钙流失，还能提高骨骼强度，适宜多吃。

香菜性温味甘，能健胃消食、发汗透疹、利尿通便、祛风解毒。《本草纲目》说："胡荽辛温香窜，内通心脾，外达四肢。"香菜营养丰富，香菜内含维生素C、胡萝卜素、维生素B_1、维生素B_2等，同时还含有丰富的矿物质，如钙、铁等，可以预防骨质疏松。

荠菜、香菜都是很受欢迎的高钙蔬菜，苹果中的含钙量也比一般水果要丰富，而且其中的维生素B_6和铁还有助于钙质的吸收。此款果汁能够补钙，预防骨质疏松。

贴心提示

香菜有损人精神、对眼不利的缺点，故不可多饮。

南瓜橘子汁 保护皮肤组织，预防骨质疏松

原料

南瓜2片，橘子1个，饮用水200毫升，蜂蜜适量。

做法

1 将南瓜去皮去瓤，切成块状；将橘子去皮，分开果肉；2 将南瓜、橘子和饮用水一起放入榨汁机榨汁；在榨好的果汁内加入适量蜂蜜搅拌均匀即可。

【养生功效】

南瓜中丰富的胡萝卜素在机体内可转化成具有重要生理功能的维生素A，从而对维持正常视力、促进骨骼的发育具有作用；南瓜中高钙、高钾、低钠，特别适合中老年人和高血压患者，有利于预防骨质疏松和高血压；南瓜所含果胶还可以保护胃肠道黏膜，免受粗糙食品刺激，促进溃疡愈合。南瓜能消除致癌物质亚硝胺的突变作用，有防癌功效，并能帮助肝、肾功能的恢复，增强肝、肾细胞的再生能力。

此款果汁能够提高机体免疫力，预防骨质疏松。

贴心提示

橘子含热量较多，如果我们一次食用过多，就会“上火”，从而诱发口腔炎、牙周炎等症。

杏仁燕麦鲜奶汁 缓解胸闷症状

原料

杏仁6颗，燕麦1勺，鲜奶200毫升。

做法

1 将杏仁洗净；2 将准备好的杏仁、燕麦和鲜奶一起放入榨汁机榨汁。

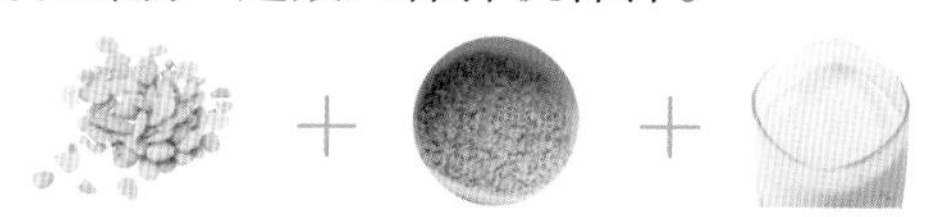

【养生功效】

苦杏仁中含有苦杏仁苷，苦杏仁苷在体内能被肠道微生物酶或苦杏仁本身所含的苦杏仁酶水解，产生微量的氢氰酸与苯甲醛，对呼吸中枢有抑制作用，达到镇咳、平喘作用。

燕麦性味甘平，能益脾养心、敛汗，可用于体虚自汗、盗汗或肺结核病人。

此款果汁能够促进血液循环，益气除烦。

贴心提示

杏仁在正确贮藏的情况下，营养成分比其他坚果保存得更久，即使是跨年度保存也没有明显的质量损失。保存在远离热源的凉爽干燥的地方，同时要避免阳光的直射。理想的库存温度是2~7℃。杏仁容易遭强烈气体渗透，所以一定不要将杏仁和有刺激性气味的东西存放在一个屋里。可以冷冻贮存，这样可以明显延长保质期。

白萝卜圆白菜汁 疏肝解郁

原料

白萝卜2片（1厘米厚），圆白菜2片，饮用水200毫升。

做法

1 将白萝卜洗净去皮，切成块状；将圆白菜洗净切碎；2 将切好的白萝卜、圆白菜和饮用水一起放入榨汁机榨汁。

【养生功效】

白萝卜含有丰富的多种维生素，还含糖及钙、磷、铁无机盐，又含有大量淀粉酶及芥子油，能助消化。近代学者研究，白萝卜中含有淀粉酶能分解食物中的淀粉、脂肪等成分，使之易被人体吸收。白萝卜中的芥子油，有促进胃肠蠕动、帮助消化的功能。有些人因食油腻过多引起消化不良、胃脘胀满，或滥吃人参补品，引起肚腹胀气，可用萝卜洗净、去皮后，切片食之，即能帮助消除肚腹胀气。此款果汁能够驱除肝火，缓解抑郁。

贴心提示

新鲜白萝卜，色泽嫩白；掂起来比较重，捏起来表面比较硬实；最前面的须是直的；如果白萝卜表面的气眼排列均匀，并在一条直线上，那么大多情况下，这是甜心白萝卜，反之，则可能会有些辣。

菠萝草莓橙汁 酸甜可口，消除郁闷情绪

原料

菠萝2片，草莓8颗，橙子1个，饮用水200毫升。

做法

1 橙子去皮，分开；2 将准备好的菠萝、草莓、橙子和饮用水一起放入榨汁机榨汁。

【养生功效】

菠萝不仅美味，更几乎含有所有人体所需的维生素，16种天然矿物质，并能有效帮助消化吸收。菠萝的色泽和香味能够消除人的烦闷情绪。菠萝还有减肥的效果。

草莓含有的维生素和矿物质远远高于苹果和梨，还含有葡萄糖、果糖、柠檬酸、苹果酸、胡萝卜素、核黄素等，这些营养素能够促进儿童的生长发育和老年人的身体健康。草莓中所含的维生素、矿物质不仅能够增强抵抗力，还能消除忧郁情绪，重拾美好心情。

此款果汁能缓解胸闷郁结、心情惆怅。

贴心提示

菠萝切成块状之后，要用盐水或苏打水浸泡20分钟后再榨汁，以防过敏。因菠萝蛋白酶能够溶解纤维蛋白，故不可饮用过多。

橘子蜜汁 调节心情，舒缓压力

原料

橘子2个，饮用水200毫升，蜂蜜适量。

做法

1 将橘子去皮，分开；2 将准备好的橘子和饮用水一起放入榨汁机榨汁；3 在榨好的果汁内加入适量蜂蜜搅拌均匀即可。

【养生功效】

蜂蜜含多种维生素、矿物质和有益人体健康的微量元素，具有滋养润燥、排毒解毒的功效。蜂蜜能改善血液的成分，促进心脑和血管功能。食用蜂蜜能迅速补充体力，消除疲劳，增强对疾病的抵抗力。在所有的天然食品中，大脑神经元所需要的能量在蜂蜜中含量最高。蜂蜜中的果糖、葡萄糖可以很快被身体吸收利用。此款果汁能够调节精神的紧张状态。

贴心提示

未满1岁的婴儿不宜吃蜂蜜：蜂蜜在酿造、运输与储存过程中，易受到肉毒杆菌的污染。婴儿由于抵抗力弱，食入肉毒杆菌后，则会在肠道中繁殖，并产生毒素，而肝脏的解毒功能又差，因而易引起肉毒杆菌性食物中毒。

柠檬菠萝汁 预防忧郁症

原料

柠檬2片，菠萝2片。

做法

1 将柠檬洗净，切成块状；2 将切好的柠檬和菠萝一起放入榨汁机榨汁。

【养生功效】

《本草纲目》中记载："菠萝能补脾胃，固元气，制伏亢阳，扶持衰土，壮精神，益气，宽痞，消痰，解酒毒，止酒后发渴，利头目，开心益志。"菠萝中含有生物苷和菠萝蛋白酶，它们不仅能使血栓消退，还可及早抑制血栓形成。而血栓正是导致心肌梗死、脑血栓塞的主要原因。因此，菠萝是心脏病患者的理想水果，对于由血栓导致的冠状动脉和脑动脉血管栓塞引起的心脏病，具有缓解作用。菠萝在饭后食用，能开胃顺气，解油腻，帮助消化。心情低落时，吃点儿菠萝或柠檬也能摆脱不良情绪的干扰。此款果汁能够舒畅心情，预防忧郁症。

贴心提示

选购柠檬一定要选手感硬实的，表皮看起来紧绷绷、很亮丽，掂一掂分量很够，只有这种发育良好的果实，才会芳香多汁又不致酸度吓人。

绿茶优酪乳 清洁血液，预防肥胖

原料

绿茶粉5克，苹果150克，酸奶200毫升。

做法

1 将苹果洗干净，去掉皮，切成小块，放入果汁机内搅打成汁；2 放入绿茶粉、酸奶搅拌均匀即可。

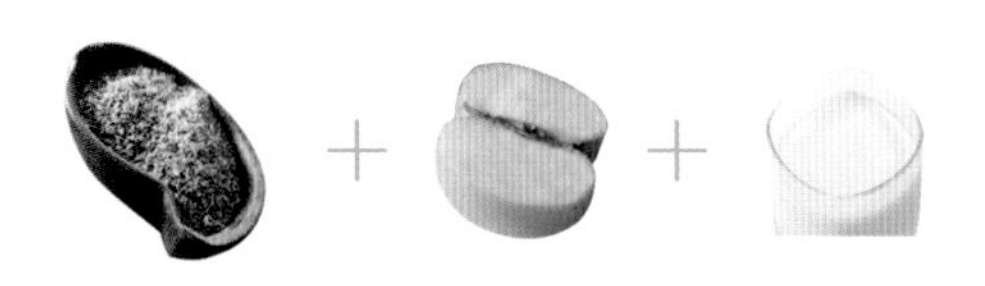

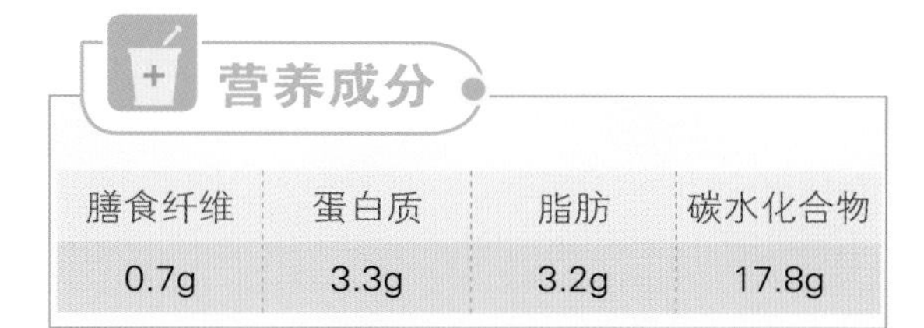

营养成分

膳食纤维	蛋白质	脂肪	碳水化合物
0.7g	3.3g	3.2g	17.8g

【养生功效】

绿茶含有茶氨酸、儿茶素，可改善血液循环，预防肥胖、中风和心脏病。如果同时或在食后饮用绿茶，可软化血管。绿茶粉可阻碍糖类吸收，有利于纤体美容。

果汁热量 478千焦

操作方便度：★★★★☆

推荐指数：★★★★☆

第5节 锻造抗癌体质

西瓜汁 补充红色素，锻造抗癌体质

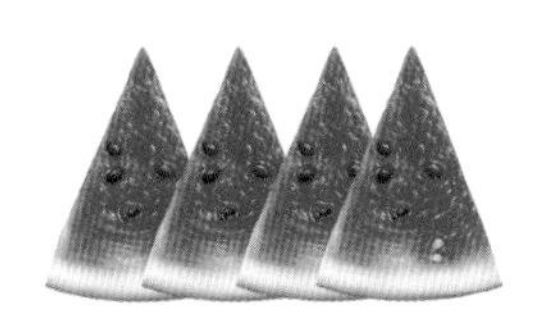

原料

西瓜4片。

做法

1 除去西瓜子，并将西瓜切成块状；2 将切好的西瓜放入榨汁机榨汁。

【养生功效】

西瓜含水分93.8%，脂肪量微少，却几乎包含了人体所需的所有营养成分。每100克的西瓜汁，含有126.7毫克维生素A、0.05毫克维生素B_1、10.05克维生素B_2、0.04克维生素B_6。室温下，西瓜所含的番茄红素和β-胡萝卜素比冰镇西瓜要高出40%和139%。而这些营养要素是具有抗癌作用的抗氧化剂的组成成分。黄心西瓜内含的胡萝卜素，能诱导癌细胞良性分化。西瓜内含的枸杞碱可以抑制癌细胞繁殖及肿瘤的形成。其内含的配醣体可以促进体内产生T淋巴细胞及去活化巨噬细胞，从而产生抗体来抑制癌细胞的成长。

西瓜中的番茄红素有增强白细胞活性的功效，通常，果实越红，所含番茄红素越多。

此款果汁能够增强细胞活性，抗氧化。

贴心提示

西瓜还有养生保健的别致吃法：将白菊花、川贝、麦冬、金银花各5克，上好绿茶3克，乌梅2~3粒，洗净后烘干，再放入烤箱烤酥，加少许精盐做成药沫。把西瓜从瓜蒂处切开，将瓜瓣搅碎，去掉瓜子，加入药沫，再倒入80克蜂蜜调匀。盖好瓜盖，冷藏10小时后即可食用。风味独特，而且有祛暑消炎、解热生津、养阴提神之功效。

紫苏苹果汁 消炎，预防癌症

原料

苹果半个，紫苏叶 2 片，饮用水 200 毫升。

做法

1 将苹果去皮并切碎；2 将紫苏叶切碎；3 将切好的苹果、紫苏叶和饮用水一起放入榨汁机榨汁。

【养生功效】

紫苏叶理气，治感冒风寒，恶寒发热，咳嗽，气喘，胸腹胀满，胎动不安，并能解鱼蟹毒。用于感冒风寒，发热恶寒，头痛鼻塞，兼见咳嗽或胸闷不舒者。紫苏叶中含有的木樨草素是一种类黄酮成分，有抗过敏、消炎等功效。如果身体发炎，体内细胞会受到损伤，进而会产生变异，有诱发癌症的危险。紫苏不仅有消炎的作用，还能预防癌症。

苹果则具有生津止渴、益脾止泻、和胃降逆、消炎防癌的功效。

此款果汁具有消炎理气，预防癌症的功效。

贴心提示

此款果汁味道略酸，饮用不习惯者可以加入适量蜂蜜。

圆白菜豆浆汁 去除活性氧，消除致癌物质

原料

圆白菜叶 2 片，豆浆 200 毫升。

做法

1 将圆白菜叶洗净，切成碎片；2 将切好的圆白菜和豆浆一起放入榨汁机榨汁。

【养生功效】

圆白菜含有丰富的维生素、胡萝卜素、碳水化合物，具有抗衰老、抗氧化的功效。圆白菜能够提高人体免疫力，预防季节性感冒，保障癌症患者的身体和生活质量。在抗癌蔬菜中，圆白菜排在第三位。圆白菜有抗菌消炎的成分是在于它含有植物杀菌素，对咽喉疼痛、外伤肿痛、蚊叮虫咬、胃痛、牙痛有一定的作用。圆白菜中含有某种溃疡愈合因子，是胃溃疡患者的有效食疗食品。

此款果汁能够增强抵抗力，清除体内的致癌物质。

贴心提示

圆白菜叶也可以用热水焯一下。此款果汁不宜空腹食用。

番茄红彩椒香蕉果汁 抗氧化、抗癌

原料

红彩椒半个，番茄1个，香蕉1根，饮用水200毫升。

做法

1 将彩椒去子并切碎；2 将番茄表面划几道口子，在沸水中浸泡10秒；3 去掉番茄的表皮，并将番茄切成块状；4 将香蕉去皮，撕掉果肉上的果络，切成适当大小；5 将切好的彩椒、番茄、香蕉和饮用水一起放入榨汁机榨汁。

贴心提示

果汁中加入少量食盐能够充分提取番茄原有的甘甜。

【养生功效】

番茄、红彩椒、香蕉最显著的功效为抗癌。彩椒中所含的辣椒红素，有很强的抗氧化性；香蕉则对增强白细胞的活性有很强功效；相对彩椒和香蕉来说，番茄所含的番茄红素具有更强的抗癌效果。

此款果汁对于预防癌症和癌症患者的生活调理有很好帮助。

番茄汁 消除体内活性氧

原料

番茄2个。

做法

1 在番茄的表皮划几道口子，在沸水中浸泡10秒；2 剥去番茄的表皮，将番茄切成块状；3 将切好的番茄放入榨汁机榨汁。

【养生功效】

番茄中所含的番茄红素通过有效清除体内的自由基，能够预防和修复细胞损伤，抑制DNA的氧化，从而降低癌症的发生率。

番茄红素还具有细胞生长调控和细胞间信息感应等生化作用。它能诱导细胞连接通信信号，保证细胞间正常生长控制信号的传递，调控肿瘤细胞增殖，起到抗癌防癌作用。研究表明，番茄红素能够有效预防前列腺癌、消化道癌、肝癌、肺癌、乳腺癌、膀胱癌、子宫癌、皮肤癌等。

此款果汁能够清除体内活性氧成分，起到抗癌作用。

贴心提示

不宜吃未成熟的青色番茄，因含有毒的龙葵碱。食用未成熟的青色番茄，会感到苦涩，吃多了，严重的可导致中毒，出现头晕、恶心、周身不适，甚至有生命危险。

西蓝花胡萝卜汁 抗氧化，防癌症

原料

西蓝花2朵，胡萝卜半根，饮用水200毫升。

做法

1 将西蓝花洗净焯一下；2 将胡萝卜切成丁；3 将西蓝花和胡萝卜一起放入榨汁机榨汁。

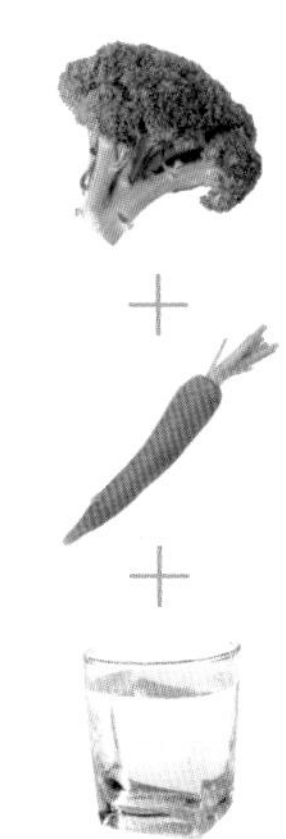

【养生功效】

胡萝卜所含的胡萝卜素经过机体作用后会转变成维生素A，有助于增强机体的免疫功能，在预防上皮细胞癌变的过程中具有重要作用；胡萝卜含有的木质素能提高机体免疫机制，间接消灭癌细胞；具有强效抗氧化力的β–胡萝卜素，可以对抗多种的癌症，如肺癌、甲状腺癌、乳癌等。西蓝花含较多维生素C，在防治胃癌、乳腺癌方面效果尤佳，同时西蓝花含有抗氧化防癌症的微量元素，长期食用可以减少乳腺癌、直肠癌及胃癌等癌症的发病概率。此款果汁具有很强的抗氧化、防癌症功效。

贴心提示

大量胡萝卜素会引起闭经和抑制卵巢的正常排卵功能，因此，女性不宜大量饮用。

番茄胡萝卜汁 抑制活性氧，预防癌症

原料

番茄2个，胡萝卜半根。

做法

1 在番茄的表皮划几道口子，在沸水中浸泡10秒；2 剥去番茄的表皮，将番茄切成块状；3 将胡萝卜洗净切成丁；4 将切好的番茄和胡萝卜一起放入榨汁机榨汁。

【养生功效】

人体在进行营养代谢的过程中，不可避免地有一部分“化学基团”会从代谢中泄漏出来，就是我们常说的自由基，自由基的氧化能力很强，会不断地攻击人体组织细胞，损伤DNA，导致免疫力下降、衰老、皮肤老化、色斑、肿瘤及多种疾病发生。目前已知由自由基造成或参与的疾病有100多种，如肿瘤、糖尿病、老年痴呆等。研究发现，番茄红素淬灭清除自由基的能力最强，是胡萝卜素的2倍多，是维生素E的100倍。富含类胡萝卜素的饮食能降低膀胱癌、宫颈癌、前列腺癌、喉癌和食道癌的风险。此款果汁能够抑制体内活性氧，消灭癌细胞。

贴心提示

番茄红素遇光、热和氧气容易分解，失去保健作用，因此，不宜在沸水中浸泡过久。

猕猴桃汁 增强免疫力，预防癌症

原料

猕猴桃 2 个。

做法

1 剥去猕猴桃的表皮并切成块状；2 将切好的猕猴桃放入榨汁机榨汁。

【养生功效】

中医认为，猕猴桃性寒味甘酸，归肾、胃经，具有调中理气、生津润燥、解热除烦、利尿通淋、和胃降逆的功效。猕猴桃是所有水果中维生素 C 含量最多的，猕猴桃所含的谷胱甘肽，有抑制癌症基因突变的作用。猕猴桃能通过保护细胞间质屏障，消除摄入的致癌物质，对延长癌症患者生存期起一定作用。猕猴桃的清热生津、活血行水之功，尤其适合癌症患者放疗后食用。此款果汁能够抑制肿瘤诱变。

贴心提示

猕猴桃营养价值极高，被誉为“水果之王”，含亮氨酸、苯丙氨酸、异亮氨酸、酪氨酸、缬氨酸、丙氨酸等十多种氨基酸，含有丰富的矿物质，每 100 克果肉含钙 27 毫克，磷 26 毫克，铁 1.2 毫克，还含有胡萝卜素和多种维生素。

海带西芹汁 预防结肠癌

原料

西芹半根，海带汤 200 毫升。

做法

1 将西芹洗净切碎；2 将切好的西芹和准备好的海带汤放入榨汁机榨汁。

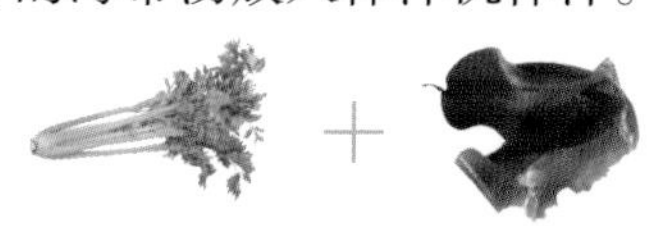

【养生功效】

广州人爱吃芹菜，相传 1000 多年前的南汉时代，在西关荔枝湾附近建过一座昌华苑，别称西园，那里种有一片芹菜，茎质脆嫩，味道浓香，很宜炒食，远近驰名。当时曾有“南�西芹菜茹之珍”的美称。据研究显示，西芹中含有的纤维素能够预防结肠癌。海带能提高机体的体液免疫，调节免疫力。海带中富含抗癌明星硒元素，对于肿瘤有明显的抑制作用。海带含有大量的不饱和脂肪酸和食物纤维，能清除附着在血管壁上的胆固醇，调顺肠胃，促进胆固醇的排泄。此款果汁能预防结肠癌。

贴心提示

海带性寒，脾胃虚寒者忌食。患有甲亢的病人不要吃海带。孕妇、乳母不宜吃过多海带，因为海带中的碘可随血液循环进入胎（婴）儿体内，引起胎（婴）儿甲状腺功能障碍。

牛奶红辣椒汁 提高免疫力，抵制癌细胞

原料

红辣椒1个，牛奶200毫升。

做法

1 将红辣椒去子，切碎；2 将红辣椒和牛奶一起放入榨汁机榨汁。

【养生功效】

红辣椒含有丰富的蛋白质、矿物质、维生素及胡萝卜素，有很强的抗癌功效。蛋白质是构成人体细胞的基本元素，同样也是构成白细胞和抗体的主要成分。身体如果严重缺乏蛋白质，会促使淋巴细胞的数量减少，造成免疫机能严重下降。因此多摄取高蛋白质的食物，能够帮助人体提高免疫力。此款果汁对于预防癌症和癌症患者治疗十分有效。

贴心提示

牛奶能够明显地影响人体对药物的吸收速度，还容易使药物表面形成覆盖膜，使牛奶中的钙与镁等矿物质离子与药物发生化学反应，生成非水溶性物质，不仅降低药效，还可能对身体造成危害。所以，在服药前后各1～2小时内最好不要饮用此果汁。

番茄西蓝花汁 消除体内致癌物质的毒性

原料

西蓝花2朵，番茄1个，饮用水200毫升。

做法

1 将西蓝花在沸水中焯一下；2 将番茄表皮划几道口子，在沸水中浸泡10秒；3 剥去番茄的表皮，并切成大块；4 将西蓝花、番茄与饮用水一起放入榨汁机榨汁。

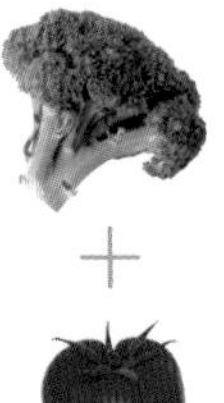

【养生功效】

番茄中有丰富的胡萝卜素、B族维生素，还有对保护血管健康、防治高血压有一定作用的芦丁，番茄中的特殊成分——番茄红素，有助消化和利尿的功效，常吃番茄，对肾脏病患者也很有益。高血压、眼底出血患者，每天早晨吃新鲜番茄1～2个，也可收降压止血之效。长期以来，西蓝花被视为一种能降低癌症风险的蔬菜。一些调查研究证实，食用西蓝花确实与某些癌症的发生率降低有关。西蓝花中富含的化合物莱菔硫烷被认为是一种具有抗癌作用的物质。

此款果汁能够抑制体内癌细胞的增长。

贴心提示

挑选西蓝花时，手感越重的，质量越好。不过，也要避免其花球过硬，这样的西蓝花比较老。买回后最好在4天内吃掉，否则就不新鲜了。

莴苣苹果汁 预防癌症和肿瘤

原料

莴苣4厘米长，苹果半个，饮用水200毫升。

做法

①将莴苣去皮切成丁；②将苹果去核切成丁；③将切好的莴苣、苹果和饮用水一起放入榨汁机榨汁。

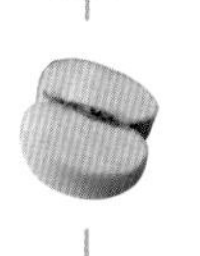

【养生功效】

莴苣叶含有的成分，能分解食物中的致癌物亚硝胺，防止各种癌症的发生。莴苣有促进利尿、改善心肌收缩、体内电解质平衡的维持、帮助牙齿及骨骼的生长、维持甲状腺生理功能、促进新陈代谢等功效。

研究证实，苹果中的多酚能够抑制癌细胞的增殖。苹果中含有的黄酮类物质是一种高效抗氧化剂，它不但是最好的血管清理剂，而且是癌症的克星。

此款果汁能够降低胆固醇，防癌抗癌。

贴心提示

莴苣中的某种物质对视神经有刺激作用，古书记载莴苣多食使人目糊，停食数天，则能自行恢复，故视力弱者不宜多饮，有眼疾特别是夜盲症的人也应少饮。

芒果椰奶汁 防癌抗癌

原料

芒果半个，椰奶200毫升。

做法

①将芒果去皮，取出果肉；②将准备好的芒果和椰奶一起放入榨汁机榨汁。

【养生功效】

美国科学家发现，芒果还有预防或抑制某些类型结肠癌和乳腺癌的作用。研究人员对芒果中的多酚进行了研究，特别是其中的生物活性成分丹宁。研究发现，细胞分裂周期因多酚而被打破，这可能是芒果预防或抑制癌症的一种机制。研究发现，芒果中的多酚提取物对结肠癌、乳腺癌、肺癌、白血病和前列腺癌有预防作用，尤其对乳腺癌和结肠癌非常有效。椰奶有很好的清凉消暑、生津止渴的功效。此外还有强心、利尿、驱虫、止呕止泻的功效。

此款果汁不仅能够防癌抗癌，还能增强肠胃蠕动能力。

贴心提示

熟的芒果放冰箱中保鲜，不可水洗后放入（水洗后会缩短存放时间），可用塑料袋或保鲜膜包好。极熟的可保留3天，稍熟的可放置7~10天。

西蓝花芹菜汁 防癌抗癌

原料

西蓝花2朵，芹菜1根，饮用水200毫升。

做法

1 将西蓝花洗净，在热水中焯一下，切成块状；2 将芹菜洗净，切成块状；3 将准备好的西蓝花、芹菜和饮用水一起放入榨汁机榨汁。

【养生功效】

西蓝花所含的硫代葡萄糖苷能够帮助降低罹患癌症的风险。这是一种硫化合物，它进入人体后，会分解成一些小分子化合物，可以抑制致癌物在体内“搞破坏”，同时想尽办法把它们“赶出去”。常吃西蓝花可以降低患乳腺癌、前列腺癌、结肠癌、卵巢癌、子宫颈癌、肝癌等的风险。芹菜是高纤维食物，具有抗癌防癌的效用，它经肠内消化作用后产生一种木质素或肠内脂的物质，这类物质是一种抗氧化剂，高浓度时可抑制肠内细菌发生的致癌物质。此款果汁能够预防癌症。

贴心提示

芹菜的保存：将新鲜、整齐的芹菜捆好，用保鲜袋或保鲜膜将茎叶部分包严，然后将芹菜根部朝下竖直放入清水盆中，一周内不黄不蔫。

番茄山楂蜜汁 清除体内自由基

原料

番茄1个，山楂10个，饮用水200毫升，蜂蜜适量。

做法

1 将番茄洗净，在沸水中浸泡10秒；剥去番茄的表皮并切成块状；将山楂洗净，切下果肉；2 将番茄、山楂和饮用水一起放入榨汁机榨汁；在榨好的果汁内加入适量蜂蜜搅拌均匀。

【养生功效】

番茄红素是抗氧化性最强的类胡萝卜素，类胡萝卜素的抗癌机制主要是抑制癌细胞之磷脂质代谢，番茄红素调节肿瘤抑制基因，降低肿瘤的发生率，体外实验显示可抑制肿瘤细胞之增殖作用。

山楂富含胡萝卜素、钙、齐墩果酸、乌素酸、山楂素等三萜类烯酸和黄酮类等有益成分，能舒张血管，加强和调节心肌，增大心室和心运动振幅及冠状动脉血流量，降低血清胆固醇和降低血压。

此款果汁能够抵御癌症。

贴心提示

孕妇莫吃山楂，孕妇因早期妊娠反应，喜欢选择味道酸的水果，但不要选择山楂，因为山楂有破血散瘀的作用，能刺激子宫收缩，可能诱发流产。产后服用可促进子宫复原。

第6节 防治其他常见疾病

苹果小萝卜汁 助消化，止咳嗽

原料

青苹果半个，小萝卜2个，饮用水200毫升。

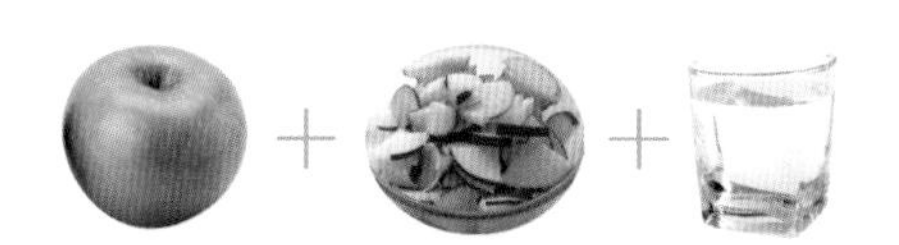

做法

1 将苹果洗净，切成丁；2 将小萝卜洗净切成块；3 将切好的苹果、小萝卜和饮用水一起放入榨汁机榨汁。

贴心提示

萝卜种类繁多，生吃以汁多辣味少者为好，平时不爱吃凉性食物者以熟食为宜。萝卜主泻，胡萝卜为补，所以二者最好不要同食。若要一起吃时应加些醋来调和，以利于营养吸收。白萝卜宜生食，但要注意吃后半小时内不能进食，以防其有效成分被稀释。

【养生功效】

苹果中的粗纤维能使大便松软，有机酸能促进肠道蠕动，有利排便。常吃苹果可减少大肠癌发生。苹果中含有丰富的果胶，果胶能破坏致癌污染物放射性气体，可减少癌症的发生。一个100克的苹果（包括苹果皮）相当于1500毫克维生素C的抗氧化效果。在人们常食用的水果中，苹果的抗氧化活性仅次于草莓，排在第二位。日本研究证实，苹果中的多酚能够抑制癌细胞的增殖；法国的研究表明，苹果中的原花青素能预防结肠癌；芬兰的一项研究揭示，多吃苹果能使肺癌的患病率减少46%，其他癌症的患病率减少20%。苹果对乳腺癌细胞、肝癌细胞和结肠癌细胞的生长具有显著的抑制作用。

小萝卜性凉味甘辛，具有通气导滞、止咳化痰、解毒散瘀的功效。食积腹胀，消化不良，胃纳欠佳，可以生捣汁饮用；恶心呕吐，泛吐酸水，慢性痢疾，均可切碎蜜煎细细嚼咽；便秘，可以煮食；口腔溃疡，可以捣汁漱口。咳嗽咳痰，最好切碎蜜煎细细嚼咽；咽喉炎、扁桃体炎、声音嘶哑、失音，可以捣汁与姜汁同服；鼻出血，可以生捣汁和酒少许热服，也可以捣汁滴鼻；咯血，与羊肉、鲫鱼同煮熟食；预防感冒，可煮食。

此款果汁能够预防感冒，消减感冒症状。

草莓樱桃汁 消痛止咳，清神

原料

草莓 4 颗，樱桃 6 颗，饮用水 200 毫升。

做法

1 将草莓洗净，切成块状；将樱桃洗净去核；2 将准备好的草莓、樱桃和饮用水一起放入榨汁机榨汁。

【养生功效】

草莓对胃肠道有一定的滋补调理作用，还可治疗贫血。草莓除可以预防坏血病外，对防治动脉硬化、冠心病也有较好的疗效。樱桃性温热，兼具补中益气之功，对腰腿疼痛、咽喉炎有良效。樱桃萃取物的抗炎效果是阿司匹林的 10 倍。许多关节炎患者饮用樱桃汁，每天 2 勺，可有效减轻炎症。草莓和樱桃制成的果汁色泽鲜亮，味道甜美，经常饮用不仅能够消炎止咳，还有养精怡神的作用。

贴心提示

樱桃要选大颗、颜色深有光泽、饱满、外表干燥、樱桃梗保持青绿的。避免买到碰伤、裂开和枯萎的樱桃。樱桃洗干净后，可放置在餐巾纸上吸收残余水分，干燥后装入保鲜盒或塑料袋中放入冰箱中。

莲藕荸荠汁 生津润肺，清热化痰

原料

莲藕 4 片，荸荠 6 颗，饮用水 200 毫升。

做法

1 将莲藕洗净去皮切成丁；将荸荠去皮，取出果肉；2 将荸荠、莲藕、饮用水一起放入榨汁机榨汁。

【养生功效】

荸荠口感甜脆，营养丰富，含有蛋白质、脂肪、粗纤维、胡萝卜素、维生素 B、维生素 C、铁、钙、磷和碳水化合物，具有清热泻火的良好功效。荸荠质嫩多津，可治疗热病津伤口渴之症。荸荠是凉性食物，对于风热引起的感冒咳嗽有效。

莲藕生用性寒，有清热凉血作用，可用来治疗热性病症；莲藕味甘多液，对热病口渴、衄血、咯血、下血者尤为有益。

此款果汁能够止咳化痰，生津润肺。

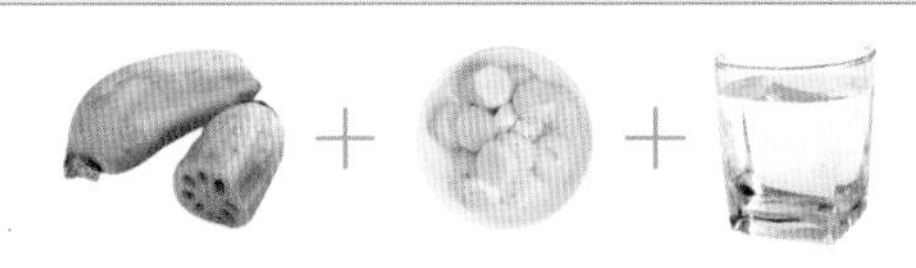

贴心提示

藕性偏凉，产妇不宜过多饮用。脾胃消化功能低下、大便溏泄者不宜多喝。

番茄葡萄柚乳酸饮 润喉，开胃消食

原料

番茄1个，葡萄柚1个，乳酸饮料200毫升。

做法

1 将番茄表皮划几道口子，在沸水中浸泡10秒；剥去番茄的表皮，并切成大块；将葡萄柚去皮，切成块状；2 将准备好的番茄、葡萄柚、乳酸饮料一起放入榨汁机榨汁。

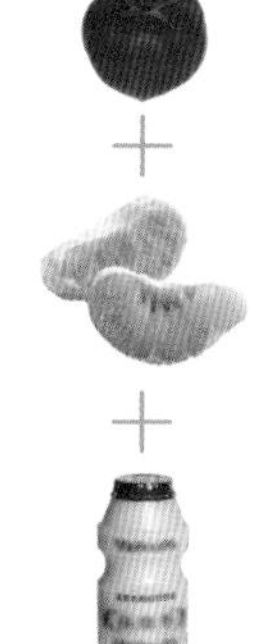

【养生功效】

番茄具有健胃消食、生津止渴、润肠通便的功效，其所含苹果酸、柠檬酸等有机酸，能促使胃液分泌和脂肪及蛋白质的消化；并且能够增加胃酸浓度，有助胃肠疾病的康复。番茄汁与温水用来漱喉，能够减轻咽喉疼痛的症状。葡萄柚中含有天然维生素P、维生素C以及可溶性纤维素。研究发现，每天饮用葡萄柚汁的人，较少出现呼吸系统疾病。此款果汁能够开胃消食，增强机体免疫力。

贴心提示

葡萄柚性凉、味甘酸，具有清热、止渴之效，葡萄柚精油是由果皮压榨而得的，气味清新、香甜，有柑橘的果香味。葡萄柚精油可以抗忧郁，尤其在冬天出现的忧郁或昏昏欲睡等症状，可以使人恢复精神，是季节性精神失调的调节剂。

莲藕橘皮蜜汁 清热化瘀，止咳化痰

原料

莲藕4厘米长，饮用水200毫升，蜂蜜、生橘皮适量。

做法

1 将莲藕洗净去皮，切成块状；2 将切好的莲藕和饮用水、生橘皮一起放入榨汁机榨汁；3 在榨好的果汁内加入适量的蜂蜜搅拌均匀即可。

【养生功效】

咳嗽是呼吸道感染的一种基本的临床表现，它可体现在多种疾病中，如上呼吸道感染、气管支气管炎、急慢性咽炎、各种炎症引起的肺部感染等。莲藕味甘，生藕性寒，能清热润肺、凉血化瘀；熟藕性温，可健脾开胃、补心生血、止泻固精。莲藕汤能防治咳嗽，可将带皮莲藕切薄片，同饴糖一起熬汤饮用；莲藕汤还可以消除口腔炎。橘皮入药称为“陈皮”，具有理气燥湿、化痰止咳、健脾和胃的功效，常用于防治胸胁胀痛、疝气、乳胀等症。此款果汁能够化痰止咳，补益气血。

贴心提示

藕分为三种：红花藕，藕形瘦长，含粉多，水分少，不脆嫩；白花藕肥大，呈银白色，肉质脆嫩多汁；麻花藕呈粉红色，含淀粉多。

橘子苹果汁 止咳平喘，促进血液循环

原料

橘子半个，苹果半个，饮用水 200 毫升。

做法

1 将橘子连皮洗净切成块状；2 将苹果洗净切成块状；3 将切好的橘子、苹果、饮用水一起放入榨汁机榨汁。

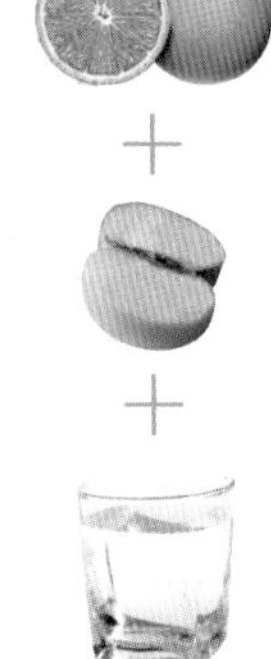

【养生功效】

中医认为，橘子味甘酸、性寒，具有润肺清肠、理气化痰、补血健脾等诸多功效，同时在除痰止渴、理气散结方面也有功效。苹果具有生津止渴、和胃降逆、益脾止泻的功效。吃较多苹果的人远比不吃或少吃苹果的人感冒概率要低。苹果可以帮助孕妇和孩子补充维生素 A、维生素 E、维生素 D 和锌元素，它们能降低孩子患哮喘的概率。此外，苹果中的黄酮类化合物也有助于治疗哮喘、支气管炎症等呼吸道疾病。

此款果汁能够促进血液循环，改善哮喘症状。

贴心提示

胃肠、肾、肺功能虚寒者不可多吃，以免诱发腹痛。

柳橙汁 清热化痰，平喘

原料

柳橙一个，饮用水 200 毫升，蜂蜜适量。

做法

1 将柳橙洗净去皮，将果肉切成块状；2 将切好的柳橙和饮用水一起放入榨汁机榨汁；3 在榨好的果汁内加入适量蜂蜜搅拌均匀即可。

【养生功效】

柳橙，果肉味酸，甘，性平，无毒；果皮味苦，辛，性温；子味苦，性温。果肉滋润健胃，果皮化痰止咳。柳橙的营养成分中有丰富的膳食纤维，维生素 A、维生素 B、维生素 C、磷、苹果酸等，对于有便秘困扰的人而言，柳橙中丰富的膳食纤维可帮助排便，但不是榨汁，要连果肉吃，效果才看得见。柳橙的维生素 C 含量丰富，能降低有害胆固醇。柳橙皮又叫黄果皮，可作为健胃剂、芳香调味剂，对慢性支气管炎、哮喘有效。

此款果汁适于感冒咳嗽、哮喘症状。

贴心提示

“皮薄”是柳橙挑选的第一个原则，再就是“果心结实”，用手轻轻地按触柳橙，去体会“皮薄、果心结实”的感觉。

综合蔬果汁 辅助治疗气喘

原料

苹果半个，柳橙半个，胡萝卜半个，圆白菜2片，菠菜2片，饮用水200毫升。

做法

1 将苹果、圆白菜、菠菜洗净后切碎；2 将柳橙带皮洗净切成块状；3 将胡萝卜洗净去皮后切成块状；4 将准备好的苹果、柳橙、胡萝卜、圆白菜、菠菜和饮用水一起放入榨汁机榨汁。

【养生功效】

苹果含有大量的维生素、矿物质和丰富的膳食纤维，特别是果胶等成分，具有补心益气、益胃健脾等功效。

说起化痰止咳，陈皮是首要选择。根据实验表明，橙皮的功效比陈皮更为有效。橙子性味甘苦而温，是治疗食欲缺乏、感冒咳嗽、胸腹胀痛的良药。

此款果汁含有多种对呼吸系统有益的营养元素，适于哮喘患者。

贴心提示

此款果汁适宜饭后两小时后饮用。

莲藕甜椒苹果汁 治疗哮喘，防治感冒

原料

莲藕4厘米长，甜椒一个，苹果1个，饮用水200毫升。

做法

1 将莲藕洗净去皮，切成块状；将甜椒洗净去子，切成块状；将苹果洗净去核，切成块状；2 将切好的莲藕、甜椒、苹果和饮用水一起放入榨汁机榨汁。

【养生功效】

藕的药用价值相当高，对于哮喘患者来说，是理想的食用蔬菜。莲藕能够防治咳嗽和哮喘，患支气管炎者，可用洗净的鲜藕（不必削去皮）榨汁饮用。藕汁对晨起时痰中带血丝及晚上声音嘶哑的病人，亦有良好效果。春季冷暖空气交替频繁，此时节慢性支气管炎、哮喘等容易急性发作。研究人员认为，多吃苹果可降低哮喘的发病率，可能是因为水果里的抗氧化剂抵消了环境污染中有害物质的氧化作用，从而使发炎减轻了。

此款果汁能够防治哮喘和感冒。

贴心提示

甜椒的挑选：要挑色泽鲜亮的，个头饱满的；同时还要用手掂一掂，捏一捏，分量沉而且不软的就是新鲜的、优质的甜椒。甜椒有3个爪和4个爪的，4个爪的口感更好。

柳橙菠菜汁 止咳化痰，对抗气喘

原料

柳橙1个，菠菜2棵，柠檬2片，饮用水200毫升。

做法

1 将柳橙去皮，分开；将菠菜洗净切碎；将柠檬洗净，切成块状；2 将准备好的柳橙、菠菜、柠檬和饮用水一起放入榨汁机榨汁。

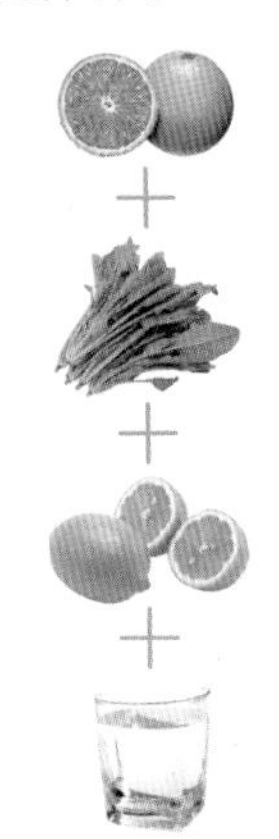

【养生功效】

实验表明，橙皮的止咳化痰功效胜过陈皮，是治疗感冒咳嗽、胸腹胀痛、哮喘的良药。菠菜中含有丰富的胡萝卜素、维生素C、钙、磷，一定量的铁、芸香苷、辅酶Q_{10}等有益成分，能够改善过敏体质，从而降低因过敏引起的咳嗽、哮喘。柠檬也能祛痰。柠檬皮的祛痰功效比柑橘还强。夏季痰多、咽喉不适时，将柠檬汁加温水和少量食盐，可将喉咙积聚的浓痰顺利咳出。

此款果汁能够缓解气喘症状。

贴心提示

柠檬含有烟酸和丰富的有机酸，其味极酸。柠檬酸汁的杀菌作用，对食品卫生很有好处。实验显示，酸度极强的柠檬汁在15分钟内可把活海生贝壳内所有的细菌杀死。

白萝卜雪梨橄榄汁 利咽生津，适用于急性咽炎

原料

白萝卜4片（1厘米厚），雪梨1只，橄榄2个，饮用水100毫升。

做法

1 将白萝卜去皮，洗净后切成块状；将雪梨去皮去核，切成丁；将橄榄去核，取出果肉；2 将准备好的白萝卜、雪梨、橄榄和饮用水一起放入榨汁机榨汁。

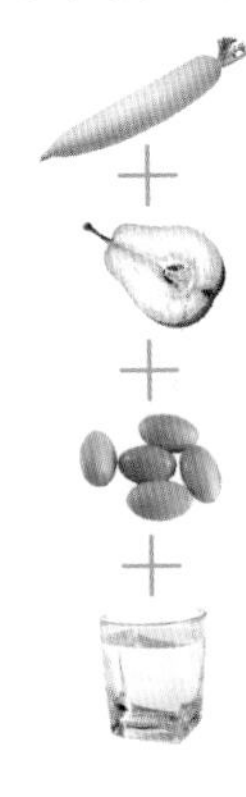

【养生功效】

白萝卜含芥子油、淀粉酶和粗纤维，具有促进消化，增强食欲，加快胃肠蠕动和止咳化痰的作用。《本草纲目》载："梨，生者清六腑之热，熟者滋五脏之阴。"梨汤水可以用以治疗肺炎、呼吸道疾病、肺心病、高血压等症，疗效显著。梨所含鞣酸等成分，能够祛痰止咳。橄榄有利咽化痰、清热解毒、生津止渴、除烦醒酒、化刺除鲠之功。中医素来称橄榄为"肺胃之果"，对于肺热咳嗽、咯血颇有益。

此款果汁对于治疗咽炎有显著疗效。

贴心提示

色泽变黄且有黑点的橄榄说明已不新鲜，食用前要用水洗净。市售色泽特别青绿的橄榄果如果没有一点儿黄色，说明已经用矾水浸泡过，为的是好看，最好不要食用或吃时务必要漂洗干净。

草莓葡萄柚汁 生津利喉，消炎止痛

原料

草莓 4 颗，葡萄柚 2 片，饮用水 200 毫升。

做法

1 将草莓去蒂，切成块状；2 将葡萄柚去子，切成块状；3 将切好的草莓和葡萄柚一起放入榨汁机榨汁。

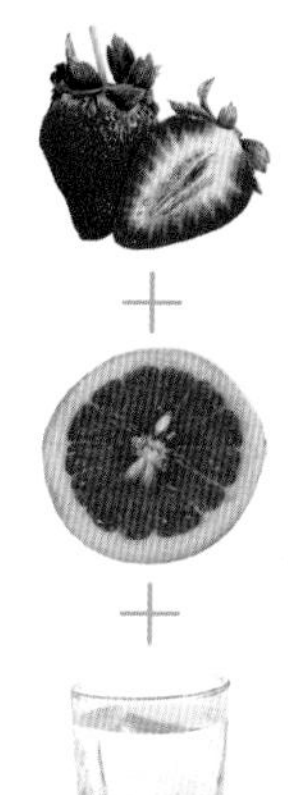

【养生功效】

草莓中所含的胡萝卜对保护眼睛和肝脏有益。在抗炎食物中最有效的是 Ω-3 脂肪酸，许多鱼类都富含这种脂肪酸。草莓富含氨基酸、果糖、蔗糖、葡萄糖、柠檬酸、苹果酸、果胶、胡萝卜素、维生素 B_1、维生素 B_2 及矿物质钙、镁、磷、铁等，这些营养素对消除身体炎症有利。柚子能够下气消痰、健胃消食、消肿止痛、利咽消炎。柚子中含有胰岛素成分还能减低血糖，保护心血管。

此款果汁能够促进身体发育，消炎止痛。

贴心提示

在众多的秋令水果中，柚子可算是个头最大的了，一般都在 1000 克以上，它在每年的农历八月 15 日左右成熟，皮厚耐藏，故有“天然水果罐头”之称。

橘子雪梨汁 清热化痰，提高免疫力

原料

橘子半个，雪梨 1 个，饮用水 200 毫升。

做法

1 将橘子连皮洗净切成块状；2 将雪梨去皮去核，切成丁；3 将切好的橘子、雪梨和饮用水一起放入榨汁机榨汁。

【养生功效】

雪梨味甘性寒，具生津润燥、清热化痰、养血生肌之功效，对急性气管炎和上呼吸道感染的患者出现的咽喉干、痒、痛、音哑、痰稠、便秘、尿赤均有良效。雪梨又有降低血压和养阴清热的效果，所以高血压、肝炎、肝硬化病人常吃梨有好处。

此款果汁能够生津润燥，清热化痰。

贴心提示

梨性寒，一次不宜多饮。尤其脾胃虚寒、腹部冷痛和血虚者，尽量少饮。

西瓜苹果汁 清热化痰，健脾益胃

原料

西瓜2片，苹果半个，饮用水200毫升。

做法

1 将西瓜去皮去子，切成块状；2 将苹果洗净切成块状；3 将切好的西瓜、苹果和饮用水一起放入榨汁机榨汁。

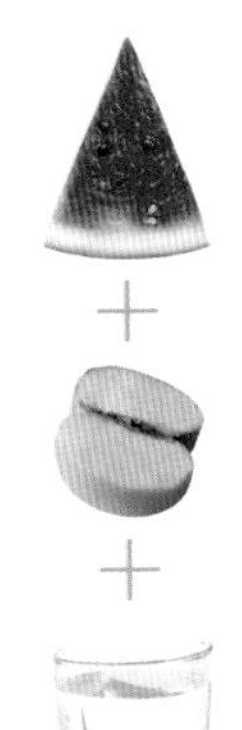

【养生功效】

西瓜中所含的葡萄糖、蔗糖，维生素A、维生素B、维生素C，胡萝卜素，蛋白质及各种氨基酸、果酸和钙、磷、铁等矿物质对于增进人体机能有独到好处。咽炎是一种常见病，为慢性感染所引起的弥漫性咽部病变，主要是咽部黏膜炎症。其主要病因有屡发急性咽炎、长期粉尘或有害气体刺激、烟酒过度或其他不良生活习惯。苹果中所含的果酸成分能够缓解咽炎症状。

此款果汁能够除烦去腻，润喉解暑。

贴心提示

研究人员发现，苹果核含有少量有害物质——氢氰酸。氢氰酸大量沉积在身体，会导致头晕、头痛、呼吸速率加快等症状，严重时可能出现昏迷。因此，需要提醒的是，吃苹果时注意不能吃核。

西瓜香瓜梨汁 消炎止痛，补充维生素

原料

西瓜2片，香瓜2片，梨半个，饮用水200毫升。

做法

1 将西瓜去皮去子，切成块状；将香瓜去皮去瓤，切成块状；将梨去核，切成小块；2 将西瓜、香瓜、梨和饮用水一起放入榨汁机榨汁。

【养生功效】

西瓜皮性凉，有清热解暑、利尿的功效，还有消炎降压、减少胆固醇沉积、软化及扩张血管、促进新陈代谢的作用。香瓜含有大量的碳水化合物、柠檬酸、胡萝卜素和维生素B、维生素C等，且水分充沛，可消暑清热，生津解渴，除烦等。香瓜能够帮助肾脏病人吸收营养。甜瓜中含有转化酶，可以将不溶性蛋白质转变成可溶性蛋白质，能帮助肾脏病人吸收营养，对肾病患者有益。

此款果汁能够止渴生津，消炎止痛。

贴心提示

西瓜含有约5%的糖分，糖尿病患者吃西瓜过量，还会导致血糖升高、尿糖增多等后果，严重的还会出现酮症酸中毒昏迷反应。如果一次吃25~50克西瓜，对糖尿病人影响不大，所以糖尿病人吃西瓜时要注意适量。

甜椒草莓苹果汁 消炎利尿

原料

甜椒1个，草莓6颗，苹果1个，饮用水200毫升。

做法

①将甜椒洗净去子，切成块状；将草莓去蒂洗净，切成块状；将苹果洗净去核，切成块状；②将准备好的甜椒、草莓、苹果和饮用水一起放入榨汁机榨汁。

【养生功效】

甜椒可增加免疫细胞的活性，消除体内的有害物质。甜椒还能消炎镇痛，祛湿痹，舒筋活络，适宜炎症患者，风湿、类风湿、风湿痛患者。Ω-3脂肪酸有抗炎功效，许多鱼类都富含这种脂肪酸。草莓提取物中也有抗炎的效果。

此款果汁能够缓解咽炎带来的不适。

贴心提示

不同颜色苹果的保健功效各有侧重：

红苹果：降低血脂、软化血管的作用更强，可保护心脑血管健康，老年人可以多吃一些。

青苹果：具有养肝解毒的功效，并能对抗抑郁症，因此较适合年轻人食用。此外，青苹果还可促进牙齿和骨骼生长，防止牙床出血。

黄苹果：对保护视力有很好的作用，经常使用电脑的上班族可适当进食。

芹菜香蕉汁 双重镇静效果

原料

西芹半根，香蕉1根，饮用水200毫升。

做法

①去西芹的叶和茎，将其切碎；②将香蕉切成块状；③将切好的西芹、香蕉、饮用水一起放入榨汁机榨汁。

【养生功效】

芹菜味甘、苦、性凉，归肺、胃、肝经，具有平肝清热、祛风利湿的功效，用于高血压病、眩晕头痛、面红目赤、血淋、痈肿等症。多食芹菜能够安定情绪，消除烦躁。

营养学家发现，人们在食用香蕉后会精神愉快，心情舒畅。这是因为人们在食入香蕉后，使大脑中的5-羟色胺含量增加，这种物质会使人们的心情安适、快乐。

此款果汁能够作用于神经系统，缓解感冒引起的头痛。

贴心提示

购买香蕉时手捏香蕉有软熟感的其味必甜，果肉淡黄，纤维少，口感细嫩，带有一股桂花香。香蕉买回来后，最好用绳子串挂起来，拣带黑斑较软熟的先吃，越熟越甜，越软越好吃。

草莓果汁 治疗和预防感冒

原料

草莓6颗，饮用水200毫升。

做法

1 将草莓洗净去蒂，切成块状；2 将切好的草莓和饮用水一起放入榨汁机榨汁。

【养生功效】

草莓性味甘凉，有健脾和胃、润肺生津、解热祛暑、利尿消肿之功，能够治疗肺热咳嗽、暑热烦渴等病症。草莓对于风热咳嗽、咽喉肿痛、声音嘶哑者尤为合适。草莓含有多种有机酸、果酸和果胶类物质，能分解食物中的脂肪，促进食欲，帮助消化，促进消化液分泌和胃肠蠕动，排出多余的胆固醇和有害重金属。食用草莓对气虚、消化不良、暑热烦渴等多种病症有治疗作用。此款果汁对于风热咳嗽、咽喉肿痛症状有治疗作用。

贴心提示

吃草莓之前要经过耐心清洗：先摘掉叶子，在流水下冲洗，随后用盐水浸泡5 ~ 10分钟，最后再用凉开水浸泡1 ~ 2分钟。之后，你才可以将这粒营养丰富的“活维生素丸”吃下。

桃子石榴汁 健胃提神，预防季节性流感

原料

桃子一只，石榴汁200毫升。

做法

1 将桃子洗净去核，切成块状；2 将准备好的桃子和石榴汁一起放入榨汁机榨汁。

  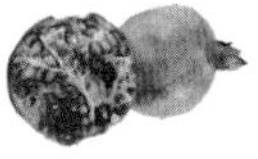

【养生功效】

唐代药物学家孙思邈称桃子为“肺之果”，“肺病宜食之”。桃子富含胶质物，这类物质能够吸收肠道水分达到预防便秘的效果。桃子有补益气血、养阴生津的作用，可用于大病之后，气血亏虚、面黄肌瘦、心悸气短者；桃仁有活血化瘀、润肠通便作用，可用于闭经、跌打损伤等辅助治疗；桃子还有抗凝血作用，能抑制咳嗽中枢而止咳。石榴汁含有多种氨基酸和微量元素，可防止冠心病、高血压，可达到健胃提神、增强食欲、益寿延年之功效，对饮酒过量者，解酒有奇效。石榴对于预防流感也有很强的作用。

此款果汁适于季节性流感患者饮用。

贴心提示

内热偏盛、易生疮疖、糖尿病患者不宜多饮，婴儿、糖尿病患者、孕妇、月经过多者忌饮。

柳橙香蕉酸奶汁 缓解感冒症状

原料

柳橙1个，香蕉1根，酸奶200毫升。

做法

1 将柳橙去皮，分开；2 剥去香蕉的皮和果肉上的果络；3 将准备好的柳橙、香蕉和酸奶一起放入榨汁机榨汁。

+

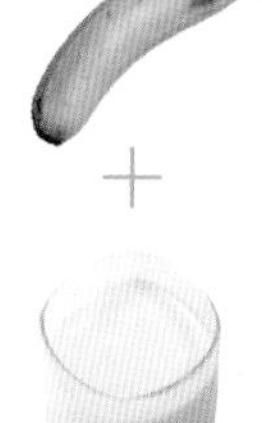

+

【养生功效】

日本癌症学会在几年前发表了香蕉具有提高免疫力、预防癌症效果的报告，一天吃2根香蕉，就能有效地改善体质；此外，香蕉能够增强抵抗力，预防感冒。酸奶能将牛奶中的乳糖和蛋白质分解，使人体更易消化和吸收；酸奶有促进胃液分泌、提高食欲、加强消化的功效；酸奶所含的乳酸菌能减少某些致癌物质的产生，因而有防癌作用；酸奶能抑制肠道内腐败菌的繁殖，并减弱腐败菌在肠道内产生的毒素。此款果汁能够缓解感冒症状。

贴心提示

香蕉营养价值高，但是并非人人适宜吃。香蕉糖分高，一根香蕉约含504千焦热量（相等于半碗白饭），患糖尿病者也必须多注意食用香蕉的量不能多。

雪梨苹果汁 缓解咳嗽症状

原料

雪梨、苹果各一个，饮用水200毫升。

做法

1 将雪梨、苹果洗净去核，切成块状；2 将切好的雪梨、苹果和饮用水一起放入榨汁机榨汁。

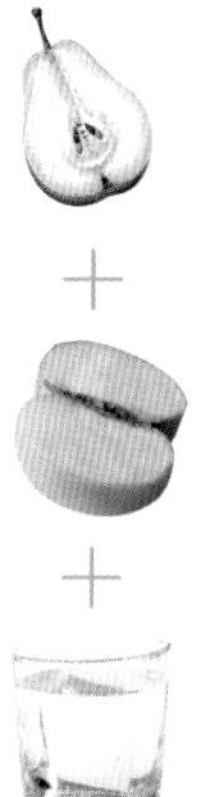

【养生功效】

中医认为，吃梨有润喉生津、润肺止咳、滋养肠胃等功能，最适宜于冬春季节发热和有内热的病人食用。实验表明，经常吃苹果的人感冒的概率要明显小于不吃苹果的人。

这是因为苹果中含有丰富的纤维素，能够增强人体的免疫细胞功能，从而起到预防流感的作用。多吃苹果还能够改善呼吸和消化系统的功能，还能清除肺部的垃圾，净化人体。

此款果汁能够缓解咳嗽症状。

贴心提示

一个苹果吃的时间长了，被咬掉的表面便会呈现黄色，那部分果肉的水分含量也会减少，变得不那么脆了。这其实是苹果氧化的结果。虽然口感和外观变得不太好，但其实它的营养元素并没有丢失，一般来说，吃了也不会产生危害。

菠菜香蕉汁 增强免疫力，预防感冒

原料

菠菜2棵，香蕉1根，牛奶200毫升。

做法

1 将菠菜洗净去根，切碎；2 剥去香蕉的皮和果肉上的果络，切成块状；3 将准备好的菠菜、香蕉和牛奶一起放入榨汁机榨汁。

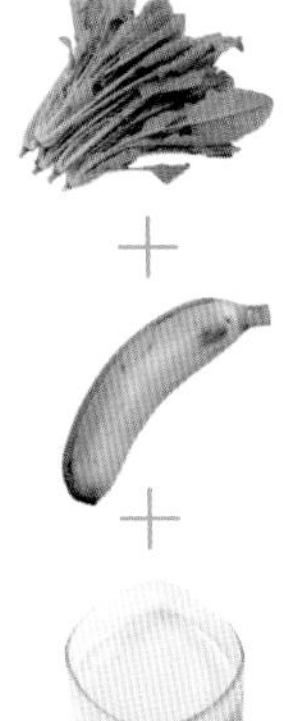

【养生功效】

菠菜长于清理人体肠胃的热毒，中医认为菠菜性甘凉，能养血、止血、敛阴、润燥。菠菜还富含酶，能刺激肠胃、胰腺的分泌，既助消化，又润肠道。菠菜能够增强人体的抗病能力，有效预防季节性感冒。香蕉性寒味甘，含有丰富的维生素、蛋白质、膳食纤维等物质，不仅能够补充人体所需的营养，还能增强人体免疫力。香蕉含有高量糖质，在体内可转变成热量，因此是补充体力的佳品。

此款果汁能够增强免疫力，预防感冒。

贴心提示

菠菜含水量有草酸，草酸与钙质结合易形成草酸钙，它会影响人体对钙的吸收。因此，菠菜不能与含钙豆类，豆制品类及木耳、虾米、海带、紫菜等食物同时食用。

菠菜柳橙苹果汁 防治感冒，补充体能

原料

菠菜2棵，柳橙1个，苹果1个，饮用水200毫升。

做法

1 将菠菜去根洗净，切碎；将柳橙去皮，分开；将苹果洗净去核，切成块状；2 将准备好的菠菜、柳橙、苹果和饮用水一起放入榨汁机榨汁。

【养生功效】

橙子中含有丰富的维生素C、维生素P，能增加毛细血管的弹性，增加机体抵抗力，降低血中胆固醇，同时能够预防和治疗感冒。苹果性平，味甘酸，具有生津止渴的功效。英国近期研究发现，怀孕时多吃苹果，生下的孩子更健康，罹患百日咳或哮喘的危险更小。苹果还可以减少患上肺病、哮喘、肺癌等疾病的危险。加拿大人的研究表明，苹果汁有强大的杀灭传染性病毒的作用，经常食用苹果的人远比不吃或少吃的人得感冒的概率要低。

此款果汁能够提高免疫力，防治感冒。

贴心提示

菠菜里含有的无机铁，是构成血红蛋白、肌红蛋白的重要成分，要更好地吸收菠菜的无机铁，还要在吃菠菜时多吃点儿高蛋白的食物。

苹果莲藕橙子汁 增强免疫力，远离热伤风

原料

苹果1个，莲藕6厘米长，橙子1个，饮用水200毫升。

做法

1 将苹果洗净去核，切成块状；将橙子去皮，分开；将莲藕洗净去皮，切成丁；2 将准备好的苹果、莲藕、橙子和饮用水一起放入榨汁机榨汁。

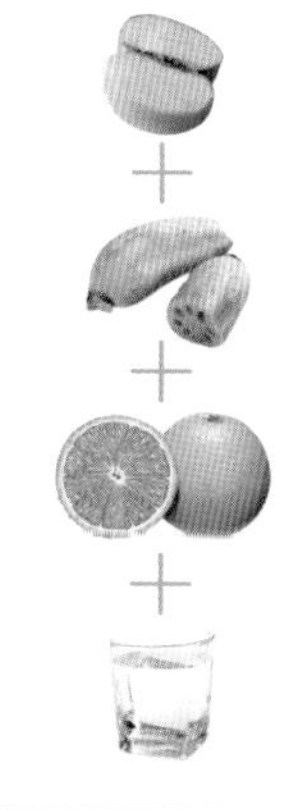

【养生功效】

研究表明，70% 的疾病发生在酸性体质的人身上，而苹果是碱性食品，吃苹果可以迅速中和体内过多的酸性物质，增强体力和抗病能力。苹果含有较多果糖、多种有机酸、果胶及微量元素。吃苹果有助于刺激抗体和白细胞的产生，因此可以增强人体免疫力。莲藕是自古以来就为人们所钟爱的食品，鲜莲藕中含有高达 20%的碳水化合物，蛋白质及各种维生素、矿物质的含量也很丰富。专家认为，秋季食用莲藕能防治感冒、咽喉疼痛等多种疾病。

此款果汁能够增强免疫力，预防感冒。

贴心提示

藕性寒，生吃清脆爽口，但碍脾胃。脾胃消化功能低下、大便溏泄者不宜生吃。选择藕节短、藕身粗的为好，从藕尖数起第二节藕最好。

菠菜橘子汁 预防感冒

原料

菠菜 2 棵，橘子 1 个，饮用水 200 毫升。

做法

1 将菠菜洗净切碎；2 将橘子去皮，分开；3 将准备好的菠菜、橘子和饮用水一起放入榨汁机榨汁。

【养生功效】

橘子可谓全身都是宝：其果核叫“橘核”，有散结、止痛的功效，临床常用来治疗睾丸肿痛、乳腺炎性肿痛等症。橘络，即橘瓤上的网状经络，有通络化痰、顺气活血之功效，常用于治疗痰滞咳嗽等症。菠菜除含有大量铁元素外，还含有人体所需要的叶酸。研究发现，缺乏叶酸会导致精神疾病，这是因为缺乏叶酸会导致脑中的血清素减少，造成抑郁症。多食菠菜能够预防情绪感冒，缓解压力，增强生命动力。此款果汁能够提高免疫力，预防感冒。

贴心提示

不要给宝宝喂食过多的橘子或橘子汁。这是因为婴幼儿肝脏功能不健全，食用过多橘子时，肝脏不能将体内过多的胡萝卜素转化为维生素 A，“胡萝卜素血症”便会找上门来。轻者仅表现为皮肤色泽发黄，重者可能还会出现厌食、烦躁等症状。

清凉丝瓜汁 预防口鼻疾病

原料

丝瓜半根，饮用水200毫升。

做法

1 将丝瓜去皮，在热水中焯一下，再在冷水中浸泡1分钟；2 将丝瓜切成块状；3 将切好的丝瓜和饮用水一起放入榨汁机榨汁。

【养生功效】

丝瓜中含有防止皮肤老化的B族维生素和为皮肤增白的维生素C等成分，能保护皮肤、消除斑块，使皮肤洁白、细嫩，是不可多得的美容佳品，所以丝瓜汁也被称为“美人水”。丝瓜还可入药，具有清暑凉血、解毒通便、祛风化痰、通经络、行血脉、下乳汁、调理月经不顺等功效。丝瓜还含有一种具抗过敏性物质泻根醇酸，有很强的抗过敏作用。丝瓜中所含丰富的维生素C对预防口鼻疾病有显著功效。

此款果汁具有抗过敏、通经络的作用。

贴心提示

选购丝瓜最要紧的是挑硬的买，因为新鲜的丝瓜总是硬的。当然买丝瓜还要掌握其他标准：如瓜条匀称、瓜身白毛完整，表示瓜嫩而新鲜；不要买大肚瓜，肚大的子多。

莲藕苹果汁 清热润肺，改善呼吸系统

原料

莲藕4片（1厘米厚），苹果半个，饮用水200毫升。

做法

1 将莲藕洗净去皮，在沸水中焯一下并切成块状；2 将苹果去核，切成丁；3 将切好的莲藕、苹果和饮用水一起放入榨汁机榨汁。

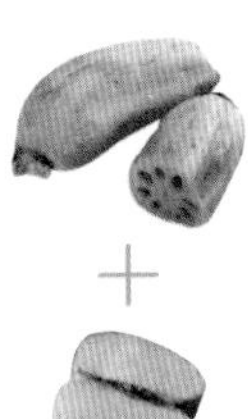

【养生功效】

莲藕的药用保健功效十分可观，据中医书籍《本草纲目》记载，莲藕被称为“灵根”，味甘，性寒，无毒，视为去瘀血生津之佳品。莲藕生食能清热润肺，凉血化瘀；熟吃可健脾开胃，止泻固精。老年人常吃藕，可以调中开胃，益血补髓，安神健脑，具延年益寿之功。妇女产后忌食生冷，唯独不忌藕，是因为它能消瘀血。藕有清肺止血的功效，肺结核病人最适宜食用。尤其是藕粉，既富有营养又易消化，是妇幼老弱皆宜的良好补品，常以开水冲后食用，久食可安神，开胃，补髓益血，轻身延年。苹果又称为“全方位的健康水果”。尤其在大雾天气，多吃苹果可改善呼吸系统和肺部功能，保护肺部免受空气中灰尘和烟尘的影响；同时对于口腔和鼻子有清理的作用。此款果汁能够怡神清肺，预防呼吸系统疾病。

香瓜香菜汁 保持口腔清爽

原料

香瓜半个，香菜1棵，柠檬2片，饮用水200毫升。

做法

1 将香瓜去皮去瓤，洗净后切成块状；2 将香菜、柠檬洗净切成块状；3 将香瓜、香菜、柠檬和饮用水一起榨汁。

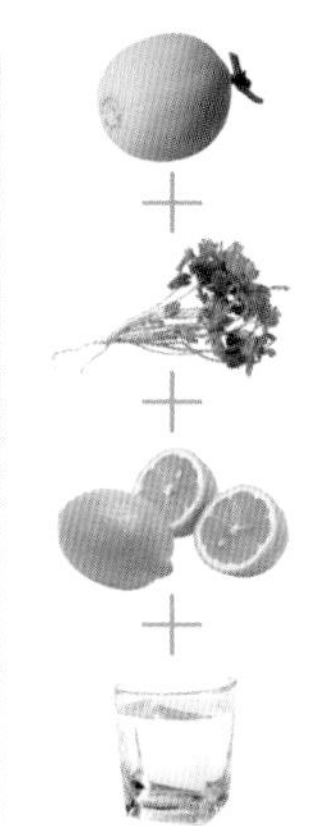

【养生功效】

香瓜现在各地普遍栽培，果肉生食，止渴清燥，可消除口臭，但瓜蒂有毒，生食过量，即会中毒。研究发现，各种香瓜均含有苹果酸、葡萄糖、氨基酸、甜菜茄、维生素C等丰富营养，对感染性高热、口渴等，都具有很好的疗效。菜营养丰富，内含胡萝卜素和多种维生素，同时还有丰富的矿物质，如钙、铁、磷、镁等。香菜内还含有苹果酸钾等，对于驱除口腔异味有很好作用。此款果汁能够清除口腔异味。

贴心提示

香菜在生长过程中非常容易长虫，很多农户使用"灌根生长法"将农药直接顺着香菜的根部倒在土壤里，因此香菜也成了农药残留的"重灾区"。因而，在选择香菜时，最好选择短的、矮的。在食用时，一定要把根部切掉至少半寸以上才安全。

荸荠猕猴桃芹菜汁 清新口气，坚固牙齿

原料

荸荠4颗，猕猴桃2个，芹菜半根，饮用水200毫升。

做法

1 将荸荠、芹菜洗净，切成块状；2 将猕猴桃去皮洗净，切成块状；3 将准备好的荸荠、猕猴桃、芹菜和饮用水一起放入榨汁机榨汁。

【养生功效】

荸荠质嫩多津，可治疗热病津伤口渴之症。荸荠中含的磷是根茎类蔬菜中较高的，能促进人体生长发育和维持生理功能的需要，对牙齿骨骼的发育有很大好处。缺乏维生素C的人牙龈变得脆弱，常常出血、肿胀，甚至引起牙齿松动。猕猴桃的维生素C含量是水果中最丰富的，是最有益于牙龈健康的水果。猕猴桃还含有碳水化合物、膳食纤维、维生素和微量元素，这些物质对人体都是有好处的，能够清热降火、润燥通便，使人体的免疫力得到增强。

此款果汁能够很好地保养肺部。

贴心提示

荸荠既可作为水果，又可算作蔬菜，是大众喜爱的时令之品。荸荠的品质要求：以个大、洁净、新鲜、皮薄、肉细、味甜、爽脆、无渣者质佳。

西蓝花果醋汁 改善周身血液循环

原料

西蓝花 2 簇，果醋 10 毫升。

做法

1 用热水将西蓝花焯一下；2 将果醋内加入适量饮用水调节酸味；3 将西蓝花和果醋一起放入榨汁机榨汁。

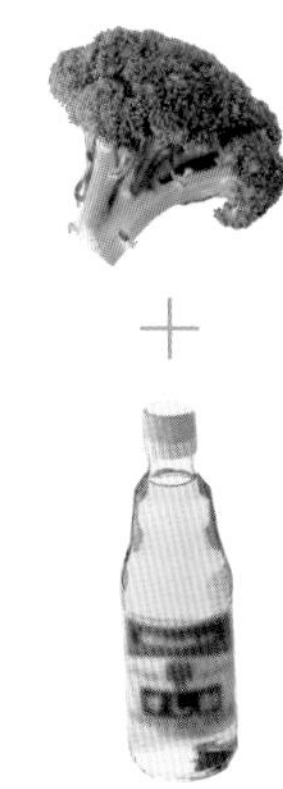

【养生功效】

西蓝花中的维生素 K 能维护血管的韧性，不易破裂。肩酸腰痛主要是因为体内的血液循环不畅引起的，果醋能够改善血液循环，使血液呈弱碱性，从而能起到缓解肩酸腰痛等疲劳症状。果醋能促进新陈代谢，调节酸碱平衡，消除疲劳。果醋中含有十种以上的有机酸和人体所需的多种氨基酸。醋酸等有机酸有助于人体三羧酸循环的正常进行，从而使有氧代谢顺畅，有利于清除沉积的乳酸，起到消除疲劳的作用。此款果汁能够改善血液循环，赶走疲劳。

贴心提示

因为果醋含有微量“醋”，空腹时大量饮用，对胃黏膜产生的刺激作用较强，因而，胃酸过多的人或胃溃疡患者不宜多喝。一般果醋含糖量都比较高，糖尿病患者忌喝。

生姜牛奶汁 消炎镇痛，暖身护腰

原料

生姜 2 片，牛奶 200 毫升。

做法

1 把生姜切碎；2 将切好的生姜和牛奶一起放入榨汁机榨汁。

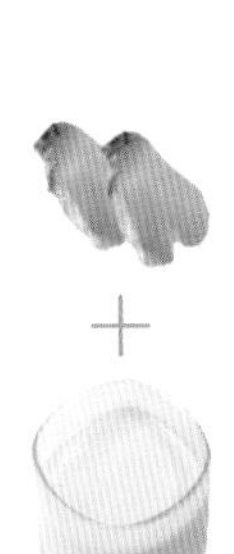

【养生功效】

生姜甘辛而温，具有散寒发汗、温胃止吐、杀菌镇痛、抗炎之功效，还能舒张毛细血管，增强血液循环，兴奋肠胃，帮助消化。盛夏酷暑，在空调房里待久了，肩膀和腰背易遭受风寒湿等病邪的侵袭，特别是老人容易引发肩周炎，遇到这种情况，可烧制一些热姜汤，先在热姜汤里加少许盐和醋，然后用毛巾浸水拧干，敷于患处，反复数次。此法能使肌肉由张变弛、舒筋活血。此款果汁能够消毒解痛，驱除体内寒气。

贴心提示

秋天气候干燥，燥气伤肺，再吃辛辣的生姜，容易伤害肺部，加剧人体失水，所以秋季不宜吃姜。此时吃姜也不宜过多，以免吸收姜辣素，在经肾脏排泄过程中会刺激肾脏，并产生口干、咽痛、便秘等症状。

葡萄菠菜汁 缓解疲劳

原料

葡萄10颗，菠菜2棵，柠檬2片，饮用水200毫升。

做法

1 将葡萄洗净去子，取出果肉；将菠菜洗净切碎；将柠檬洗净切成块状；2 将准备好的葡萄、菠菜、柠檬和饮用水一起放入榨汁机榨汁。

【养生功效】

葡萄味甘微酸、性平，葡萄中所含的葡萄糖，能很快被人体吸收。当人体出现低血糖时，若及时饮用葡萄汁，可很快使症状得到缓解。菠菜含维生素A、B族维生素、维生素C，特别是维生素A、维生素C的含量比一般蔬菜多，是高纤维素、低热量、高营养的减肥蔬菜。高血压患者和糖尿病人宜食；痔疮病便血，习惯性大便燥结者宜食；贫血者及坏血病者宜食；夜盲症者宜食；皮肤粗糙，皮肤过敏症，皮肤松弛者宜食，具有美容效果；防治流行性感冒时宜食。菠菜对于缓解身体疲劳亦有作用。

此款果汁能够缓解疲劳和亚健康状态。

贴心提示

不宜将菠菜与黄瓜同食，黄瓜中会有维生素C分解酶，会破坏菠菜里的维生素C。

蜜香椰奶汁 缓解身体疲倦

原料

葡萄6颗，柠檬2片，椰奶200毫升，冰糖适量。

做法

1 将葡萄洗净去皮，取出果肉；2 将柠檬洗净切成块状；3 将准备好的葡萄、柠檬、冰糖和椰奶一起放入榨汁机榨汁。

【养生功效】

黑葡萄中的钾、镁、钙等矿物质的含量要高于其他颜色的葡萄，这些矿物质离子大多以有机酸盐形式存在，对维持人体的离子平衡有重要作用，可有效抗疲劳。红葡萄含逆转酶，可软化血管、活血化瘀，防止血栓形成，心血管病人宜多食。椰奶有很好的清凉消暑、生津止渴的功效。椰奶还有利尿、强心、生津、利水、止呕止泻等功效。椰奶营养很丰富，是补充营养、缓解身体疲乏的佳饮。此款果汁能够迅速补充体内能量，增强免疫力。

贴心提示

取葡萄汁与甘蔗汁各一杯混匀，慢慢咽下，一日数次，对声音嘶哑有一定辅助治疗的作用。对于高血压患者，则可取葡萄汁与芹菜汁各一杯混匀，用开水送服，每日2～3次，15日为一疗程。

菠萝苦瓜蜂蜜汁 消除疲劳，缓解酸痛

原料

菠萝2片，苦瓜6厘米长，饮用水200毫升，蜂蜜适量。

做法

1 将菠萝洗净切块；将苦瓜去瓤洗净切丁；2 将菠萝、苦瓜和饮用水一起放入榨汁机榨汁；3 在榨好的果汁内加入适量蜂蜜搅拌均匀即可。

【养生功效】

菠萝味甘、微酸，性微寒，营养丰富，可用于伤暑、身热烦渴、腹中痞闷、消化不良、心情低沉等症。

苦瓜性凉，爽口不腻，含有丰富的蛋白质、碳水化合物、粗纤维，特别是维生素C含量也很高。具有促进血液循环、消烦去燥、缓解全身酸痛的功效。

此款果汁能够消烦除燥，缓解酸痛。

贴心提示

清代王孟英的《随息居饮食谱》说："苦瓜清则苦寒；涤热，明目，清心。……熟则色赤，味甘性平，养血滋肝，润脾补肾。"即是说瓜熟色赤，苦味减，寒性降低，滋养作用显出，与未熟时相对而言，以清为补之。其实吃苦瓜以色青未黄熟时才好吃，更取其清热消暑功效。

甜茶草莓汁 补充战胜过敏的"多酚"

原料

草莓6个，甜茶200毫升。

做法

1 将草莓的叶子去掉，洗净后切成小块；2 将切好的草莓和甜茶一起放入榨汁机榨汁。

【养生功效】

甜茶具有清热解毒、防癌抗癌抗过敏、润肺化痰止咳、减肥降脂降压、降低血胆固醇等众多的保健功能。在日本，甜茶已用作抗敏药。甜茶中所含的黄酮物质可分解黑色素、抑制黑斑和黄褐斑的形成。草莓中所含的多酚能够抑制身体的肥大细胞合成组胺，具有抗过敏的功效，并且对于惊吓引起的过敏反应也有一定的抑制作用。

此款果汁适用于过敏体质者。

贴心提示

草莓属于草本植物，植株比较低矮、果实细嫩多汁，这些都导致草莓容易受病虫害和微生物的侵袭。因此，种植草莓的过程中，会经常使用农药。农药、肥料以及病菌等很容易附着在草莓粗糙的表面，如果清洗不干净，很可能引起腹泻，甚至农药中毒。因此，吃草莓一定要把好清洗关。

芦荟苹果汁 改善过敏体质

原料

芦荟6厘米长，苹果1个，饮用水200毫升。

做法

1 将芦荟、苹果洗净去皮，切成块状；2 将准备好的芦荟、苹果和饮用水一起放入榨汁机榨汁。

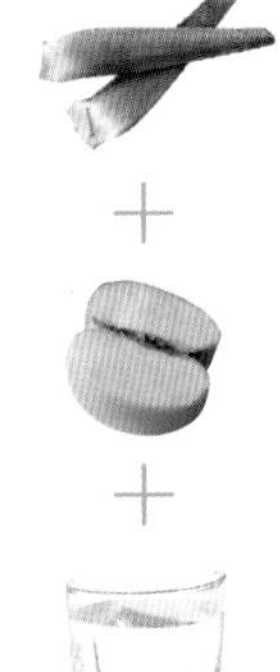

【养生功效】

芦荟中的黏多糖类物质，有很好的扶正祛邪作用，能提高机体免疫力，增强人体免疫功能。芦荟还有抗过敏、强心、利尿作用。

现今，过敏体质的人越来越多，多半儿是由于快节奏的生活习惯和密集的办公室环境造成的，尤其是各种电子辐射。因而，做好防辐射的措施也能够改善过敏体质。研究表明，未成熟的苹果，具有防辐射的作用，苹果的成熟需要大量的日照，能有效吸收阳光中的射线。

此款果汁可预防过敏体质。

贴心提示

芦荟味苦性寒，主要适用于实证病型，对于虚证病症就不太合适。尤其是阳气不足、脾胃虚弱或虚寒体质的人食用，有时不仅不会起到治疗效果反而还会加重病情。

小白菜草莓汁 均衡维生素，抗过敏

原料

小白菜2棵，草莓6颗，饮用水200毫升。

做法

1 将小白菜洗净切碎；2 将草莓去蒂洗净，切成块状；3 将切好的小白菜、草莓和饮用水一起放入榨汁机榨汁。

【养生功效】

小白菜富含抗过敏的维生素A、维生素B、维生素C，矿物质钾、硒等，有助于荨麻疹的消退。草莓的营养成分容易被人体消化、吸收，多吃也不会受凉或上火，是老少皆宜的健康食品。它还含有果胶和丰富的膳食纤维，可以帮助消化、通畅大便。草莓除可以预防坏血病外，对防治动脉硬化、冠心病也有较好的功效。草莓中含有的多酚具有抗过敏的功效。

贴心提示

草莓不要先浸在水中，以免农药溶出在水中后再被草莓吸收，并渗入果实内部；把草莓浸在淘米水及淡盐水（一面盆水中加半调羹盐）中3分钟，淘米水有分解农药的作用；淡盐水可以使附着在草莓表面的昆虫及虫卵浮起，便于被水冲掉，且有一定的消毒作用。再用流动的自来水冲净淘米水和淡盐水以及可能残存的有害物。

紫甘蓝猕猴桃汁 抗过敏，增强抵抗力

原料

紫甘蓝2片，猕猴桃2个，饮用水200毫升。

做法

1 将紫甘蓝洗净，切碎；将猕猴桃去皮洗净，切成块状；2 将切好的紫甘蓝、猕猴桃和饮用水一起放入榨汁机榨汁。

【养生功效】

紫甘蓝含有丰富的硫元素，这种元素的主要作用是杀虫止痒，对于各种皮肤瘙痒、湿疹等疾患具有一定疗效。此外，经常吃紫甘蓝还能够防治过敏症。猕猴桃含有丰富的叶黄素，叶黄素在视网膜上积累能防止斑点恶化。猕猴桃还含有丰富的抗氧化物质，从而能增强机体的免疫力。此款果汁能够抗过敏。

贴心提示

腌制后的酸菜，维生素C已丧失殆尽；此外，酸菜中还含有较多的草酸和钙，由于酸度高食用后易被肠道吸收，在经肾脏排泄时，极易在泌尿系统形成结石；而腌制后的食物，大多含有较多的亚硝酸盐，与人体中胺类物质生成亚硝胺，是一种容易致癌的物质。因此，吃酸菜后可适当吃点儿猕猴桃。

柳橙蔬菜果汁 疏肝理气，预防过敏

原料

柳橙1个，紫甘蓝2片，柠檬2片，芹菜半根，饮用水200毫升。

做法

1 将柳橙去皮，分开；2 将紫甘蓝、柠檬、芹菜洗净，切成块状；3 将准备好的柳橙、紫甘蓝、柠檬、芹菜和饮用水一起放入榨汁机榨汁。

【养生功效】

紫甘蓝的营养丰富，每千克鲜菜中含碳水化合物27 ~ 34克，粗蛋白11 ~ 16克，其中含有的维生素成分及矿物质都高于结球甘蓝。所以公认紫甘蓝的营养价值高于结球甘蓝。据测定，紫甘蓝里含胡萝卜素、维生素B_1、维生素B_2、维生素C、烟酸、碳水化合物、蛋白质、脂肪、粗纤维和矿物质，能够增强肠胃蠕动力，降低体内坏的胆固醇。经常吃紫甘蓝能够预防皮肤和体质过敏。此款果汁能够增强肝脏功能，预防过敏。

贴心提示

紫甘蓝也叫紫圆白菜，叶片紫红，叶面有蜡粉，叶球近圆形。紫甘蓝适应性强，病害少，结球紧实，色泽艳丽，耐贮藏，耐运输，营养丰富，产量高，南方除炎热的夏季，北方除寒冷的冬季外，均能栽培，凡能种甘蓝的地方都能种植紫甘蓝。

胡萝卜菠萝汁 提高免疫力

原料

胡萝卜半根，菠萝2片，饮用水200毫升。

做法

1 将胡萝卜去皮洗净切成块状；2 将菠萝洗净切成块状；3 将切好的胡萝卜、菠萝和饮用水一起放入榨汁机榨汁。

【养生功效】

胡萝卜富有营养，有补益作用；能防止维生素缺乏引起的疾病；挥发油、咖啡酸对羟基苯甲酸等有一定杀菌作用。此外，所含叶酸有抗癌作用，木质素也能提高机体对癌瘤的免疫力。很多女性都有经后感冒的现象，因为女性每次来月经时，身体抵抗力较平时下降，尤其是平时体质较弱且月经量又多的女性，更为明显。因此，在月经前可连续饮用菠萝汁。

此款果汁能够提高免疫力。

贴心提示

喜欢吃胡萝卜也要注意节制。维生素A因为是脂溶性的，当它在人体内过剩时不会随尿液排出，而是贮藏在肝脏与脂肪中，容易导致维生素A中毒，出现恶心、呕吐、头痛、头晕、视力模糊和肌肉协调性丧失等症状。

芦荟香瓜橘子汁 对抗辐射，提高免疫力

原料

芦荟6厘米长，香瓜2片，橘子半个，饮用水200毫升。

做法

1 将芦荟洗净，切成丁；将香瓜去皮去瓤，洗净切成块状；将橘子去皮去子，洗净切成块状；2 将准备好的芦荟、香瓜、橘子和饮用水一起放入榨汁机榨汁。

【养生功效】

芦荟中的黏液是防止细胞老化和治疗慢性过敏的重要成分。芦荟能够促进血液循环，对抗电磁辐射、保护细胞、提高免疫力、解酒护肝。香瓜也是富含维生素C的水果之一，有助于防治心脑血管疾病。经常食用香瓜汁可以帮助治疗食欲缺乏、胃酸过多、溃疡和尿路感染。还可以败火、缓解疲劳、帮助治疗失眠。橘子能够减少体内的坏胆固醇，防止高血脂。鲜橘子汁中含有很强的抗癌物质，它能使致癌化学物质分解，抵制和阻断癌细胞的生长，阻止致癌物质对细胞核的损伤，从而保护基因的完好。橘子对于现代人的各种辐射亦有好的疗效。此款果汁能够对抗电脑辐射，消除疲劳。

贴心提示

脾胃虚寒、腹胀者忌食，有吐血、咯血病史患者，胃溃疡及心脏病患者慎饮。

哈密瓜菠萝汁 生津止渴，促消化

原料

哈密瓜、菠萝各 2 片，饮用水 200 毫升。

做法

1 将哈密瓜去皮，洗净切成丁；2 将菠萝洗净切成丁；3 将切好的哈密瓜、菠萝一起放入榨汁机榨汁。

【养生功效】

现代医学研究发现，哈密瓜等甜瓜类的蒂含苦毒素，具有催吐的作用，能刺激胃壁的黏膜引起呕吐，适量的内服可急救食物中毒，而不会被胃肠吸收，是一种很好的催吐剂。哈密瓜淡雅的清香能够使人心情愉悦，同时起到生津止渴的功效。哈密瓜香甜可口，果肉细腻，而且果肉愈靠近种子处，甜度越高，愈靠近果皮越硬，因此，皮最好削厚一点儿，吃起来更美味。

此款果汁清热去燥，酸甜可口。

贴心提示

菠萝的果实顶部充实，果皮变黄，果肉变软，呈橙黄色，说明它已达到九成熟。这样的菠萝果汁多，糖分高，香味浓，味道好。

洋葱苹果汁 安神养心，提高睡眠质量

原料

洋葱半个，苹果 1 个，饮用水 200 毫升。

做法

1 剥掉洋葱的表皮，切成块状，再用微波炉加热 30 秒，使其变软；将苹果去皮，切成小块；2 将洋葱、苹果放入榨汁机，加入饮用水后榨汁即可。

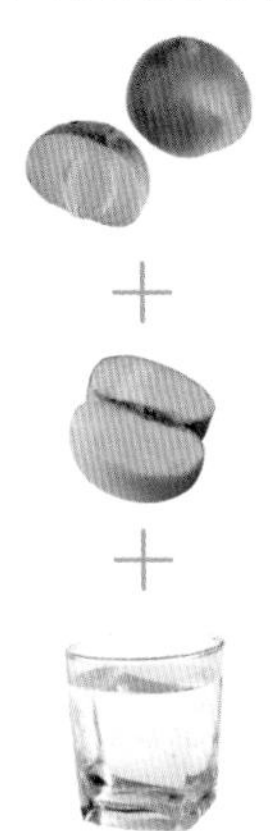

【养生功效】

洋葱在切的时候挥发的刺激性成分是硫化芳基，它具有镇静作用。洋葱还能促进维生素 B_1 的吸收，促进血液循环，并且具有驱寒和安眠作用。洋葱含碳水化合物、蛋白质及各种无机盐、维生素等营养成分，对机体代谢起一定作用，能较好地调节神经，增强记忆力。洋葱的挥发成分也有刺激食欲、帮助消化的作用。对于经常在外用餐的上班族来说再合适不过。当人感到压力大、情绪紧张时，拿起一个苹果闻一闻，不良情绪就会有所缓解，同时还有提神醒脑之功。此款果汁具有安神养心功效。

贴心提示

如果把苹果作为煲汤材料，加热后又能起到收敛、止泻的作用。因为鞣酸和加热后的果胶具有收敛作用，能使大便内水分减少，从而达到止泻目的。

蔬果汁养生大全

下卷

魏　倩　主编

长江出版传媒　湖北科学技术出版社

>> 第七章

不同人群，不同的蔬果汁

第1节 孕产妇

土豆芦柑姜汁 防止和缓解孕吐

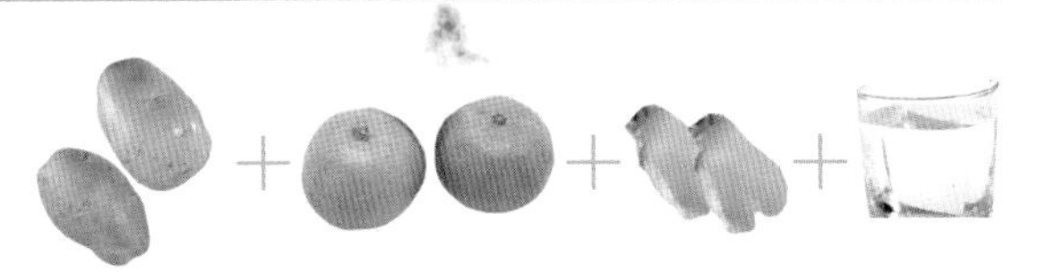

原料

土豆半个，芦柑1个，生姜1片（1厘米厚），饮用水200毫升。

做法

1 将土豆洗净去皮，切成块状，并在沸水中焯一下；剥去芦柑的皮，分开果肉；将生姜洗净去皮，切成块状；2 将准备好的土豆、芦柑、生姜和饮用水一起放入榨汁机榨汁。

【养生功效】

芦柑富含维生素C与柠檬酸，前者具有美容作用，后者则具有消除疲劳的作用；芦柑所含的橘皮苷可以加强毛细血管的韧性，降血压，故橘子能够预防孕妇在怀孕期间情绪太大的波动。在鲜芦柑汁中，有一种抗癌活性很强的物质叫“诺米灵”，它能使人体内除毒酶的活性成倍提高，阻止致癌物对细胞核的损伤，保护基因的完好。芦柑所散发的气味能够沁人心脾，防止孕吐。

中医认为，女性健康是以血的充足和脉络的通畅为根本，而外来的寒邪是对血脉伤害最大的因素，往往造成肢体疼痛、痛经、恶露不下、崩漏等寒凝血瘀的症候。这时，如果吃姜可以温暖胞宫、通利血脉，起到驱除寒邪、迅速改善症状的效果。生姜的辣味成分具有一定的挥发性，能增强和加速血液循环，刺激胃液分泌，帮助消化，有健胃的功能。此外，生姜可治晕车晕船，将一片生姜贴于肚脐，外贴一张伤湿止痛膏，有明显的缓解作用。生姜也是传统的治疗恶心、呕吐的中药，有“呕家圣药”之誉。

此款果汁能够有效缓解孕吐症状。

贴心提示

存放久的土豆表面往往有蓝青色的斑点，如在煮土豆的水里放些醋，斑点就会消失；粉质土豆一煮就烂，即使带皮煮也难保持完整。可以在煮土豆的水里加些腌菜的盐水或醋，土豆煮后就能保持完整；去皮的土豆应存放在冷水中，再向水中加少许醋，可使土豆不变色。

莴苣生姜汁 帮助肠胃蠕动，增进食欲

原料

莴苣4厘米长，生姜1片（2厘米长），饮用水200毫升。

做法

1 将莴苣、生姜去皮洗净，切成块状；2 将切好的莴苣、生姜和饮用水一起放入榨汁机榨汁。

【养生功效】

莴苣微带苦味，可刺激消化酶的分泌，增进食欲，还可增强胆汁、胃液的分泌，因此可促进食物的消化。中医认为，生姜可温中止呕、解表散寒。而生姜中也含有植物杀菌素，其杀菌作用不亚于葱和蒜。生姜具有清胃、促进肠内蠕动、降低胆固醇、治疗恶心呕吐、抗病毒感冒、稀释血液和减轻风湿病等多种功能。

此款果汁能够增加食欲，缓解孕吐。

贴心提示

莴苣外形应粗短条顺、不弯曲、大小整齐；皮薄、质脆、水分充足、笋条不蔫萎、不空心，表面无锈色；不带黄叶、烂叶、不老、不抽薹；整修洁净，基部不带毛根，上部叶片不超过五六片，全棵不带泥土。

香蕉蜜桃牛奶果汁 促进排便，改善孕期肤色

原料

香蕉1根，蜜桃1个，牛奶200毫升。

做法

1 剥去香蕉的皮和果肉上的果络，切成块状；2 将蜜桃洗净去核，切成块状；3 将香蕉、蜜桃和牛奶一起放入榨汁机榨汁。

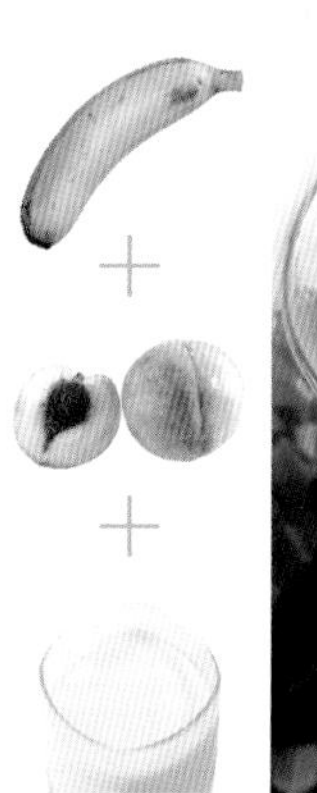

【养生功效】

蜜桃有补益气血、养阴生津的作用，可用于大病之后气血亏虚、面黄肌瘦、心悸气短者。桃子含有丰富的维生素和矿物质，其中的含铁量很高，是苹果和梨含量的4～6倍，是缺铁性贫血病人的理想辅助食物。孕妇能吃桃子，但不可多吃，因为孕妇在怀孕期间，由于体内激素的变化，体内偏温燥，而桃子也属于温性水果，孕妇吃多了会加重燥热，造成胎动不安，可能会引起流产。

此款果汁能够预防便秘，舒缓情绪。

贴心提示

成熟的水蜜桃略呈球形，表面裹着一层短短的绒毛，青里泛白，白里透红。水蜜桃皮很薄，果肉丰富，宜于生食，入口滑润不留渣子。刚熟的桃子硬而甜，熟透的桃子软而多汁，吃时宜轻轻拿起，小心地把皮撕下去。

榴梿果汁 健脾补气，温补身体

原料

榴梿 1/4 个，饮用水 200 毫升。

做法

1 将榴梿去壳，取出果肉，切成块状；2 将切好的榴梿和饮用水一起放入榨汁机榨汁。

【养生功效】

现代营养学研究发现，榴梿营养价值极高，经常食用可以强身健体，健脾补气，补肾壮阳，温暖身体，属滋补有益的水果；榴梿性热，可以活血散寒，缓解经痛，特别适合受痛经困扰的女性食用；它还能改善腹部寒凉、促进体温上升，是寒性体质者的理想补品。榴梿所含的维生素 C 在机体中具有广泛的生理功能，它能增强人体免疫功能，预防和治疗缺铁性贫血、恶性贫血及坏血病。

贴心提示

为了避免饮用时上火，最好在饮用榴梿果汁的同时吃两三个山竹，山竹能抑制榴梿的温热火气，保护身体不受伤害。咽干、舌燥、喉痛等热病体质和阴虚体质者慎饮；糖尿病、心脏病和高胆固醇血症患者不应饮用。

葡萄苹果汁 产后调养

原料

葡萄 8 颗，苹果 1 个，饮用水 200 毫升。

做法

1 将葡萄洗净去核；将苹果洗净去核，切成块状；2 将准备好的葡萄、苹果和饮用水一起放入榨汁机榨汁。

【养生功效】

葡萄不仅是一种水果，也是一种滋补药品，具有补虚健胃的功效。身体虚弱、营养不良的人，多吃些葡萄或葡萄干，有助于恢复健康。葡萄含铁丰富。研究发现，葡萄干的含铁量是新鲜葡萄的 15 倍，另外葡萄干还含有多种矿物质、维生素和氨基酸，是体虚贫血者的佳品。葡萄干含有类黄酮成分，有抗氧化作用，可清除体内自由基，抗衰老。此款果汁有助于产后调理，增强产妇免疫力。

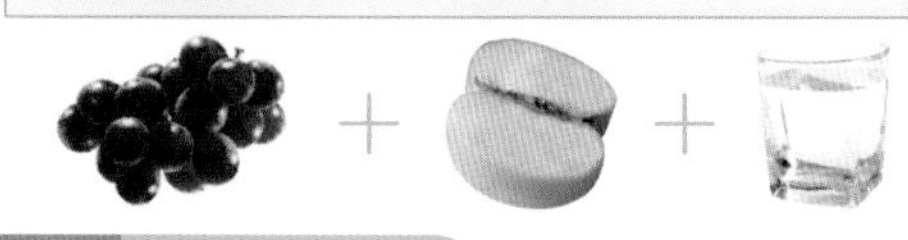

贴心提示

民间用野葡萄根 30 克煎水服，用于治疗妊娠呕吐和水肿，有止吐和利尿消肿的功效。还有人用新鲜葡萄根 30 克煎水喝，用于治疗黄疸型肝炎；可以作为一种辅助治疗方法。

菠萝西瓜皮菠菜汁 补气生血

原料

菠萝2片，西瓜皮2片，菠菜2棵，饮用水200毫升。

做法

1 将菠萝洗净，切成块状；将西瓜皮切成块状；将菠菜洗净切碎；2 将准备好的菠萝、西瓜皮、菠菜和饮用水一起放入榨汁机榨汁。

【养生功效】

哈佛医学院的两项大型研究也发现，常吃富含β－胡萝卜素的蔬果，如菠菜、花椰菜，可以降低罹患白内障的概率。菠菜中的叶酸是近来相当热门的营养素。因为研究发现，缺乏叶酸，会使脑中的血清素减少，而导致精神性疾病，因此含有大量叶酸的菠菜，被认为是快乐食物之一。叶酸对怀孕中的妇女更为重要。因为怀孕期间补充足够的叶酸，可以预防新生儿先天性缺陷的发生。

此款果汁能够补气生血，全面补充维生素。

贴心提示

用手轻轻按压菠萝，坚硬而无弹性的是生菠萝；挺实而微软的是成熟度好的；过陷甚至凹陷者为成熟过度的菠萝；如果有汁液溢出则说明果实已经变质，不可以再食用。

芝麻菠菜汁 益气补血

原料

芝麻2勺，菠菜2把，饮用水200毫升。

做法

1 将菠菜洗净切碎；2 将菠菜、芝麻和饮用水一起放入榨汁机榨汁。

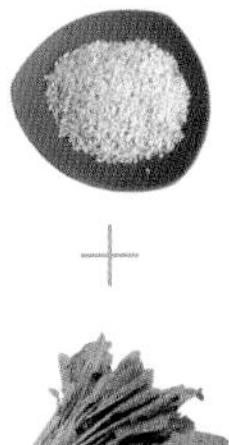

【养生功效】

芝麻中含有丰富的卵磷脂和亚油酸，不但可治疗动脉粥样硬化，补脑，增强记忆力，而且有防止头发过早变白、脱落及美容润肤、保持和恢复青春活力的作用。祖国医学认为，芝麻是一种滋养强壮药，有补血、生津、润肠、通乳和养发等功效。菠菜中含铁量较高，芝麻跟菠菜一起食用，可以帮助体内吸收铁质，及时为身体补血。

此款果汁能够益气补血，补充营养。

贴心提示

日常生活中，人们吃的多是芝麻制品：芝麻酱和香油。而吃整粒芝麻的方式则不是很科学，因为芝麻仁外面有一层稍硬的膜，只有把它碾碎，其中的营养素才能被吸收。所以，整粒的芝麻炒熟后，最好用食品加工机搅碎或用小石磨碾碎了再吃。

菠菜苹果汁 调节气色

原料

菠菜2棵，苹果1个，柠檬2片，饮用水200毫升。

做法

1 将菠菜洗净，切碎；将苹果去核，切成块状；将柠檬洗净，切成块状；2 将准备好的菠菜、苹果、柠檬和饮用水一起放入榨汁机榨汁。

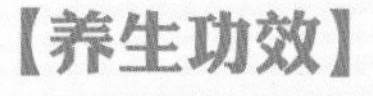

【养生功效】

菠菜中含有维生素C、钙、磷，其丰富的胡萝卜素以及超氧化物歧化酶等成分的“还原食物”，可以防止脑血管的病变而保护大脑。

柠檬味极酸，有生津、止渴、祛暑、安胎的作用。《食物考》中记载：“柠檬浆饮渴瘳，能避暑。孕妇宜食，能安胎。”所以，炎夏之季，宜用柠檬绞汁饮，或生食，尤以怀孕妇女食之更宜。

此款果汁能够补血，改善气色。

贴心提示

柠檬富有香气，能解除肉类、水产的腥臊之气，并能使肉质更加细嫩。柠檬还能促进胃中蛋白分解酶的分泌，增加胃肠蠕动。因此，柠檬在西方人日常生活中，经常被用来制作冷盘凉菜用腌食等。

芒果苹果橙子汁 补充各种营养和维生素

原料

芒果1个，苹果1个，橙子1个，饮用水200毫升，蜂蜜适量。

做法

1 将芒果去皮去核，切成块状；将苹果洗净去核，切成块状；将橙子去皮，分开；2 将准备好的芒果、苹果、橙子和饮用水一起放入榨汁机榨汁；3 在榨好的果汁内加入适量蜂蜜搅拌均匀即可。

【养生功效】

芒果有益胃、止呕、止晕的功效。芒果的胡萝卜素含量特别高，有益于视力，能润泽皮肤，是美容佳果。苹果性平味甘酸微咸，准妈妈每天吃个苹果可以减轻孕期反应。苹果皮中含有丰富的抗氧化成分及生物活性物质，吃苹果皮对健康有益。橙子含橙皮苷、柠檬酸、苹果酸、琥珀酸、糖类、果胶和维生素等。又含挥发油0.1%～0.3%，其主要成分为牻牛儿醛、柠檬烯等。另据报道，挥发油中含萜、醛、酮及香豆精类等成分70余种，它们能够为身体补充营养。此款果汁能够补充营养，防止孕吐。

贴心提示

芒果属于湿热的一种水果。但凡怀孕前月经有黑色血块、身上有疮毒或湿疹、春天容易拉肚子、嘴唇红老是上火，这样的孕妇绝对不能吃芒果。另外过敏体质的孕妇不可以吃芒果。

红薯香蕉杏仁汁 确保孕妈妈营养均衡

原料

红薯半个，香蕉1根，牛奶200毫升，杏仁适量。

做法

1 将红薯洗净去皮，切成丁；2 剥去香蕉的皮和果肉上的果络，切成块状；3 将准备好的红薯、香蕉、杏仁和牛奶一起放入榨汁机榨汁。

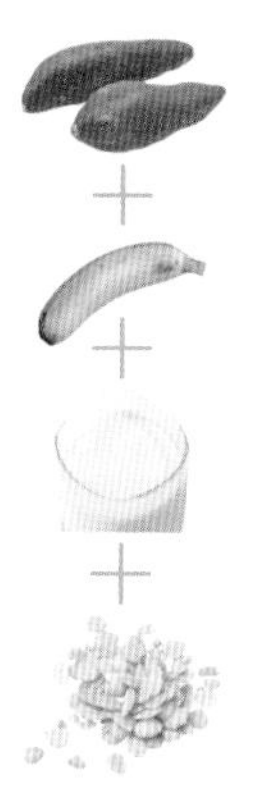

【养生功效】

红薯含有丰富的淀粉、膳食纤维、胡萝卜素、多种维生素以及钾、铁、铜等10余种微量元素和亚油酸等，营养价值很高。杏仁味苦下气，且富含脂肪油。脂肪油能提高肠内容物对黏膜的润滑作用，故杏仁有润肠通便之功能。脂肪油还可使皮肤角质层软化，润燥护肤，保护神经末梢血管和组织器官。

此款果汁能够补充孕妈妈所需的营养。

贴心提示

红薯最好在午餐这个黄金时段吃。这是因为我们吃完红薯后，其中所含的钙质需要在人体内经过4～5小时进行吸收，而下午的日光照射正好可以促进钙的吸收。这种情况下，在午餐时吃红薯，钙质可以在晚餐前全部被吸收，不会影响晚餐时其他食物中钙的吸收。

杂锦果汁 补充天然维生素

原料

猕猴桃1个，番石榴1个，菠萝2片，橙子1个，饮用水200毫升。

做法

1 将猕猴桃去皮，切成块状；将番石榴、菠萝洗净，切成块状；剥去橙子的皮，分开；2 将准备好的猕猴桃、番石榴、菠萝、橙子和饮用水一起放入榨汁机榨汁。

【养生功效】

猕猴桃对育龄女性来说是很好的营养食品。孕前或怀孕初期，常吃猕猴桃，可补充足够的叶酸，有助于防治胎儿各类生育缺陷和先天性心脏病。猕猴桃中还含三种天然的抗氧化维生素：胡萝卜素可以提高人体免疫力，有助于胎儿眼睛的发育；丰富的维生素C和维生素E能够提高身体的抵抗力，促进人体对糖分的吸收，让胎儿获得营养。番石榴含较高的维生素A、维生素C、纤维质及磷、钾、钙、镁等微量元素，另外，果实也富含蛋白质和脂质。常吃能促进新陈代谢、调节生理机能、常保身体健康。此款果汁能够补充天然维生素。

贴心提示

番石榴要挑那种颜色比较浅的，黄绿或白绿色，形状比较规则的。硬一点儿的口感比较脆，软的比较甜，但口感没那么好。最好的番石榴是外脆里软。

草莓番茄汁 补养气血

原料

草莓10颗，番茄1个，饮用水200毫升。

做法

1 将草莓去蒂，洗净切成块状；将番茄洗净，在沸水中浸泡10秒；剥去番茄的表皮，切成块状；2 将准备好的草莓、番茄和饮用水一起放入榨汁机榨汁。

贴心提示

将草莓洗净去蒂，切小块。依序放入草莓、碎冰块、汽水、果糖至调理杯中，搅打均匀。以长汤匙略微拌一拌，再继续搅打20秒钟。不光味道鲜美，还有助于防治高血脂和心脏病。

【养生功效】

草莓富含氨基酸、果糖、蔗糖、葡萄糖、柠檬酸、苹果酸、果胶、胡萝卜素、维生素B_1、维生素B_2，它们对生长发育有很好的促进作用。草莓营养丰富，富含多种有效成分，每百克鲜果肉中含维生素C60毫克，比苹果、葡萄含量还高。果肉中含有大量的碳水化合物、蛋白质、有机酸、果胶等营养物质。番茄性凉味甘酸，有清热生津、养阴凉血的功效，对发热烦渴、口干舌燥、牙龈出血、胃热口苦、虚火上升有较好治疗效果。番茄还具有美容功效。若每天用番茄汁1杯，加入适量鱼肝油饮服，或常饮番茄汁，或用番茄汁洗脸，能使面容光泽红润。番茄所含谷胱甘肽是维护细胞正常代谢不可缺少的物质，能抑制酪氨酸酶的活性，使沉着于皮肤和内脏的色素减退或消失，起到预防蝴蝶斑或妊娠斑的作用。

此款果汁能够滋阴养血，适于孕产妇。

第2节 儿童

樱桃酸奶 肤色红润，预防小儿感冒

原料

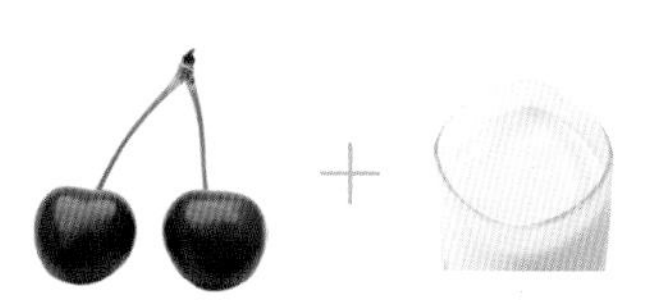

樱桃15颗，酸奶200毫升。

做法

① 将樱桃洗净去核；② 将樱桃果肉和酸奶一起放入榨汁机榨汁。

【养生功效】

樱桃含有维生素A、维生素C、维生素E、维生素P，钙、铁、磷等矿物质，胡萝卜素，叶酸，蛋白质，碳水化合物等。樱桃的含铁量特别高，维生素A含量也很高，常食樱桃可促进血红蛋白再生，既可防治缺铁性贫血，又可健脑益智、增强体质。樱桃营养丰富并且热量低，不易使人长胖。樱桃有助于消炎，还能预防癌症。樱桃中含有橡黄素和鞣花酸，这两种物质的混合物可以抑制肿瘤生长，还可以杀死致癌细胞。樱桃中还可抗病毒、抗病菌。冰冻的樱桃的营养并不会流失，所以，在应季的时候，如果冷藏一些樱桃，可在日后作为酸奶、奶昔、冰激凌的添加物。

酸奶含有多种酶，促进消化吸收，同时维护肠道菌群生态平衡，形成生物屏障，抑制有害菌对肠道的入侵。酸奶还有预防感冒的功效。

此款果汁适于补养气血，预防小儿感冒。

贴心提示

此款果汁不宜加热饮用。因为酸奶一经加热，所含的大量活性乳酸菌便会被杀死，其营养功效便会大大降低。

红薯苹果牛奶 增强免疫力，促进骨骼生长

原料

红薯半个，苹果半个，牛奶200毫升。

做法

1 将红薯洗净，去皮后切成小块；2 将苹果洗净，去皮后切成小块；3 将切好的红薯、苹果和牛奶一起放入榨汁机榨汁。

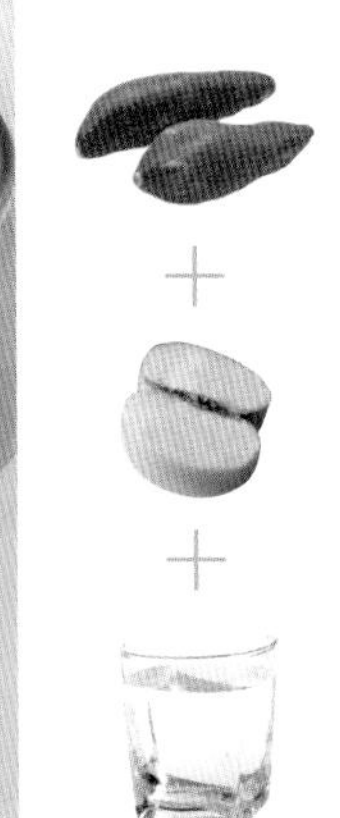

【养生功效】

苹果除含有丰富的维生素A、维生素B、维生素C等外，还含有丰富的锌，是补锌最理想的食品。因此，应该让孩子多吃一些苹果，从中摄取身体生长发育必需的锌乃至其他营养素，既可预防锌缺乏，也可矫治因缺锌引起的病症，即使成年人也同样需要补锌。

红薯能补脾益气、润肠通便、生津止渴。红薯含有大量膳食纤维，在肠道内无法被消化吸收，能刺激肠道，增强蠕动，通便排毒。

此款果汁能够开胃助消化。

贴心提示

红薯的选购与食用原则：优先挑选纺锤形状的红薯，表面看起来要光滑，闻起来没有霉味，发霉的红薯含酮毒素，不可食用；此外，不要买表皮呈黑色或褐色斑点的红薯。

雪梨黄瓜汁 润肠通便，香甜可口

原料

雪梨半个，黄瓜一根，蜂蜜适量。

做法

1 将雪梨洗净，去皮并切成块状；2 将黄瓜洗净并切成块状；3 将切好的雪梨和黄瓜一起放入榨汁机榨汁；4 在榨好的果汁内放入适量蜂蜜搅拌均匀。

【养生功效】

雪梨味甘性寒，含苹果酸、柠檬酸、维生素B_1、维生素B_2、维生素C、胡萝卜素等，具生津润燥、清热化痰之功效。

夏天是口腔溃疡高发的季节，因而如何预防口腔溃疡也就成为很多人所关心的夏季问题之一，专家指出，黄瓜汁中含有大量的营养物质并且具有清热去火的功效，在夏天饮用更具败火效果。经过研究发现，夏季饮用黄瓜汁除了能预防口腔溃疡以外，同时还能有效防治头发脱落问题。

此款果汁营养丰富，能够润肠通便。

贴心提示

因黄瓜性凉，脾胃虚弱、腹痛腹泻、肺寒咳嗽者，胃寒患者饮之易致腹痛泄泻。

西蓝花橙子豆浆 促进小儿大脑、骨骼发育

原料

西蓝花 2 朵，橙子半个，豆浆 200 毫升。

做法

① 将西蓝花洗净在热水中焯一下；② 将橙子去皮洗净后切成块状；③ 将西蓝花、橙子、豆浆一起放入榨汁机榨汁。

【养生功效】

西蓝花的维生素 C 含量极高，有利于小儿的生长发育和增强免疫功能。宝宝常吃西蓝花，可促进生长、维持牙齿及骨骼正常、保护视力、提高记忆力。鲜豆浆中含有大豆卵磷脂，卵磷脂是构成人体细胞膜、神经组织、脑髓的重要成分。它是一种含磷类脂体，是生命的基础物质，有很强的健脑作用。卵磷脂经消化后，参与合成乙酰胆碱，这是一种人类思维记忆功能中的重要物质，在大脑神经元之间起着相通、传导、联络作用。所以，豆浆可以健脑益智。此款果汁适于发育迟缓者。

贴心提示

优质的西蓝花清洁、坚实、紧密，外层叶子部分保留，紧裹菜花，新鲜、饱满且呈绿色。反之劣质西蓝花块状花序松散，这是过熟的表现。

菠萝苹果汁 开胃助消化

原料

菠萝 4 片，苹果 1 个，饮用水 200 毫升。

做法

① 将菠萝片切成丁；将苹果洗净切成块状；② 将切好的菠萝、苹果、饮用水一起放入榨汁机榨汁。

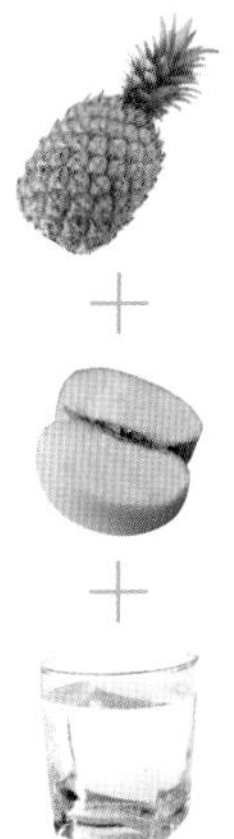

【养生功效】

苹果内富含锌，锌是人体中许多重要酶的组成成分，是促进生长发育的重要元素，尤其是构成与记忆力息息相关的核酸及蛋白质不可缺少的元素，常常吃苹果可以增强记忆力，具有健脑益智的功效。苹果含有丰富的矿物质和多种维生素。婴儿常吃苹果，可预防佝偻病。小宝宝容易出现缺铁性贫血，而铁质必须在酸性条件下和在维生素 C 存在的情况下才能被吸收，所以吃苹果对婴儿的缺铁性贫血有较好的防治作用。

此款果汁适于消化不良，胃口不佳者。

贴心提示

菠萝切开后，香气馥郁，果目浅而小，内部呈淡黄色，果肉厚而果芯细小的菠萝为优质品；劣质菠萝果目深而多，内部组织空隙较大，果肉薄而果芯粗大；未成熟菠萝的果肉脆硬且呈白色。

百合山药汁 固肾利水，防治小儿盗汗

原料

山药8厘米长，饮用水200毫升，百合适量。

做法

1 将山药洗净去皮，切成块状；2 将切好的山药和百合、饮用水一起放入榨汁机榨汁。

【养生功效】

百合入心经，性微寒，能清心除烦，宁心安神，用于热病后余热未消、神思恍惚、失眠多梦、心情抑郁、喜悲伤欲哭等病症。百合鲜品含黏液质，具有润燥清热作用，中医用之治疗肺燥或肺热咳嗽等症常能奏效。

此款果汁能够滋肾益精，预防小儿盗汗。

贴心提示

山药质地细腻，味道香甜，不过，山药皮中所含的皂角素或黏液里含的植物碱，容易导致皮肤过敏，所以最好用削皮的方式，并且削完山药的手不要乱碰，马上多洗几遍手，要不然就会抓哪儿哪儿痒；处理山药时应避免直接接触。山药切片后需立即浸泡在盐水中，以防止氧化发黑；新鲜山药切开时会有黏液，极易滑刀伤手，可以先用清水加少许醋洗，这样可减少黏液。

胡萝卜山楂汁 消食生津，促进食欲

原料

胡萝卜1根，山楂8颗，饮用水200毫升，蜂蜜适量。

做法

1 将胡萝卜洗净去皮，切成块状；将山楂洗净，切下果肉；2 将准备好的胡萝卜、山楂和饮用水一起放入榨汁机榨汁。

【养生功效】

胡萝卜是碱性食物，富含果胶，果胶可使大便成形并吸附肠道内的细菌和毒素。胡萝卜中的挥发油也能促进消化和杀菌。此外，胡萝卜中还含有一定量的矿物质和微量元素，能补充因腹泻而丢失的营养物质。给腹泻的患儿喝胡萝卜汤，可以止泻。

山楂中含有多种维生素、山楂酸、柠檬酸、酒石酸以及苹果酸等，可以促进胃液分泌，增加胃内霉素等功能。让小孩适量吃些山楂，可有助于消食化积。

此款果汁能够帮助消化，促进食欲。

贴心提示

山楂味道偏酸，胃酸过多的人和老人与其直接吃，不如用来泡水、煮粥。山楂红糖水、山楂枸杞粥，不仅弥补了酸味，而且健胃消食，营养与口味兼得。

红枣苹果汁 补中益气，促进智力发育

原料

红枣 15 颗，苹果 1 个，饮用水 200 毫升。

做法

1 将红枣洗净放入锅中，用微火炖熟至烂透；2 将苹果洗净去核，切成块状；3 将准备好的红枣、苹果和饮用水一起放入榨汁机榨汁。

【养生功效】

枣中富含钙和铁，正在生长发育高峰的青少年容易发生贫血、缺钙，大枣有理想的食疗作用。苹果中的粗纤维可使宝宝大便松软，排泄便利。同时，有机酸可刺激肠壁，增加蠕动，起到通便的效果。搭配蔬菜米粉，功效更会加倍，很适合肠胃不佳的宝宝食用。1 岁半以上的宝宝可将肉、苹果、骨头一起炖着吃。既可补充优质蛋白质，同时也可补充钙、磷等。此款果汁能够促进小儿发育，补充营养。

贴心提示

《本草纲目》中说：枣味甘、性温，能补中益气、养血生津，用于治疗“脾虚弱、食少便溏、气血亏虚”。常食大枣可治疗身体虚弱、神经衰弱、脾胃不和、消化不良、劳伤咳嗽、贫血消瘦，养肝防癌功能尤为突出。

菠萝油菜汁 补充维生素，预防便秘

原料

菠萝 2 片，油菜 1 棵，饮用水 200 毫升。

做法

1 将菠萝洗净，切成块状；2 将油菜洗净切碎；3 将切好的菠萝、油菜和饮用水一起放入榨汁机榨汁。

【养生功效】

油菜为低脂肪蔬菜，且含有膳食纤维，能与胆酸盐和食物中的胆固醇及三酰甘油结合，并从粪便中排出，从而减少脂类的吸收，故可用来降血脂。中医认为油菜能活血化瘀，用于治疗疖肿、丹毒。油菜中所含的植物激素，能够增加酶的形成，对进入人体内的致癌物质有吸附排斥作用，故有防癌功能。

此款果汁能够增强小儿抵抗力，对于易患湿疹的儿童最为合适。

贴心提示

菠萝中含有羟色胺、菠萝蛋白酶、苷类，苷类对口腔黏膜有一定刺激性，吃后可能引起上火、口腔溃疡等症状。少数对菠萝蛋白酶过敏的人，吃后会出现腹痛、恶心、头痛等症状。高温可以破坏以上三种成分，老年人吃菠萝，最好将菠萝切成块在水里煮一下。

核桃牛奶汁 补充营养，改善睡眠

原料

核桃6个，牛奶200毫升。

做法

①将核桃去壳取出果肉；②将核桃肉和牛奶一起放入榨汁机榨汁。

【养生功效】

核桃具有多种不饱和与单不饱和脂肪酸，能降低胆固醇含量，因此核桃对人的心脏有一定的好处。核桃仁含有丰富的营养素，每百克含蛋白质15 ~ 20克，脂肪60 ~ 70克，碳水化合物10克；并含有人体必需的钙、磷、铁等多种微量元素和矿物质，以及胡萝卜素、核黄素等多种维生素。核桃中所含脂肪的主要成分是亚油酸甘油酯，食后不但不会使胆固醇升高，还能减少肠道对胆固醇的吸收，因此，可作为高血压、动脉硬化患者的滋补品。此外，这些油脂还可供给大脑基质的需要。核桃中所含的微量元素锌和锰是脑垂体的重要成分，常食有益于脑的营养补充，有健脑益智作用。

核桃和牛奶属于经典搭配，能够使人体很好地吸收养分，保护大脑。

此款果汁能缓解大脑疲劳，改善睡眠质量。

贴心提示

核桃属胡桃科，落叶乔木，果期为10月，果实接近球状，直径3 ~ 5厘米。外果皮为肉质，灰绿色，上有棕色斑点。内果皮坚硬，有皱褶，黄褐色。果实采集于白露前后，将果实外皮沤烂，内果漂洗晾晒，清理干净，就是人们所说的“核桃”了。

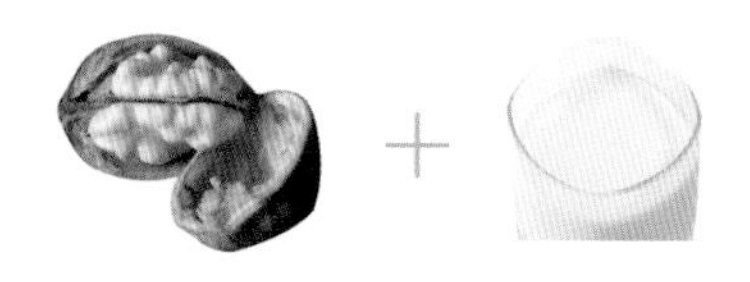

苹果胡萝卜菠菜汁 保护眼睛，迅速补充能量

原料

苹果半个，胡萝卜半根，菠菜叶 4 片。

做法

1 将苹果、胡萝卜洗净后切成丁；将菠菜叶洗净，可用热水焯一下；2 将切好的苹果、胡萝卜、菠菜叶一起放入榨汁机榨汁。

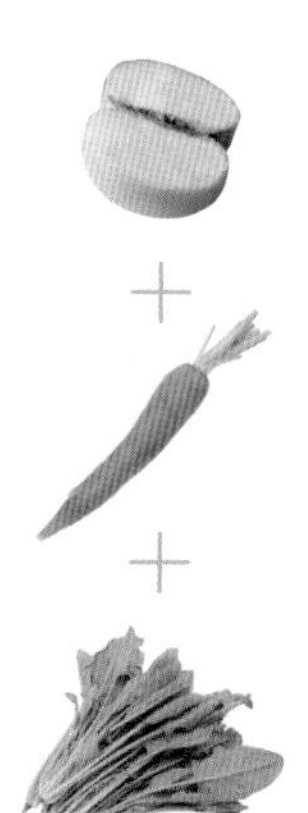

【养生功效】

菠菜可保护视力，主要是因为其所含的一种类胡萝卜素的物质，这种物质可以防止太阳光所引起的视网膜损害。尤其是所含胡萝卜素在人体内会转化成维生素 A，有助于维持正常视力。加之菠菜中的蛋白质、核黄素及铁、磷等无机盐含量也较许多蔬菜高，这些成分对眼睛有益。人体的生长发育依靠日常饮食中蛋白质的摄入，而气血神采则是取决于维生素的摄取，菠菜是补充这些维生素的绝佳来源。胡萝卜含有大量胡萝卜素，有明目补肝的作用。

贴心提示

胡萝卜不要和木耳一起煮，会引起皮炎；煮胡萝卜不要加醋，会影响维生素 C 的吸收；胡萝卜和人参放一起煮就什么营养都没有了；生吃胡萝卜不好吸收，最好是放油炒，这是最好吸收的。

猕猴桃葡萄芹菜汁 润肠通便，补充身体能量

原料

猕猴桃 2 个，芹菜半根，葡萄果汁 100 毫升，饮用水 100 毫升。

做法

1 将猕猴桃洗净去皮，切成块状；将芹菜洗净切成块状；2 将切好的猕猴桃、芹菜和葡萄果汁、饮用水一起放入榨汁机榨汁。

【养生功效】

猕猴桃汁含有丰富的维生素 C、维生素 A、维生素 E 以及钾、镁、纤维素，还含有其他水果比较少见的营养成分——叶酸、胡萝卜素、钙、黄体素、氨基酸、天然肌醇。猕猴桃含有亮氨酸、苯丙氨酸、异亮氨酸、酪氨酸等 10 多种氨基酸，以及丰富的矿物质，包括丰富的钙、磷、铁，还含有胡萝卜素和多种维生素，对保持人体健康具有重要的作用。

此款果汁能够润肠通便，补充身体能量。

贴心提示

购买猕猴桃首先从外观形状看，凡使用过膨大剂的果实，果身变粗，尖端明显肥大，成直桶形状。膨大剂使用浓度越大，上述表现越明显。其次是果色变绿，果皮粗糙，皮孔加深变大。再从内在品质区别，使用过膨大剂的；果实果肉变松，剖面颜色淡白，糖度下降，风味不佳，耐贮运性降低。

白菜心胡萝卜荠菜汁 明目养生，增强抵抗力

原料

胡萝卜半根，荠菜1棵，白菜心适量，饮用水100毫升。

做法

1 将胡萝卜洗净后切成丁；将荠菜、白菜心洗净后切小；2 将胡萝卜、荠菜、白菜心、饮用水一起放入榨汁机榨汁。

【养生功效】

荠菜具有和脾、利水、止血、明目的功效。胡萝卜含有的多种营养物质，都对眼睛健康有保护作用。尤其是丰富的胡萝卜素，被吸收利用后转变成维生素A，维生素A和蛋白质可结合成视紫红质，此物是眼睛视网膜的杆状细胞感弱光的重要物质。同时，维生素A还可使上皮细胞分泌黏液，防止发生眼干燥症。

此款果汁能够护目养颜，增强抵抗力。

贴心提示

食用胡萝卜要重视烹饪方法，比如素炒胡萝卜丝，胡萝卜片配山药片炒肉，牛肉炖胡萝卜土豆等方法，都能使β－胡萝卜素被人体吸收，而生食只能增加消化系统的负担，即使是“小人参”也只能“穿肠过”了。用胡萝卜榨汁时也可以先将胡萝卜在热水中煮熟。

葡萄果醋汁 缓解紧张神经

原料

葡萄8颗，葡萄果醋20毫升，饮用水200毫升。

做法

1 将葡萄洗净，去皮去子；2 将葡萄的果肉、葡萄果醋和饮用水一起放入榨汁机榨汁。

【养生功效】

研究证实，葡萄对改善失眠有很好的作用。其原因在于，葡萄中含有能辅助睡眠的物质——褪黑素。褪黑素是大脑中松果腺分泌的一种物质，其与睡眠之间有着密切的关系，晚上是褪黑素分泌旺盛的时期，预示着即将要睡眠了，早晨是褪黑素分泌最少的时候，也就是该睡醒的时间了。所以，它可以帮助调节睡眠周期，使不正常的睡眠情况得到改善。饮用葡萄汁还有助于提高短期记忆和非语言类的三维空间记忆；紫葡萄汁还有助于保护脑功能。此款果汁具有开胃助消化、放松身心的功效。

贴心提示

葡萄含糖量高，多吃易引起内热、导致腹泻、烦闷等副作用。也容易引起蛀牙及肥胖，还有肠胃虚弱者不宜多食。

鲜葡萄蜜汁 补益大脑，缓解压力

原料

葡萄6颗，柠檬半个，蜂蜜适量，饮用水200毫升。

做法

1 将葡萄洗净去皮去子，取出果肉；将柠檬洗净切成块状；2 将葡萄、柠檬和饮用水一起放入榨汁机榨汁；在榨好的果汁内加入适量蜂蜜搅匀即可。

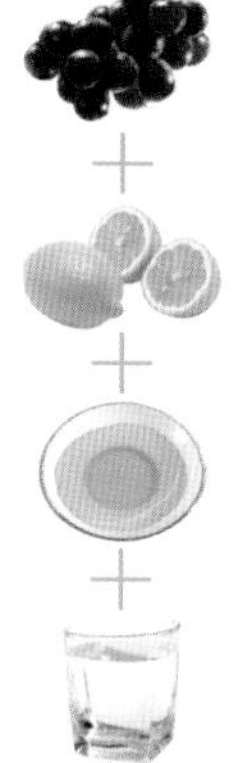

【养生功效】

葡萄不仅味美可口，而且营养价值很高。成熟的浆果中含有15% ~ 25%的葡萄糖，以及许多种对人体有益的矿物质和维生素。身体虚弱、营养不良的人，多吃葡萄有助于恢复健康，因为葡萄含有氨基酸、蛋白质、卵磷脂及矿物质等多种营养成分，特别是糖分的含量很高，而且主要是葡萄糖，容易被人体直接吸收。

柠檬能够清凉身体、镇静或补充能量、消除疲劳、帮助记忆、杀菌、杀虫、补身、止血，去除老死细胞使肤色明亮，改善微血管。用于去除鸡眼、扁平疣。也可净化心灵，帮助改善优柔寡断和无幽默感，激励身体执行行动和理清思路，炙热烦躁时，可带来清新的感受。

此款果汁适于学习压力大的学生饮用。

草莓菠萝汁 改善记忆力

原料

草莓6颗，菠萝2片，饮用水200毫升。

做法

1 将草莓去蒂洗净，切成块状；将菠萝洗净切成块状；2 将切好的草莓、菠萝和饮用水一起放入榨汁机榨汁。

【养生功效】

美国科学家发现，草莓等蔬菜水果中含有一种名叫非瑟酮的天然类黄酮物质，它能够刺激大脑信号通路，从而提高长期记忆力。非瑟酮在神经细胞分化过程中所激活的信号通路对记忆力的形成有促进作用，神经学家将这个过程称为“长期增益”过程。该过程通过加强神经细胞之间的联系，将一些记忆储存在大脑中。

菠萝含有大量的果糖，葡萄糖，维生素A、维生素B、维生素C，磷，柠檬酸和蛋白酶等物质。味甘性温，能够消食止泻、解暑止渴。菠萝所含的B族维生素能防止皮肤干裂，润泽头发。

此款果汁能够促进智力发育，改善记忆力。

贴心提示

癌症患者，尤其是鼻咽癌、肺癌、扁桃体癌、喉癌者宜食草莓。

香蕉核桃汁 补充大脑

原料

香蕉1根，牛奶200毫升，核桃仁适量。

做法

1 剥去香蕉的皮和果肉上的果络，切成块状；2 将香蕉、核桃仁和牛奶一起放入榨汁机榨汁。

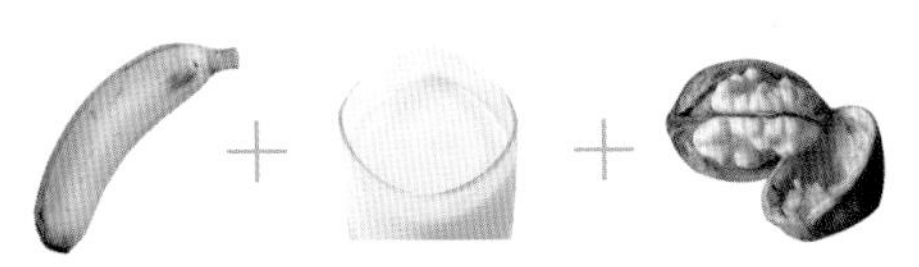

【养生功效】

当代自然疗法大师莫里森博士推荐的强心食品中就有核桃。据测定，每100克核桃中，含脂肪20～64克，核桃中的脂肪71%为亚油酸，12%为亚麻酸，蛋白质为15～20克，蛋白质亦为优质蛋白，核桃中脂肪和蛋白是大脑最好的营养物质。碳水化合物为10克，以及含有钙、磷、铁、胡萝卜素、核黄素、维生素B_6、维生素E、胡桃叶醌、磷脂、鞣质等营养物质。

核桃中的亚油酸、亚麻酸甘油酯能减少肠内胆固醇的吸收，促进体内胆固醇在肝内降解为胆汁酸，随胆汁排出体外，对动脉硬化、高血压、冠心病人是有益的。

核桃中的维生素B_6能帮助受损的心脏再生。核桃中的叶酸也有助于维持心肌的代谢；核桃中的补骨乙酸，能扩张冠状动脉，兴奋心脏，增强心肌功能，医治失眠和神经衰弱。

核桃中含有丰富的磷脂，磷脂是细胞结构的主要成分之一，充足的磷脂能增强细胞活力，对造血、促进皮肤细腻、伤口愈合和毛发生长都有重要的作用。核桃含有锌、锰、铬等人体不可缺少的微量元素，锌、锰是组成人体内分泌腺如脑垂体、胰、性腺的关键成分。更重要的是核桃能延缓脑神经的衰老，对脑神经补益最大，是益智、健脑、强身的佳品。因而，核桃是学生非常适合的食品。早在隋唐时代，人们为了在科举考试中取得好成绩，在参加考试前大量食用核桃仁，当时只知其作用不知其原理，其实这是核桃中含有卵磷脂、维生素及微量元素的关系，有人称核桃是“健脑之神”。

此款果汁能够健脑，缓解压力。

贴心提示

中医上讲，核桃火气大，正在上火、腹泻的人不宜吃；核桃仁有通便作用，但核桃外壳煮水却可治疗腹泻。核桃仁含鞣酸，可与铁剂及钙剂结合降低药效。吃核桃仁时应少饮浓茶；有的人喜欢将核桃仁表面的褐色薄皮剥掉，这样会损失掉一部分营养，所以不要剥掉这层皮。

第4节 老年人

番茄大白菜汁 预防高血压、便秘

原料

番茄1个，白菜2片，饮用水200毫升。

做法

1 将番茄洗净，在沸水中浸泡10秒；2 剥去番茄的表皮，切成块状；3 将白菜洗净，切成块状；4 将切好的番茄、白菜和饮用水一起放入榨汁机榨汁。

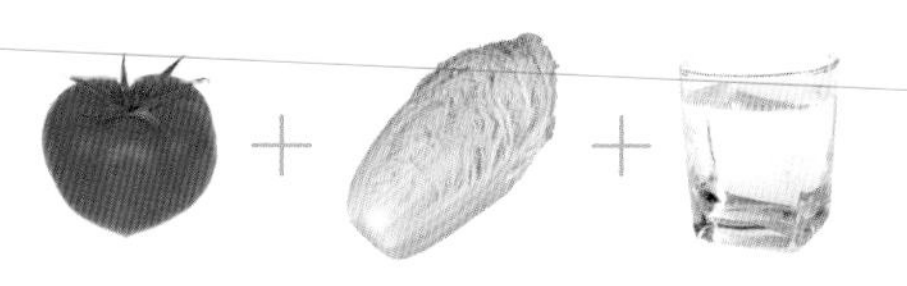

【养生功效】

番茄又名番茄、洋柿子。相传番茄最早生长在南美洲，因色彩娇艳，人们对它十分警惕，视为“狐狸的果实”，又称狼桃，只供观赏，不敢品尝。现在它是不少人餐桌上的美味，番茄含有丰富的胡萝卜素、维生素B和维生素C，尤其是维生素P的含量居蔬菜之冠。多吃番茄具有抗衰老作用，使皮肤保持白皙。在各种天然胡萝卜素中，番茄红素清除活性氧的作用最强，具有预防前列腺癌、肺癌等各种上皮癌的作用。在人体血液中，番茄红素的浓度与癌症发病率成反比。从医学理论研究来看，由于番茄红素能防止血中低密度脂蛋白氧化，因而能减少动脉粥样硬化和冠心病的患病危险。白内障和老年性黄斑变性是老年人常见的眼科疾病。而与血液中番茄红素浓度低的人相比，血液中番茄红素浓度高者发生老年性黄斑变性的机会可减少50%。

白菜为“菜中之王”，老人常说：“白菜吃半年，大夫享清闲”。可见，常吃白菜有利于祛病延年。大白菜含有矿物质、维生素、蛋白质、粗纤维。从药用功效说，大白菜能养胃、利肠、解酒、利便、降脂、清热、防癌等七大功效。

此款果汁能够抗氧化，预防心血管疾病。

贴心提示

如果打算生吃番茄，应当买粉红色的。这种番茄酸味淡，生吃较好；如果要熟吃，就尽可能买大红番茄。这种番茄味道浓郁，烧汤、炒食风味都好。需要特别指出的是，不要买青番茄以及果蒂部呈青色的番茄。因为这种番茄不仅营养差，而且含的番茄苷还可能有毒性。

香蕉哈密瓜奶 补钙补钾，降低血压

原料

香蕉 300 克，哈密瓜 150 克，脱脂鲜奶 200 毫升。

做法

1 将香蕉去掉外皮，切成大小适当的块；2 将哈密瓜洗干净，去掉外皮、去掉瓤，切成小块，备用；3 最后将所有材料放入果汁机内搅打 2 分钟即可。

营养成分

膳食纤维	蛋白质	脂肪	碳水化合物
1.5g	5.2g	3.3g	36.5g

【养生功效】

香蕉多钾、少钠，可以降血压；而牛奶中的钙，也有助于抑制因盐分摄入过量造成血压上升。本品对于上班族来说可以起到缓解压力的作用。

果汁热量 823千焦

操作方便度：★★★★☆

推荐指数：★★★☆☆

圆白菜胡萝卜汁 预防痛风

原料

圆白菜2片，胡萝卜半根，苹果1个，饮用水200毫升。

做法

1 将圆白菜、胡萝卜洗净切碎；将苹果洗净去核，切成块状；2 将圆白菜、胡萝卜、苹果和饮用水一起榨汁。

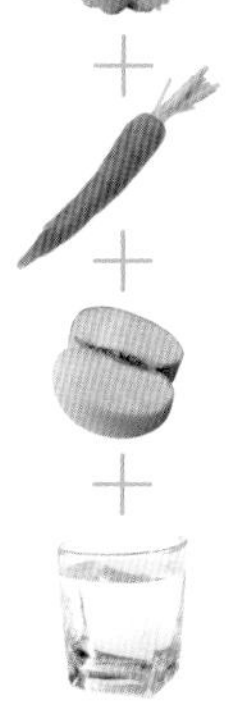

【养生功效】

圆白菜中含有大量人体必需营养素，如多种氨基酸、胡萝卜素等，其维生素C含量尤多，这些营养素都具有提高人体免疫功能的作用。圆白菜有健脾养胃、缓急止痛、解毒消肿、清热利水的作用，可用于内热引起的胸闷、小便不通等症。胡萝卜含有大量胡萝卜素，可以增强肠胃蠕动。胡萝卜素在机体内转变为维生素A能够增强机体的免疫功能，尤其适合老年人食用。此款果汁能够预防痛风。

贴心提示

圆白菜适合炒、炝、拌、熘等，可与番茄一起做汤，也可做馅。如果想吃醋熘圆白菜，在出锅前用一点儿酱油、醋和水淀粉勾芡就行了。圆白菜能抑制癌细胞，通常秋天种植的圆白菜抑癌功能非常好，因此秋冬时期的圆白菜可以多吃。

小白菜苹果奶汁 增强抵抗力，开胃

原料

小白菜1棵，苹果1个，牛奶200毫升。

做法

1 将小白菜洗净切段；2 将苹果洗净去核，切成块状；3 将切好的小白菜、苹果和牛奶一起放入榨汁机榨汁。

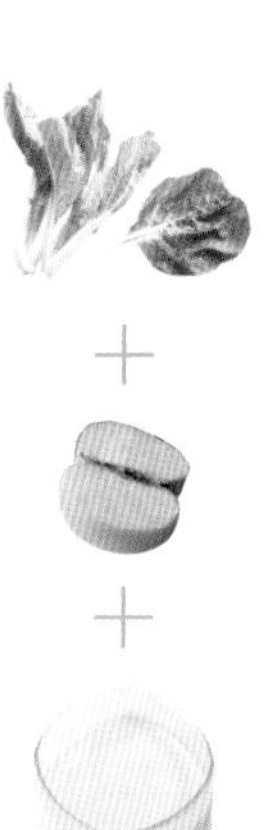

【养生功效】

小白菜中所含的矿物质能够促进骨骼的强壮，加速人体的新陈代谢和增强机体的造血功能，胡萝卜素、烟酸等营养成分，也是维持生命活动的重要物质。苹果具有降低胆固醇含量的作用。苹果中含有能增强骨质的矿物元素硼与锰。美国的一项研究发现，硼可以大幅度增加血液中雌激素和其他化合物的浓度，这些物质能够有效预防钙质流失。医学专家认为，停经妇女如果每天能够摄取3克硼，那么她们的钙质流失率就可以减少46%。苹果富含叶酸，它有助于防止心脏病的发生。

此款果汁能够增强抵抗力。

贴心提示

从营养学的角度来说，应该选择连皮吃苹果，因为与果肉相比，苹果皮含有更多的抗氧化物质。

莴苣苹果汁 对抗失眠

原料

莴苣6厘米长，苹果1个，西芹半根，饮用水200毫升。

做法

1 将莴苣去皮，切成块状；将苹果洗净去核，切成块状；将西芹洗净，切成块状；2 将准备好的莴苣、苹果、西芹和饮用水一起放入榨汁机榨汁。

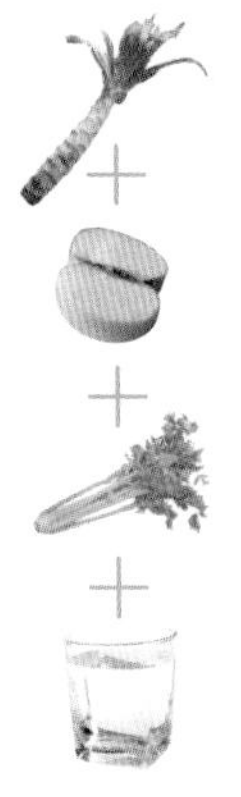

【养生功效】

莴苣含有的核酸、叶酸、谷胱甘肽、胆碱、精氨酸、甘露聚糖、肽酶芦丁等均能有效抑制癌细胞生长。莴苣还可作为肝癌患者进行食疗的营养品，可减轻疲劳、增进食欲。苹果对健康有利，更是老人健康的守护神。但由于苹果在栽种过程中可能使用了大量农药，在食用苹果时假如不仔细清洗，滞留在苹果表皮的化肥农药可能导致白血病等多种疾病，所以，假如不能保证苹果的“天然”，吃苹果前最好洗净、削皮。芹菜含有一种碱性成分，对人体能起安定作用，有利于消除烦躁，对抗失眠。

此款果汁能够平稳情绪，对抗失眠。

贴心提示

西芹不能和兔肉同食，会引起头发脱落；与鸡肉同食，会伤元气；与甲鱼同食，会引起中毒。

丝瓜苹果汁 预防老年性疾病

原料

丝瓜半根，苹果1个，饮用水200毫升。

做法

1 将丝瓜洗净去皮，切成丁，在沸水中焯一下；2 将苹果洗净去核，切成块状；3 将准备好的丝瓜、苹果和饮用水一起放入榨汁机榨汁。

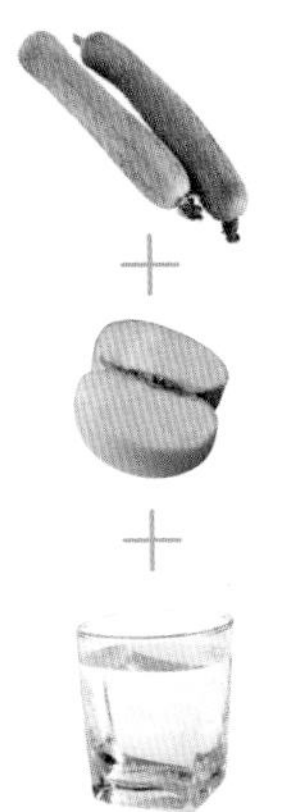

【养生功效】

丝瓜中维生素C含量较高，可用于抗坏血病及预防各种维生素C缺乏症。

苹果不但能促进胆固醇代谢，有效清除体内的坏胆固醇，更可促进脂肪排出体外。法国人做过一项实验，让一组身体健康的中年男女每日进食两三个苹果，一个月后，测量他们体内胆固醇水平，发现80%的人血中低密度脂蛋白胆固醇（LDL又叫坏胆固醇）都降低了；同时，高密度脂蛋白胆固醇（HDL即好胆固醇）却有所增加。苹果对于治疗中老年人心血管疾病很有帮助。

此款果汁能够对抗高血压，保护肾脏健康。

贴心提示

丝瓜易发黑是因为被氧化。减少发黑要快切快炒，也可以在削皮后用水泡一下，用盐水过一过，或者是用开水焯一下。

香蕉番茄牛奶汁 补充能量

原料

香蕉1根，番茄1个，牛奶200毫升。

做法

1 剥去香蕉的皮和果肉上的果络，切成块状；2 将番茄洗净，在沸水中浸泡10秒；去掉番茄的表皮，切成块状；3 将准备好的香蕉、番茄和牛奶一起放入榨汁机榨汁。

【养生功效】

香蕉对心血管、消化道系统等多种常见病有一定的辅助治疗效果。高血压患者体内往往钠多钾少，而香蕉富含钾离子。钾离子有抑制钠离子压缩血管和损坏心血管的作用。老人吃香蕉能维持体内钾钠平衡和酸碱平衡，使神经肌肉保持正常，心肌收缩协调。番茄红素含量最高的是番茄。番茄红素必须在加热或有油脂的情况下才能被人体吸收。因为加热后，番茄的细胞壁破碎，番茄红素能得到充分释放。

此款果汁能够预防心血管疾病。

贴心提示

醉后呕吐会造成体内的钾、钙、钠等元素的大量流失，因此要及时补充钾、钙、钠等养分。可喝些番茄汁，因为番茄汁中丰富的钾、钙、钠成分刚好补充了体内流失元素的不足。

菠萝猕猴桃鲜奶汁 口味香甜，开胃促消化

原料

菠萝4片，猕猴桃半个，鲜奶200毫升。

做法

1 将菠萝洗净切成小块；2 将猕猴桃去皮，切成块状；3 将切好的菠萝、猕猴桃和鲜奶一起放入榨汁机榨汁。

【养生功效】

猕猴桃含有丰富的维生素C，维生素C对于美丽容颜、防止雀斑、黑斑、延缓老化都非常有助益。常吃猕猴桃具有减肥健美之功效，洁面后涂上猕猴桃按摩，待猕猴桃颗粒充分溶解吸收，可改善毛孔粗大，美白肌肤。猕猴桃中就含有特别多的果酸，它内含的果酸能抑制角质细胞内聚力及黑色素沉淀，有效地去除或淡化黑斑，并在改善干性或油性肌肤组织上也有显著的功效，可洗脚、手等身体的各个有皮肤病的部位。

此款果汁适于脾胃不和者，同时能够改善老年人的气色。

贴心提示

食用猕猴桃时，可以用水果刀削去猕猴桃果实表皮，也可以用刀从果实的中间横向切断，再用小勺舀食。这样的食用方法比较文雅、干净卫生。

柠檬橘子汁 开胃促消化的佳品

原料

柠檬1个，橘子1个，蜂蜜适量。

做法

1 将柠檬带皮洗净切成块状；将橘子去皮，切成块状；2 将切好的柠檬和橘子一起放入榨汁机榨汁；3 在榨好的果汁内加入适量蜂蜜即可。

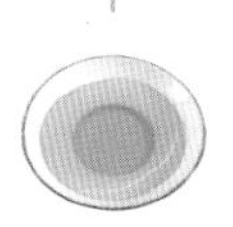

【养生功效】

橘子含有丰富的糖类，还含有维生素、苹果酸、柠檬酸、蛋白质、脂肪、食物纤维以及多种矿物质等，有益健康。橘子含维生素C与柠檬酸，具有美容、消除疲劳的作用。如果把橘子内侧的薄皮一起吃下去，除维生素C外，还可摄取膳食纤维——果胶，它可以促进通便，并且可以降低胆固醇。柠檬有个别名便是“开胃果”，柠檬果皮富含芳香挥发成分，可以生津解暑，开胃醒脾。夏季暑湿较重，很多人神疲乏力，喝一杯柠檬泡水，清新酸爽的味道让人精神一振，更可以开胃。

此款果汁能够促进消化，健胃消食。

贴心提示

正在服药期间或刚喝完牛奶时，建议不饮用此果汁。

草莓苹果汁 适宜饭后饮用，帮助消化

原料

草莓8颗，苹果1个，饮用水200毫升。

做法

1 将草莓去蒂，洗净，切成块状；2 将苹果洗净去核，切成块状；3 将准备好的草莓、苹果和饮用水一起放入榨汁机榨汁。

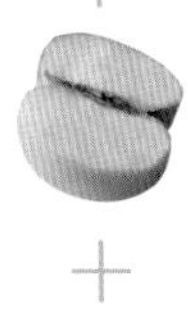

【养生功效】

现代医学研究认为，草莓对胃肠道有一定的调理滋补作用。草莓除了可以预防坏血病外，对防治动脉硬化、心脏病也有较好的功效。苹果含有大量的维生素、矿物质和丰富的膳食纤维，特别是果胶等成分，除了具有补心益气、益胃健脾等功效之外，其止泻效果还是十分显著的。苹果含有较多的细纤维素及维生素C，通过它们来刺激消化系统蠕动，使肠道中积存的致癌物质尽快排出体外，同时还能抑制致癌物——亚硝胺的形成，促进抗体生成，增强细胞的吞噬功能，提高机体抗病毒和抗癌能力。

此款果汁能够帮助肠胃消化食物。

贴心提示

吃苹果最好搭配牛奶或一片奶酪，有助中和酸性物质。吃苹果前刷牙，刷牙会给食物和牙齿之间加上一道屏障。吃完苹果后要及时漱口。

草莓大头菜瓜汁 整肠消食，疏肝解郁

原料

草莓20克，大头菜50克，香瓜100克，柠檬30克，冰块少许，盐1克。

做法

1 将草莓洗净，去蒂；大头菜洗净，根和叶切开；香瓜洗净，去皮、子，切块；柠檬切片；2 将草莓、香瓜、柠檬，放入榨汁机；3 大头菜叶折弯后榨成汁；4 混合几种汁液，再加入冰块及盐调味即可。

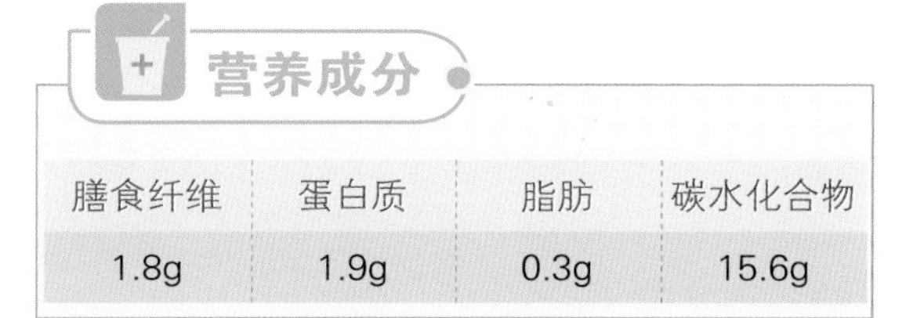

营养成分

膳食纤维	蛋白质	脂肪	碳水化合物
1.8g	1.9g	0.3g	15.6g

【养生功效】

草莓含有丰富的果胶和纤维素，可促进胃肠蠕动，而大头菜有开胃、消食的功效。用草莓和大头菜榨制而成的果汁可缓解便秘，改善胃肠病、肝病症状等。

第5节 上班族

菠萝甜椒杏汁 消除疲倦，预防感冒

原料

菠萝2片，甜椒半个，杏4颗，饮用水200毫升。

做法

1 将菠萝洗净，切成块状；2 将甜椒、杏洗净去子去核，切成块状；3 将准备好的菠萝、甜椒、杏和饮用水一起放入榨汁机榨汁。

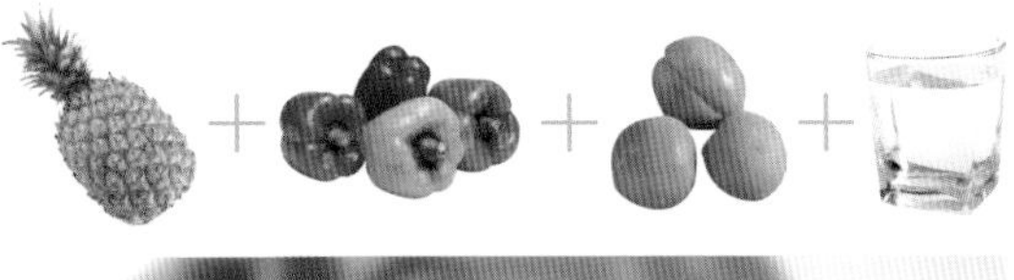

【养生功效】

发热、咳嗽、嗓子疼都是感冒最明显的症状，除了躺在床上安静地休息，不妨饮用一杯新鲜的菠萝汁，它有降温的作用，并能有效地安抚支气管。经医学研究，自古以来，人类就常常凭借菠萝中含有的菠萝蛋白酶来缓解嗓子疼和咳嗽的症状。

甜椒富含的维生素B、维生素C和抗氧化剂可抗白内障、心脏病和癌症。牙龈出血、眼睛视网膜出血、免疫力低下者，以及糖尿病患者适宜多吃。越红的甜椒营养越多，所含的维生素C远胜于柑橘类水果，因而生吃效果更佳。

甜杏仁中不仅蛋白质含量高，其中的大量纤维可以让人减少饥饿感，这就对保持体重有益。纤维有益肠道组织并且可降低肠癌发病率、胆固醇含量和心脏病的危险。所以，肥胖者选择甜杏仁作为零食，可以达到控制体重的效果。最近的科学研究还表明，甜杏仁能促进皮肤微循环，使皮肤红润光泽，具有美容的功效。杏的营养价值很高，而杏仁的营养价值更丰富。杏仁含有丰富的单不饱和脂肪酸，有益于心脏健康；含有维生素E等抗氧化物质，能预防疾病和阻止早衰。

此款果汁能够预防和缓解感冒症状。

贴心提示

市面上出售的菠萝分为“糖格”“花格”“无格”三种。所谓“糖格”即是“糖心菠萝”，它的果皮透红，散发香味，含糖量较高，果肉深黄色，呈半透明状态。“花格”的果皮青多黄少，果肉半黄，含糖量较低。“无格”则果皮全是青色，果肉全白，还未成糖，味道很酸。

芒果橘子奶 消除疲劳，止渴利尿

原料

芒果 150 克，橘子 100 克，鲜奶 250 毫升。

做法

1 将芒果洗干净，去外皮，切成块备用；2 将橘子去掉外皮、去子、去内膜；3 将所有材料一起倒入果汁机内搅打 2 分钟即可。

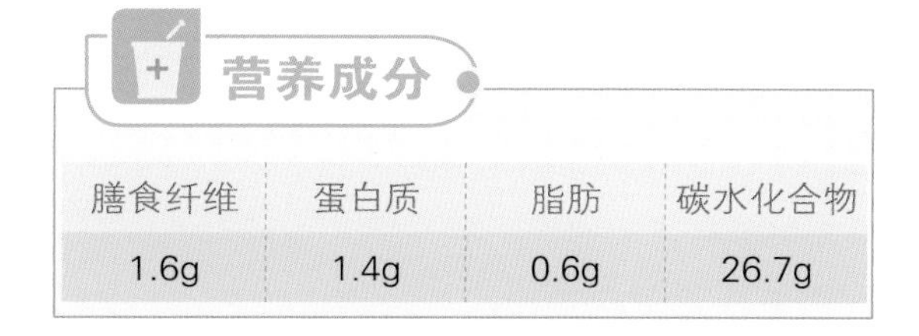

营养成分

膳食纤维	蛋白质	脂肪	碳水化合物
1.6g	1.4g	0.6g	26.7g

【养生功效】

芒果中的维生素 A 及橘子中维生素 C 的含量在水果中都是名列前茅的，经常饮用此饮能发挥止渴利尿、消除疲劳的效用。

果汁热量 676千焦

操作方便度：★★★★★

推荐指数：★★★☆☆

苹果红薯汁 提高记忆力，预防失眠

原料

苹果1个，红薯1个，饮用水100毫升。

做法

1 将苹果洗净去核，切成块状；2 将红薯洗净蒸熟；3 将蒸熟的红薯去皮，切成块状；4 将切好的红薯与苹果一起放入榨汁机榨汁。

贴心提示

红薯含有气化酶，吃后有时会发生胃灼热、吐酸水、肚胀排气等现象，但只要一次别吃得过多，而且和米面搭配着吃，并配以咸菜或喝点儿菜汤即可避免。食用凉的红薯也可致上腹部不适。

【养生功效】

英国著名的药理学家苏珊·奥尔德里奇博士研究发现，苹果中含有15%的碳水化合物及果胶，维生素A、维生素C、维生素E，钾和抗氧化剂等含量亦很丰富。苹果所含的多酚及黄酮类物质对预防心脑血管疾病尤为重要。美国艾尔·敏德尔博士研究指出，苹果中的可溶性纤维——果胶，可有效地降低胆固醇。一个中等大小的未削皮的苹果可提供3.9克纤维素（削皮的提供2.7克纤维素）。试验结果证明，每日吃两个苹果的人，胆固醇可降低16%。《本草纲目》《本草纲目拾遗》等古代文献记载，红薯有“补虚乏，益气力，健脾胃，强肾阴”的功效。红薯含有大量纤维素、维生素、淀粉等人体必需的营养成分，以及镁、磷、钙等矿物元素和亚油酸等，这些物质能保持血管弹性，对防治老年习惯性便秘十分有效。

此款果汁能够增强记忆力和免疫力。

葡萄圆白菜汁 赶走亚健康状态

原料

葡萄10颗，圆白菜2片，饮用水200毫升。

做法

1 将葡萄去子，取出果肉；将圆白菜洗净切碎；2 将准备好的葡萄、圆白菜和饮用水一起放入榨汁机榨汁。

+

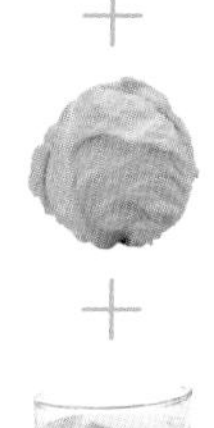

+

【养生功效】

葡萄主治气血虚弱、肺虚咳嗽、心悸盗汗、风湿痹痛等症，也可用于脾虚气弱、气短乏力、水肿、小便不利等病症的辅助治疗。圆白菜的第一大功效是能提高人体免疫力，可预防感冒，保护癌症患者的生活指标。研究人员经过反复对比发现，圆白菜提高免疫力的功效与临床使用的同类药品相当。圆白菜的第二大功效是较强的抗氧化、防衰老作用。对于饮食不规律、饮食结构不科学的上班族来说，食用圆白菜还能够保护肠胃健康。此款果汁能够改善和预防亚健康。

贴心提示

圆白菜的药用效果往往依其外观、产地而有所不同。未完全成熟、叶形舒展的嫩株抗氧化效果最佳。

苹果葡萄柚汁 降肝火，舒缓情绪

原料

苹果1个，柚子两片，饮用水200毫升。

做法

1 将苹果洗净去核，切成块状；2 将柚子去皮，切成块状；3 将准备好的苹果、柚子和饮用水一起放入榨汁机榨汁。

【养生功效】

苹果酸可使皮肤润滑柔嫩，这是因为苹果中营养成分可溶性大，易被吸收。葡萄柚不但有浓郁的香味，更可以净化繁杂思绪、提神醒脑。至于葡萄柚所含的高量维生素C，不仅可以维持红细胞的浓度，使身体有抵抗力，而且也可以助人缓解压力。最重要的是，在制造肾上腺素时，维生素C是重要成分之一。此款果汁能够平稳情绪，降低肝火。

贴心提示

吃葡萄柚要讲究合适的时机。病人尤其是老年病人，服药时不要吃柚子或喝柚子汁。因为柚子与抗过敏药特非那定的相互作用会引起室性心律失常，甚至致命性的心室纤维颤动。与柚子产生不良作用的药物还有：环孢素、咖啡因、钙拮抗剂、西沙必利等。饮用一杯柚子汁，与药物产生作用的可能性会维持24小时。

菠萝柠檬汁 改善易怒和焦躁情绪

原料

菠萝2片，柠檬2片，饮用水200毫升。

做法

1 将菠萝、柠檬洗净，切成块状；2 将准备好的菠萝、柠檬和饮用水一起放入榨汁机榨汁。

【养生功效】

现代人的压力多由精神紧张、情绪不良所致，因此中医要求减少欲望，保持心平气和。菠萝含有丰富的维生素B、维生素C，能够消除疲劳，释放压力。鲜美清凉的果汁要属柠檬汁了，直接用鲜果压榨出果汁，再配以糖、冰块、冰水，搅拌后即可饮用。那淡淡的酸甜，幽幽的清香直沁人心脾，使人心神清爽，唇齿留香，忘却一切烦恼。

此款果汁能够改善不良情绪。

贴心提示

患有溃疡病、肾脏病、凝血功能障碍的人应禁食菠萝。过敏体质者最好不要吃菠萝，因为他们食用菠萝后可能会发生过敏反应。脑手术恢复期的病人也不适合食用，因为一旦发生过敏，将会危及生命。

西瓜菠萝蜂蜜汁 清热解毒

原料

西瓜2片，菠萝2片，蜂蜜适量。

做法

1 将西瓜去皮去子切成块状；将菠萝片切成丁；2 将切好的西瓜和菠萝一起放入榨汁机榨汁；在榨好的果汁内加入适量蜂蜜搅拌均匀即可。

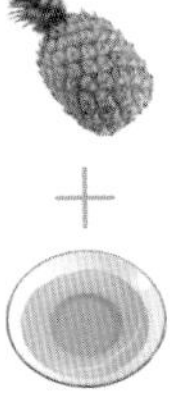

【养生功效】

西瓜果肉所含瓜氨酸、精氨酸成分，能促进大鼠肝中的尿素形成，而导致利尿作用。有清热解暑、解烦渴、利小便、解酒毒等功效，用来治一切热症、暑热烦渴、小便不利、咽喉疼痛。西瓜子中含脂肪油、蛋白质、维生素B_2、淀粉、戊聚糖、丙酸、尿素等。能清肺润肺、和中止渴、助消化，可治吐血、久咳。此款果汁能够清热解毒，消暑解渴。

贴心提示

夏天大家都喜欢把西瓜放入冰箱冰镇着吃，其实冰镇后西瓜富含的营养成分，远远低于室温存放下的西瓜。据研究显示：西瓜在被采摘后依然可以产生营养成分，但急剧冷却将会延缓营养产生的进程，进而降低营养成分。通常情况下，西瓜在13℃下可存放14～21天；但在冰镇情况下，例如只有5℃的话，西瓜1周后就会开始腐烂。

甘蔗汁 改善神经衰弱

原料

甘蔗 30 厘米长。

做法

1 将甘蔗去皮洗净，切成块状；2 将切好的甘蔗放入榨汁机榨汁。

贴心提示

患有胃寒、呕吐、便泄、咳嗽、痰多等症的病人，不宜食用甘蔗，以免加重病情。另外还必须注意：若保管欠妥易于霉变。那种表面带“死色”的甘蔗，切开甘蔗，其断面呈黄色或猪肝色，闻之有霉味，咬一口带酸味、酒糟味的甘蔗误食后容易引起真菌中毒，导致视神经或中枢神经系统受到损害，严重者还会使人双目失明，患全身痉挛性瘫痪等难以治愈疾病。

【养生功效】

甘蔗汁多味甜，营养丰富，被称作果中佳品，还有人称：“秋日甘蔗赛过参。”甘蔗的营养价值很高，它含有水分比较多，水分占甘蔗的 84%。甘蔗含糖量最为丰富，其中的蔗糖、葡萄糖及果糖，含量达 12%。此外，经科学分析，甘蔗还含有人体所需的其他营养物质，如蛋白质、脂肪、钙、磷、铁。另外，甘蔗还含有天门冬氨酸、谷氨酸、丝氨酸、丙氨酸等多种有利于人体的氨基酸，以及维生素 B_1、维生素 B_2、维生素 B_6 和维生素 C 等。甘蔗的含铁量在各种水果中，雄踞冠军宝座。甘蔗还有滋补清热的作用，作为清凉的补剂，对于低血糖、大便干结、小便不利、反胃呕吐、虚热咳嗽和高热烦渴等病症有一定的疗效，劳累过度或饥饿头晕的人，只要吃上两节甘蔗就会使精神重新振作起来。

此款果汁能够舒缓情绪，预防神经衰弱。

葡萄哈密牛奶 补充体力，促进代谢

原料

葡萄50克，哈密瓜60克，牛奶200毫升。

做法

1 将葡萄洗干净，去掉外皮、去子，备用；2 将哈密瓜洗干净，去掉外皮，切成小块；3 将材料放入果汁机内搅打成汁即可。

 +  + 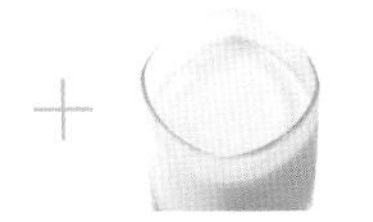

营养成分

膳食纤维	蛋白质	脂肪	碳水化合物
1g	3.5g	3.2g	8.8g

【养生功效】

这道饮品中含有丰富的糖类，可以迅速补充体力、促进新陈代谢，对消除疲劳很有效。

果汁热量 321千焦

操作方便度：★★★★☆

推荐指数：★★★★☆

橘子芒果汁 改善情绪低落

原料

橘子1个，芒果1个，饮用水200毫升。

做法

1 将橘子去皮，分开；2 将芒果去皮去核，并把果肉切成块状；3 将准备好的橘子、芒果和饮用水一起放入榨汁机榨汁。

【养生功效】

橘子具有疏肝理气、消肿散毒之功效，为治胁痛、乳痛的要药。芒果的果实中含有糖、蛋白质以及粗纤维，芒果所含有的维生素A的前体胡萝卜素成分特别高，维生素C含量也不低。食用芒果能够益胃、解渴、利尿，有助于消除因长期坐姿导致的腿部水肿。橘子和芒果所含的芳香味道能够使人的心情变得美好，有利于改善郁闷、愁苦情绪，是办公室解压的好食品。

此款果汁能够使人走出情绪低谷。

贴心提示

橘子的保存法：找点儿小苏打，用水溶解了，用苏打水把橘子一个个洗一遍，再将橘子自然晾干，使苏打水在橘子外形成保护膜，然后，把它们放到塑料袋里，最后，把袋子封口，一定要封紧，千万不要让空气进入袋子。

莴苣芹菜汁 对抗失眠

原料

莴苣6厘米长，芹菜1根，饮用水200毫升。

做法

1 将莴苣洗净去皮，切成块状；2 将芹菜洗净切成块状；3 将准备好的莴苣、芹菜和饮用水一起放入榨汁机榨汁。

【养生功效】

中医认为，莴苣味苦、性寒，有益五脏、通经脉、健筋骨、白牙齿、开胸膈、利小便等功效。莴苣叶中维生素C含量是茎的4倍，胡萝卜素含量为茎的近6倍，蛋白质、碳水化合物、铁等含量也都高于茎。莴苣中含钾丰富而钠含量低，适于高血压、心脏病等患者食用，有助于降低血压。另外，对肾炎水肿病人亦有好处。莴苣叶中含较多的菊糖类物质，有镇静、安眠的功效。肝火过旺，皮肤粗糙及经常失眠、头疼的人可适当多吃些芹菜以利于缓解症状。

此款果汁对于各种原因引起的失眠有帮助。

贴心提示

块根芹具有可食用的粗根，生食或烹调做菜，对小便热涩不利、妇女月经不调、赤白带下、瘰疬、痄腮等病症有利。

第6节 开车族

胡萝卜苹果芹菜汁 缓解疲劳，充沛精力

原料

胡萝卜半根，苹果1个，芹菜半根，饮用水200毫升。

做法

1 将胡萝卜洗净去皮，切成块状；2 将苹果洗净去核，切成块状；3 将芹菜洗净，切成块状；4 将胡萝卜、苹果、芹菜和饮用水一起放入榨汁机榨汁。

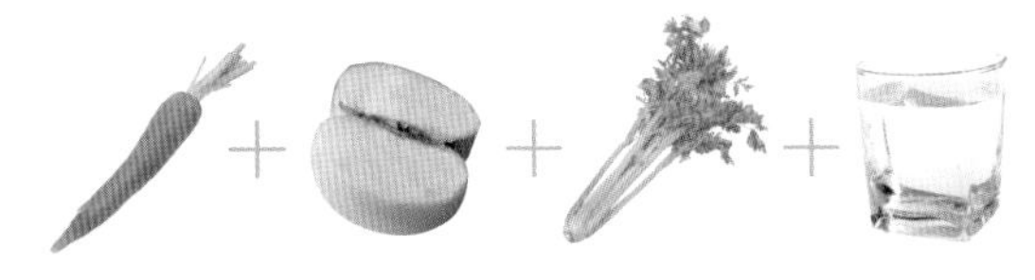

【养生功效】

春困秋乏，头脑不够清醒，肢体疲乏，影响司机的反应能力和应变能力，给安全行车带来潜在隐患。多吃些防止疲倦的食物是改善的好办法，维生素是真正的清醒剂，不妨多吃些胡萝卜、大白菜、韭菜、土豆、柑橘之类富含维生素的食物。

胡萝卜不仅可以使头脑清醒，缓解疲劳症状，还能够改善眼睛疲劳，提高注意力。长期熬夜、喝酒、超时工作或服用大量药物的人，都会加重肝脏负担；而维生素A本来就是肝脏中重要的营养素，可帮助肝脏细胞的修复。

印度医学家有专题研究。人眼的正常视网膜含硒7微克，而鹰眼的视网膜含硒量是人的100倍，表明鹰的敏锐视力与硒含量高有关。有些人在黄昏时视物不清，是因为缺乏维生素A而使视紫红素合成减少所致。苹果含有维生素A和微量元素硒，那么，常吃些苹果，可保护视力。

胡萝卜、苹果、芹菜均含有对眼睛有益的成分，三者结合，对于开车族、上班族和学生均有好处。

此款果汁能够改善亚健康，缓解疲劳。

贴心提示

《中国居民膳食指南》建议每天吃200~400克水果，基本上一个大的富士苹果就能满足。其实也没有必要恪守“每日一苹果”，每周3~4个即可，可以搭配着吃些其他时令水果。由于苹果质地较硬，吃的时候最好细嚼慢咽，以免损伤肠胃。吃苹果最好是在两餐之间。

番茄甜椒汁 缓解眼睛疲劳

原料

番茄1个，甜椒半个，饮用水200毫升。

做法

1 将番茄洗净，在沸水中浸泡10秒；2 将番茄去皮，切成块状；将甜椒洗净去子，切成块状；3 将切好的番茄、甜椒和饮用水一起放入榨汁机榨汁。

【养生功效】

番茄所含维生素A、维生素C，可预防白内障，还对夜盲症有一定防治效果；番茄红素具有抑制脂质过氧化的作用，能防止自由基的破坏，抑制视网膜黄斑变性，维护视力。番茄所含的芦丁、番茄红素及果酸，可降低血胆固醇，预防动脉粥样硬化及冠心病。

甜椒味辛、性热，入心、脾经；有温中散寒、开胃消食的功效。甜椒的色泽越是鲜艳，抗氧化的功效越显著。

此款果汁能够缓解眼睛疲劳，舒缓心情。

贴心提示

黄瓜含有一种维生素C分解酶，会破坏其他蔬菜中的维生素C，番茄富含维生素C，如果二者一起食用，会达不到补充营养的效果。因此，不宜和黄瓜同食。

圆白菜青椒汁 抗氧化，缓解腰痛

原料

圆白菜2片，青椒半个，饮用水200毫升。

做法

1 将圆白菜洗净切碎；2 将青椒洗净去子，切成块状；3 将切好的圆白菜、青椒和饮用水一起放入榨汁机榨汁。

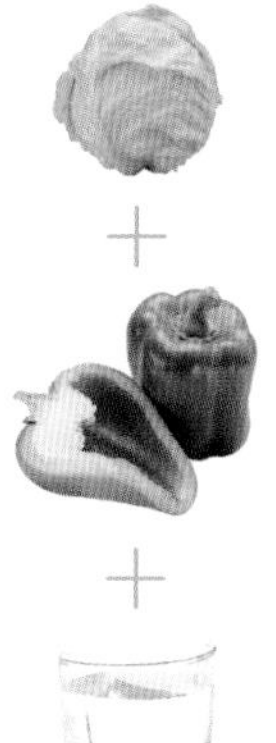

【养生功效】

圆白菜具有较强的抗氧化作用，医学上把这种防止体内氧化过程的作用称作“抗氧化”过程，也是抗衰老的过程。圆白菜的叶子抗氧化作用最强，叶子可以用来吸收人体皮肤衰老的成分，并能促进皮肤的血液循环。不同的圆白菜，抗氧化作用也不同，外层叶子越多、越嫩的圆白菜，其抗氧化的作用就越强。辣椒的有效成分辣椒素是一种抗氧化物质，它可阻止有关细胞的新陈代谢，从而终止细胞组织的癌变过程。

此款果汁能够抗氧化，缓解疼痛。

贴心提示

青椒的棱是由青椒底端的凸起发育而成的。而凸起是青椒在发育过程中由“心室”决定的，生长环境好，营养充足时容易形成四个“心室”。也就是说，有四个棱的青椒，要比有三个或两个棱的青椒肉厚，营养丰富。

西瓜葡萄汁 预防痔疮

原料

西瓜两片，葡萄8颗，蜂蜜适量。

做法

1 将西瓜去子，切成块状；2 将葡萄去皮去子，取出果肉；3 将西瓜和葡萄一起放入榨汁机榨汁；4 在榨好的果汁内加入适量蜂蜜搅拌均匀即可。

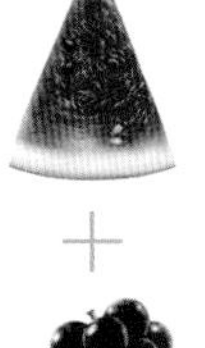

＋

＋

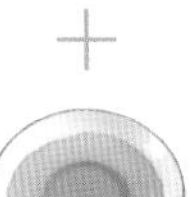

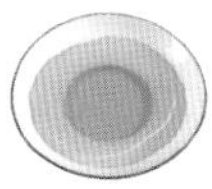

【养生功效】

中医学认为，西瓜是一种最富有营养、最纯净、最安全的饮料，有生津、除烦、止渴，解暑热，清肺胃，利小便，助消化，促进代谢的功能，适宜于高血压、肝炎、肾炎、肾盂肾炎、黄疸、胆囊炎、水肿以及中暑发热、汗多口渴之人食用。葡萄能够增强血管壁中的胶原纤维，使血管强韧，富有弹性，让血管更健康，有助于静脉循环不良的改善，如静脉曲张的改善。葡萄中原花青素有防晒功效，还能使肌肤保持弹性，使人永葆青春。

此款果汁能够促进血液循环，降低痔疮的发生率。

贴心提示

李时珍《本草纲目》云：西瓜、甜瓜，皆属生冷，世俗以为醍醐灌顶，甘露洒心，取其一时之快，不知其伤脾助湿之害也。

菠菜汁 保护眼球晶状体

原料

菠菜叶4片，蜂蜜水200毫升，柠檬水适量。

做法

1 将菠菜放在开水中焯一下；2 把焯过的菠菜切成段；3 将菠菜、蜂蜜水一起放入榨汁机榨汁；4 将榨好的果汁里放入适量柠檬水。

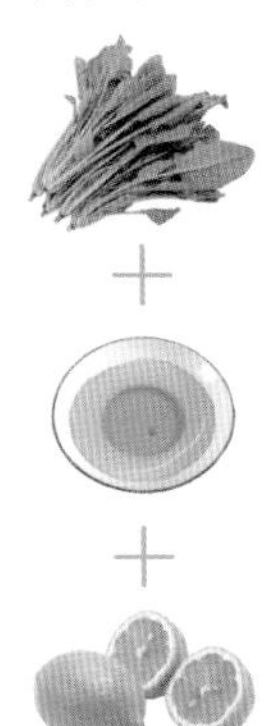

【养生功效】

人体内的叶黄素集中分布在视网膜。如果缺乏叶黄素，罹患眼病的概率就会增加。叶黄素是胡萝卜素的一种。菠菜中含有丰富的叶黄素，因而，多吃菠菜可以预防眼部疾病。同时，菠菜里所含的维生素C、维生素E和胡萝卜素具有抗氧化作用，能维持体内正常的蛋白质含量。

柠檬中的维生素C能维持人体各种组织和细胞间质的生成，并保持它们正常的生理机能。

此款果汁有抗氧化，保护眼睛的功效。

贴心提示

由于菠菜性凉，具有滑肠作用，脾胃虚寒、腹泻者忌食。另外，菠菜中含有的草酸，它不仅具有涩味，还容易产生泌尿系结石。在吃菠菜前，可先用开水烫一下或用水煮一下，然后再凉拌、炒食或做汤，这样既可保全菠菜的营养成分，又除掉了80%以上的草酸。

蓝莓果汁 保护眼睛健康

原料

蓝莓 15 颗，饮用水适量。

做法

1 将蓝莓用盐水泡 10 分钟，洗净；2 把剥好的蓝莓和饮用水一起放入榨汁机榨汁。

【养生功效】

医学临床报告显示，蓝莓中的花青素可促进视网膜细胞中视紫质的再生成，可预防重度近视及视网膜剥离，并可增进视力。蓝莓中还含有一种叫原花色素的花青苷，对感染类的疾病有很好的治疗效果。经常食用蓝莓制品，可明显地增强视力，消除眼睛疲劳；延缓脑神经衰老。

此款果汁对于预防眼部疾病有很好的效果。

贴心提示

蓝莓新不新鲜，关键看上面挂的一层霜。蓝莓表面的一层白霜是有营养的，千万不能破坏，一般常温下蓝莓可以保存 3~4 天，放进冰箱可以保存 7~10 天。蓝莓的白霜不仅有营养，而且是判断蓝莓新鲜度的一个标志，白霜越完整说明越新鲜。

木瓜菠菜汁 改善眼睛充血症状

原料

木瓜半个，菠菜 4 片，酸橙适量。

做法

1 将菠菜用热水焯一下并切碎；2 将木瓜切成块；3 将菠菜、木瓜、酸橙放进榨汁机榨汁。

【养生功效】

木瓜是番木瓜科常绿软木性乔木，与香蕉、菠萝同称为“热带三大草本果树”，是热带、亚热带水果中维生素 A 含量很高的一种水果，还富含维生素 C 和可溶性的钙。传统医学认为：木瓜能理脾和胃，平肝舒筋，可走筋脉而舒挛急。番木瓜素有“百益果王”之称，其果实含丰富的胡萝卜素、蛋白质、钙盐、蛋白酶、柠檬酶等，具有防治高血压、助消化、治胃病，不仅有美容护肤的功效，还能够缓解视疲劳。生吃番木瓜能舒缓咽喉不适，对感冒、咳嗽、便秘、慢性气管炎等亦有帮助。木瓜中的木瓜蛋白酶具有消炎作用，对眼充血有很好效果。

此款果汁对于改善眼睛充血有明显效果。

贴心提示

此款果汁不适宜孕妇、过敏体质人士。

夏日南瓜汁 保护黏膜、视网膜

原料

南瓜2块，饮用水适量。

做法

1 将南瓜用热水焯一下并切成块状；2 将南瓜和饮用水一起放入榨汁机榨汁即可。

【养生功效】

南瓜所含的果胶可以保护胃肠道黏膜，免受粗糙食品对胃部的刺激，加速溃疡的愈合。南瓜所含成分可以促进胆汁分泌，帮助食物消化。南瓜中的胡萝卜素和维生素E除了有防止衰老和抗癌的作用，还能保护皮肤、黏膜和视网膜。南瓜中含有丰富的糖，是一种非特异性免疫增强剂，能提高机体免疫功能，促进细胞因子生成，通过活化补体等途径对免疫系统发挥多方面的调节功能。

此款果汁能够保护胃黏膜和视网膜。

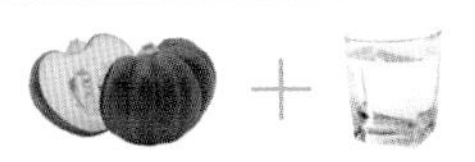

贴心提示

胡萝卜素摄入太多，全身会变黄；胡萝卜素摄入太少，会影响视力。所以，给孩子食用南瓜，每天不要超过一顿主食的量。

苹果无花果汁 瞬间恢复体力

原料

苹果1个，无花果6个，柠檬2片，饮用水200毫升。

做法

1 将苹果洗净去核，切成块状；2 将无花果去皮，取出果肉；3 将苹果、无花果、柠檬和饮用水一起放入榨汁机榨汁。

【养生功效】

无花果含有丰富的氨基酸，目前已经发现18种。不仅因人体必需的8种氨基酸皆有而表现出较高的利用价值，且尤以天门冬氨酸含量最高，对抗击白血病和恢复体力有很好的作用。无花果含有大量的果胶和维生素，果实吸水膨胀后，能吸附多种化学物质。所以食用无花果后，能使肠道各种有害物质被吸附，然后排出体外，能净化肠道，促进有益菌类增殖，抑制血糖上升，迅速排出有毒物质。无花果含有丰富的蛋白质分解酶、脂酶、淀粉酶和氧化酶等酶类，它们都能促进蛋白质的分解。以无花果做饭后的水果，有帮助消化的良好作用。

此款果汁能够迅速恢复体力。

贴心提示

在购买无花果时，应尽量挑选个头较大、果肉饱满、不开裂的果实，一般紫红色为成熟果实。

第7节 烟瘾一族

猕猴桃芹菜汁 净化口腔空气

原料

猕猴桃2个，芹菜半根，饮用水200毫升。

做法

1 将猕猴桃去皮洗净，切成块状；2 将芹菜洗净切成块状；3 将切好的猕猴桃、芹菜和饮用水一起放入榨汁机榨汁。

【养生功效】

猕猴桃含有丰富的维生素C，能够增强免疫系统，促进机体对铁质的吸收，加速身体伤口复合；猕猴桃所富含的肌醇及氨基酸，能够对抗抑郁症；猕猴桃低钠高钾的特征，可补充熬夜、加班所失去的体力；猕猴桃还能够净化口腔空气。猕猴桃中所含纤维，有1/3是果胶，特别是皮和果肉的接触部分含量最高。果胶可降低血中胆固醇浓度，从而预防心血管疾病。

此款果汁能够消肿利尿，净化口腔空气。

贴心提示

猕猴桃一定要放熟才能食用。不成熟的猕猴桃果实酸涩，感觉刺口，其中含有大量蛋白酶，会分解舌头和口腔黏膜的蛋白质，引起不适感。最佳食用状态：猕猴桃经催熟后，用手指肚轻轻按压猕猴桃的两端附近，如果感觉不再坚硬，按压处有轻微的变形，但也不是很软，就是最佳的食用状态。

猕猴桃葡萄汁 坚固牙齿，清热利尿

原料

猕猴桃2个，葡萄6颗，饮用水200毫升。

做法

1 将猕猴桃去皮洗净，切成块状；2 将葡萄洗净去皮去子，取出果肉；3 将准备好的猕猴桃、葡萄和饮用水一起放入榨汁机榨汁。

【养生功效】

猕猴桃富含膳食纤维，有清热生津、止渴利尿、改善尿路结石的功效。猕猴桃的维生素C含量丰富，具有很强的抗氧化作用，能够有效抵御牙菌斑的生成。猕猴桃所含的维生素和微量元素有健齿作用。

葡萄中含有天然的聚合苯酚，能与病毒或细菌中的蛋白质化合，使之失去传染疾病的能力，尤其对肝炎病毒、脊髓灰质炎病毒等有很好的杀灭作用。

此款果汁能够促进血液循环，清热利尿。

贴心提示

挑葡萄时，首先看外观形态，大小均匀、枝梗新鲜牢固、颗粒饱满、最好表面有层白霜的品质比较好；其次要尝尝口味，看一串葡萄是否甜，要先尝最下面的几颗，如果甜就代表整串葡萄都是好的。

百合圆白菜蜜饮 增强肺部功能

原料

圆白菜2片，饮用水200毫升，百合、蜂蜜适量。

做法

1 将圆白菜洗净切碎；2 将准备好的圆白菜、百合和饮用水一起放入榨汁机榨汁；在榨好的果汁内加入蜂蜜搅拌均匀即可。

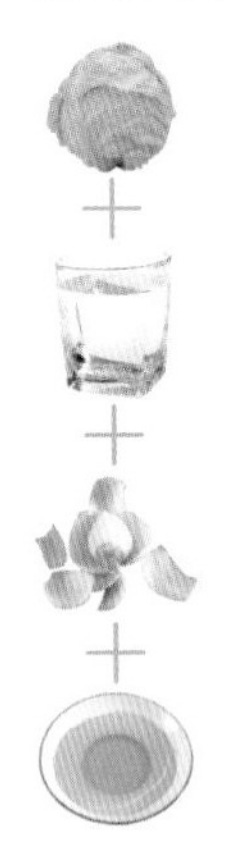

【养生功效】

百合除含有维生素B_1、维生素B_2、淀粉、蛋白质、脂肪及钙、磷、铁等营养素外，还含有一些特殊的营养成分，如秋水仙碱等多种生物碱，对白细胞减少症有预防作用，能升高血细胞，对化疗及放射性治疗后细胞减少症有治疗作用。

中医认为百合具有润肺止咳、清心安神的作用，尤其是鲜百合更甘甜味美。百合特别适合养肺、养胃的人食用，比如慢性咳嗽、肺结核、口舌生疮、口干、口臭的患者，一些心悸患者也可以适量食用。

此款果汁能够增强肺部功能，延缓衰老。

贴心提示

百合适用于轻度失眠人群，如不见效，可适当使用安定控制，但不可长期服用，长期服用安定对身体有较大伤害，产生药物依赖性。

荸荠葡萄猕猴桃汁 预防牙龈出血，清热利尿

原料

荸荠8颗，葡萄8颗，猕猴桃1个，饮用水200毫升。

做法

1 将荸荠洗净，切下果肉；将葡萄洗净去皮去子，取出果肉；将猕猴桃去皮洗净，切成块状；2 将准备好的荸荠、葡萄、猕猴桃和饮用水一起放入榨汁机榨汁。

【养生功效】

中医认为，荸荠性味甘、寒，具有清热化痰、去燥利尿、开胃消食、生津润燥、明目醒酒的功效。在呼吸道传染病流行季节，吃荸荠有利于流脑、麻疹、百日咳及急性咽喉炎的防治。猕猴桃是一种重要的保健水果，猕猴桃的功效和作用使之成为日常水果中的首选之一，如猕猴桃可以改善头发稀疏干枯的状况，从而提高头发活力。经常抽烟对牙齿有腐蚀作用，猕猴桃能够净化口腔空气，预防牙龈出血。此款果汁能够保护口腔，抗氧化。

贴心提示

荸荠生于水田池沼之中，表皮极易带菌或附有寄生虫，故鲜食前必须洗净、消毒，或用沸水烫1分钟，削皮吃为好。荸荠性寒，凡脾胃虚寒及血虚者慎服。

猕猴桃椰奶汁 净化口腔空气

原料

猕猴桃4个，柠檬2片，椰奶200毫升。

做法

1 将猕猴桃去皮洗净，切成块状；2 将柠檬洗净，切成块状；3 将准备好的猕猴桃、柠檬、椰奶一起放入榨汁机榨汁。

【养生功效】

牙龈健康与维生素C息息相关。缺乏维生素C的人牙龈变得脆弱，常常出血、肿胀，甚至引起牙齿松动。猕猴桃的维生素C含量是所有水果中最丰富的，因而也是最有益于牙龈健康的水果。长期吸烟的肺部积聚大量毒素，功能受损，猕猴桃中所含有效成分能提高细胞新陈代谢率，帮助肺部细胞排毒。椰奶对于口腔杀菌有明显作用。此款果汁能够净化口腔空气，促进机体新陈代谢。

贴心提示

猕猴桃最佳食用时段：不能空腹吃，饭前饭后1~3个小时吃都比较合适，它含有的大量蛋白酶可以帮助消化。

猕猴桃最佳吃法：可去皮后直接食用；也可在猕猴桃汁中加适量水、白糖和香蕉丁、苹果丁一起煮沸后，用水调淀粉勾芡食用。

苦瓜胡萝卜汁 充沛精力，预防肺癌

原料

苦瓜4厘米长，胡萝卜1根，饮用水200毫升，蜂蜜适量。

做法

1 将苦瓜洗净去瓤，切成丁；2 将胡萝卜洗净去皮，切成块状；3 将准备好的苦瓜、胡萝卜和饮用水一起放入榨汁机榨汁；4 在榨好的果汁内加入适量蜂蜜搅拌均匀即可。

贴心提示

苦瓜味苦、性寒平，入心、脾、胃三经，可以泻火、清暑、益气、止渴。如果不是心火亢盛的病人，或者糖尿病患者已经发展到阳气不足的阶段，或者平日消化功能不好，属于中医脾胃虚弱症候的患者，就不宜多食苦瓜。过多食用，可能因为其苦寒的特性，伤及心脏和脾胃功能。

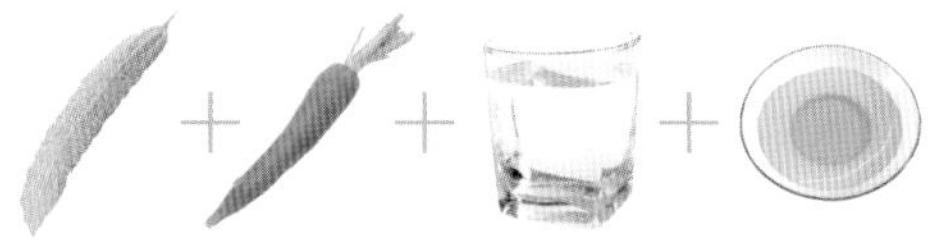

【养生功效】

苦瓜原产于印度尼西亚，大概在宋代传入我国。苦瓜是瓜类中含维生素E及维生素C非常丰富的瓜种。中医认为苦瓜味甘苦，性寒，有清热、明目、解毒之功，主治热病烦渴、中暑、痢疾、目赤疼痛，以及疮疡、丹毒、恶疮等症。苦瓜还是肠胃不佳、肝脏功能不好的人的特效药。对于消除暑热、强健身体有很好的效果。在南方料理中，苦瓜是一道不可或缺的菜，苦瓜用油炒熟后食用。

据最新研究显示，血液中β－胡萝卜素水平较高的人肺功能会更好。β－胡萝卜素和维生素E还可以为吸烟者的肺部提供一些保护。β－胡萝卜素是一种抗氧化物，使含有β－胡萝卜素的食物如胡萝卜、甘薯和甜瓜呈橙黄色。胡萝卜所含的β－胡萝卜素还可以对抗导致衰老的自由基，从而保护吸烟者的肺功能。

此款果汁能够预防癌症，充沛精力。

第8节 经常喝酒一族

西瓜莴苣汁 增强肝脏功能

原料

西瓜2片，莴苣4厘米长，饮用水200毫升。

做法

1 将西瓜去皮去子，切成块状；2 将莴苣去皮，切成块状；3 将切好的西瓜、莴苣和饮用水一起放入榨汁机榨汁。

【养生功效】

由于西瓜味甜多汁，凉爽可口，成为备受人们青睐的消暑佳品。西瓜有防病和治病功能。中国民间有“夏吃三块西瓜，药物不要抓”的说法。中医理论认为西瓜性寒，具有清热解暑、除烦止渴、利尿降压、祛黄疸的作用，可以治疗许多热盛津伤的热病，古人称之为天然“白虎汤”。现代研究证明，西瓜汁及皮中所含的无机盐类，有利尿作用；所含的苷，具有降压作用；所含的蛋白酶，可把不溶性蛋白质转化为可溶性蛋白质。因此西瓜对肝病患者非常适宜，是治肝病的天然食疗“良药”。

莴苣叶含丰富的钙、胡萝卜素及维生素C，而莴苣素可促进胃液、消化酶及胆汁分泌，有助于乙肝、丙肝病毒携带者以及慢性肝病患者增进食欲。肝硬化合并贫血者常吃莴苣，可促进有机酸和酶分泌，增加铁质吸收，有助于血小板上升和恢复，防止病情恶化。莴苣食疗可达到通便作用，肠道中的大肠杆菌能把莴苣纤维素合成人体所需的维生素，还能与肠道中胆固醇代谢产物胆酸合成不能被吸收的复合废弃物排出体外。

此款果汁能够增强肝脏的解毒功能。

贴心提示

将买来的莴苣放入盛有凉水的器皿内，一次可放几棵，水淹至莴苣主干1/3处，放置室内3～5天，叶子仍呈绿色，莴苣主干仍很新鲜，削皮后炒吃仍鲜嫩可口。

芝麻香蕉奶汁 减轻肝脏负荷

原料

香蕉1根，牛奶200毫升，芝麻2勺。

做法

1 剥开掉香蕉皮和果肉上的香蕉络，切成块状；2 将牛奶和切好的香蕉一起放入榨汁机；3 将芝麻放进榨汁机；4 搅拌后榨汁即可。

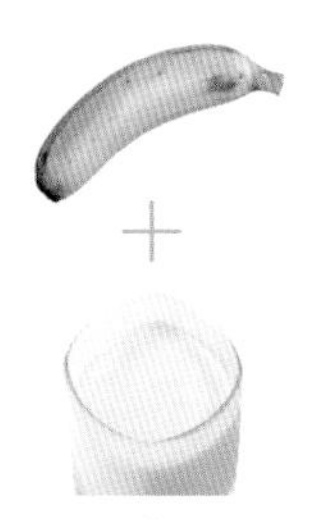

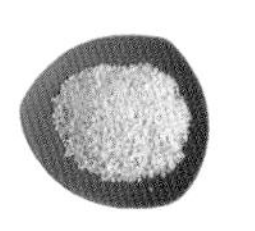

【养生功效】

芝麻是一味强壮剂，有补血、润肠、生津、通乳、养发等功效，适用于身体虚弱、头发早白、贫血萎黄、津液不足、大便燥结、头晕耳鸣等症状。芝麻对于慢性神经炎、末梢神经麻痹均有疗效。由于芝麻油有降低胆固醇的作用，故血管硬化、高血压患者食之有益。芝麻中含有的木酚素类物质具有抗氧化作用，可以消除肝脏中的活性氧，减轻肝脏的负荷，消除宿醉。

此果汁能够减轻肝脏负荷。

贴心提示

芝麻最好选择芝麻粉或者炒熟的芝麻。在果汁中加入一勺大豆粉，味道会更好。芝麻自古以来就称为长寿不老的高级食品。芝麻有黑、白两种，食用以白芝麻为好，药用以黑芝麻为良。

芝麻酸奶果汁 增加有益胆固醇

原料

芝麻2勺，饮用酸奶200毫升，蜂蜜适量。

做法

1 将酸奶和芝麻一起放入榨汁机；2 用榨汁机进行搅拌；3 加入适量蜂蜜搅拌后即可饮用。

【养生功效】

芝麻中含有的木酚素类物质具有抗氧化作用，它可以减轻肝脏的负担，还能够降低体内的有害胆固醇，增加有益胆固醇的含量。酸奶中含有一种牛奶因子，有降低人体中血清胆固醇的作用。酸奶中的乳酸钙极易被人体吸收。有人做过实验，每天饮720克酸奶，一周后能使血清胆固醇明显下降。

此果汁能够增加体内的有益胆固醇，适合经常喝酒应酬人士。

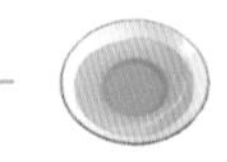

贴心提示

生芝麻在打粉之前先用锅迅速翻炒两下，除去水汽，炒出来不能放，要马上压，压好后放入干燥的玻璃瓶里，瓶盖上铺一层纸，这样密封的瓶子就可以防潮了。

姜黄果汁 清神抗氧化，解酒

原料

柠檬水200毫升，姜黄粉1勺。

做法

1 将200毫升的柠檬水放入榨汁机中；2 利用榨汁机的干磨功能将姜黄磨成粉；3 用榨汁机进行搅拌。

【养生功效】

姜黄别名黄姜、毛姜黄、宝鼎香、黄丝郁金等，味辛、苦，性温，归脾、肝经，可起到破血行气、通经止痛的作用。姜黄能降低肝重，减少肝中三酰甘油、游离脂肪酸、磷脂含量及血清总三酰甘油的含量，也能提高血清总胆固醇和胆固醇含量。同时具有降低血脂、抗肿瘤、消炎、利胆等作用。柠檬富含维生素C，其芳香浓郁，令人心情清爽。此果汁具有解酒抗氧化功效，适合宿醉人群。

贴心提示

柠檬具有美白功效，有很多女性为了美容，每天大量喝柠檬水而伤了胃。因此，喝柠檬水也要适量，每天不宜超过1000毫升。此外，由于柠檬pH值低达2.5，因此胃酸过多者和胃溃疡者不宜饮用柠檬水。

菠萝圆白菜汁 改善宿醉后头痛

原料

菠萝4片，圆白菜2片，饮用水200毫升。

做法

1 将菠萝洗净，切成块状；2 将圆白菜洗净切碎；3 将切好的菠萝、圆白菜和饮用水一起放入榨汁机榨汁。

【养生功效】

菠萝营养丰富，其成分包括蛋白质、碳水化合物、脂肪、维生素、蛋白质分解酵素及矿物质等，尤以维生素C含量最高。圆白菜性平味甘，能够润脏腑、利脏器、壮筋骨、清热止痛。对于改善睡眠不佳、多梦易睡、胃脘疼痛等病症有利。圆白菜中有很强的杀菌消炎作用，对于胃痛、牙痛、咽喉肿痛之类都有疗效。此款果汁能够缓解饮酒过多引起的头痛。

贴心提示

圆白菜有一种叫做异硫氰酸酯的化学物质，它属于含硫化合物，大蒜、芥末的特有刺激气味都出自这种化合物，防癌、防治心脏病的功能也都与这种香味成分有关。带有含硫化合物成分的这类蔬菜特有的刺激气味早在古代就引起了人们的注意，与此相关的各种芳香疗法在很多国家的历史资料中都有记载，并且一直沿用至今天。

草莓苹果白萝卜汁 缓解酒后头痛

原料

草莓8颗，苹果1个，白萝卜2片（2厘米），饮用水200毫升。

做法

1 将草莓去蒂，洗净切成块状；2 将白萝卜洗净去皮，切成块状；3 将苹果洗净去核，切成块状；4 将准备好的草莓、白萝卜、苹果和饮用水一起放入榨汁机榨汁。

贴心提示

草莓的吃法多样化，直接吃，或淋上奶油、果糖皆宜，配合雪糕、芝士（乳酪）也是不错的选择。中国台湾、香港等地区大多将草莓称为士多啤梨。

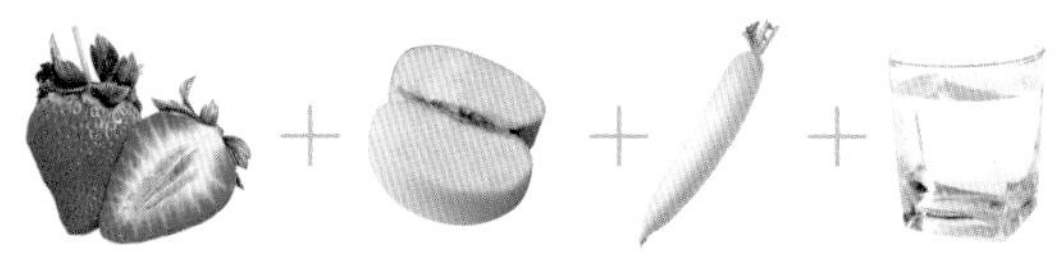

【养生功效】

据记载，服饮鲜草莓汁可治咽喉肿痛、声音嘶哑症。食草莓，对积食胀痛、胃口不佳、营养不良或病后体弱消瘦，是极为有益的。草莓中所含的果胶和丰富的膳食纤维，可以帮助消化、通畅大便。草莓能润肺生津，清热健脾，补血益气，凉血解毒以及和胃解酒。酒后头昏不适时，可一次食用鲜草莓100克，洗净后一次服完，有助于醒酒。法国医学家研究发现，苹果酸可降低胆固醇。苹果酸可在肠中与胆酸结合，阻碍肠内胆酸重新被吸收，从而促使血中胆固醇向胆酸转化，起到降低胆固醇的效果。此外，苹果中所含的果胶、维生素C和纤维素也有降低胆固醇的作用。每天吃300克苹果，就可使原来偏高的胆固醇逐渐降低。苹果富含钾盐，进入人体血液后，能将钠盐置换出，并排出体外，从而有利于降低高血压。

此款果汁能够缓解酒后头痛和恶心等。

第9节 咖啡成瘾一族

猕猴桃橙子柠檬汁 抗皱祛斑，提神养性

原料

猕猴桃2个，橙子半个，柠檬2片，饮用水200毫升。

做法

1 将猕猴桃、橙子去皮洗净，切成块状；2 将柠檬洗净，切成块状；3 将切好的猕猴桃、橙子、柠檬和饮用水一起放入榨汁机榨汁。

【养生功效】

橙子含水量高、营养丰富，含大量维生素C、枸橼酸及葡萄糖等十余种营养物质。食用得当，能补益机体，特别对患有慢性肝炎和高血压患者，多吃橙子可以提高肝脏解毒作用，加速胆固醇转化，防止动脉硬化。同时橙子富含的维生素还有很好的美白功效。一个中等大小的橙子可以提供人一天所需的维生素C。

柠檬汁酸味中伴有淡淡的苦涩和清香的味道，能够使头脑清醒，增强人体免疫力、延缓衰老。柠檬对于肾结石的治疗有一定的辅助功效，如果平时多喝柠檬水，或在水中加入柠檬，就能够在尿液中产生柠檬酸盐，这样可减少肾结石的盐晶体，从而减少肾结石的形成，缓解排尿时的疼痛。

此款果汁能够很好地补充身体所需的维生素C，保持头脑清醒。

贴心提示

在上车前1小时，用新鲜的橘子皮，向内折成双层，对准鼻孔，用手指挤捏橘子皮，皮中就会喷射出无数股细小的橘香油雾并被吸入鼻孔。在上车后继续随时挤压吸入，可有效地预防晕车。

猕猴桃蛋黄橘子汁 集中注意力，预防眼疾

原料

猕猴桃2个，蛋黄1个，橘子半个，饮用水200毫升。

做法

1 将猕猴桃、橘子去皮，切成块状；2 将准备好的猕猴桃、橘子、蛋黄和饮用水一起放入榨汁机榨汁。

【养生功效】

适度摄入维生素C等抗氧化剂有利健康，因为抗氧化剂可保护细胞内的DNA不受损伤。DNA是人体的遗传物质，一旦受到损伤将引起突变，导致疾病。经常喝咖啡的人需要及时补充维生素C，从而能使气色更佳。

蛋黄里含有的叶黄素和玉米黄素还可帮助眼睛过滤有害的紫外线，延缓眼睛的老化，预防视网膜黄斑变性和白内障等眼疾。

此款果汁能够益气补血，提高注意力。

贴心提示

买鸡蛋时，用眼睛观察蛋的外观形状、色泽、清洁程度。良质鲜蛋，蛋壳清洁、完整、无光泽，壳上有一层白霜，色泽鲜明。次质鲜蛋，蛋壳有裂纹、硌窝现象；蛋壳破损、蛋清外溢或壳外有轻度霉斑等。更次一些的鲜蛋，蛋壳发暗，壳表破碎且破口较大，蛋清大部分流出。

草莓花椰汁 通便利尿，提神养气

原料

草莓6颗，香瓜半个，西蓝花2朵，柠檬2片，饮用水200毫升。

做法

1 将草莓去蒂洗净，切成块状；将香瓜去皮去瓤，洗净切成块状；将西蓝花洗净切成块状，在沸水中焯一下；将柠檬洗净切成块状；2 将准备好的草莓、香瓜、西蓝花、柠檬和饮用水一起放入榨汁机榨汁。

【养生功效】

草莓是一种“提神果”，能提神醒脑，这是因为它含有丰富的维生素C，维生素C有助于人体吸收铁质，使细胞获得滋养。香瓜有苹果酸、葡萄糖、氨基酸、维生素C等丰富营养，且水分充沛，可消暑清热、生津解渴、除烦。香瓜还能够消除口臭。柠檬能防止心血管动脉硬化并减少血液黏稠度。维生素C的摄入可以使铁的吸收增加3倍。柠檬汁加蜂蜜对治疗支气管炎和鼻咽炎十分有效。由于它的收缩作用，柠檬还可以治腹泻。它有碱化尿液的作用，有利于消除结石和尿道感染。

此款果汁能够通便利尿，固肾养元。

贴心提示

西蓝花常有残留的农药，还容易生菜虫，因此，在吃之前，可将西蓝花放在盐水里浸泡几分钟，菜虫就跑出来了，还有助于去除残留农药。

香蕉蓝莓橙子汁 恢复活力

原料

香蕉1根，蓝莓10颗，橙子1个，饮用水200毫升。

做法

1 剥去香蕉的皮和果肉上的果络，切成块状；将蓝莓洗净；剥去橙子的皮，分开；2 将准备好的香蕉、蓝莓、橙子和饮用水一起放入榨汁机榨汁。

【养生功效】

经常饮用咖啡会增加体内胆固醇的含量，香蕉的果柄具有降低胆固醇的作用。血清胆固醇过高者，可用香蕉果柄50克，洗净切片，用开水冲饮，连续饮用10～20天，即可降低胆固醇。蓝莓能增强人体免疫力、助眠、激活人体细胞、促进微循环、延缓衰老、防止心脑血管发生病变。也能有效抗氧化，从而可以达到美容养颜之功效。蓝莓还具有抗溃疡、抗炎、润面之功能，可预防早期肠癌。祛风除湿、强筋骨、滋阴补肾，提高人体活力。此款果汁能够降低胆固醇，提高人体活性。

贴心提示

蓝莓果汁含有丰富的维生素和氨基酸，还含有丰富的花青素，具有清除氧自由基、保护视力、延缓脑神经衰老、提高记忆力的作用。

草莓酸奶果汁 调理气色，保护肠胃

原料

草莓10颗，酸奶200毫升。

做法

1 将草莓洗净去蒂，切成块状；2 将切好的草莓和酸奶一起放入榨汁机榨汁。

【养生功效】

草莓富含氨基酸、果糖、蔗糖、葡萄糖、柠檬酸、苹果酸、果胶、胡萝卜素、维生素B_1、维生素B_2、烟酸及矿物质等，这些营养素对生长发育有很好的促进作用。草莓中富含的维生素C能消除细胞间的松弛与紧张状态，使脑细胞结构坚固，对大脑和智力发育有重要影响。因而，经常食用草莓可以改善咖啡成瘾者的精神状态，还能够抵御大脑过早衰老。酸奶所含的乳酸菌能够对抗咖啡中的有害因子，并能起到保护肠胃的功能。

此款果汁能够缓解紧张状态，改善气色，预防因喝咖啡引起的肠胃疾病。

贴心提示

酸奶中的乳酸对牙齿有很强的腐蚀作用，所以，喝完酸奶后要及时漱口，或者最好使用吸管，可以减少乳酸接触牙齿的机会。

第10节 经常在外就餐一族

苹果香蕉芹菜汁 通便排毒，降低血压

原料

苹果1个，香蕉1根，芹菜半根，饮用水200毫升。

做法

1 将苹果洗净去核，切成块状；2 将芹菜洗净，切成块状；3 剥去香蕉的皮和果肉上的果络，切成块状；4 将切好的苹果、香蕉、芹菜和饮用水一起放入榨汁机榨汁。

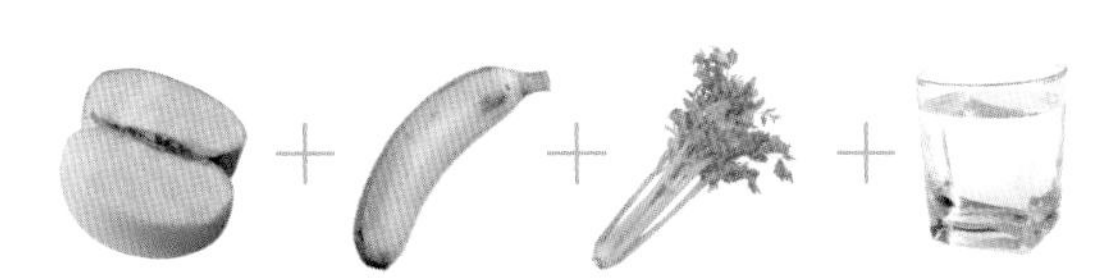

【养生功效】

患胃肠道溃疡的人，吃些香蕉就可以保护胃黏膜，减少胃溃疡的发生。香蕉中含有一种化学物质，它能刺激胃黏膜细胞的生长繁殖。并且香蕉能帮助人脑产生5-羟色胺，使人心情变得愉快舒畅。香蕉含大量的水溶性纤维，可以帮助肠内的有益菌生长，维持肠道健康，做好体内环保，坚持晚上睡觉前吃一根香蕉可以有效缓解习惯性便秘。常吃香蕉还可防治高血压，这是因为香蕉中的钾有抵制钠离子升压及损坏血管的作用。美国科学家研究证实：连续一周每天吃两根香蕉，可使血压降低10%。

经常在外就餐者，饮食习惯不规律，营养摄入量不均衡，很容易引起高血压、高血脂等病症。芹菜中含有降压成分，能够使血压保持在正常水平。

此款果汁能够降低血压和胆固醇。

贴心提示

芹菜性凉质滑，脾胃虚寒、大便溏薄者不宜多食，芹菜有降血压作用，故血压偏低者慎用；计划生育的男性应注意适量少食。

菠萝苦瓜汁 清热解毒，去除油腻

原料

菠萝2片，苦瓜4厘米长，饮用水200毫升。

做法

①将菠萝洗净切成块状；②将苦瓜洗净去瓤，切成块状；③将切好的菠萝、苦瓜和饮用水一起放入榨汁机榨汁。

【养生功效】

菠萝含有多种矿物质、维生素、碳水化合物、有机酸等，能够补充身体所需营养，并且能够促进食欲、除去油脂。菠萝能够促进血液循环，可以降低血压，畅清血脂。食用菠萝，还可以预防脂肪沉积，起到瘦身的效果。经常在外就餐的人吃菠萝能够降低胆固醇，保护肠胃、肝脏健康。

苦瓜的热量很低，并且主要是来自苦瓜中的碳水化合物。苦瓜几乎不含脂肪或蛋白质，食用苦瓜能够调整日常饮食中肉和油的摄入量，能够有效避免大量肉食和油脂的吸收。

贴心提示

如果觉得苦瓜味道太苦，可以将其放在沸水中焯一下或者用盐腌10分钟。

橙子芒果酸奶汁 改善胃口，促进食欲

原料

橙子、芒果各一个，牛奶200毫升。

做法

①将橙子去皮，分开；②将芒果去皮去核，切成块状；③将橙子、芒果和牛奶一起放入榨汁机榨汁。

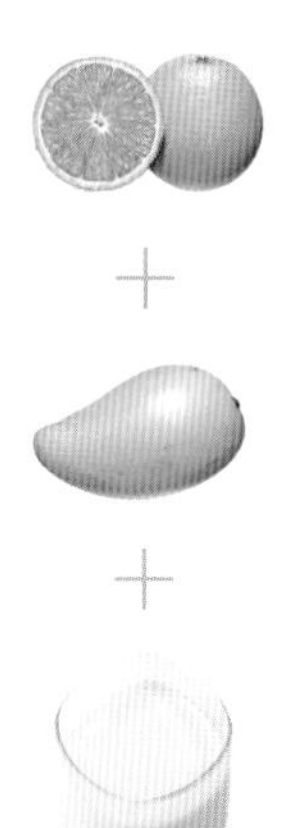

【养生功效】

橙子具有健脾温胃、行气化痰、助消化、增食欲等功效。橙皮饮略带苦味，其含有的橙皮苷成分能软化血管、降低血脂，日常饮用可预防心血管系统疾病。饭前饮用一杯还有开胃的功效。

芒果果实含有碳水化合物、蛋白质、粗纤维等营养成分，芒果所含有的维生素A成分特别高，是所有水果中少见的。芒果中的维生素C、矿物质、脂肪、蛋白质等，能够健胃、助消化，生津止渴，防止视力衰退，保护眼睛，抗氧化，滋润皮肤。

此款果汁能够增强食欲，降低胆固醇。

贴心提示

食欲缺乏者、小便不利者、便秘者、痔疮出血者、高血脂者、冠心病者、坏血病者可以多吃橙子；但风寒咳嗽者、消化道溃疡者、糖尿病者、胆结石者、龋齿者需慎食。

猕猴桃圆白菜汁 降低胆固醇，保护肠胃健康

原料

猕猴桃2个，圆白菜2片，黄瓜半根，饮用水200毫升。

做法

1 将猕猴桃去皮，切成块状；2 将圆白菜、黄瓜洗净，切成块状；3 将切好的猕猴桃、圆白菜、黄瓜和饮用水一起放入榨汁机榨汁。

贴心提示

英国有调查研究显示，有些儿童食用猕猴桃过多会引起严重的过敏反应，甚至导致虚脱。但是没有因食用猕猴桃导致的死亡病例报告。建议父母把猕猴桃压榨成新鲜果汁给儿童食用，这样比切成片喂给孩子要安全一些。

【养生功效】

猕猴桃中的肌醇作为天然糖醇类物质，对调节糖代谢有正效应，肌醇的补充可改善神经的传导速度。肌醇作为细胞信号传递过程中的第二信使，在细胞内对激素和神经的传导效应起调节作用，它可以有效地防治糖尿病、抑郁症的发生。猕猴桃中有一种重要的植物化学成分——叶黄素。美国农业部研究机构指出，这些化合物可以防止眼部斑点恶化及其导致的永久失明。猕猴桃中还含有有益健康的类胡萝卜素（胡萝卜素、叶黄素和黄色素）、酚类化合物（花青素等）和抗氧化剂，包括维生素C、维生素E和丰富的抗氧化物，有助于抑制胆固醇物质的氧化。

此款果汁能够降低胆固醇，预防肝炎。

>> 第八章

四季美味蔬果汁

第1节 春季蔬果汁：清淡养阳

大蒜甜菜根芹菜汁 杀菌消毒，预防感冒

原料

大蒜2瓣，甜菜根1个，芹菜半根，饮用水200毫升。

做法

1 将大蒜去皮，切碎；将甜菜根、芹菜洗净，切成块状；2 将切好的大蒜、甜菜根、芹菜和饮用水一起放入榨汁机榨汁。

【养生功效】

大蒜中含硫化合物具有强大的抗菌消炎作用，对多种球菌、杆菌、真菌和病毒等均有抑制和杀灭作用，是目前发现的天然植物中抗菌作用最强的一种。大蒜可有效抑制和杀死引起肠胃疾病的幽门螺杆菌等细菌病毒，清除肠胃有毒物质，促进食欲，加速消化。

甜菜根是用来榨制砂糖的主要原料，因含甜菜红素，根皮及根肉均呈紫红色。近代科学研究证明，甜菜根不仅含有丰富的营养价值，还有很高的药用价值。此外，研究人员还发现，普通人每日饮用一杯甜菜根汁液，可以降低血压和促进心脏健康。虽然甜菜根汁液浓厚的泥土气味可能并不是所有人都能接受，但是它能促进人体健康。

此款果汁能够消炎杀菌，开胃。

贴心提示

眼病患者和经常发热、潮热盗汗等虚火较旺的人，在治疗期间，必须禁食蒜、葱、洋葱、生姜、辣椒和其他刺激性食物。

胡萝卜西蓝花汁 改善体质

原料

胡萝卜半根，西蓝花2朵，饮用水200毫升。

做法

①将胡萝卜去皮洗净，切成块状；②将西蓝花洗净在沸水中焯一下，切成块状；③将切好的胡萝卜、西蓝花和饮用水一起放入榨汁机榨汁。

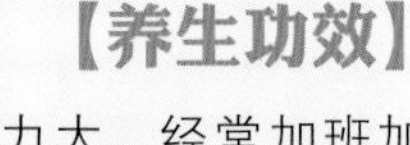

工作压力大，经常加班加点的人，经常出门应酬以及经常食用抗生素，都会加重肝脏负担，胡萝卜中所含的维生素A是肝脏中重要的营养素，可帮助肝脏细胞的修复。西蓝花能提高肝脏解毒能力，增强机体免疫能力，预防感冒和坏血病的发生；西蓝花中的维生素能维护血管的韧性，不易破裂。最新研究表明，西蓝花还具有防止骨关节炎的功效。

此款果汁能够增强体质，护肤。

贴心提示

在婴儿喂养上，胡萝卜是一种十分常用的辅食。从4个月开始，便可以给婴儿添加胡萝卜泥，一方面是补充婴儿成长所需的营养素，另一方面又可以让婴儿尝试并适应新的食物，为今后顺利过渡到成人膳食打好基础。

哈密瓜草莓牛奶果汁 补充营养，滋阴补阳

原料

哈密瓜2片，草莓4颗，牛奶200毫升。

做法

①将哈密瓜去皮去瓤，切成块状；②将草莓去蒂洗净，切成块状；③将切好的哈密瓜、草莓和牛奶一起放入榨汁机榨汁。

【养生功效】

中医认为，甜瓜类的果品性质偏寒，还具有疗饥、利便、益气、清肺热、止咳的功效。哈密瓜中含有丰富的抗氧化剂，能够减少皮肤黑色素的形成。哈密瓜的维生素含量非常丰富，这有利于人的心脏和肝脏工作以及肠道系统的活动，促进内分泌和造血机能，加强消化过程。草莓富含氨基酸、果糖、蔗糖、葡萄糖、柠檬酸、苹果酸、果胶、胡萝卜素、维生素B_1、维生素B_2，能够补充身体所需的各种营养，同时还能够调节心情。

哈密瓜、草莓配以牛奶能够很好地补充身体所需维生素，帮助身体生发阳气。

贴心提示

挑哈密瓜时可以用手摸一摸，如果瓜身坚实微软，成熟度就比较适中。如果太硬则不太熟，太软就是成熟过度。

橘子胡萝卜汁 促进新陈代谢，生发阳气

原料

橘子1个，胡萝卜1根，饮用水200毫升。

做法

1 将橘子去皮去子，切成块状；2 将胡萝卜去皮洗净，切成块状；3 将准备好的橘子、胡萝卜和饮用水一起放入榨汁机榨汁。

【养生功效】

橘子的肉、皮、络、核、叶全都是药。

缺乏维生素A就容易患呼吸道和消化道感染。一旦感冒或腹泻，体内维生素A的水平又会进一步下降。维生素A缺乏还会降低人体的抗体反应，导致免疫功能下降。在众多食物中，胡萝卜是补充维生素A的首选。春季是万物生发的时候，要多补充维生素A，提高身体的免疫功能。

此款果汁能够促进血液循环，提高免疫力。

贴心提示

橘子含有丰富的果酸和维生素C，服用维生素K、磺胺类药物、安体舒通和补钾药物时，均应忌食橘子。挑选橘子时选择捏起来很有弹性的，这说明水分多而且甜；如果捏之不能反弹，说明不够新鲜。

雪梨芒果汁 调理内分泌，预防季节感冒

原料

雪梨1个，芒果1个，饮用水200毫升。

做法

1 将雪梨、芒果去皮去核，切成块状；2 将准备好的雪梨、芒果和饮用水一起放入榨汁机榨汁。

【养生功效】

梨性微寒味甘，能生津止渴、润燥化痰、润肠通便等。春季万物生发，吃梨有助于调节机体循环，增强免疫力。梨或梨汁，都有加速排出体内致癌物质的功能。吸烟的人和热衷于吃煎烤食物、快餐类食物的人，饭后吃梨或喝梨汁可保健康。芒果营养丰富，食用芒果具抗癌、美化肌肤、防止高血压、动脉硬化、防止便秘、止咳、清肠胃的功效。果实除鲜食外，还可加工成果汁、果酱、糖水果片、蜜饯、盐渍品等食品。此款果汁能够预防季节性流感。

贴心提示

芒果果实呈肾脏形，主要品种有土芒果与外来的芒果，未成熟前土芒果的果皮呈绿色，外来种呈暗紫色；土芒果成熟时果皮颜色不变，外来种则变成橘黄色或红色。芒果果肉多汁，味道香甜，土芒果种子大、纤维多，外来种不带纤维。

洋葱彩椒汁 预防感冒

原料

洋葱半个，彩椒一个，饮用水 200 毫升。

做法

1 将洋葱洗净在微波炉加热，切成丁；2 将彩椒洗净去子，切成丁；3 将切好的洋葱、彩椒和饮用水一起放入榨汁机榨汁。

【养生功效】

洋葱可以治疗伤风感冒，并且能够使人精神畅快。这是因为洋葱可以促进细胞膜的流动，增进体力和免疫力。特别是感冒期间，常常鼻塞，闻不到气味，多吃洋葱会确保我们的呼吸顺畅。止咳糖浆里加一点儿洋葱汁，止咳的效果更明显。洋葱还能提高胃肠道的张力，增加胃肠液分泌，可以增加身体内维生素，更能有效对抗感冒细菌。彩椒营养极为丰富，其味辛性热，具有健胃、发汗功能，能增强肠胃蠕动，有助于消化。经常食用可以预防和治疗感冒。此款果汁能够预防季节性感冒。

贴心提示

凡有皮肤瘙痒性疾病、患有眼疾者，以及胃病、肺炎者不宜食用洋葱。洋葱辛温，热病患者应慎食。洋葱一次不宜食用过多，容易引起目糊和发热。

草莓苦瓜彩椒汁 消炎去火，增强抵抗力

原料

草莓 10 颗，苦瓜半根，彩椒 1 个，饮用水 200 毫升。

做法

1 将草莓洗净去蒂，切成块状；将苦瓜洗净去瓤，切成丁；将彩椒洗净去子，切成块状；2 将准备好的草莓、苦瓜、彩椒和饮用水一起放入榨汁机榨汁。

【养生功效】

苦瓜的营养保健特点是：首先它含有较多的维生素 C、维生素 B_1 以及生物碱；其次，含有半乳糖醛酸和果胶也较多。苦瓜中的苦味来源于生物碱中的奎宁。这些营养物质具有促进食欲、利尿、活血、消炎、退热和提神醒脑等作用。苦瓜有“菜中君子”的别称。如将苦瓜泡制成凉茶饮用，可使人顿觉暑清神逸，烦渴皆消。客家有首山歌唱道：“人讲苦瓜苦，我说苦瓜甜，甘苦任君择，不苦哪有甜？”这就是说，苦瓜自己是苦的，而给人们带来的却是甜——健康和快乐。

此款果汁能够消除身体炎症。

贴心提示

如果平时消化功能不好，或是舌质颜色淡白，或是脉搏比较微弱，则不宜过多食用苦瓜。

胡萝卜苹果橙汁 开胃助消化，增强免疫力

原料

胡萝卜半根，苹果1个，橙子1个，饮用水200毫升。

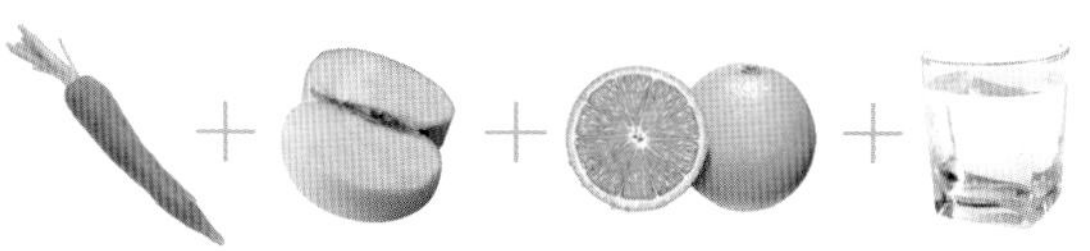

做法

1 将胡萝卜洗净去皮，切成块状；将苹果洗净去核，切成块状；将橙子去皮去子，切成块状；2 将切好的胡萝卜、苹果、橙子和饮用水一起放入榨汁机榨汁。

【养生功效】

胡萝卜能提供丰富的维生素A，具有促进机体正常生长与繁殖、维持上皮组织、防止呼吸道感染及保护视力正常、治疗夜盲症和眼干燥症等功能。胡萝卜能增强人体免疫力，有抗癌作用，并可减轻癌症病人的化疗反应，对多种脏器有保护作用。妇女进食胡萝卜可以降低卵巢癌的发病率。胡萝卜内含琥珀酸钾，有助于防止血管硬化，降低胆固醇，对防治高血压有一定效果。胡萝卜素可以清除致人体衰老的自由基。B族维生素和维生素C等营养成分也有润肤、抗衰老的作用。它的芳香气味是挥发油造成的，能增进消化，并有杀菌作用。

苹果富含纤维物质，可补充人体足够的纤维质，降低心脏病发病率，还可以减肥。实验证明：睡前吃鲜苹果，可消除口腔内细菌，并有益改善肾脏功能。生苹果榨成汁可以防治咳嗽和嗓音嘶哑。苹果泥加温后食用，是治疗儿童与老年人消化不良的极好验方。苹果营养丰富，能健身、防病、疗疾。

此款果汁能够开胃消化，增强免疫力。

贴心提示

苹果除生食外，烹食方法也很多，常用作点心馅，苹果馅烤饼可能是最早的美国式甜食。炸苹果常与香肠、猪排等菜肴同食，尤其在欧洲是如此。

雪梨西瓜香瓜汁 清热排毒，肌肤保持水润

原料

雪梨1个，香瓜、西瓜各2片。

做法

1 将雪梨去核，切成块状；将香瓜去皮去瓤，切成块状；将西瓜去皮去子，切成块状；2 将切好的雪梨、香瓜、西瓜一起放入榨汁机榨汁。

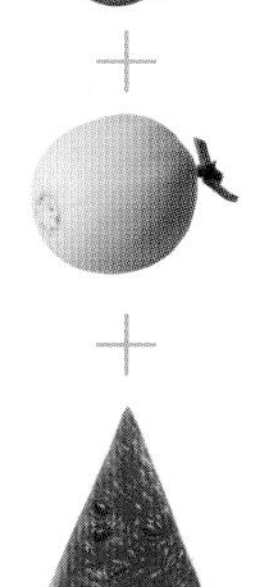

【养生功效】

雪梨味甘性寒，含苹果酸、柠檬酸、维生素B_1、维生素B_2、维生素C、胡萝卜素等，能生津润燥、清热化痰。夏天吃梨能够清热降火，去除烦躁。夏季高温时节，人们常因暑热而出现心烦口渴、目赤、咽喉肿痛、小便量少、色黄等不适，西瓜具有较好的解暑作用。此款果汁能够消热祛暑，补充机体流失水分。

贴心提示

小摊上破开的小块西瓜最好不要购买。西瓜中的维生素含量特别多，特别是维生素C，而维生素C很容易在空气中氧化。因此，切开的营养成分会大大降低。另外，切开的西瓜如果存放太久，西瓜表面很容易受尘土、汽车尾气等污染。因此，最好购买整个西瓜，实在要买切开的西瓜也要选择刚切开不久、用保鲜膜包好的。

芒果椰子香蕉汁 防暑消烦，开胃爽口

原料

芒果1个，椰子1个，香蕉1根。

做法

1 将芒果去皮去核，切成块状；用刀从椰子上端戳向内果皮，使其芽眼薄膜破开，倒出浆液；2 剥去香蕉的皮和果肉上的果络，切成块状；3 将准备好的芒果、香蕉和椰子汁一起放入榨汁机榨汁。

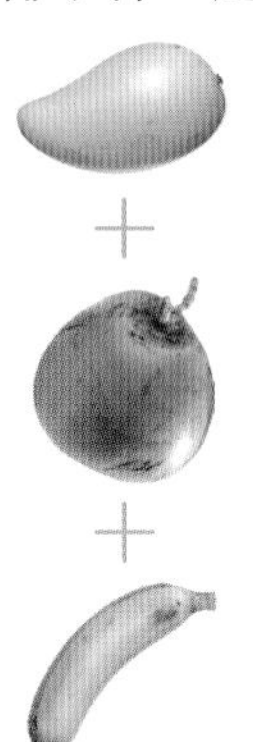

【养生功效】

芒果有益胃、止呕、止晕的功效，对于眩晕症、高血压眩晕、美尼尔综合征、恶心呕吐等均有疗效。芒果果肉多汁，鲜美可口。炎热的夏季最适宜食用芒果，能起到生津止渴、消暑舒神的作用。椰子性味甘、平，入胃、脾、大肠经；果肉具有补虚强壮、益气祛风、消疳杀虫的功效，久食能令人面部润泽，益人气力及耐受饥饿，治小儿绦虫、姜片虫病；椰汁具有滋补、清暑解渴的功效，主治暑热口渴，其果肉有益气、祛风、驱毒、润颜的功效。此款果汁能够清暑解渴，爽口开胃。

贴心提示

饱餐后不可食用芒果，芒果不可以与大蒜等辛辣物质共同食用，否则，可以使人患发黄病，目前，其机理还不清楚。又据报道，有因为吃了过量的芒果而引起肾炎的病例，故当注意。

莲藕柳橙苹果汁 解暑清热，预防中暑

原料

莲藕4片，柳橙1个，苹果半个，饮用水100毫升。

做法

1 将苹果洗净，去皮切成块状；将柳橙、莲藕去皮，切成丁；2 将切好的莲藕、苹果、柳橙和饮用水一起放入榨汁机榨汁。

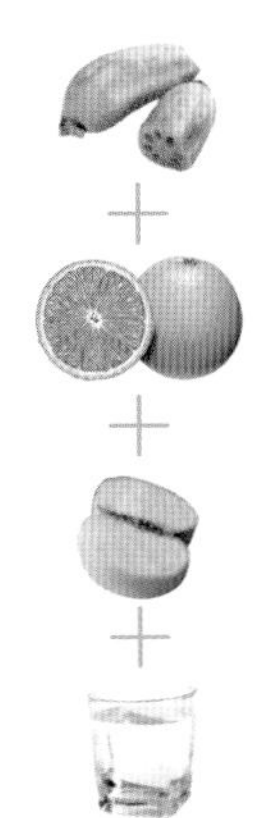

【养生功效】

中医认为藕一身都是宝，根、叶、花都可入药。生藕性寒，有解暑清热、通气利水、养胃生津、疏导关窍之功效。柳橙能清除体内对健康有害的自由基，抑制肿瘤细胞的生长。柑橘类水果是所有水果中含抗氧化物质最高的，包括60多种黄酮类和17种类胡萝卜素；黄酮类物质具有抗炎症、强化血管和抑制凝血的作用；类胡萝卜素具有很强的抗氧化功效，这些成分使柳橙对多种癌症的发生有抑制作用。此款果汁适于中暑人群。

贴心提示

藕本身含有单宁，不宜用铁锅煮，而宜选用铜锅或砂锅；否则在高温下会发生化学反应，生成黑色的单宁铁，使食物发黑并有特殊气味，影响食欲及人体对铁的消化吸收。

黄瓜葡萄香蕉汁 清热去火，增强食欲

原料

黄瓜1根，香蕉1根，葡萄8颗，柠檬2片，饮用水200毫升。

做法

1 将黄瓜洗净，切成块状；将葡萄去皮去子，取出果肉；剥去香蕉的皮和果肉上的果络，切成块状；2 将准备好的黄瓜、葡萄、香蕉、柠檬和饮用水一起放入榨汁机榨汁。

【养生功效】

黄瓜味甘性凉，具有清热利水、解毒的功效。对胸热、利尿等有独特的功效，对除湿、滑肠、镇痛也有明显效果。黄瓜还可治疗烫伤、痱疮等。香蕉能快速补充能量，其中的糖分可迅速转化为葡萄糖，立即被人体吸收，是一种快速的能量来源。香蕉中富含的镁还具有消除疲劳的效果。香蕉可当早餐、减肥食品，因为香蕉几乎含有所有的维生素和矿物质，因此从香蕉中可以很容易地摄取各种营养素。此款果汁能够增强食欲，消暑去燥。

贴心提示

生香蕉的涩味来自于香蕉中含有的大量鞣酸。鞣酸具有较强的收敛作用，可以将粪便结成干硬的粪便，从而造成便秘。最典型的是老人、孩子大量食用香蕉之后，不但不能通便润肠，还有可能导致便秘。

胡萝卜薄荷汁 口感清爽

原料

胡萝卜1根，薄荷叶4片，饮用水200毫升，蜂蜜适量。

做法

1 将胡萝卜洗净去皮，切成块状；将薄荷叶洗净；2 将准备好的胡萝卜、薄荷叶和饮用水一起放入榨汁机榨汁；在榨好的果汁内加入适量蜂蜜搅拌均匀即可。

【养生功效】

胡萝卜汁含有丰富的β－胡萝卜素。β－胡萝卜素是植物中的色素物质，在体内可转化为维生素A。维生素A有利于改善视觉，防止眼睛和皮肤干燥，有利于维持消化系统、泌尿系统以及提高抗细菌感染能力。缺乏维生素A，可能引起：夜盲症、皮肤干燥、眼球干燥症等症状。食用胡萝卜可有效补充维生素A。薄荷是治疗感冒的最佳精油，能抑制发热和黏膜发炎，并促进排汗。对于清咽润喉、消除口臭有很好的功效。此外，可减轻头痛、偏头痛和牙痛。

此款果汁能够清爽怡神，赶走烦闷。

贴心提示

凡属阴虚血燥体质，或汗多表虚者忌食薄荷；平素脾胃虚寒、腹泻便溏之人切忌多食久食。薄荷煎汤茶饮用，切忌久煮。

番茄生姜汁 消烦去燥

原料

番茄1个，生姜2片，柠檬2片，饮用水200毫升。

做法

1 将番茄洗净，在沸水中浸泡10秒；剥去番茄的表皮，切成块状；将生姜、柠檬洗净，切成块状；2 将准备好的番茄、生姜、柠檬和饮用水一起放入榨汁机榨汁。

【养生功效】

番茄性微寒、味甘酸，生津止渴，凉血养肝，清热解毒，治疗高血压、坏血病，预防动脉硬化、肝脏病以及消暑等。番茄汁与西瓜汁各半杯，混合饮服，退热止烦渴。番茄汁与生姜、甘蔗或山楂混合饮服，治胃热、口干舌燥。

生姜中的挥发油可加快血液循环、兴奋神经，使全身变得温暖。在冬天的早晨，适当吃点儿姜，还可驱散寒冷，预防感冒。到了晚上，人体应该是阳气收敛、阴气外盛，因此应该多吃清热、下气消食的食物，这样更利于夜间休息，如萝卜就是不错的选择。而生姜的辛温发散作用会影响人们夜间的正常休息，且晚上进食辛温的生姜还很容易产生内热，日久出现“上火”的症状。

此款果汁能够消除烦躁，开胃。

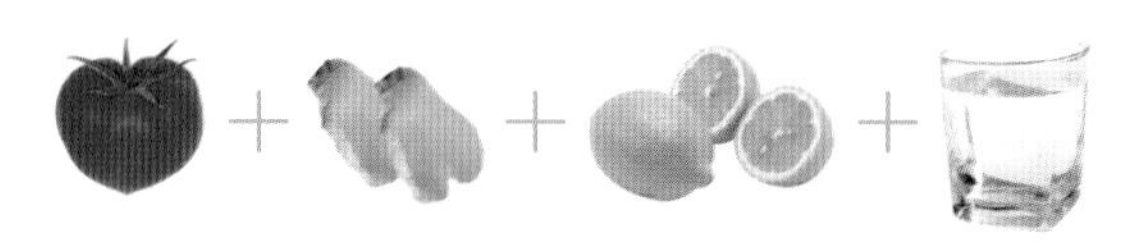

苹果黄瓜汁 缓解身心疲劳

原料

苹果1个，黄瓜1根，柠檬2片，饮用水200毫升

做法

1 将苹果洗净去核，切成块状；2 将黄瓜、柠檬洗净，切成块状；3 将准备好的苹果、黄瓜、柠檬和饮用水一起放入榨汁机榨汁。

【养生功效】

多次试验发现，苹果的香气比别的水果的香气对人的心理影响大，它能够明显消除心理压抑和愁闷。临床使用表明，让精神抑郁者嗅苹果香气后，心情大有好转，精神会逐渐变得轻松愉快。实验还证明，失眠患者在入睡前嗅苹果香味，能较快安静入睡。半个新鲜切开的柠檬放入水中然后浸浴，可以令皮肤细嫩滑润。而且柠檬香气四溢，一边浸浴，一边享受清新香味，可以解除身体疲劳和精神紧张，一举两得。此款果汁能够缓解焦躁情绪。

贴心提示

黄瓜适宜热病患者、肥胖、高血压、高血脂、水肿、癌症、嗜酒者多食；并且是糖尿病人首选的食品之一。

胡萝卜山竹汁 清热去火

原料

胡萝卜1根，山竹8个，柠檬2片，饮用水200毫升。

做法

1 将胡萝卜洗净去皮，切成块状；将山竹去壳去核，取出果肉；将柠檬洗净，切成块状；2 将切好的胡萝卜、山竹、柠檬和饮用水一起放入榨汁机榨汁。

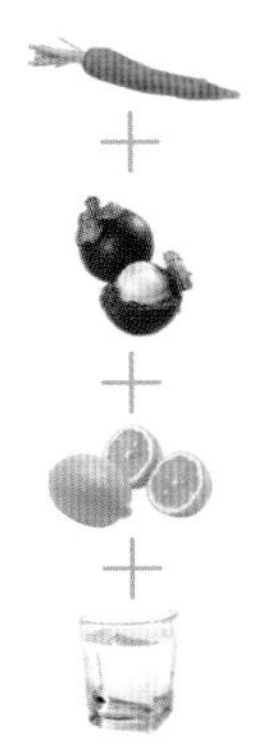

【养生功效】

山竹具有降燥、清凉解热的作用，因此，山竹不仅味美，而且还有降火的功效，能克榴梿之燥热。山竹相对榴梿，性偏寒凉，有解热清凉的作用，可化解脂肪，润肤降火，若皮肤生疮，年轻人长青春痘，可生食山竹，也可用山竹煲汤。一王一后，一热一凉，吃了大补的榴梿之后，再吃山竹有清热的功效。山竹富含纤维素，在肠胃中会吸水膨胀，过多食用会引起便秘，若不慎吃过量，可用红糖煮姜茶解之。

此款果汁能够清热去火，增加胃口。

贴心提示

购买山竹时一定要选蒂绿、果软的新鲜果，否则会买到“死竹”，可用手指轻压表壳，如果表皮很硬而且干，手指用力仍无法使表皮凹陷，蒂叶颜色暗沉，表示此山竹已太老，不适宜吃了，表壳软则表示尚新鲜，可食。

第3节 秋季蔬果汁：生津防燥

胡萝卜番茄蜂蜜汁 增强抵抗力，预防秋晒

原料

胡萝卜半根，番茄1个，饮用水200毫升，蜂蜜适量。

做法

1 将胡萝卜洗净切成块状；2 将番茄洗净，在沸水中浸泡10秒；取出后去皮，切成块状；3 将切好的胡萝卜、番茄和饮用水一起放入榨汁机榨汁；4 在榨好的果汁内加入适量蜂蜜搅拌均匀即可。

【养生功效】

胡萝卜是对人体健康有益的蔬菜，除了含有蛋白质、脂肪、碳水化合物，以及较多的钾、钙、磷、铁等无机盐外，还含有丰富的胡萝卜素（红色胡萝卜中含量最高，黄色胡萝卜中含量低，肉厚心小的胡萝卜含胡萝卜素较多）。胡萝卜不仅营养全面，也有很好的医疗作用。各种细菌、病菌大量繁殖，体质不佳时病菌、病毒就会乘虚而入，因而季节交替之时可以加大胡萝卜的摄入量。胡萝卜含有很强的抗氧化物质，能够预防黑色素暗沉。

从预防医学的角度讲，如果你常常摄取高油脂的食物，氧化反应会让你的皮肤变得粗糙。这是因为氧化物会侵袭细胞膜，对皮肤血管及器官等造成损伤。但是，只要平时摄取足够的抗氧化物，就可避免皱纹快速增生，远离慢性疾病的危害。秋季是最考验皮肤的时候，因而需要多吃水果和蔬菜，防止体内干燥。多食番茄是不错的选择。

此款果汁能够壮阳补肾，抑制黑色素。

贴心提示

酒与胡萝卜同食，会造成大量胡萝卜素与酒精一同进入人体，而在肝脏中产生毒素，导致肝病。因而，喝酒前后不宜饮用胡萝卜汁。

雪梨汁 清热解毒，润肺生津

原料

雪梨2个，饮用水100毫升，蜂蜜适量。

做法

1 将雪梨去核，切成块状；2 将切好的雪梨和饮用水一起放入榨汁机榨汁；3 在榨好的果汁内加入适量蜂蜜搅拌均匀即可。

【养生功效】

梨汁味甘酸而平，有润肺清燥、止咳化痰、养血生肌的作用，因此对喉干燥、痒、痛、音哑、痰稠等均有良效。梨汁富含膳食纤维，是最好的肠胃“清洁工”。饭馆里的饭菜大都以“味”取胜，食物多油腻或辛辣，吃后容易诱发便秘。而饭后喝杯梨汁，能促进胃肠蠕动，使积存在体内的有害物质大量排出，避免便秘。梨含有较多糖类和多种维生素，对肝脏有一定的保护作用，特别适合饮酒人士。

此款果汁能够生津润燥，清热解毒。

贴心提示

梨性偏寒助湿，多吃会伤脾胃，故脾胃虚寒、畏冷食者应少饮；梨含果酸较多，胃酸多者，不可多饮；梨有利尿作用，夜尿频者，睡前不宜饮用。

柑橘苹果汁 生津止咳，润肺化痰

原料

柑橘、苹果各一个，饮用水200毫升。

做法

1 将柑橘去皮，分开；2 将苹果洗净去核，切成块状；3 将准备好的柑橘、苹果和饮用水一起放入榨汁机榨汁。

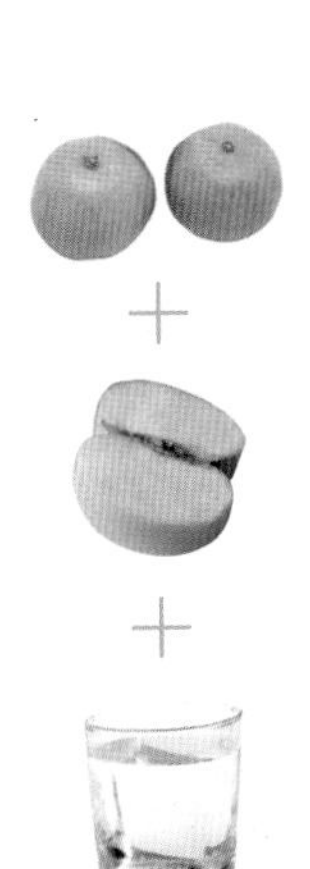

【养生功效】

新鲜柑橘的果肉中含有丰富的维生素C，能提高机体的免疫力，同时柑橘还能降低患心血管疾病、肥胖症和糖尿病的概率。经常饮用橘皮茶，对患有动脉硬化或维生素C缺乏症者有益。橘皮中所含挥发油能增强心脏的收缩力；能扩张冠状动脉，可增加冠状动脉血流量的作用；能降低毛细血管通透性，具有维生素P的作用；能扩张支气管，具有平喘作用；有刺激性，能促使消化液分泌与排出肠内积气。

此款果汁能够生津止渴，提高免疫力。

贴心提示

每人每天所需的维生素C吃3个柑橘就已足够，吃多了反而对口腔、牙齿有害。同时，柑橘含有叶红质，如果摄入过多，血中含量骤增并大量积存在皮肤内，使皮下脂肪丰富部位的皮肤，如手掌、手指、足掌、鼻唇沟及鼻孔边缘发黄。

南瓜柑橘果汁 清火解毒，预防感冒

原料

南瓜 2 片，柑橘 1 个，饮用水 200 毫升。

做法

1 将南瓜洗净去皮，切成块状；2 将柑橘去皮分开；3 将准备好的南瓜、柑橘和饮用水一起放入榨汁机榨汁。

【养生功效】

南瓜用于治疗久病气虚、脾胃虚弱等病症。研究发现，食用南瓜可防治动脉硬化、高血压、胃黏膜溃疡、支气管哮喘及老年慢性支气管炎等疾病。南瓜本身还能促进胆汁的分泌，加强胃肠的蠕动，帮助食物的消化。柑橘可以调和肠胃，也能刺激肠胃蠕动、帮助排气。柑橘中含有丰富的维生素 C，在体内起着抗氧化、增强免疫力的作用。

此款果汁能够清火解毒，增强免疫力。

贴心提示

南瓜适宜高血压、冠心病、高脂血症患者食用；适宜肥胖之人和中老年便秘之人食用；适宜糖尿病患者食用；适宜同铅、汞等有毒金属密切接触的人食用；适宜癌症患者食用；适宜泌尿系结石患者食用。

蜂蜜柚子雪梨汁 生津去燥

原料

柚子 2 片，雪梨 1 个，饮用水 200 毫升，蜂蜜适量。

做法

1 将柚子去皮，切成块状；2 将雪梨去核，切成块状；3 将柚子、雪梨和饮用水一起放入榨汁机榨汁。

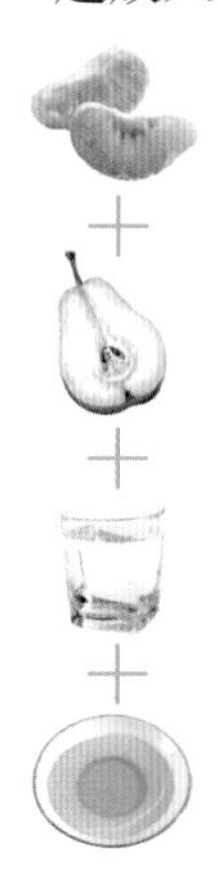

【养生功效】

柚子含有非常丰富的蛋白质、维生素 C、有机酸，以及钙、磷、镁、钠等人体必需的元素，能生津润燥、预防感冒、促进消化。研究发现，柚子能促进肝脏消化分解脂肪。中医认为，柚子具有润肺清肠、理气化痰、补血健脾等功效，是养肺和缓解感冒后咳嗽的好水果。雪梨其性味甘酸而平、无毒，具有生津止渴的功效。所以，有科学家和医师把梨称为“全方位的健康水果”或称为“全科医生”。秋天正是养肺的好时机，因而适当食梨对于养生健体亦有好处。

贴心提示

挑选柚子要注意：大的柚子不一定就是好的，要看表皮是否光滑和看着色是否均匀；掂掂柚子的重量，如果很重就说明这个柚子的水分很多，是比较好的柚子。

芹菜牛奶汁 缓解抑郁、暴躁

原料

芹菜1根，牛奶200毫升，蜂蜜适量。

做法

1 将芹菜洗净，切成块状；2 将切好的芹菜和牛奶一起放入榨汁机榨汁；3 在榨好的果汁内加入适量蜂蜜搅拌均匀即可。

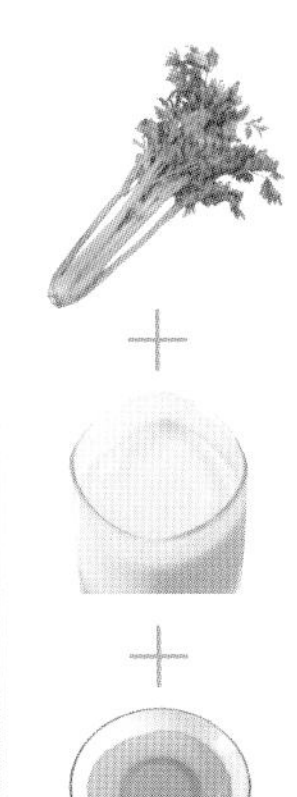

【养生功效】

芹菜中蛋白质含量比一般的瓜果蔬菜高1倍，铁的含量是番茄的20倍左右，还含丰富的胡萝卜素和多种维生素。秋季气候干燥，人体容易上火，多吃芹菜能够清火去躁。研究发现，牛奶之所以具有镇静安神作用是因为含有一种可抑制神经兴奋的成分。当你心烦意乱的时候，不妨去喝一大杯牛奶安安神。睡前喝一杯牛奶可促进睡眠。此款果汁能够缓解不良情绪。

贴心提示

医学专家研究发现，牛奶中含有两种过去人们未知的催眠物质，其中一种是能够促进睡眠的以血清素合成的色氨酸，由于它的作用，往往只需要一杯牛奶就可以使人入睡；另外一种则是具有类似麻醉镇静作用的天然吗啡类的物质。

哈密瓜柳橙汁 清热解燥，利尿

原料

哈密瓜1/4个，柳橙1个，饮用水200毫升，蜂蜜适量。

做法

1 将哈密瓜去皮去瓤，切成块状；将柳橙去皮，分开；2 将哈密瓜、柳橙和饮用水一起放入榨汁机榨汁；在榨好的果汁内加入适量蜂蜜搅拌均匀。

【养生功效】

哈密瓜果肉有利尿止渴、防暑气、除烦热等作用，可治发热口渴、口鼻生疮、尿路感染等症状，食用哈密瓜还能够改善身心疲倦、心神焦躁不安或口臭症状。橙子具有增加毛细血管的弹性、降低血中胆固醇、防治高血压和动脉硬化的作用。橙子含大量的维生素C，具抗氧化与阻断致癌物二甲亚硝胺的生成作用，故可防癌治癌。此款果汁对于消烦去燥、清热去火很有帮助。

贴心提示

挑选哈密瓜最有用的一条方法就是：看瓜皮上面有没有疤痕，疤痕越老的越甜，最好就是那个疤痕已经裂开，虽然看上去难看，但是这种哈密瓜的甜度高，口感好。其实卖相好，漂亮的没疤痕的哈密瓜往往是生的。瓜的纹路越多，越丑，就越好吃。

第4节 冬季蔬果汁：温经散寒

茴香甜橙姜汁 温经散寒，养血消瘀

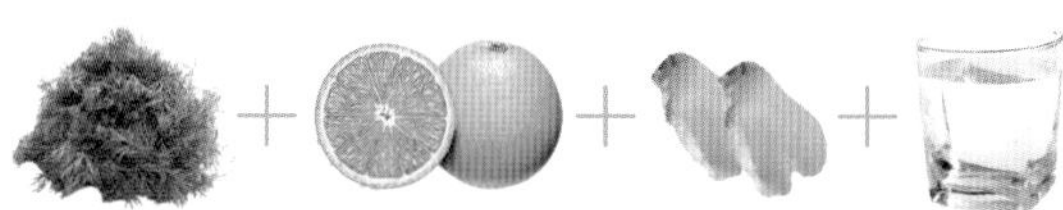

原料

茴香2棵，甜橙1个，生姜2片（1厘米厚），饮用水200毫升。

做法

1 将茴香、生姜洗净切碎；2 将甜橙去皮，分开；3 将准备好的茴香、甜橙、生姜和饮用水一起放入榨汁机榨汁。

【养生功效】

茴香能刺激胃肠神经血管，增加胃肠蠕动，排出积存的气体，所以有健胃、行气的功效；有时胃肠蠕动在兴奋后又会降低，因而有助于缓解痉挛、减轻疼痛。

橙子被称为“疗疾佳果”，含有丰富的维生素C、磷、钙、钾、柠檬酸、胡萝卜素、橙皮苷以及醇、醛、烯类等物质。多食有助排便，从而减少体内毒素。甜橙含量丰富的维生素C，能增强免疫力，增强毛细血管的弹性，降低体内不好的胆固醇。

中国人对姜怀有别样的情怀，不光是中国人，整个东南亚都爱食姜，因为这些地方闷热潮湿，姜可以暖胃开窍，还能促进身体排湿驱毒，所以尤其是我国南方地区以姜入菜很是普遍。姜当然不只是调味，用姜做菜，花样无穷。中年男士易患高血压病，可以在每晚泡脚的水中加入生姜，有助于祛寒、降血压。同时生姜又是助阳之品，自古以来中医就有“男子不可百日无姜”之说，常用生姜水泡脚既可以祛寒又不上火，而且降压、补肾，同时可以治疗男性前列腺炎等疾病。

此款果汁能够促进血液循环，温经散寒。

贴心提示

将鲜姜洗净晾干，再切片，装进事先准备好的洁净、干燥的旋口罐头瓶中，然后倒入白酒，酒量以刚淹没鲜姜片为度，最后加盖密封，随吃随取，可长期保鲜；或者洗净，放在小塑料袋内撒一些盐，不要封口，随用随取，可保持10天左右。

哈密瓜黄瓜荸荠汁 促进人体造血功能

原料

哈密瓜2片，黄瓜1根，荸荠4个，饮用水200毫升。

做法

1 将哈密瓜去皮，切成块状；2 将黄瓜、荸荠洗净，切成块状；3 将准备好的哈密瓜、黄瓜、荸荠和饮用水一起放入榨汁机榨汁。

【养生功效】

哈密瓜的大小很像一个中等西瓜，属于葫芦科家族。哈密瓜丰富的营养价值对人体造血机能有显著的促进作用，所以也可以用来作为贫血的食疗之品，因此哈密瓜被誉为“瓜中之王”。该水果含有的B族维生素也有很好的保健功效，维生素C有助于人体抵抗传染病，而矿物质锰可以作为抗氧化酶超氧化物歧化酶的协同成分。哈密瓜还含有丰富的抗氧化剂类黄酮，如玉米黄质可以保护我们的身体，预防各种癌症。

荸荠是女性之友，有补血造血的功能。

此款果汁能够促进机体的新陈代谢。

贴心提示

荸荠性寒，故小儿消化力弱者，脾胃虚寒、大便溏泄和有血瘀者不宜饮用。

桂圆芦荟汁 消肿止痒，补血

原料

桂圆4颗，芦荟6厘米长，饮用水200毫升。

做法

1 将桂圆去皮去核，取出果肉；2 将芦荟洗净，切成块状；3 将准备好的桂圆、芦荟和饮用水一起放入榨汁机榨汁。

【养生功效】

桂圆的糖分含量很高，且含有能被人体直接吸收的葡萄糖，体弱贫血，年老体衰，久病体虚，经常吃些桂圆很有补益；妇女产后，桂圆也是重要的调补食品。芦荟的保健功能主要为：泄下，即润肠通便；调节人体免疫力；抗肿瘤；保护肝脏；抗胃损伤；抗菌；修复组织损伤；对皮肤的保护作用。芦荟中的黏液是防止细胞老化和治疗慢性过敏的重要成分。

此款果汁能够补益气血，增强免疫力。

贴心提示

挑选桂圆，首先看它的外形。优质的桂圆颗粒较大，壳色黄褐，壳面光洁，薄而脆。再摇一摇桂圆，优质桂圆肉肥厚，肉与壳之间空隙小，摇动时不响。如桂圆在摇动时发生响声，建议不要购买。

南瓜红枣汁 润肠益肝，暖身驱寒

原料

南瓜 2 片，红枣 6 颗，饮用水 200 毫升，蜂蜜适量。

做法

1 将南瓜洗净去皮，切成块状；2 将准备好的南瓜、红枣和饮用水一起放入榨汁机榨汁；3 在榨汁的果汁内加入适量蜂蜜搅拌均匀即可。

贴心提示

红枣可以经常食用，但不可过量，否则会有损消化功能、造成便秘等症。此外，红枣糖分丰富，尤其是制成零食的红枣，不适合糖尿病患者吃，以免血糖增高，使病情恶化。如果吃得太多，又没有喝足够的水，会容易蛀牙。

【养生功效】

南瓜含有丰富的钴，在各类蔬菜中含钴量居首位，钴能活跃人体的新陈代谢，促进机体造血功能，并参与人体内维生素 B_{12} 的合成，是人体胰岛细胞所必需的微量元素，对防治糖尿病、降低血糖有特殊的疗效。

大枣能提高人体免疫力，大枣中的果糖、葡萄糖、低聚糖、酸性多糖参与保肝护肝。大枣可使四氯化碳性肝损伤的家兔血清总蛋白与白蛋白明显增加。同时大枣能提高体内单核细胞的吞噬功能，有保护肝脏、增强体力的作用；大枣中的维生素 C 及 CAMP 等，能减轻化学药物对肝脏的损害，并有促进蛋白质合成，增加血清总蛋白含量的作用。食用大枣可治疗过敏性紫癜。这主要是因为人体摄入足量的 CAMP 后，免疫细胞中 CAMP 的含量也升高，由此会抑制免疫反应，达到抗过敏效应。

此款果汁能够赶走寒冷，增强抗病能力。

莲藕雪梨汁 润肺生津，降火利尿

原料

莲藕6厘米长，雪梨1个，饮用水200毫升。

做法

1 将莲藕去皮，切成块状；2 将雪梨去皮去核，切成块状；3 将准备好的莲藕、雪梨和饮用水一起放入榨汁机榨汁。

贴心提示

梨也分公母：一种是“公梨”，肉质粗硬，水分较少，甜性也较差；另一种是“母梨”，肉嫩、甜脆、水多。购买梨时可从外形上来区别公母。公梨外形上小下大像个高脚馒头，花脐处有二个凸凹形，外表没有锈斑。母梨的外形近似等腰三角形，上小下大，花脐处只有一个很深且带有锈斑的凹形坑。

【养生功效】

藕含有淀粉、蛋白质、天门冬素、维生素C以及氧化酶成分，含糖量也很高，生吃鲜藕能清热解烦，解渴止呕，对因哮喘引起的咳嗽、气喘等效果良好；如将鲜藕压榨取汁，其功效更甚，煮熟的藕性味甘温，能健脾开胃，益血补心，故主补五脏，有消食、止渴、生肌的功效。因为莲藕有恢复神经疲劳的功效，故还可用于防治过度紧张、焦虑不安等引起的心神不定、失眠、眼睛疲劳等。

梨能促进食欲，帮助消化，并有利尿通便和解热作用，可用于高热时补充水分和营养。梨具有润燥消风的功效，在气候干燥时，人们常感到皮肤瘙痒、口鼻干燥，有时干咳少痰，每天喝一两杯梨汁可缓解干燥。

此款果汁能够清热降火，除烦解毒。尤其适合北方冬季饮用。

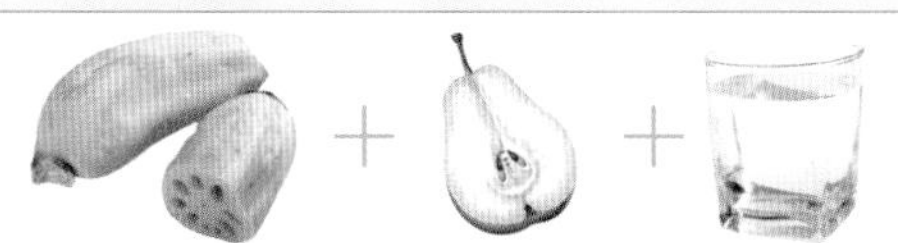

>> 第九章

特色蔬果汁，特效养生法

玫瑰醋饮 调理气血，美容养颜

原料

桃子 1 个，醋 200 毫升，玫瑰花 20 克，冰糖适量。

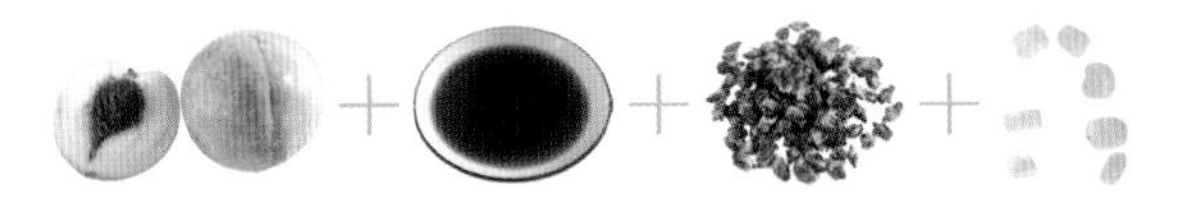

做法

1 将桃子洗净去核，切成块状；将玫瑰花去梗清洗干燥；2 将切好的桃子和玫瑰花、冰糖、醋一起放入瓶子中，封口；3 将其发酵 2 ~ 4 个月即可饮用，6 个月以上效果更佳。

【养生功效】

中医称肺为“娇脏”，喜湿润，恶干燥。桃子含丰富铁质，能增加人体血红蛋白数量，它的营养还善走皮表，《大明本草》中说，将桃晒成干（桃脯），经常服用，能够起到美容养颜的作用。

玫瑰花含丰富的维生素 A、维生素 C、维生素 B、维生素 E、维生素 K，以及单宁酸，能改善内分泌失调，对消除疲劳和伤口愈合也有帮助。调气血，调理女性生理问题，促进血液循环，美容，调经，利尿，缓和肠胃神经，防皱纹，防冻伤，养颜美容。身体疲劳酸痛时，取些来按摩也相当合适。玫瑰芳香怡人，有理气和血、疏肝解郁、降脂减肥、润肤养颜等作用。特别对妇女经痛、月经不调有神奇的功效。

玫瑰醋饮，是新一代美容茶，它对雀斑有明显的消除作用，同时还有养颜、消炎、润喉的特点。

贴心提示

玫瑰与月季花形花色接近，不同的是玫瑰的刺是针刺，是手取不下来的，而月季是棘刺，刺不仅是与表皮联系的，而且可以掰下。另外，单朵玫瑰花期通常不足 2 天，而单朵月季花期通常超过 2 天，这也是分辨玫瑰和月季的主要标准。月季常开，玫瑰通常仅开一季。

茴香醋饮 减轻体重，紧致皮肤

原料

白醋 400 毫升，茴香 40 克。

做法

1 将茴香洗净，吹干至略呈枯萎状，切段；2 将切好的茴香放入瓶中，倒入醋，淹过食材高度，封罐；3 发酵 10 天左右即可饮用，时间越长，风味越佳。

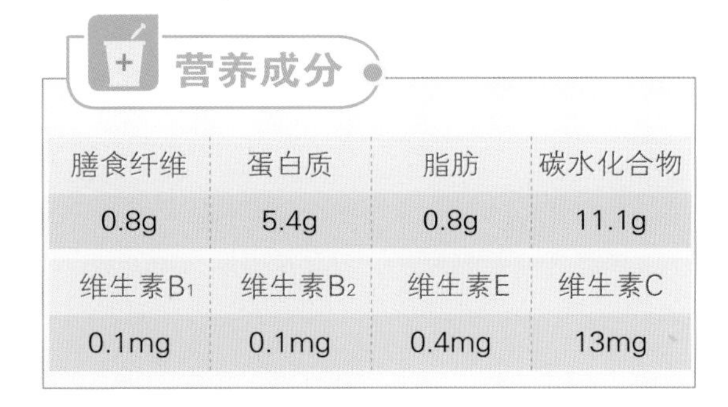

营养成分

膳食纤维	蛋白质	脂肪	碳水化合物
0.8g	5.4g	0.8g	11.1g
维生素B_1	维生素B_2	维生素E	维生素C
0.1mg	0.1mg	0.4mg	13mg

贴心提示

挑选茴香时应该选用没有枯黄叶子的，且根茎粗大者为好。

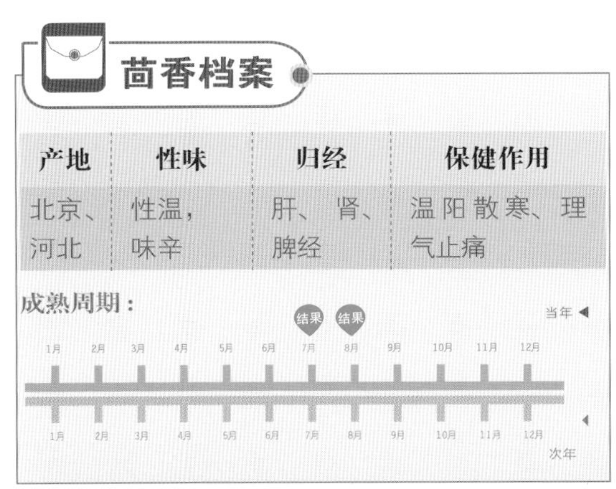

茴香档案

产地	性味	归经	保健作用
北京、河北	性温，味辛	肝、肾、脾经	温阳散寒、理气止痛

【养生功效】

茴香营养丰富，含有蛋白质、脂肪、糖类、B 族维生素、维生素 C、钙、磷、铁等。将茴香与醋进行调制而成的茴香醋饮，适量饮用可缓解因肾虚而引发的腰痛，消除肠气、胃闷痛，保持肌肤洁净，也是减轻体重的妙方。

葡萄醋饮 消除疲劳，延缓衰老

原料

白醋600毫升，葡萄500克，冰糖300克。

做法

1 将葡萄洗净，切开晾干；2 再把葡萄和冰糖以交错堆叠的方式放入玻璃容器中，然后倒入醋，最后封罐；3 发酵45 ~ 120天即可饮用。

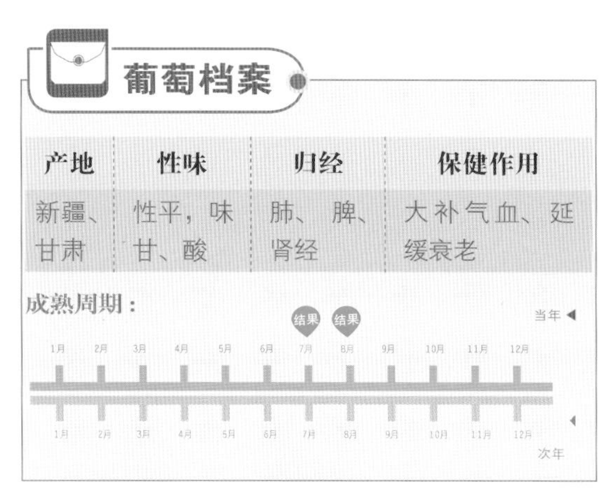

葡萄档案

产地	性味	归经	保健作用
新疆、甘肃	性平，味甘、酸	肺、脾、肾经	大补气血、延缓衰老

成熟周期：结果 7月、8月

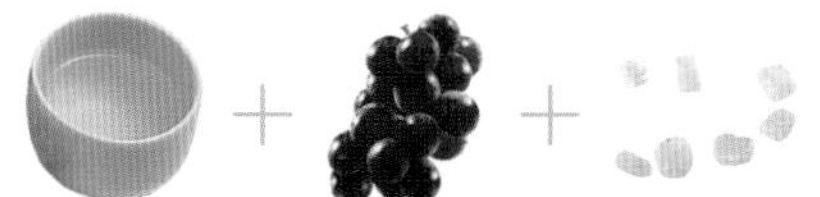

营养成分

膳食纤维	蛋白质	脂肪	碳水化合物
9g	7.8g	2.9g	313.6g
维生素B_1	维生素B_2	维生素E	维生素C
0.2mg	0.3mg	1.7mg	20mg

贴心提示

一般来说，用粮食酿造的食醋，在我们震荡（醋）的时候，有丰富的泡沫，而且泡沫持久不消。但是伪劣的食醋我们摇晃它、震荡它，虽然也有泡沫出现，但是这些泡沫一会儿就会消失。

【养生功效】

葡萄醋中的醋酸、甘油和醛类化合物对皮肤有柔和的刺激作用，能扩张血管、增进皮肤的血液循环，使皮肤光润。同时还可抗衰老，其中所含的原花青素OPC能够保护结缔组织不被自由基破坏。

果汁热量 548千焦

操作方便度：★★★★☆

推荐指数：★★★★☆

甜菊醋饮 缓解疲劳，减肥驻颜

原料

甜菊15朵，白醋200毫升。

做法

1 将甜菊洗净，干燥；2 将甜菊、白醋放入瓶中，封口；3 发酵8～10天即可饮用，15天效果最佳。

【养生功效】

甜菊叶内含的甜菊素，正是拿来当做花草茶甘味料的最佳选择，甜度约一般蔗糖的200倍，热量极低，易溶于水，也具耐热性，不会增加身体的热量及糖分的负担。经常饮用甜菊茶可消除疲劳，养阴生津，用于胃阴不足，口干口渴。有一定降低血压作用，并可降低血糖。帮助消化，促进胰腺和脾胃功能；滋养肝脏，养精提神；调整血糖，减肥养颜，符合现代人追求低热量、无糖、无脂肪的健康生活方式。此款醋饮能够缓解疲劳，美容驻颜。

贴心提示

甜菊素最早来源于南美洲巴拉圭东岸及巴西。其甜度为砂糖甜度的200~300倍，使用时要注意用量，可由小量开始，之后慢慢增加至想要的甜度。

薰衣草醋饮 净化肌肤，收缩毛孔

原料

薰衣草100克，柠檬1/4个，白醋300毫升，冰糖适量。

做法

1 将薰衣草洗净，吹干；将柠檬洗净，切成薄片；2 将准备好的薰衣草、柠檬、白醋和冰糖一起放入瓶中，密封；发酵50～120天即可饮用。

【养生功效】

薰衣草香气清新优雅，性质温和，是公认为最具有镇静、舒缓、催眠作用的植物。薰衣草能够提神醒脑，增强记忆；对学习有很大帮助；缓解神经，怡情养性，具有安神促睡眠的神奇功效；促进血液循环，可治疗青春痘，滋养秀发；抑制高血压、鼻敏感气喘等；调节生理机能；增强免疫力；维持呼吸道机能，对鼻喉黏膜炎有很好的疗效，可用来泡澡；可预防病毒性、传染性疾病。

此款醋饮能够怡神清心，促进血液循环。

贴心提示

可将薰衣草放进枕头内，人睡眠时，头温使枕内薰衣草的有效成分缓慢地散发，其香气凝聚于枕周尺余，通过口腔、咽腔黏膜和皮肤对有效成分的吸收，达到疏通气血、闻香疗病的效果，让人在睡眠中即收到养生的功效。

洋甘菊醋饮 抑制老化，润泽肌肤

原料

洋甘菊6朵，白醋200毫升，蜂蜜适量。

做法

1 将洋甘菊洗净，用吹风机吹干；2 将洋甘菊、蜂蜜和白醋一起放入瓶中，封口；3 发酵10天即可饮用，时间越久，风味愈佳。

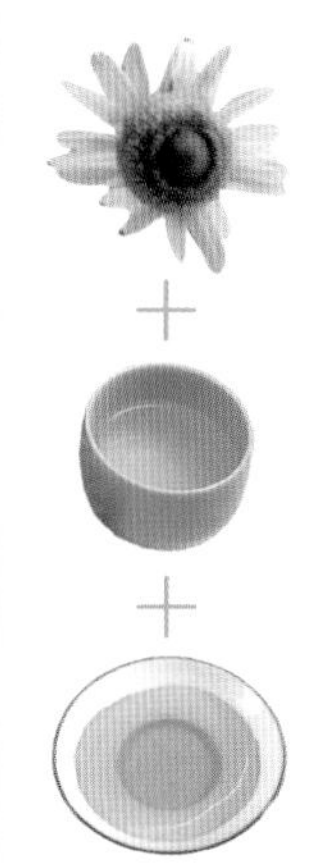

【养生功效】

洋甘菊味微苦、甘香，明目、退肝火，治疗失眠，降低血压，可增强活力、提神。还可增强记忆力、降低胆固醇。蜂蜜止咳，祛痰，可治疗支气管炎及气喘，可舒缓头痛、偏头痛或感冒引起的肌肉痛，对胃酸、神经有帮助。可消除感冒所引起的肌肉酸痛，能镇定精神、舒缓情绪，提升睡眠质量，还可改善过敏的皮肤。有帮助睡眠、润泽肌肤、可治长期便秘、能消除紧张、眼睛疲劳、润肺、养生，并可治疗焦虑和紧张造成的消化不良，且对失眠、神经痛及月经痛、肠胃炎都有所助益。此款醋饮能够舒缓神经，缓解偏头痛。

贴心提示

挑选洋甘菊干花时，以色泽别太深，叶片完整，干燥无潮湿者为好。

金钱薄荷醋饮 促进消化，解除疲劳

原料

金钱薄荷45克，白醋200毫升，饮用水100毫升，冰糖适量。

做法

1 将金钱薄荷洗净；将准备好的金钱薄荷、白醋、饮用水一起放入锅中煎煮；2 先用大火煮沸，再转为文火，约15分钟即可。

【养生功效】

金钱薄荷的清凉香味能够消除身心疲劳。人体吸收钙质及铁质元素时均是以离子形式消化吸收的，胃作为一个重要的消化器官其实质就是利用胃酸的强腐蚀作用把食物腐熟分解，而胃酸的主要成分就是盐酸，它电离出氢离子帮助消化，而食醋也是一种酸，同样能电离出氢离子以帮助消化。用金钱薄荷做成的醋饮不仅能缓解身心疲倦，还能增加食欲，促消化。

贴心提示

金钱薄荷要选择整棵薄荷的叶子都呈绿色，没有发黄的即可。

苹果醋饮 提亮肌肤，淡化细纹

原料

白醋600毫升，苹果300克，甜菜根100克。

做法

①将苹果洗净后吹干，去核切片；②将苹果块放入玻璃瓶中，再加入甜菜根，倒入醋，淹过食材高度，封罐；③发酵50天即可饮用，6～10个月以上风味更佳。

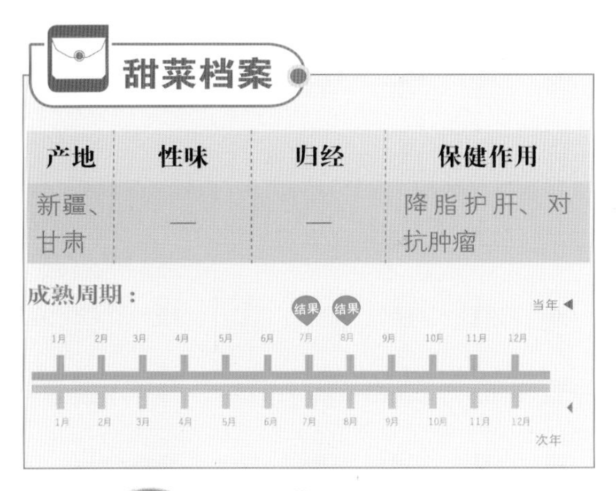

甜菜档案

产地	性味	归经	保健作用
新疆、甘肃	—	—	降脂护肝、对抗肿瘤

成熟周期：

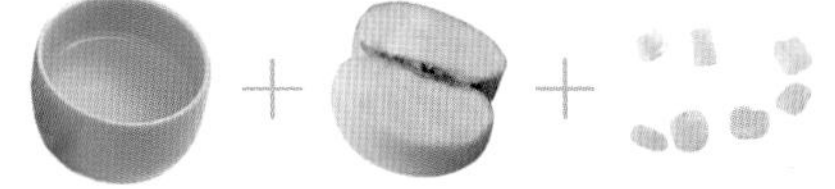

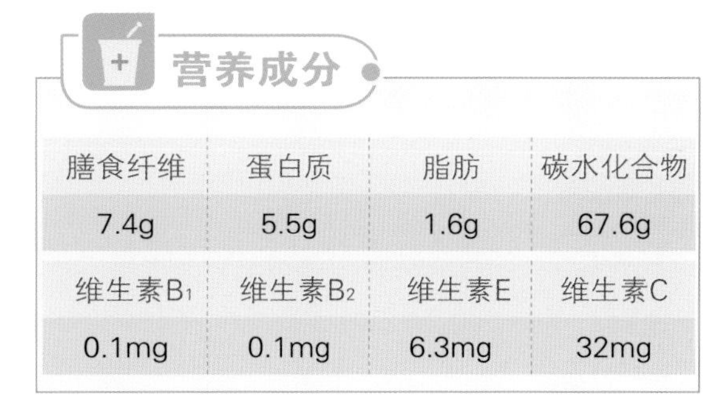

营养成分

膳食纤维	蛋白质	脂肪	碳水化合物
7.4g	5.5g	1.6g	67.6g
维生素B_1	维生素B_2	维生素E	维生素C
0.1mg	0.1mg	6.3mg	32mg

贴心提示

苹果一般应选择表皮光洁无伤痕，色泽鲜艳、肉质嫩软的；用手握试苹果的硬软情况，太硬者未熟，太软者过熟，软硬适度为佳；用手掂量，如果重量轻则是肉质松绵，一般不建议购买。

【养生功效】

用苹果醋所制成的面膜敷脸可以美白肌肤，尤其苹果中富含的苹果酸，更是油性皮肤理想的天然清洁剂，不仅能使皮肤油脂分泌平衡，还有软化皮肤角质层的作用，也是消除黑眼圈的最佳秘方。

果汁热量 1294千焦

操作方便度：★★★★☆

推荐指数：★★★☆☆

柠檬苹果醋饮 紧肤润肌，轻松瘦身

原料

柠檬500克，冰糖500克，苹果醋600毫升。

做法

1 柠檬洗净并滤干，切薄片后放入玻璃罐中；2 添加冰糖以及苹果醋，再用保鲜膜将瓶口封住，拧紧盖子后放半年即可饮用。3 饮用时，可取10毫升的柠檬醋、200毫升的白开水以及少许的蜂蜜调匀即可。

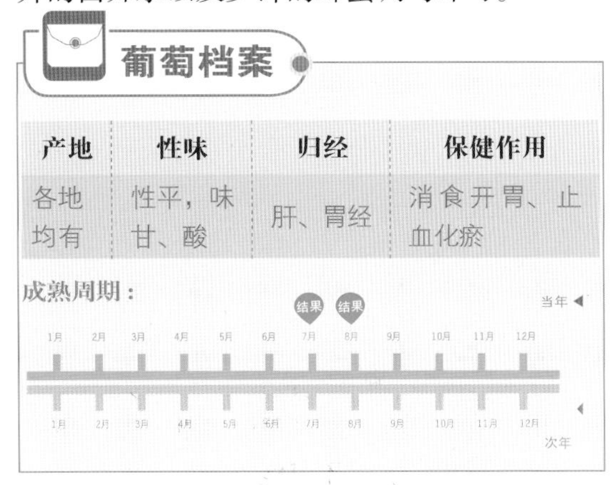

葡萄档案

产地	性味	归经	保健作用
各地均有	性平，味甘、酸	肝、胃经	消食开胃、止血化瘀

营养成分

膳食纤维	蛋白质	脂肪	碳水化合物
6.5g	11.9g	6.9g	535.7g
维生素B_1	维生素B_2	维生素E	维生素C
0.2mg	0.2mg	5.7mg	200mg

贴心提示

勾兑型的果醋饮料，其醋味比较突出；发酵型的果醋饮料，水果味和醋香味闻起来相对比较协调，不会有浓重的刺鼻感，喝起来还有醋酸的味道，而且水果通过发酵和储存后，口感更加柔和，香味更加醇厚。

【养生功效】

柠檬可养颜美容，与醋混合而成的柠檬醋，更是一种健康饮品。苹果和醋都具有减轻体重的功效，将两者调制而成的苹果醋对减肥很有帮助。而用柠檬和苹果醋制成的柠檬苹果醋除了能美颜，还具有减肥的功效。

果汁热量 946千焦

操作方便度：★★★★☆

推荐指数：★★★★☆

菠萝醋汁 预防关节炎

原料

菠萝 4 片，白醋 400 毫升，冰糖适量。

做法

1 将菠萝洗净，切成薄片；2 将菠萝和冰糖以交错堆叠的方式放入玻璃器皿，再放入醋，密封；3 发酵 50 ~ 120 天即可饮用。

【养生功效】

菠萝醋能把血管内的脏东西清理掉，可帮助人体消化食物，抗炎，提高免疫力，溶解血栓，帮助中风患者防治二次中风。还可促进血纤维蛋白分解，抗血小板凝集，能溶解血栓，使血流顺畅，抑制发炎及水肿。可用来舒缓一般疼痛和发炎，如用于减轻风湿性关节炎造成的不适症状。菠萝醋适合于关节炎或筋骨疼痛发炎者，可减缓发炎症状；喜好高蛋白饮食者或暴饮暴食导致消化不良、胃胀闷者饮用菠萝醋可助消化。

此款醋饮能够促进血液循环，预防关节炎。

贴心提示

因为菠萝的蛋白分解酵素相当强力，虽然可以帮助肉类的蛋白质消化，但是如果在餐前饮用的话，很容易造成胃壁受伤。因此，不宜在饭前饮用。

猕猴桃醋汁 抗氧化，预防癌症

原料

猕猴桃 6 个，白醋 400 毫升，冰糖适量。

做法

1 将猕猴桃去皮，切成片状；2 将猕猴桃片和冰糖交叠着放入玻璃容器，再倒入醋，密封；3 发酵 60 ~ 120 天即可饮用。

【养生功效】

猕猴桃性味甘酸而寒，有解热、止渴、通淋、健胃的功效。可以治疗烦热、消渴、黄疸、呕吐、腹泻、石淋、关节痛等疾病，而且还有抗衰老的作用。现代医学研究分析，猕猴桃果实含有碳水化合物，蛋白质中氨基酸丰富，蛋白酶 12 种，维生素 B_1、维生素 C、胡萝卜素以及钙、磷、铁、钠、钾、镁、氯、色素等多种成分。其维生素 C 含量是等量柑橘中的 5~6 倍。猕猴桃醋对于抗老化、预防感冒，保健肠胃帮助消化，阻断致癌因子有帮助。此款醋饮能够抗氧化，预防癌症。

贴心提示

人们在购买猕猴桃时应挑选稍微硬点儿的，买回家后，找个纸袋把猕猴桃放进去，再放入两三个苹果或梨，然后把袋子系上。一两天，猕猴桃就变得软润可口了。

荔枝醋饮 预防肥胖，排毒养颜

原料

白醋500克，荔枝500克。

做法

1 将干荔枝洗净放入瓶中，倒入醋密封；2 发酵2个月后饮用，3 ~ 4个月以上饮用风味更佳。

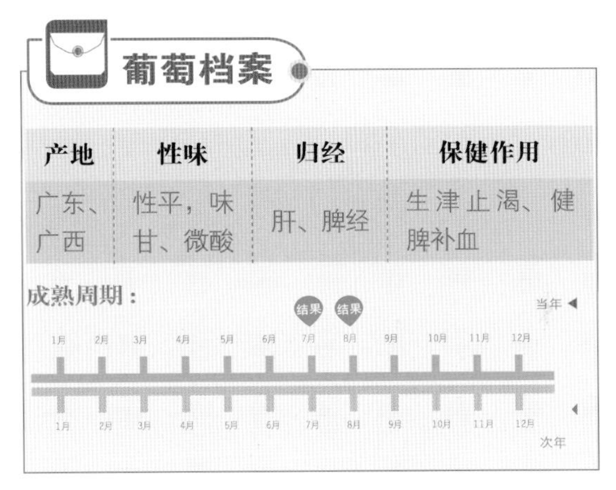

葡萄档案

产地	性味	归经	保健作用
广东、广西	性平，味甘、微酸	肝、脾经	生津止渴、健脾补血

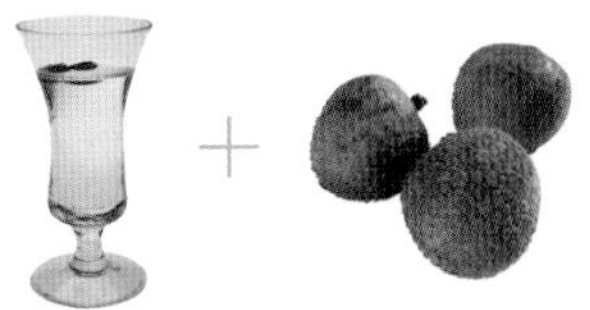

营养成分

膳食纤维	蛋白质	脂肪	碳水化合物
2.5g	8.2g	3.6g	90.3g
维生素B_1	维生素B_2	维生素E	维生素C
0.2mg	0.3mg	0.5mg	180mg

贴心提示

新鲜荔枝应该色泽鲜艳、个大均匀、皮薄肉厚、质嫩多汁的，且味甜，富有香气。挑选时可以先在手里轻捏，好荔枝的手感应该发紧而且有弹性。

【养生功效】

用荔枝和醋调制而成的荔枝醋，能促进血液循环与新陈代谢、改善肝脏功能，还具有润肺补肾、帮助毒素排出、处理体内饮酒累积的氧化物、促进细胞再生、使皮肤细嫩等功效，并能有效预防肥胖、补充血液，是排毒养颜的理想选择。

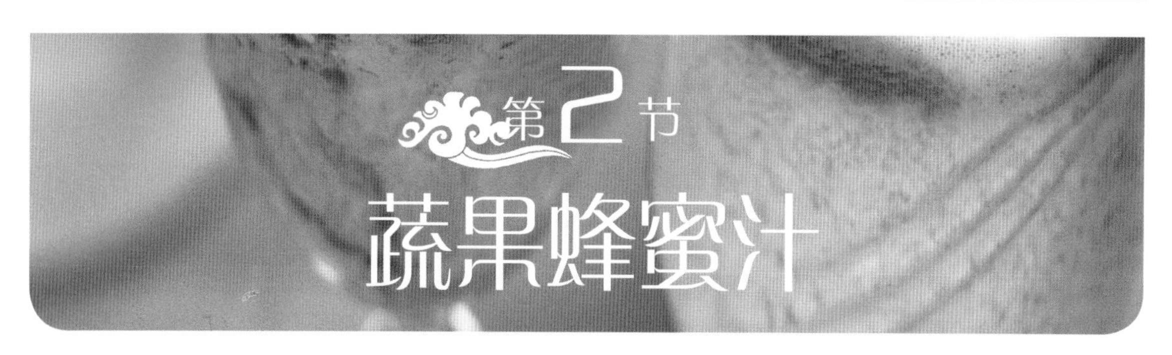

第2节 蔬果蜂蜜汁

蜂蜜阳桃汁 增强抵抗力

原料

阳桃1个，饮用水200毫升，蜂蜜适量。

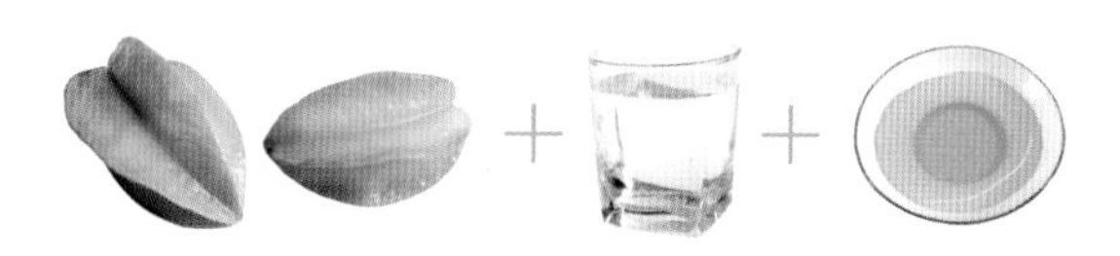

做法

①将阳桃洗净切片；②将切好的阳桃和饮用水一起放入榨汁机榨汁；③在榨好的果汁内放入适量蜂蜜搅拌均匀即可。

【养生功效】

阳桃能减少机体对脂肪的吸收，有降低血脂、胆固醇的作用，对高血压、动脉硬化等心血管疾病有预防作用。同时还可保护肝脏，降低血糖。阳桃中碳水化合物、维生素C及有机酸含量丰富，且果汁充沛，能迅速补充人体的水分，生津止渴，并使体内的热或酒毒随小便排出体外，消除疲劳感。阳桃果汁中含有大量草酸、柠檬酸、苹果酸等，能提高胃液的酸度，促进食物的消化。阳桃含有大量的挥发性成分、胡萝卜素类化合物、糖类、有机酸及维生素B、维生素C等，可消除咽喉炎症及口腔溃疡，防治风火牙痛。

蜂蜜性甘平偏温、维生素C含量较高，营养丰富，是滋补佳品。蜂蜜具有护脾养胃、润肺补虚、和阴阳、调营卫之功效，长于补血，是调制中药的上等蜂蜜，也是妇女、儿童、老年人和体弱患者的理想饮品。

此款果汁能够增强抵抗力，预防和治疗咽炎。

贴心提示

挑选阳桃以果皮光亮，皮色黄中带绿、棱边青绿为佳。如棱边变黑，皮色接近橙黄，表示已熟多时；反之皮色太青的比较酸。

哈密瓜蜂蜜汁 清爽怡人，润肠道

原料

哈密瓜3片，饮用水200毫升，蜂蜜适量。

做法

1 将哈密瓜洗净去皮，切成块状；2 将哈密瓜和饮用水一起放入榨汁机榨汁；3 在榨好的果汁内加入适量蜂蜜搅拌均匀即可。

【养生功效】

哈密瓜丰富的维生素A有利于维持健康的肌肤，降低患白内障的风险，并改善视力。维生素A的功效还包括预防肺癌及其口腔癌。哈密瓜所含成分有很好的抗氧化作用，这种抗氧化剂能够有效增强细胞抗防晒的能力，阻止黑色素暗沉。在新鲜的哈密瓜瓜肉当中，含有非常丰富的维生素成分，能够促进内分泌和造血机能的发挥，从而加强消化的过程。此款果汁能够放松身心，促进新陈代谢。

贴心提示

搬动哈密瓜应轻拿轻放，不要碰伤瓜皮，受伤后的瓜很容易变质腐烂，不能储藏。哈密瓜性凉，不宜吃得过多，以免引起腹泻。患有脚气病、黄疸、腹胀、便溏、寒性咳喘以及产后、病后的人不宜多饮。哈密瓜含糖较多，糖尿病人应慎饮。

番茄蜂蜜汁 补充维生素，预防癌症

原料

番茄2个，饮用水200毫升，蜂蜜适量。

做法

1 将番茄洗净，在沸水中浸泡10秒；2 剥去番茄的表皮并切成块状；3 将切好的番茄和饮用水一起放入榨汁机榨汁；4 在榨好的果汁内加入适量蜂蜜搅拌均匀即可。

【养生功效】

番茄富含番茄红素，大量研究发现，番茄红素能够有效地预防和治疗前列腺癌、乳腺癌、肺癌、胃癌等癌症。哈佛大学对4.8万人的研究表明，每周吃两次番茄制品，患前列腺癌的概率会降低34%。在消化道肿瘤发病率很高的北爱尔兰和意大利，常吃富含番茄红素的食品能使此类肿瘤的发病率下降40%～50%。番茄红素的抗氧化能力是维生素E的100倍，β－胡萝卜素的两倍。番茄富含有机酸，能帮助铁的吸收，对于一些因缺维生素C导致感冒的人来说可能是有效的。

此款果汁能够增强免疫系统，预防癌症。

贴心提示

番茄还可用来为冰箱消除异味。当冰箱中有异味时，用布沾满番茄汁擦拭冰箱内壁，之后用肥皂水清洗即可。

番石榴蜂蜜汁 养颜美容，抗氧化

原料

番石榴2个，饮用水200毫升，蜂蜜适量。

做法

1 将番石榴洗净，切成块状；2 将切好的番石榴和饮用水一起放入榨汁机榨汁；3 在榨好的果汁内加入适量蜂蜜搅拌均匀即可。

+

+

【养生功效】

番石榴肉质细嫩、清脆香甜、爽口舒心、常吃不腻，是养颜美容的最佳水果。番石榴含较高的维生素A、维生素C、纤维质等微量元素，常吃能抗老化，排出体内毒素，是糖尿病患者最佳水果。蜂蜜含有多种营养成分，食用蜂蜜不仅能够强壮体质，还具有抗氧化美容的功效。蜂蜜的用法有多种，饮用、做面膜均能起到美肤养颜的作用。番石榴和蜂蜜均有抗氧化的功效，两者混合制作出的果汁能够美容养颜，保养气色。

贴心提示

蜂蜜的挑选：将蜂蜜滴在白纸上，如果蜂蜜渐渐渗开，说明掺有蔗糖和水。掺有糖的蜂蜜其透明度较差，不清亮，呈混浊状，花香味亦差。掺红糖的蜂蜜颜色显深；掺白糖的蜂蜜颜色浅白。

香瓜生菜蜜汁 缓解神经衰弱症状

原料

香瓜半个，生菜2片，饮用水200毫升，蜂蜜适量。

做法

1 将香瓜洗净去皮去瓤，切成块状；将生菜洗净，切成块状；2 将切好的香瓜、生菜和饮用水一起放入榨汁机榨汁；在果汁内加入适量蜂蜜搅拌均匀。

【养生功效】

生菜具有镇痛、催眠、辅助治疗神经衰弱、利尿、促进血液循环、抗病毒等功效。同时生菜还有解除油腻、降低胆固醇的功效。生菜的主要食用方法是生食，为西餐蔬菜沙拉的当家菜。洗净的生菜叶片置于冷盘里，再配以色彩鲜艳的其他蔬菜或肉类、海鲜，即是一盘色、香、味俱佳的沙拉。用叶片包裹牛排、猪排或猪油炒饭，也是一种广为应用的食用法。另外，肉、家禽等浓汤里，待上餐桌前放入生菜，滚沸后迅即出锅，也不失为上等汤菜。总之，生菜有各种各样的食用法，尽可按照自己的口味烹调。

此款果汁能够辅助治疗神经衰弱。

贴心提示

选择生菜时要看根部，根部色泽润白的较新鲜；其次看叶子，如果叶子边缘泛黄，说明不够新鲜。另外，叶子上如果有太多虫眼，也不宜选择。

第3节 蔬果豆浆汁

大枣枸杞豆浆 补虚益气，安神补肾

原料

大枣6颗，枸杞8颗，豆浆200毫升。

做法

1 将大枣和枸杞洗净，在水中泡半小时；2 将泡好的大枣、枸杞和豆浆一起放入榨汁机榨汁。

【养生功效】

大枣中的维生素P含量为所有果蔬之冠，其具有维持毛细血管通透性，改善微循环从而预防动脉硬化的作用，还可促进维生素C在人体内积蓄。另外，大枣中所含的皂类物质，具有调节人体代谢、增强免疫力、抗炎、抗变态反应、降低血糖和胆固醇含量等作用；所含芦丁有保护毛细血管通畅、防止血管壁脆性增加的功能，对高血压、动脉粥样硬化等病有疗效；所含的黄酮类物质可用于高血压和动脉硬化的治疗和预防。大枣中的黄酮类物质可以防治脑缺血症并对脑缺血所致的脑组织超微结构损伤有保护作用。

枸杞性甘、平，归肝肾经，具有滋补肝肾、养肝明目的功效。枸杞子亦为扶正固本、生精补髓、滋阴补肾、益气安神、强身健体、延缓衰老之良药，对慢性肝炎、中心性视网膜炎、视神经萎缩等疗效显著；对抗肿瘤、保肝、降压，以及老年人器官衰退的老化疾病都有很强的改善作用。枸杞对体外癌细胞有明显的抑制作用，可用于防止癌细胞的扩散和增强人体的免疫功能。

此款果汁能够益气补血，保养肝肾。

贴心提示

枸杞子自古就是滋补养人的上品，有延衰抗老的功效，所以又名“却老子”。人们常用其煮粥、熬膏、泡酒或同其他药物、食物一起食用。枸杞虽然具有很好的滋补和治疗作用，但也不是所有的人都适合服用的。由于它温热身体的效果相当强，正在感冒发热、身体有炎症、腹泻的人最好不要吃。

黄瓜雪梨豆浆 清热解渴，润肺生津

原料

黄瓜1根，雪梨1个，豆浆200毫升。

做法

1 将黄瓜洗净，切成块状；2 将雪梨洗净去核，切成块状；3 将黄瓜、雪梨和豆浆一起放入榨汁机榨汁。

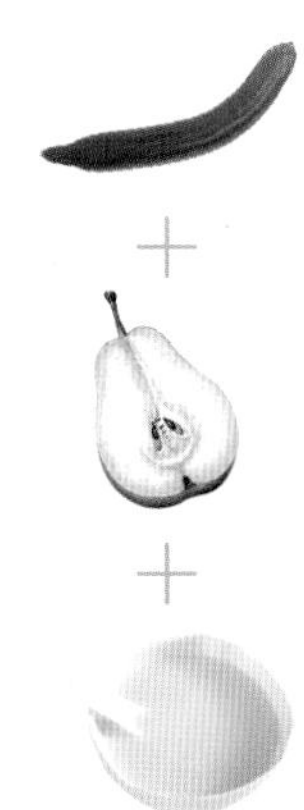

【养生功效】

黄瓜肉质脆嫩，能够清热解毒、生津止渴，是难得的排毒养颜食品。雪梨味甘性凉，有生津除烦、滋阴润肺、清热止咳和泻火化痰之功。豆浆对增强体质大有好处，经常饮用豆浆能够润肺生津。黄瓜雪梨豆浆清淡爽口，清热解渴，尤其适宜夏秋季节饮用。

贴心提示

没有熟的豆浆对人体是有害的。黄豆中含有皂角素，能引起恶心、呕吐、消化不良；还有一些酶和其他物质，如胰蛋白酶抑制物，能降低人体对蛋白质的消化能力；细胞凝集素能引起凝血；脲酶毒苷类物质会妨碍碘的代谢，抑制甲状腺素的合成，引起代偿性甲状腺肿大。预防豆浆中毒的办法就是将豆浆在100℃的高温下煮沸，破坏有害物质。

芝麻豆浆 延缓衰老，减少白发

原料

豆浆200毫升，芝麻适量。

做法

1 将芝麻洗净炒熟，研末；2 将芝麻粉和豆浆放入榨汁机搅拌即可。

【养生功效】

芝麻含有大量的脂肪和蛋白质，还有膳食纤维、维生素E、维生素B_1、维生素B_2、烟酸、卵磷脂、钙、铁、镁等营养成分；芝麻中的亚油酸有调节胆固醇的作用。芝麻中含有丰富的维生素E，能防止过氧化脂质对皮肤的危害。芝麻还具有养血的功效，可以治疗皮肤干枯、粗糙，令皮肤细腻光滑、红润光泽。此款果汁适宜肝肾不足所致的眩晕、眼花、视物不清、腰酸腿软、耳鸣耳聋、发枯发落、头发早白之人食用；适宜妇女产后乳汁缺乏者食用。此款豆浆能够延缓衰老，营养发质。

贴心提示

在中国古代，芝麻历来被视为延年益寿食品，宋代大诗人苏东坡也认为，芝麻能强身体，抗衰老，以酒蒸胡麻，同去皮茯苓，少入白蜜为面食，日久气力不衰，百病自去，此乃长生要诀。

豆浆蔬果汁 调节产后乳汁分泌

原料

胡萝卜2根，苹果1个，柠檬2片，豆浆200毫升，蜂蜜适量。

做法

1 将胡萝卜、柠檬洗净去皮，切成块状；将苹果洗净去核，切成块状；2 将胡萝卜、苹果、柠檬和豆浆一起放入榨汁机榨汁；在榨好的果汁内加入适量蜂蜜搅拌均匀即可。

【养生功效】

胡萝卜有美容功效，其中含有丰富的胡萝卜素及维生素，可以刺激皮肤的新陈代谢，增进血液循环，从而使肤色红润，对美容健肤有独到之效。豆浆对于贫血病人的调养，比牛奶作用要强，以喝豆浆的方式补充植物蛋白，可以使人的抗病能力增强，调节孕产妇的分泌系统。此款果汁能够补充营养，帮助产妇分泌乳汁。

贴心提示

豆浆由黄豆加工而成。黄豆含有丰富的优良蛋白质，100克黄豆的蛋白质相当于200多克猪瘦肉、300克鸡蛋或1200克牛奶，所以被人们称为“植物肉”。豆浆所含的钙虽比豆腐低，但却比任何乳类都多，此外豆浆还含维生素 B_1、维生素 B_2 及铁等营养素。

猕猴桃绿茶豆浆 抗衰老，美白肌肤

原料

猕猴桃1个，绿茶粉1勺，豆浆200毫升。

做法

1 将猕猴桃去皮，切成块状；2 将切好的猕猴桃和绿茶粉、豆浆一起放入榨汁机榨汁。

【养生功效】

猕猴桃当中含有大量的果酸，果酸可以有效地抑制角质细胞内聚力及黑色素沉淀，去除或淡化黑斑的效果非常明显，可有效改善干性或油性肌肤组织。猕猴桃更是一种“美容圣果”，它不但具有祛除黄褐斑、排毒、美容、抗衰老的功效，而且还是减肥的好助手。猕猴桃当中维生素C含量惊人，多吃有助于肌肤美白。绿茶粉可以用来做面膜，清洁皮肤、补水控油、淡化痘印、促进皮肤损伤恢复。

此款豆浆能够抗氧化，美白肌肤。

贴心提示

绿茶粉因未经过发酵，所以含有丰富的叶绿素。而叶绿素亦颇为不安定，所以绿茶粉怕光、怕热、怕强酸，不宜使用玻璃罐、塑胶罐等透明、透气性较大的包装，而选择不透气的铝箔积层袋包装。

香桃豆浆 清热解渴，润肺生津

原料

黄豆 50 克，桃子 40 克，白糖少许。

做法

1 黄豆加水浸泡 3 小时，捞出洗净；桃子洗净去皮去核备用；2 将上述材料放入豆浆机中，添水搅打成豆浆，煮沸后滤出香桃豆浆，趁热加入白糖拌匀即可。

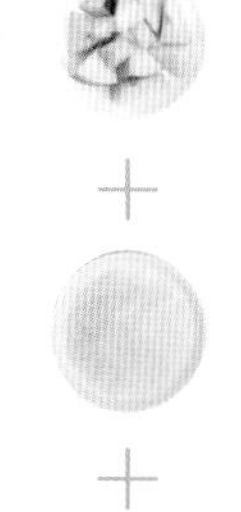

【养生功效】

在果品资源中，桃以其果形美观、肉质甜美被称为“天下第一果”。中医认为，桃味有甜有酸，属温性食物，具有补气养血、养阴生津、止咳等功效，可用于大病之后气血亏虚、面黄肌瘦、心悸气短者。现代医学发现，桃中含铁量较高，在水果中几乎占居首位，是缺铁性贫血病人的理想辅助食物。桃子有人体所必需的多种矿物质，有维持细胞活力所必需的钾和钠，有骨骼必需的钙和磷，可以增强免疫力。

这款豆浆既有桃子的香甜之味又有豆浆的醇香，味道比较鲜美，有助于润肠生津，促进血液循环，还有美肤的作用。

贴心提示

要选择颜色均匀、形状完好、表皮光滑的桃子。

蜜柚黄豆浆 延缓衰老，减少白发

原料

黄豆 50 克，柚子 60 克，白糖少许。

做法

1 黄豆加水泡至发软，捞出洗净；柚子去皮去子，将果肉切碎丁备用；2 将上述材料放入豆浆机中，加水搅打成豆浆，煮沸后滤出蜜柚黄豆浆，加入白糖拌匀。

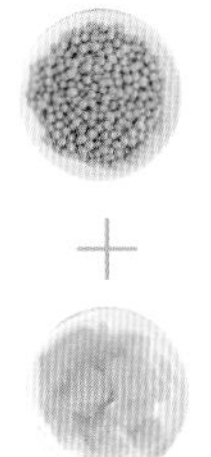

【养生功效】

柚子有“天然水果罐头”之称。柚子有增强体质的功效，它帮助身体吸收钙和铁质，内含天然叶酸。新鲜的柚子肉中有作用类似于胰岛素的铬元素，能降低血糖。用蜜柚制成的豆浆，对缓解心脑血管疾病有食疗作用。因为柚子含有生理活性物质皮苷、橙皮苷等，可降低血液循环的黏滞度，减少血栓的形成。患有脑血管疾病的朋友，常吃柚子还有助于预防脑卒中的发生。

这款加入了蜜柚的豆浆，有柚子的酸甜之味和豆浆的醇香，喝起来爽口美味，对心脑血管疾病也有预防作用。

贴心提示

脾虚泄泻者最好不要饮用此豆浆。

椰汁豆浆 调节产后乳汁分泌

原料

黄豆80克，椰汁适量。

做法

1 黄豆加水泡发6小时，捞出，洗净备用；2 将黄豆、椰汁放入豆浆机中，添水搅打成椰汁豆浆，煮沸后滤出豆浆即可。

【养生功效】

椰子的外形很像西瓜，在果实内有一个很大空间专门来储存椰浆，椰子成熟的时候，椰汁看起来清如水，喝起来甜如蜜，是夏季极好的清热解渴之品。夏季街头卖冷饮的地方通常也会有插着吸管的椰子。中医认为，椰子性味甘、平，入胃、脾、大肠经；果肉具有补虚强壮，益气祛风，消疳杀虫的功效。

用椰汁制成的豆浆是老少皆宜的美味佳品，尤其是在夏天饮用时，能够清热利尿，解渴，对于水肿、排毒也有疗效。椰子还是含碱性非常高的食物，因为身体过酸而导致的疾病，也可以通过饮用椰汁来改善。

贴心提示

此豆浆可增强人体免疫力。

西瓜豆浆 抗衰老，美白肌肤

原料

西瓜60克，黄豆50克，冰糖适量。

做法

1 西瓜去皮，去子后将瓜瓤切碎丁；黄豆加水泡至发软，捞出洗净；2 将上述材料放入豆浆机中，添水搅打成豆浆，烧沸后滤出豆浆，趁热加入冰糖拌匀即可。

【养生功效】

西瓜又叫水瓜、寒瓜、夏瓜，因是在汉代时从西域引入的，故称“西瓜”。西瓜的味道甘甜、多汁、清爽解渴，是夏季必不可少的一种水果。中医认为，西瓜能够清热解暑，除烦止渴。西瓜中含有大量的水分在急性热病发热、口渴汗多、烦躁时，吃上一块又甜又沙、水分充足的西瓜，症状会马上改善。现代医学研究证实，西瓜除不含脂肪和胆固醇外，含有大量葡萄糖、苹果酸、果糖、精氨酸、番茄素及丰富的维生素C等物质，是一种营养丰富、实用安全的食品。西瓜豆浆可以说是夏天解暑的清凉饮品，既能除热又能解渴。

贴心提示

此豆浆适用于肾炎患者、发热的人和美容爱好者。

杂果豆浆 清热解渴，润肺生津

原料

木瓜、橙子、苹果各45克，黄豆60克，白糖10克。

做法

1 木瓜、橙子、苹果均去皮去子，洗净切小丁；黄豆加水浸泡6小时，捞出洗净；2 将所有原材料放入豆浆机中，加水搅打成杂果豆浆，煮沸后滤出豆浆，加白糖拌匀即可。

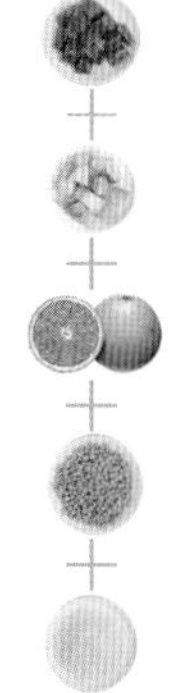

【养生功效】

苹果含热量少，不含脂肪也不含钠，会增加饱腹感，饭前吃能减少进食量，是一种减肥食物。橙子所含的纤维素和果胶物质，可促进肠道蠕动，有利于清肠通便，排出体内有害物质；橙子中维生素C、胡萝卜素含量高，能软化和保护血管、降低胆固醇和血脂。木瓜中的大量纤维素，也会减少致癌物留在大肠中的时间，具有通便的作用；木瓜所含的蛋白酶还具有减肥的作用。这三种水果同大豆一起制成的杂果豆浆，能够缓解便秘症状，有减肥的功效。

这款杂果豆浆不但集合了各种水果的营养价值，而且口味更为鲜美。

贴心提示

水果可根据个人口味搭配。

百合荸荠梨豆浆 延缓衰老，减少白发

原料

百合10克，荸荠20克，雪梨1个，黄豆50克。

做法

1 百合洗净，沥干；荸荠去皮洗净，切碎丁；雪梨洗净去皮去核，切碎丁；黄豆浸泡12小时，洗净；2 将所有原材料放入豆浆机中，加水搅打成豆浆，烧沸后滤出豆浆即可。

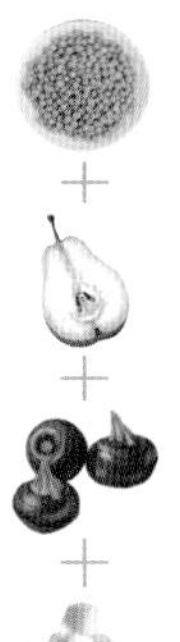

【养生功效】

荸荠在古时多作水果食用，因为它含有的淀粉较多，灾荒的时候人们也会采来充饥。荸荠和梨一样都是甘寒清凉之品，能够养阴润肺。我国清代著名的温病学家吴鞠通治疗热病伤津口渴的名方“五汁饮”中，就有荸荠和梨。

在呼吸道传染病较多的季节，适当吃鲜荸荠和梨还有利于流脑、麻疹、百日咳以及急性咽喉炎的防治。

百合也有润肺补肺、止咳止血的功效，能够有效改善肺部的功能。它与荸荠、梨、黄豆一起制成的百合荸荠梨豆浆，能够润肺补肺，对于咳嗽痰多等症有一定的疗效。

贴心提示

荸荠属于生冷食物，脾肾虚寒和有血瘀者忌食此豆浆。

山楂豆浆 调节产后乳汁分泌

原料

山楂 60 克，黄豆 50 克，白糖 10 克。

做法

1 黄豆加水浸泡 5 小时，洗净沥干；山楂洗净，去皮去核，切成小碎丁；2 将黄豆和山楂放入豆浆机中，加水搅打成豆浆，煮沸后滤出山楂豆浆，趁热加入白糖拌匀即可。

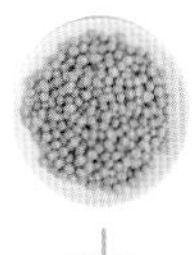

【养生功效】

山楂又叫山里红，品味酸酸甜甜的，常吃山楂制品能够开胃消食。山楂的这一作用很多人都熟知，实际上山楂还是女人的好帮手，它对于女性的血瘀型痛经有不错的食疗作用。通常血瘀痛经者，在月经期的第 1 ~ 2 天或者在经前的 1 ~ 2 天出现小腹疼痛，等到经血排出流畅时，疼痛也随着减轻或者是消失。中医认为，山楂有活血化瘀的功效，饮用山楂豆浆能够缓解女性因为血行不畅造成的痛经，对月经不调也有一定作用。同时，这款山楂豆浆还能够扩张血管、增加冠状动脉流量，降低血压，降低血清胆固醇。

贴心提示

山楂以个大、片大、皮红、肉厚、核少者为佳。

火龙果豆浆 抗衰老，美白肌肤

原料

黄豆 100 克，火龙果 1 个，白糖 5 克。

做法

1 黄豆加水浸泡 5 小时，捞出洗净；火龙果切开，挖出果肉捣碎；2 将黄豆、火龙果果肉放入豆浆机中，添水搅打成火龙果豆浆，煮沸后滤出豆浆，加入白糖拌匀即可饮用。

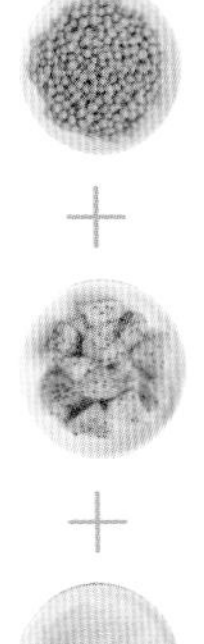

【养生功效】

火龙果富含维生素 C，可以消除氧自由基，具有美白皮肤的作用。火龙果中芝麻状的种子有促进消化的功能。火龙果是一种低能量、高纤维的水果，具有排毒瘦身功效。火龙果的果实中含有较多的花青素，花青素是一种作用明显的抗氧化剂，能有效防止血管硬化，从而可阻止老年人心脏病发作和血凝块形成引起的脑中风。另外，它还能对抗自由基，有效缓解衰老。火龙果还能预防脑细胞病变，抑制痴呆症的发生。

总体而言，火龙果豆浆的抗衰老作用明显，经常饮用还有预防便秘、防老年病变等多种功效。

贴心提示

此豆浆可起到防癌抗癌的作用，还可滋润皮肤。

玉米葡萄豆浆 清热解渴，润肺生津

原料

玉米粒30克，葡萄20克，黄豆100克，白糖少许。

做法

1 玉米粒洗净备用；葡萄洗净，去皮去核；黄豆浸泡10小时，洗净；2 将玉米、葡萄、黄豆放入豆浆机中，添水搅打成玉米葡萄豆浆，烧沸后滤出豆浆加白糖搅匀即可。

【养生功效】

现代医学认为，玉米含有丰富的不饱和脂肪酸、维生素、微量元素和氨基酸等营养成分。现代研究证实，玉米中的不饱和脂肪酸，尤其是亚油酸的含量高达60%以上，它和玉米胚芽中的维生素E协同作用，可降低血液胆固醇浓度，并防止其沉积于血管壁，因此，玉米对肝硬化、脂肪肝有一定的预防和治疗作用；葡萄具有抗炎作用，能与细菌、病毒中的蛋白质结合，令它们失去致病能力。葡萄中的果酸还能帮助消化、增进食欲，防止肝炎后脂肪肝的发生。用葡萄根100～150克煎水常服，对黄疸型肝炎有一定辅助疗效。玉米、葡萄和黄豆搭配制成的豆浆，对于肝炎和脂肪肝有一定的食疗功效。

贴心提示

糖尿病患者最好不要饮用此豆浆。

雪梨猕猴桃豆浆 延缓衰老，减少白发

原料

雪梨1个，猕猴桃1个，黄豆100克，白糖5克。

做法

1 雪梨洗净，去皮去核，切小碎丁；猕猴桃去皮，切丁；黄豆加水泡至发软，捞出洗净；2 将雪梨、猕猴桃和黄豆放入豆浆机中，添水搅打成豆浆，烧沸后滤出豆浆，趁热加入白糖拌匀即可。

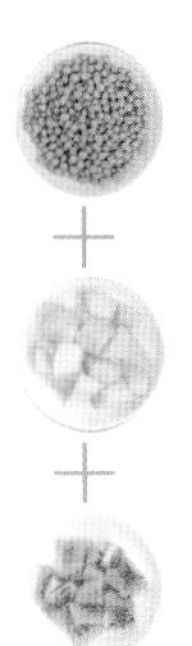

【养生功效】

雪梨味甘性寒，含苹果酸、柠檬酸、维生素B_1、维生素B_2、维生素C、胡萝卜素等，具生津润燥、止渴化痰之功效，特别适合秋天食用。《本草纲目》记载，梨者，利也，其性下行流利。它能治风热、润肺、凉心、消痰、降火、解毒。现代医学研究证明，梨有润肺清燥、止咳化痰、养血生肌的作用。

猕猴桃含有优良的膳食纤维和丰富的抗氧化物质，

能够起到清热降火、润燥通便的作用，可以有效地预

防和治疗便秘和痔疮。

此款豆浆能够延缓衰老，营养发质。

贴心提示

腹泻患者不宜饮用此豆浆。

冰镇香蕉草莓豆浆 调节产后乳汁分泌

原料

香蕉1个，草莓5颗，黄豆100克，白糖5克。

做法

①香蕉去皮，切小块；草莓洗净，切丁；黄豆浸泡10小时，捞出洗净；②将香蕉、草莓和黄豆放入豆浆机中，添水搅打成豆浆，煮沸后滤出豆浆，加入白糖拌匀，放入冰箱中冰镇半小时即可。

贴心提示

制作冰镇香蕉草莓豆浆时，不要选用未成熟的香蕉，因为未成熟的香蕉含有大量淀粉、果胶和鞣酸。鞣酸比较难溶，有很强的收敛作用，会抑制胃肠液分泌并抑制其蠕动。如摄入过多尚未熟透且肉质发硬的香蕉，就会引起便秘或加重便秘。

【养生功效】

香蕉的膳食纤维含量很丰富，膳食纤维能在肠道中吸收水分，使大便膨胀，并促进肠蠕动而排便。草莓营养丰富，富含大量糖类、蛋白质、有机酸、果胶等营养物质，有解热祛暑之功效。冰镇豆浆中加入草莓和香蕉后，清凉解暑，营养丰富。

芦笋山药黄豆浆 抗衰老，美白肌肤

原料

芦笋20克，山药15克，黄豆、白糖各适量。

做法

①黄豆加水泡至发软，捞出洗净；将芦笋洗净，焯水后切小丁；山药去皮洗净，切小碎丁；②将上述材料放入全自动豆浆机中，添水搅打成豆浆。滤出豆浆，加白糖拌匀即可。

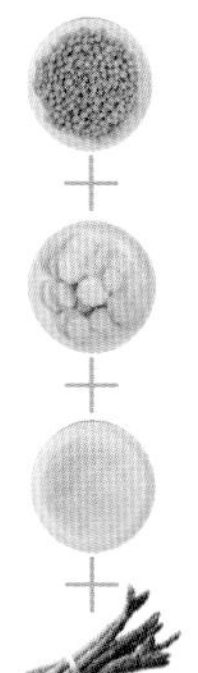

【养生功效】

芦笋含有多种人体必需的矿物质元素和微量元素，如钙、磷、钾、铁、锌、铜等成分，不仅齐全而且比例适当，这些元素对癌症及心脏病的防治有重要作用。芦笋对胆结石、肝功能障碍和肥胖均有益。山药有滋肾益精的作用，肾亏遗精，妇女白带多、小便频数等皆可服之；山药含有皂苷、黏液质，有润滑，滋润的作用，故可益肺气，养肺阴，治疗肺虚久咳之症；山药的黏液蛋白有降低血糖的作用，是糖尿病人的食疗佳品；山药含有大量的维生素、微量元素及黏液蛋白，能够保护血管的畅通，从而起到预防心血疾病。山药对于护肝养肝的作用同样不可忽视。这款豆浆能养肝护肝、调理虚损，强身健体。

贴心提示

此豆浆也可以用盐替代白糖来调味。

百合红豆豆浆 润肺生津，降火利尿

原料

百合 10 克，红豆 80 克。

做法

1 百合洗净备用；红豆浸泡 6 小时，捞出洗净；2 将上述材料放入全自动豆浆机中，添水搅打成豆浆，最后滤出豆浆即可。

贴心提示

要选择新鲜、没有变色的百合。

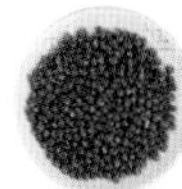
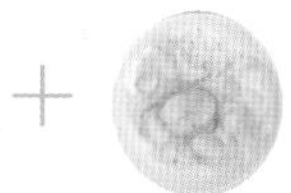

【养生功效】

百合性平、味甘微苦，含多种氨基酸及去脂的抗氧化成分，还含有维生素 B、维生素 C 及硒，中医认为百合能安心定胆、益智、养五脏、润肺、止咳，还能安神、利尿。近年研究发现百合中含脱甲秋水仙碱，对去脂抗纤，特别是防止脂肪肝性肝炎向肝纤维化、肝硬化进展有一定阻抑作用。红豆，性平偏凉，味甘，含有蛋白质、糖类、维生素 B、钾、铁、磷等。红豆清热解毒、健脾益胃、生津、祛湿益气，是良好的药用和健康食品。《食性本草》称其"久食瘦人"。因而饮用百合红豆豆浆，可以促进脂肪分解消化，抑制脂肪在体内堆积。

芦笋白芝麻牛奶汁 缓解精神疲劳

原料

芦笋4厘米长，牛奶200毫升，白芝麻适量。

做法

1 将芦笋去皮洗净，切成块状；2 将白芝麻洗净炒熟，研末；3 将准备好的芦笋、白芝麻和牛奶一起放入榨汁机榨汁。

贴心提示

牛奶消毒的温度要求并不高，70℃时用3分钟，60℃时用6分钟即可。如果煮沸，温度达到100℃，牛奶中的乳糖焦化，而焦糖可诱发癌症。煮沸后牛奶中的钙会出现磷酸沉淀现象，从而降低牛奶的营养价值。牛奶里最好是加蔗糖。蔗糖进入消化道分解后易被人体吸收。

【养生功效】

芦笋嫩茎中含有丰富的蛋白质、维生素、矿物质和人体所需的微量元素等，另外芦笋中含有特有的天门冬酰胺，及多种甾体皂苷物质，对心血管病、水肿、膀胱炎、白血病均有疗效，也有抗癌的效果，因此长期食用芦笋有益脾胃，对人体许多疾病有很好的治疗效果。营养学家和素食者均认为芦笋是健康食品和全面的抗癌食品。

白芝麻有补血明目、祛风润肠、生津通乳、益肝养发、强身体、抗衰老之功效，可用于治疗身体虚弱、头晕耳鸣、高血压、高血脂、咳嗽、身体虚弱、头发早白、贫血萎黄、津液不足、大便燥结、乳少、尿血等症。

工作中来杯牛奶，有助于补充脑动力。亚健康的上班族经常会神情恍惚、倦意连连、头脑迟钝了，这时喝杯牛奶可改善状况。当然，营养品质越好的牛奶，越能给大脑提供高一级别的动力。睡前一小时，来杯牛奶，有助于促进睡眠。亚健康的上班族，下班后往往也会心系工作，睡意全无，神经衰弱成为一种常态。放弃安眠药，来杯温牛奶，其中的维生素B_1对神经细胞十分有益，还有一种能够促进睡眠血清素合成的原料L色氨酸，由于它的作用，可产生具有调节作用的肽类，肽类有利于解除疲劳，帮助入睡。

此款果汁能够缓解精神疲劳，改善亚健康状态。

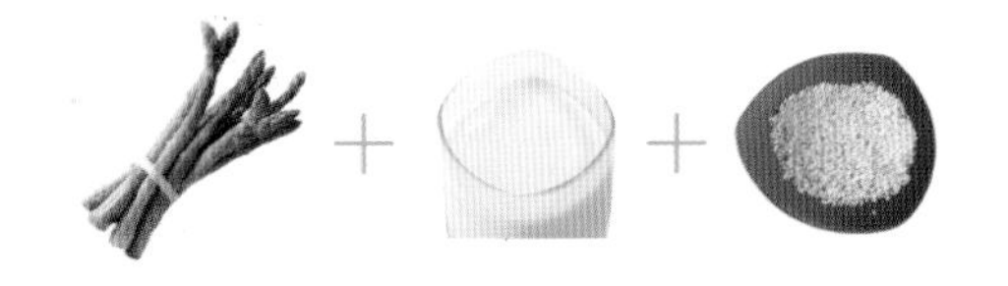

木瓜芝麻牛奶汁 丰胸美体，焕颜润白

原料

木瓜半个，牛奶200毫升，芝麻适量。

做法

1 将木瓜洗净去瓤，切成块状；2 将芝麻洗净炒熟，研末；3 将准备好的木瓜、牛奶和芝麻一起放入榨汁机榨汁。

【养生功效】

木瓜酵素中含丰富的丰胸激素和维生素A，能刺激女性荷尔蒙分泌，刺激卵巢分泌雌激素，使乳腺畅通，因此木瓜有丰胸作用。木瓜能够平肝和胃、舒筋活络、软化血管、抗菌消炎、抗衰老养颜、降低血脂、增强体质；对于女性，还有丰胸、白肤、瘦腿的作用。木瓜是一种营养丰富、有百益而无一害的果之珍品。

此款果汁能够丰胸美体，补益气色。

贴心提示

木瓜适宜慢性萎缩性胃炎之人，胃痛口干、消化不良者食用；适宜产妇缺奶者食用；适宜胃肠平滑肌痉挛疼痛和四肢肌肉痉挛者食用；适宜风湿筋骨痛、跌打扭挫伤，或吐泻交作者食用。

木瓜香蕉牛奶汁 增强肠胃蠕动，丰胸塑身

原料

木瓜半个，香蕉1根，牛奶200毫升。

做法

1 将木瓜洗净去瓤，切成块状；2 剥去香蕉的皮和果肉上的果络，切成块状；3 将切好的木瓜、香蕉和饮用水一起放入榨汁机榨汁。

【养生功效】

青木瓜自古就是第一丰胸佳果，木瓜中丰富的木瓜酶对乳腺发育很有助益，而木瓜酵素中含丰富的丰胸激素及维生素A等养分，能刺激卵巢分泌雌激素，使乳腺畅通，达到丰胸的目的。香蕉含有大量糖类物质及其他营养成分，可充饥、补充营养及能量；香蕉性寒能清肠热，味甘能润肠通便，可治疗热病烦渴等症；香蕉能缓和胃酸的刺激，保护胃黏膜。

此款果汁能够增强肠道蠕动力，减肥塑身。

贴心提示

香蕉是人们喜爱的水果之一，欧洲人因它能解除忧郁而称它为“快乐水果”，而且香蕉还是女孩子们钟爱的减肥佳果。香蕉又被称为“智慧之果”，传说是因为佛祖释迦牟尼吃了香蕉而获得智慧。

芝麻蜂蜜牛奶汁 预防心脑血管疾病

原料

芝麻酱1勺，柠檬2片，牛奶200毫升。

做法

1 将柠檬洗净，切成块状；2 将芝麻酱、柠檬和牛奶一起放入榨汁机榨汁。

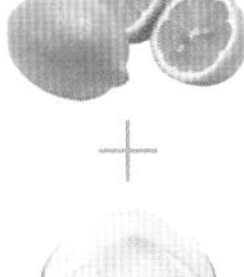

【养生功效】

芝麻所含的脂肪，大多数为不饱和脂肪酸，对老年人尤为重要。芝麻的抗衰老作用，还在于它含有丰富的维生素E，维生素E可以阻止体内产生过氧化脂质，从而维持细胞膜的完整和功能正常。蜂蜜可以营养心肌并改善心肌的代谢功能，使血红蛋白增加、心血管舒张，防止血液凝集。此款果汁能够补肝益肾，预防心血管疾病，美化肌肤。

贴心提示

蜂蜜宜放在低温避光处保存。由于蜂蜜是属于弱酸性的液体，能与金属起化学反应，在贮存过程中接触到铅、锌、铁等金属后，会发生化学反应。因此，应采用非金属容器如陶瓷、玻璃瓶、无毒塑料桶等容器来贮存蜂蜜。蜂蜜在贮存过程中还应防止串味、吸湿、发酵、污染等。

圣女果红椒奶汁 抗氧化，延缓衰老

原料

圣女果10个，红椒1个，牛奶200毫升。

做法

1 将圣女果洗净，切成两半；2 将红椒洗净去子，切成丁；3 将准备好的圣女果、红椒和牛奶一起放入榨汁机榨汁。

【养生功效】

圣女果中含有谷胱甘肽和番茄红素等特殊物质，可促进人体的生长发育，特别可促进小儿的生长发育，增加人体抵抗力，延缓人的衰老。圣女果对于癌症来说可以起到有效的治疗和预防。圣女果中维生素PP的含量居果蔬之首，可保护皮肤，维护胃液正常分泌，促进红细胞的生成，对肝病也有辅助治疗作用。

此款果汁能够促进身体发育。

贴心提示

圣女果，在国外又有“小金果”“爱情之果”之称。它既是蔬菜又是水果，不仅色泽艳丽、形态优美，而且味道适口、营养丰富，除了含有番茄的所有营养成分之外，其维生素含量比普通番茄高，被联合国粮农组织列为优先推广的“四大水果”之一。

蜜桃牛奶汁 护肺养肺，预防便秘

原料

蜜桃 2 个，牛奶 200 毫升。

做法

1 将蜜桃洗净，切成块状；2 将切好的蜜桃和牛奶一起放入榨汁机榨汁。

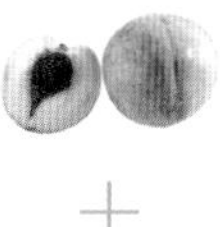

+

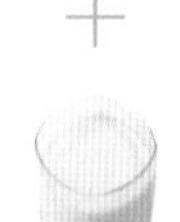

【养生功效】

中医认为，桃味甘酸，性微温，具有补气养血、养阴生津、止咳杀虫等功效。桃的药用价值，主要在于桃仁，桃仁中含有苦杏仁苷、脂肪油、挥发油、苦杏仁酶及维生素 B_1 等。桃对治疗肺病有独特功效，唐代名医孙思邈称桃为“肺之果，肺病宜食之”。桃中含铁量较高，在水果中几乎占居首位，故吃桃能防治贫血。桃富含果胶，经常食用可预防便秘。

此款果汁有利于肺部保养。

贴心提示

桃仁虽然有破血行瘀、滑肠通便的功效，但是桃仁含有挥发油和大量的脂肪油，泻多补少，所以不要多吃，桃仁吃多了，可以导致中毒，早期有恶心、呕吐、头痛、头晕、视力模糊、心跳加速等现象，严重者可导致心跳停止。

白菜牛奶汁 排毒，预防癌症

原料

白菜 1 片，牛奶 200 毫升。

做法

1 将白菜洗净，切碎；2 将切好的白菜、牛奶一起放入榨汁机榨汁。

【养生功效】

秋冬季节空气特别干燥，寒风对人的皮肤伤害很大。白菜中含有丰富的维生素 C、维生素 E，多吃白菜，可以起到很好的护肤和养颜效果。白菜中有一些微量元素，它们能帮助分解同乳腺癌相关的雌激素。白菜中的纤维素不但能起到润肠、促进排毒的作用，还能促进人体对动物蛋白质的吸收。民间也常说：鱼生火，肉生痰，白菜豆腐保平安。此款果汁能够预防乳腺癌。

贴心提示

大白菜的挑选：（1）叶子大，叶子厚，褶皱多，所含水分较少；叶子小，叶子薄，褶皱少，所含水分较多；（2）把菜梗掰开，菜筋稀疏，则易烂，菜筋多而密，则不易烂；（3）挑选白菜时，不要将菜梗去净，因为菜梗营养丰富。

南瓜柑橘鲜奶 保护皮肤，预防感冒

原料

南瓜 50 克，胡萝卜 100 克，柑橘 50 克，鲜奶 200 毫升。

做法

1 南瓜煮软后，切成 2 ~ 3 厘米的块；2 柑橘去皮，剥除薄膜，备用；胡萝卜削皮后，切成小块；3 将上述所有材料放入果汁机中以高速搅打 2 分钟，加入鲜奶搅匀即可。

营养成分

膳食纤维	蛋白质	脂肪	碳水化合物
1.5g	7.3g	4.5g	33g

【养生功效】

本饮品能够保护皮肤组织，预防感冒。但是南瓜榨汁前记得一定要煮软。若不习惯吃南瓜皮，可先去皮，以南瓜果肉煮软榨汁。

第5节 蔬果粗粮汁

红豆香蕉酸奶汁 滋润秀发，光洁肌肤

原料

香蕉1根，酸奶200毫升，红豆适量。

做法

1 将红豆提前浸泡3小时以上；2 剥去香蕉的皮和果肉上的果络，切成块状；3 将浸泡好的红豆和香蕉、酸奶一起放入榨汁机榨汁。

【养生功效】

香蕉性寒味甘，具有润肠通便、清热解毒、降低血压、润肺止咳的作用。另外，香蕉所含的色氨酸有安神、抵抗抑郁的作用。

红豆，性平偏凉，味甘，含有蛋白质、脂肪、碳水化合物、B族维生素、钾、铁、磷等。红豆能促进心脏血管的活化，利尿；有怕冷、低血压、容易疲倦等现象的人，常吃红豆可改善这些不适的现象。另外，红豆还有健胃生津、祛湿益气的作用，是良好的药用和健康食品。红豆更是女性健康的好朋友，丰富的铁质能让人气色红润。多摄取红豆，还有补血、促进血液循环、强化体力、增强抵抗力的效果。哺乳期妇女多食红豆，可促进乳汁的分泌。

酸牛奶除保留牛奶的全部营养成分外，与鲜奶最显著的差异就是它还富含大量的乳酸及有益于人体健康的活性乳酸菌。乳酸不仅使酸奶富有醇香、清爽的酸香味，而且还使乳蛋白质更加的细腻润滑，利于人体消化吸收利用，并能刺激胃肠蠕动，激活胃蛋白酶，增加消化机能，预防老年性便秘及提高人体对矿物质元素钙、磷、铁的吸收利用率。

此款果汁能够滋养秀发，排出体内毒素。

贴心提示

酸奶一经加热，所含的大量活性乳酸菌便会被杀死，不仅丧失了它的营养价值和保健功能，也使酸奶的物理性状发生改变，形成沉淀，特有的口味也消失了。因此饮用酸奶不能加热，夏季饮用宜现买现喝，冬季可在室温条件下放置一定时间后再饮用。

胡萝卜玉米枸杞汁 明目美肤，预防肠癌

原料

胡萝卜半根，饮用水200毫升，玉米粒、枸杞适量。

做法

1 将胡萝卜洗净切成块状；2 将准备好的胡萝卜、玉米粒、枸杞和饮用水一起放入榨汁机榨汁。

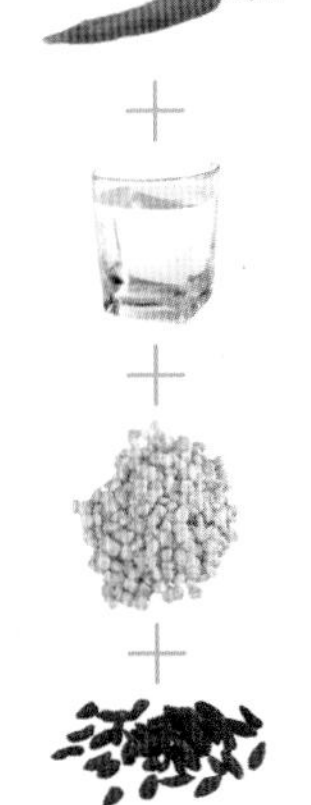

【养生功效】

胡萝卜素能防癌，一是它与糖蛋白合成有关，而糖蛋白又与正常生理机能有关，这样就使维生素A具有左右上皮细胞分化的能力，增强机体的免疫反应。二是对微粒体混合功能氧化酶具有抑制作用，从而阻断致癌活性产物的形成。玉米含有多种营养物质，如卵磷脂、亚油酸、谷物醇、维生素E、纤维素等，具有美容养颜、延缓衰老、降血压血脂、预防动脉硬化等功效，是不可多得的健康食品。枸杞具有增加白细胞活性、促进肝细胞新生的作用。

此款果汁能够增强视力，预防癌症。

贴心提示

一般来说，健康的成年人每天吃20克左右的枸杞比较合适；如果想起到治疗的效果，每天最好吃30克左右。但也不要过量食用。

葡萄芝麻汁 黑亮秀发，延缓衰老

原料

葡萄8颗，饮用水200毫升，芝麻适量。

做法

1 将葡萄洗净去子，取出果肉；2 将芝麻炒熟，研末；3 将准备好的葡萄、芝麻和饮用水一起放入榨汁机榨汁。

【养生功效】

紫葡萄的皮内含有抗高血压的物质，葡萄汁能提高血浆里的维生素E及抗氧化剂的含量。中医认为：芝麻尤其是黑芝麻，性味甘、平，为滋养强壮剂，有补血、祛风、润肠、生津、补肝肾、通乳、养发等功用，适用于身体虚弱、头发早白、贫血萎黄、津液不足、大便燥枯、头晕耳鸣等症。黑芝麻对慢性神经炎、末梢神经麻痹等症也有一定的疗效。现代医学研究表明，常吃芝麻可防治高血压、动脉硬化、神经衰弱、贫血、早生白发等病症。

此款果汁能够抗氧化，滋养秀发。

贴心提示

葡萄里含有维生素C，而牛奶里的元素会和葡萄里含有的维生素C反应，会伤胃，两样同时服用会拉肚子，重者会呕吐。所以刚吃完葡萄不可以喝牛奶。最好吃完葡萄过30分钟再喝牛奶。

香蕉麦片饮汁 滋养秀发，提供养分

原料

香蕉 1 根，饮用水 200 毫升，麦片适量。

做法

1 剥去香蕉的皮和果肉上的果络，切成块状；2 将准备好的香蕉、麦片和饮用水一起放入榨汁机榨汁。

【养生功效】

麦片可以有效地降低人体中的胆固醇，经常食用，对脑血管病起到一定的预防作用；经常食用燕麦对糖尿病患者也有非常好的降糖、减肥功效；燕麦含有的矿物质有预防骨质疏松、促进伤口愈合、防止贫血的功效；燕麦中含有极其丰富的亚油酸，对脂肪肝、糖尿病、水肿、便秘等也有辅助疗效。

此款果汁能够润肠通便，预防老年病。

贴心提示

购买麦片时要注意，味道过浓的原味麦片，很可能是加了香味添加剂。食用燕麦片的一个关键是避免长时间高温煮，以防维生素被破坏。生燕麦片需要煮 20 ~ 30 分钟；熟麦片若与牛奶一起煮，只需要 3 分钟，中间最好搅拌一次。

低热量魔芋果汁 减轻体重，维护健康

原料

山楂 6 颗，魔芋粉 1 勺，饮用水 200 毫升。

做法

1 将山楂洗净去核；2 将切好的山楂和魔芋粉、饮用水一起放入榨汁机榨汁。

【养生功效】

临床研究证实，山楂能显著降低血清胆固醇及三酰甘油，有效防治动脉粥样硬化；山楂还能通过增强心肌收缩力、增加心输出量、扩张冠状动脉血管、增加冠脉血流量、降低心肌耗氧量等。魔芋含有 16 种氨基酸，10 种矿物质微量元素和丰富的食物纤维，对于防治结肠癌、乳腺癌有特效；魔芋低热、低脂、低糖，对于肥胖症、高血压、糖尿病的人群是一种上等的既饱口福、又治病健体的食品，还可以用来防治多种肠胃消化系统的慢性疾病。此款果汁能够控制脂肪摄入，增强免疫力。

贴心提示

魔芋有高水分、低热量的特点，在营养学上扮演着膳食纤维的角色。魔芋含有丰富水溶性纤维，人类的消化系统没有能力将它消化和吸收，由于它能帮助肠胃的蠕动，有“胃肠清道夫”之称。

黑豆黑芝麻养生汁 活血解毒，增强免疫力

原料

黑芝麻1勺，饮用水200毫升，黑豆、红糖适量。

做法

1 将黑豆洗净煮熟；2 将煮熟的黑豆和黑芝麻、饮用水一起放入榨汁机榨汁；3 在榨好的果汁内加入适量红糖搅拌均匀即可。

【养生功效】

现代医学研究表明，黑芝麻含蛋白质、脂肪、维生素E、维生素B_1、维生素B_2、多种氨基酸及钙、磷、铁等微量元素，经常服用能够补血通便。黑豆中微量元素如锌、铜、镁、钼、硒、氟等的含量都很高，而这些微量元素对延缓人体衰老、降低血液黏稠度等非常重要。黑豆皮含有花青素，花青素是很好的抗氧化剂，能清除体内自由基，抗氧化效果好，增加肠胃蠕动。黑豆中粗纤维含量高达4%，常食黑豆，可以提供食物中粗纤维，促进消化。此款果汁能够活血解毒，增加肠胃蠕动。

贴心提示

挑选黑豆时要选择颗粒饱满无斑点或虫咬的。买黑豆的时候可以拿张白纸，用黑豆在白纸上划一划，掉色的可能是假的。

红豆优酸乳 健胃生津，益气补血

原料

香蕉1根，酸奶200毫升，红豆、蜂蜜适量。

做法

1 剥去香蕉的皮和果肉上的果络，切成块状；将红豆洗净煮熟；2 将准备好的红豆、香蕉和酸奶一起放入榨汁机榨汁；在榨好的果汁内加入适量蜂蜜搅拌均匀。

【养生功效】

红豆具有健脾利水、解毒消肿的功效，对于肾脏、心脏、脚气病等形成的水肿具有改善的效果；红豆是非常适合女性的食物，因为其铁质含量相当丰富，具有很好的补血功能。红豆能够利水除湿，和血排脓，消肿解毒，调经通乳，退黄。主治水肿脚气、疮肿恶血不尽、产后恶露不净、乳汁不通、肠风脏毒下血等病症。酸奶既能保证人体钙质的需求，又可健肠胃，调节人体代谢，提高人体的抗病能力。此款果汁能够益气生津，保护肠胃。

贴心提示

选购红豆时应选择颗粒饱满、大小比例一致、颜色较鲜艳、没有被虫蛀过者，品质才会比较好也比较新鲜。红豆必须放在干燥不潮湿处，以免发霉。也可以放在冰箱中保存，保存期限为20天左右。

第6节 七色蔬果汁

苦瓜绿豆汁 解毒，护肝养肝

原料

苦瓜6厘米长，绿豆适量，饮用水200毫升。

做法

1 将苦瓜洗净去瓤，切成丁；2 将绿豆洗净浸泡3小时以上；3 将切好的苦瓜、泡好的绿豆和饮用水一起放入榨汁机榨汁。

【养生功效】

苦瓜性寒味苦，有去除邪热、清心明目、补肝益肝的功效。苦瓜清爽的口味不仅能够增强食欲，还能够有效预防脂肪肝。

绿豆性味甘凉，有清热解毒之功。夏天在高温环境工作的人出汗多，水液损失很大，体内的电解质平衡遭到破坏，用绿豆煮汤来补充是最理想的方法，能够清暑益气、止渴利尿，不仅能补充水分，而且还能及时补充无机盐，对维持水液电解质平衡有着重要意义。绿豆还有解毒作用，如遇有机磷农药中毒、铅中毒、酒精中毒（醉酒）或吃错药等情况，在医院抢救前都可以先灌下一碗绿豆汤进行紧急处理，在有毒环境下工作或接触有毒物质的人，应经常食用绿豆来解毒保健。食用绿豆可以补充营养，增强体力。

肝脏的一个重要功能是解毒，苦瓜、绿豆有解毒作用，经常食用苦瓜、绿豆，能够缓解肝脏负荷，因此，此款果汁能够消暑益气，解酒护肝。

贴心提示

常食绿豆，对高血压、动脉硬化、糖尿病、肾炎有较好的治疗辅助作用。此外绿豆还可以作为外用药，嚼烂后外敷治疗疮疖和皮肤湿疹。如果得了痤疮，可以把绿豆研成细末，煮成糊状，在就寝前洗净患部，涂抹在患处。“绿豆衣”能清热解毒，还有消肿、散翳明目等作用。

香瓜豆奶汁 抗氧化，保持年轻

原料

香瓜3片，豆奶200毫升。

做法

1 将香瓜洗净去皮，切成块状；2 将切好的香瓜和豆奶一起放入榨汁机榨汁。

【养生功效】

豆奶中的大豆蛋白是优质的植物蛋白，能提供人体无法自己合成、必须从饮食中吸收的9种氨基酸。大豆蛋白还能提高脂肪的燃烧率，促使过剩的胆固醇排泄出去，使血液中胆固醇含量保持在低水平，从而柔软血管，稳定血压，防止肥胖。它有强大的抗氧化作用，能抑制色斑的生成，还能促进脂肪代谢，防止脂肪聚集。卵磷脂能促进新陈代谢，防止细胞老化，让身体保持年轻，还防止色斑和暗沉。

贴心提示

观察豆奶是否变质，可以看豆奶中有无小颗粒凝块。若有凝块，表明豆奶已变质。也可以用鼻子闻，有酸臭味的，食之味道酸的，表明这种豆奶已不能食用。罐装豆奶如出现罐盖鼓起，说明豆奶已变质，则不能食用。

香瓜蔬果汁 清理肠道，预防肾结石

原料

香瓜3片，生菜2片，饮用水200毫升。

做法

1 将香瓜洗净去皮，切成块状；2 将生菜洗净切碎；3 将切好的香瓜、生菜和饮用水一起放入榨汁机榨汁。

【养生功效】

香瓜含碳水化合物及柠檬酸等，可生津解渴、消烦除躁；香瓜蒂中含有葫芦素B，它能够提高慢性肝炎患者的非特异性细胞免疫力，无明显毒副作用。生菜的纤维和维生素C比白菜多，常吃生菜有消除多余脂肪的作用。生菜除生吃、清炒外，还能与蒜蓉、蚝油、豆腐、菌菇同炒。生菜榨汁能够直接吸收其营养，能够畅清肠道，抑制脂肪摄入。

此款果汁能够健胃清肠，预防肾结石。

贴心提示

香瓜在各地都被普遍栽培，其果肉可以生食。香瓜是一种夏令的消暑瓜果，具有非常丰富的营养价值，能够止渴清燥、消除口臭。多食用香瓜，有利于人体心脏、肝脏以及肠道系统的活动，能够促进人体内分泌以及造血机能。在选购香瓜时要闻一闻瓜的头部，有香味的瓜一般比较甜。

雪梨香瓜汁 降低胆固醇、血脂

原料

雪梨1个，香瓜2片，生菜1片，饮用水200毫升。

做法

1 将雪梨洗净去核，切成块状；将香瓜去皮，切成块状；将生菜洗净撕碎；2 将准备好的雪梨、香瓜、生菜和饮用水一起放入榨汁机榨汁。

【养生功效】

梨有百果之宗的声誉，梨鲜甜可口、香脆多汁，是一种许多人喜爱的水果。梨富含维生素A、维生素B、维生素C、维生素D和维生素E。患有维生素缺乏的人也应该多吃梨。因贫血而显得苍白的人，多吃梨可以让你脸色红润。对于甲状腺肿大的患者，梨所富含的碘能有一定的疗效。吃梨还对肠炎、甲状腺肿大、便秘、厌食、消化不良、贫血有一定疗效。

此款果汁能够降低胆固醇，畅清血脂。

贴心提示

良质梨果实新鲜饱满，果形端正，因各品种不同而呈青、黄、月白等颜色，成熟适度（八成熟），肉质细，质地脆而鲜嫩，汁多，味甜或酸甜（因品种而异），无霉烂、冻伤、病灾害和机械伤。各品种的优质梨大小都均匀适中，带有果柄。

芹菜菠萝汁 降低血压、消炎

原料

芹菜1根，菠萝2片，饮用水200毫升。

做法

1 将芹菜、菠萝洗净切成块状；2 将切好的芹菜、菠萝和饮用水一起放入榨汁机榨汁。

【养生功效】

芹菜含有的碱性物质，对于降低血压有一定功效。临床发现，菠萝治疗喉部疾病的效果也很好。因为菠萝中的蛋白水解酶，能促进蛋白质分解成氨基酸，供人体吸收。如果将这种酶与咽喉部接触时，能将不健康的组织及细胞溶解、消化，并清除掉。因此，菠萝对化脓性扁桃体炎或扁桃体周围脓肿都有疗效。其方法是将一小片菠萝，或将新鲜菠萝汁涂于病变表面，过一会儿将它吐掉。连用几天，就可将坏死组织及脓肿细胞溶解掉。

此款果汁能够降低血压，安神保健。

贴心提示

1. 菠萝和蜂蜜不能同时食用。

2. 每次吃菠萝不可过多，过量食用对肠胃有害。初次吃的宝宝只吃饼干大小的一块，如果无异常，下次可适当加量。

菠菜桂圆汁 补养气血，养心

原料

菠菜1棵，桂圆8颗，饮用水200毫升。

做法

1 将菠菜洗净，切成段；2 将桂圆去壳去核，取出果肉；3 将准备好的菠菜、桂肉和饮用水一起放入榨汁机榨汁。

【养生功效】

据药理研究证实，桂圆含葡萄糖、蔗糖、维生素A、维生素B等多种营养素，其中含有较多的蛋白质、脂肪和多种矿物质。这些营养素对人体都是十分必需的。特别对于劳心之人，耗伤心脾气血，更为有效。桂圆可治疗病后体弱或脑力衰退。妇女在产后调补也很适宜。李时珍在《本草纲目》中记载："食品以荔枝为贵，而资益则龙眼为良。"对桂圆十分推崇。

此款果汁能够补养气血。

贴心提示

桂圆性温润而滞，素有痰湿、胃火及风热袭肺者不宜用；热体体质、阴虚火旺、糖尿病、痈疽疔疮、月经过多、尿道炎、盆腔炎等各种炎症及舌苔厚腻者忌食。小儿及青少年均不宜多食。

菠菜苦瓜西蓝花汁 防治糖尿病

原料

菠菜2棵，苦瓜6厘米，西蓝花2朵，饮用水200毫升。

做法

1 将菠菜洗净，切成段；2 将苦瓜洗净去瓤，切成丁；3 将西蓝花洗净在沸水中焯一下，切小；4 将切好的菠菜、苦瓜、西蓝花和饮用水一起放入榨汁机榨汁。

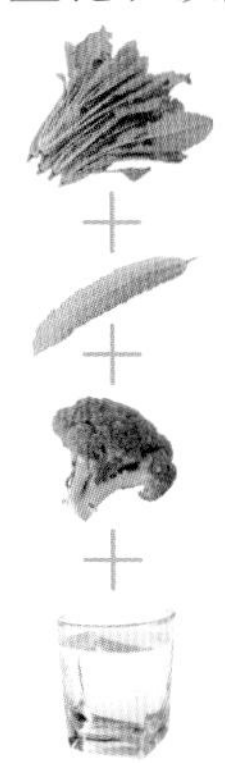

【养生功效】

研究发现，苦瓜中的苦瓜皂苷有非常明显的降血糖作用，不仅有类胰岛素样作用，堪称"植物胰岛素"，而且有刺激胰岛素释放的功能。据临床观察，用苦瓜皂苷制剂给2型糖尿病患者口服治疗，其降血糖总有效率可达到78.3%。

此款果汁能够辅助治疗糖尿病，对癌细胞的扩张有抑制作用。

贴心提示

推荐一款苦瓜茶：苦瓜1根，绿茶适量。将苦瓜上端切开，挖去瓤，装入绿茶，把瓜挂于通风处阴干；将阴干的苦瓜，取下洗净，连同茶切碎，混匀，每取10克放入杯中，以沸水冲沏饮用。此茶具有清热解暑、利尿除烦之功效，适用于中暑发热、口渴烦躁等病症。

黄瓜汁 排毒瘦身，降低血糖

原料

黄瓜300克，白糖、凉开水各少许，柠檬50克。

做法

1 黄瓜洗净，去蒂，稍焯水备用；柠檬洗净后切片；2 将黄瓜切碎，与柠檬一起放入榨汁机内加少许水榨成汁。取汁，兑入白糖拌匀即可。

贴心提示

选用带刺的嫩黄瓜，味道更鲜美。

【养生功效】

排毒瘦身：黄瓜中含有丰富的膳食纤维，它对促进肠蠕动、加快排泄有一定的作用，从而十分有利于减肥。

降低血糖：黄瓜中所含的葡萄糖苷、果糖等不参与通常的糖代谢，故糖尿病人以黄瓜代替淀粉类食物充饥，血糖非但不会升高，反而会降低。

黄瓜芹菜汁 抗菌消炎，保护咽喉

原料

黄瓜1根，芹菜半根，饮用水200毫升。

做法

1 将黄瓜洗净，切成块状；2 将芹菜洗净，切成段；3 将切好的黄瓜、芹菜和饮用水一起放入榨汁机榨汁。

【养生功效】

黄瓜汁能调节血压，预防心肌过度紧张。黄瓜汁对牙龈损坏及对牙周病的防治也有一定的功效。黄瓜青皮中含有绿原酸和咖啡酸，这些成分能抗菌消炎、加强白细胞的吞噬能力。因此，经常食用带皮黄瓜对预防上呼吸道感染有一定疗效。此款果汁具有消炎抗菌的功效。

贴心提示

嫩黄瓜5条，山楂30克，白糖50克。先将黄瓜去皮心及两头，洗净切成条状；山楂洗净，入锅中加水200毫升，煮约15分钟，取汁液100毫升；黄瓜条入锅中加水煮熟，捞出；山楂汁中放入白糖，在文火上慢熬，待糖融化，投入已控干水的黄瓜条拌匀即成。此菜肴具有清热降脂、减肥消积的作用，肥胖症、高血压、咽喉肿痛者食之有效。

黄瓜圆白菜汁 消除炎症，预防癌症

原料

黄瓜1根，圆白菜1片，饮用水200毫升。

做法

1 将黄瓜洗净切成丁；2 将圆白菜洗净，切碎；3 将切好的黄瓜、圆白菜和饮用水一起放入榨汁机榨汁。

【养生功效】

圆白菜中含有丰富的抗癌物质，还含有丰富的萝卜硫素，能刺激人体细胞产生对身体有益的酶，进而形成一层对抗外来致癌物侵蚀的保护膜。萝卜硫素是迄今为止所发现的蔬菜中最强的抗癌成分。

此款果汁能够消除体内炎症，防癌抗癌。

贴心提示

购买圆白菜不宜多，以免搁放几天后，大量的维生素C被破坏，减少菜品本身应具有的营养成分。

猕猴桃苹果土豆汁 平衡体内酸碱度

原料

猕猴桃1个，苹果1个，土豆半个，饮用水200毫升。

做法

①将猕猴桃去皮，切块；将苹果洗净去核，切块；将土豆洗净去皮，切块，放入沸水中煮熟；②将准备好的猕猴桃、苹果、土豆和饮用水一起放入榨汁机榨汁。

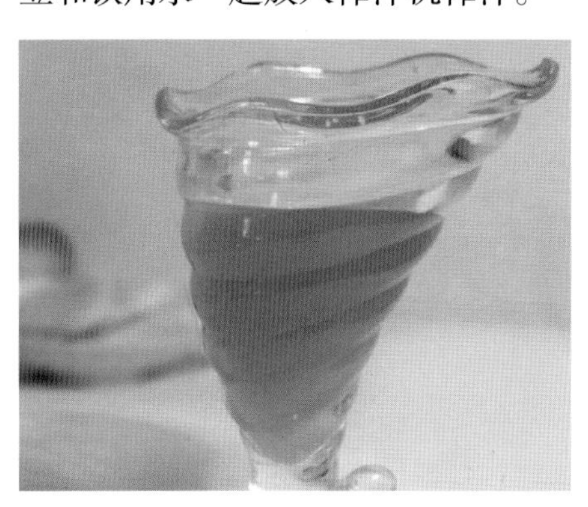

【养生功效】

现代人容易受到抑郁、灰心丧气、不安等负面情绪的困扰。食用土豆能很好地改善人的情绪。土豆含有矿物质和营养元素能够作用于人体，改善精神状态，提供人体所需的维生素A、维生素C等。土豆可以在提供营养的前提下，代替由于过多食用肉类而引起的食物酸碱度失衡。

此款果汁能够平衡身体所需营养物质。

贴心提示

挑选鲜土豆比较简单，一般表面相对光滑，干净，有光泽度，能看到水感的就好。陈土豆尽量不要太大个的，特别大的里面容易空烂，拳头大小即可，表面要光鲜点儿的，用手按不软塌的表示水分多点儿，这样的好些。不管是陈土豆还是鲜土豆，挑圆个的不凹凸的便于削皮做菜。

芦荟苦瓜汁 消炎杀菌，排毒

原料

芦荟4厘米长，苦瓜6厘米长，饮用水200毫升。

做法

①将芦荟洗净去皮，切成丁；②将苦瓜洗净去瓤，切成块状；③将准备好的芦荟、苦瓜一起放入榨汁机榨汁。

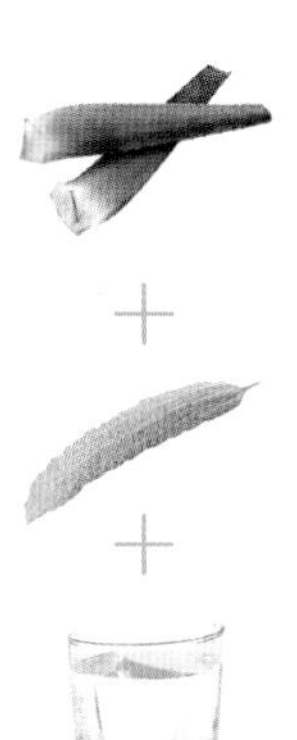

【养生功效】

据科学研究发现芦荟中有不少成分对人体皮肤有良好的营养滋润作用，且刺激性少，用后舒适，对皮肤粗糙、面部皱纹、疤痕、雀斑、痤疮等均有一定疗效。因此，其提取物可作为化妆品添加剂，配制成防晒霜、沐浴液等。至于轻度的撞伤、挫伤、香港脚、冻伤、皮肤皲裂、疣子等，都可以使用芦荟来治疗，效果不错。现代研究显示，芦荟叶含芦荟大黄素、异芦荟大黄素等，药理实验有泻下、抗癌作用。此款果汁能够消炎杀菌、对抗过敏。

贴心提示

芦荟含有70余种化学成分，有大量天然蛋白质、维生素、叶绿素和人体必需的微量元素，故深受人们青睐。许多国家掀起一股“芦荟热”，芦荟成为保健美容之良剂。美国甚至有人制成“芦荟三明治”，被推崇为健身补品。

菠菜苦瓜萝卜汁 和中理气，预防癌症

原料

菠菜1棵，苦瓜6厘米长，萝卜4厘米长。

做法

1 将菠菜洗净，切碎；将苦瓜洗净去瓤，切成块状；将萝卜洗净去皮，切成块状；2 将准备好的菠菜、苦瓜、萝卜一起放入榨汁机榨汁。

【养生功效】

苦瓜所含的维生素C是菜瓜、丝瓜的10～20倍，具有预防坏血病，保护细胞膜，解毒，防止动脉粥样硬化，抗癌，提高机体应激能力，预防感冒，保护心脏等作用。苦瓜还含有一种蛋白脂类物质，具有刺激和增强动物体内免疫细胞吞噬癌细胞的能力。此款果汁能够增强免疫力，抵御癌症。

贴心提示

菠菜宜先用沸水焯一下再烹调，以除去其中所含的草酸，有利于机体对钙的吸收。

食用菠菜的同时应尽可能地多吃一些碱性食品，如海带、蔬菜、水果等，以促使草酸钙溶解排出，防止结石。

荔枝柠檬汁 化痰止咳，清热杀菌

原料

荔枝10颗，柠檬2片，饮用水200毫升。

做法

1 将荔枝去壳去核，取出果肉；2 将柠檬洗净切成块状；3 将准备的荔枝、柠檬和饮用水一起放入榨汁机榨汁。

【养生功效】

荔枝的果肉具有补脾益肝、理气补血的功效；核具有理气、散结、止痛的功效。柠檬含有丰富的维生素C，具有抗菌、提高免疫力、协助骨胶原生成等多种功效，经常喝柠檬水，可以补充维生素C。感冒时一天喝上500~1000毫升的柠檬水，可以减轻流鼻涕的症状，尤其是刚感冒时，可以不药而愈。除了抗菌及提升免疫力，还有开胃消食、生津止渴及解暑的功效。柠檬也能祛痰，将柠檬汁加温开水和盐，饮之可将喉咙里积聚的浓痰顺利咳出。此款果汁能够清热化痰，消炎杀菌。

贴心提示

荔枝因为含糖多，有些人的消化道因缺乏双糖酶而不能够完全消化，多食会上火并引起体内糖代谢紊乱，甚至会引起腹泻，从而出现大汗、头晕、腹痛、腹泻、皮疹等过敏症状。

荔枝番石榴汁 消肿止痛，改善气色

原料

荔枝6颗，番石榴1个，饮用水200毫升。

做法

1 将荔枝去壳去核，取出果肉；2 将番石榴洗净切成块状；3 将准备好的荔枝、番石榴和饮用水一起放入榨汁机榨汁。

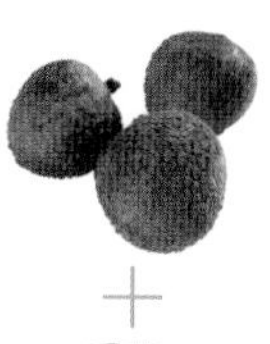

+

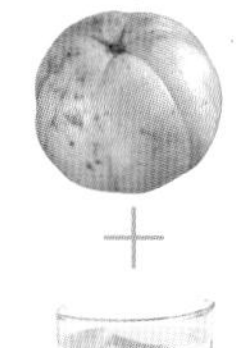

+

【养生功效】

番石榴果皮薄，黄绿色，果肉厚，清甜脆爽，果实营养丰富，含较高的维生素、纤维质、矿物质等微量元素。另外果实也富含蛋白质和脂质。番石榴营养价值高，以维生素C而言，比柑橘多8倍，比香蕉、木瓜、番茄、西瓜、凤梨等多数十倍，铁、钙、磷含量也丰富，种子中铁的含量更胜于其他水果。

此款果汁能够消炎镇痛，调理气色。

贴心提示

喜欢吃荔枝但又怕燥热的人，在吃荔枝的同时，可多喝盐水，也可用20～30克生地煲瘦肉或猪骨汤喝，或与蜜枣一起煲水喝，都可预防上火。也可把荔枝连皮浸入淡盐水中，再放入冰柜里冰后食用，不仅不会上火，还能解滞，更可增加食欲。

雪梨菠萝汁 美容养颜，抗老化

原料

雪梨1个，菠萝1片，饮用水200毫升。

做法

1 将雪梨洗净去核，切成块状；2 将菠萝洗净切成块状；3 将切好的雪梨、菠萝一起放入榨汁机榨汁。

【养生功效】

雪梨的维生素C有温和的清洁与解毒功效，并对皮肤有保湿和修复作用，尤其适合被晒皮肤。梨是一种低热量而高营养的水果，一个中等大小的梨只有420千焦的热量，并且富含维生素C。另外，梨之所以成为减肥佳品，是因为它含有丰富的纤维，纤维可以帮助肠胃减少对脂肪的吸收，从而起到减肥的作用。菠萝含有丰富的维生素C，能够抗氧化、美白肌肤。此款果汁能够瘦身养颜，美白肌肤。

贴心提示

劣质梨果形不端正，偏小，无果柄，表面粗糙不洁，刺、划、碰、压伤痕较多，有病斑或虫咬伤口，水锈或干疤已占果面1/3~1/2，果肉粗而质地差，石细胞大而多，汁液少，味道淡薄或过酸，有的还会存在苦、涩味，特别劣质的梨还可嗅到腐烂异味。

清爽芦荟汁 清体润肤

原料

芦荟12厘米长，饮用水200毫升。

做法

1 将芦荟洗净，放在热水中焯一下；2 将焯过的芦荟切成块状；3 将切好的芦荟放入榨汁机榨汁。

【养生功效】

芦荟一个重要作用是显著的噬菌作用。机体的免疫系统通过噬菌作用将体内的细菌清除出去。一方面，免疫刺激剂具有噬菌作用，另一方面体内的解毒和清洁功能也具有噬菌作用。对于机体来说，体内被细菌感染并死掉的细胞对机体也是有害的，这些死亡的细胞和它体内的毒素就要通过噬菌作用清除出体内。

此款果汁能够清体润肤，排毒养颜。

贴心提示

芦荟性寒，吃多了会造成上吐下泻，一般而言每人每天不宜超过15克，孕妇、老人和儿童不建议食用芦荟。由于芦荟皮中所含的大黄素食用后会引发腹泻，有人将之视为减肥圣品。要注意的是，芦荟所含的某些蒽醌类、大黄素类，会引发胃癌，因此，建议食用芦荟要谨慎。

香蕉汁 预防情绪感冒

原料

香蕉2根，饮用水200毫升。

做法

1 剥去香蕉的皮，切成块状；2 将切好的香蕉放入榨汁机榨汁。

【养生功效】

近代医学建议，用香蕉可治高血压，因它含钾量丰富，可平衡钠的不良作用，并促进细胞及组织生长。用香蕉可治疗便秘，因它能促进肠胃蠕动。最有趣的莫过于德国研究人员表示，用香蕉可治抑郁和情绪不安，因它能促进大脑分泌内啡呔化学物质。

此款果汁能够缓解情绪，有效预防情绪感冒。

贴心提示

香蕉挨了冻，或者皮被碰伤后，常常会出现黑色的斑点，看上去像块金钱豹的皮。这中间却发生了另一场化学变化。原来，香蕉表皮细胞中，还含有一种氧化酵素。平时，它被细胞膜严密地包裹着，不与空气接触。但是，一旦受冻、碰伤，细胞膜破了，那氧化酵素就流出来了，与空气中氧气发生氧化作用，结果生成一种黑色复杂的产物。

柠檬汁 强化记忆力

原料

柠檬2个，饮用水200毫升。

做法

1 将柠檬去皮，切成块状；2 将切好的柠檬和饮用水一起放入榨汁机榨汁。

【养生功效】

根据美国最新研究报告显示，维生素C和维生素E的摄取量达到均衡标准，有助于强化记忆力，提高思考反应灵活度，是现代人增强记忆力的饮食参考。研究中显示，由于血液循环功能的退化，造成脑部血液循环受阻，而妨碍脑部功能的正常运作。如利用清除自由基的抗氧化功效，可改善血液循环不佳的问题。柠檬具有抗氧化功效的水溶性维生素C类的食物，因此一天一杯柠檬汁有助于保持记忆力。此款果汁不仅能够抗氧化，更能强化记忆力。

贴心提示

将1～1.5千克柠檬鲜果裸置于冰箱或居室内，对清除冰箱或居室中异味可起较好的作用；切片放于泡菜坛中，可以使泡菜清脆爽口。

生姜汁 温经散寒

原料

生姜4片（2厘米厚），饮用水200毫升，蜂蜜适量。

做法

1 将生姜去皮，切成块状；2 将切好的生姜和饮用水一起放入榨汁机榨汁；3 在榨好的果汁内放入适量蜂蜜即可。

【养生功效】

无论是蒸鱼做菜，还是调味作料，生姜绝对是桌上不可缺席的一味食材，其辛辣滋味可去鱼腥、除膻味，菜汤加姜还可以祛寒和中，味道清香。有民谚“饭不香，吃生姜”，就是说，当吃饭不香或饭量减少时吃上几片姜或者在菜里放上一点儿姜，能够改善食欲，增加饭量。胃溃疡、虚寒性胃炎、肠炎以及风寒感冒也可服生姜以散寒发汗、温胃止吐、杀菌镇痛。

此款果汁能够改善食欲，温胃止吐。

贴心提示

女性坐月子时，餐餐以姜醋佐膳，有利体质复原及喂养婴儿。另外，姜水洗浴还可以防风湿头痛。坐月子时，产妇可以试用姜片煲水洗头洗澡，甚至洗脸洗手，因为姜片可以驱寒，用姜煲水进行洗浴，可以防风湿和偏头痛。

杨梅汁 强心补酸，预防癌症

原料

杨梅60克，盐少许。

做法

1 将杨梅洗净，取其肉放入榨汁机中，搅匀；2 将少许盐与杨梅汁拌匀即可。

贴心提示

榨汁后加入少许白糖摇匀，口味更佳。

【养生功效】

杨梅是纤维素与铁质的出色来源，并且研究表明经常吃一些杨梅能够降低血液中LDL胆固醇水平，因而杨梅也是心脏的益友。杨梅也是补酸佳品，非常适合孕妇食用。此外，杨梅还具有防治癌症的作用，对于结肠癌具有明显的防治效果。

苹果汁 维持体内酸碱度平衡

原料

苹果2个，饮用水200毫升。

做法

1 将苹果洗净去核，切成块状；2 将切好的苹果和饮用水一起放入榨汁机榨汁。

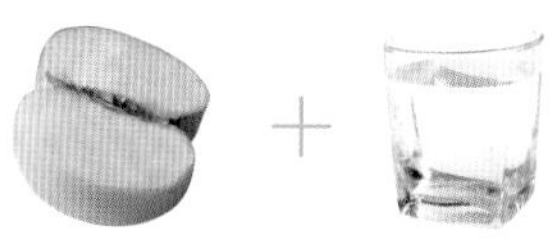

【养生功效】

在民间利用熟苹果治疗腹泻非常普遍。因为苹果中富含的果胶，是一种能够溶于水的膳食纤维，不能被人体消化。果胶能在肠内吸附水分，使粪便变得柔软而容易排出。其实果胶还具有降低血浆胆固醇水平、刺激肠内益生菌群的生长、消炎和刺激免疫的机能。苹果在体内能够起到中和酸碱度的作用，从而增强免疫力。此款果汁能够降低胆固醇，提高免疫力。

贴心提示

吃熟苹果可防治嘴唇生热疮、牙龈发炎、舌裂等内热现象。其方法是：将苹果连皮切成6~8瓣，放入冷水锅内煮，待水开后，将苹果取出，连皮吃下。每天一次，每次一个，连吃7～10个可愈。此法还有润肠通便的功效。经患者多次实验，见效很快。

莲藕汁 治疗吐血、咯血

原料

莲藕6厘米长，饮用水200毫升。

做法

1 将莲藕洗净去皮，切成丁；2 将切好的莲藕和饮用水一起放入榨汁机榨汁。

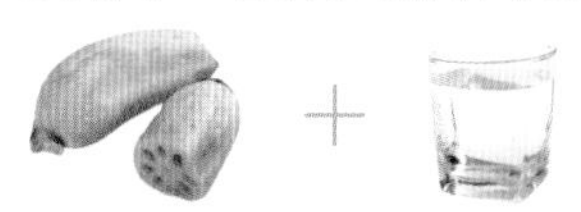

【养生功效】

中医认为，生藕性寒，甘凉入胃，可消瘀凉血、清烦热，止呕渴。适用于烦渴、酒醉、咯血、吐血等症。妇女产后忌食生冷，唯独不忌藕，就是因为藕有很好的消瘀作用。熟藕，其性也由凉变温，有养胃滋阴、健脾益气的功效，是一种很好的食补佳品。在平时食用藕时，人们往往除去藕节不用，其实藕节是一味止血良药，其味甘、涩，性平，含丰富的鞣质、天门冬素，专治各种出血如吐血、咯血、尿血、便血、子宫出血等症。此款果汁能够预防和治疗吐血、咯血症状。

贴心提示

对于缺铁性贫血的人来说，提高铁的吸收率是非常重要的。莲藕含铁量较高，难得的是维生素C含量在蔬菜水果里名列前茅，能够很好地促进铁的吸收，对于缺铁性贫血的人来说是难得的佳品。

莲藕橙汁 舒缓情绪，预防溃疡

原料

莲藕6厘米长，橙子1个，饮用水200毫升。

做法

1 将莲藕洗净去皮，切成块状；2 将橙子去皮，切成块状；3 将准备好的莲藕、橙子和饮用水一起放入榨汁机榨汁。

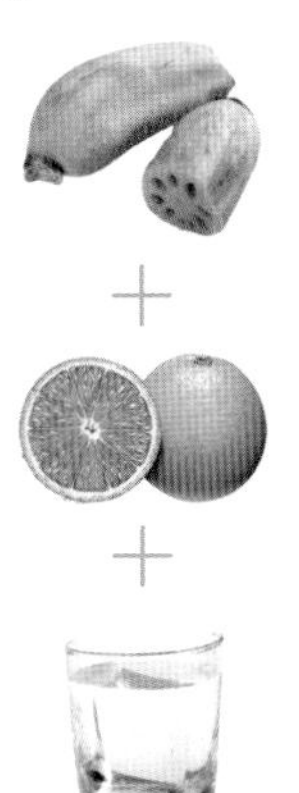

【养生功效】

藕含丰富的单宁酸，具有收敛性和收缩血管的功能。生食鲜藕或挤汁饮用，对咯血、尿血等起辅助治疗作用。莲藕还含有丰富的食物纤维，可治疗便秘。孩子考试时最好喝藕汁，早晚各100毫升，可有效缓解紧张情绪。

贴心提示

藕粉的制作：将新鲜莲藕洗净，用捣碎机捣碎磨浆。然后将藕浆盛在布袋里，下接缸或盆等容器，用清水往布包里冲洗，边冲边翻动藕渣，直到藕渣内的藕浆洗净为止。将冲洗出的沙沉淀出去，中层的粉浆放在另一个容器内，加清水搅稀，再沉淀。反复一两次，除净藕粉中的细藕渣和泥沙。经漂洗而沉淀的藕粉用细纱布包好，用绳吊起，经约12小时，沥干即成。

柚子柠檬汁 消炎祛痘，清肠润喉

原料

柚子4片，柠檬1个，饮用水200毫升。

做法

1 将柚子去皮去子，切成块状；2 将柠檬去皮，切成块状；3 将准备好的柚子、柠檬和饮用水一起放入榨汁机榨汁。

【养生功效】

柠檬是最有药用价值的水果之一。由于它富含维生素C、柠檬酸、苹果酸、高量钠元素和低量钾元素，对人体十分有益。除了减肥去痘痘以外，对支气管炎、鼻炎、咽炎、泌尿系统感染、结膜炎等都有很好的治疗作用。柠檬口味宜人，直接食用可以补充人体水分和维生素C。此款果汁能够清除痘印，消除多余脂肪。

贴心提示

柠檬外用疗法：

（1）每天往鼻子里滴几滴柠檬汁可治疗鼻窦炎。

（2）柠檬直接敷用可治愈伤口。

（3）用柠檬摩擦手脚能治疗冻疮。

（4）柠檬可治蚊虫叮咬，驱赶蝇虫。

（5）用柠檬在痛处按摩可以减少神经痛。

鸭梨香蕉汁 预防呼吸系统疾病

原料

鸭梨1个，香蕉1个，饮用水200毫升。

做法

1 将鸭梨洗净去核，切成块状；2 将香蕉去皮，切成块状；3 将切好的鸭梨、香蕉和饮用水一起放入榨汁机榨汁。

【养生功效】

梨，性味甘寒，具有清心润肺的作用，对肺结核、气管炎和上呼吸道感染的患者所出现的咽干、痒痛、音哑、痰稠等症皆有益。煮熟的梨有助于肾脏排泄尿酸和预防痛风、风湿痛和关节炎。梨可清喉降火，播音、演唱人员经常食用煮好的熟梨，能增加口中的津液，起到保养嗓子的作用。

此款果汁能够预防呼吸系统疾病。

贴心提示

选择鸭梨时，应以有枝蒂，果皮青青嫩嫩，表面附有一些粉状物质的为新鲜。新鲜的梨吃起来口感爽脆，不新鲜的梨水分较少，咀嚼起来有“韧”的感觉。如果表面有深褐色或黑色现象，品质较差，不宜购买。

樱桃芹菜汁 生津止渴，健脾开胃

原料

樱桃10颗，芹菜半根，饮用水200毫升。

做法

1 将樱桃洗净去核，取出果肉；将芹菜洗净切成块状；2 将准备好的樱桃、芹菜和饮用水一起放入榨汁机榨汁。

【养生功效】

樱桃营养丰富，所含蛋白质、糖、磷、胡萝卜素、维生素C等均比苹果、梨高，能够美白又祛斑。樱桃不仅营养丰富，酸甜可口，而且医疗保健价值颇高。

芹菜中含有丰富的纤维，可以过滤人体内的废物，刺激身体排毒，有效对付由于身体毒素累积所造成的体表皮损，从而起到对抗痤疮的作用。芹菜清爽可口，味道清香鲜美，与肉类烹调可以提升鲜味。芹菜还有减肥作用，能帮助脂肪燃烧，并且能够细致皮肤。

此款果汁能够生津止渴，补益气血。

贴心提示

选樱桃时，应选择有果蒂、色泽光艳、表皮饱满者；如果当时吃不完，最好保持在零下1℃的冷藏条件下。

葡萄柳橙汁 益补气血，补充多种维生素

原料

葡萄10颗，柳橙半个，饮用水200毫升。

做法

①将葡萄洗净去皮去子，取出果肉；②将柳橙去皮，切成块状；③将准备好的葡萄、柳橙和饮用水一起放入榨汁机榨汁。

【养生功效】

葡萄含铁丰富，非常适宜贫血的女性食用。葡萄中富含维生素、矿物质、氨基酸，是体虚贫血者的佳品。身体虚弱、营养不良的人，多吃些葡萄有助于恢复健康。柳橙富含维生素、矿物质，为身体补充多种维生素。葡萄和柳橙相搭配，不仅有补益气血的功效，还能够及时补充维生素，增强抗病能力。

贴心提示

由于葡萄的含糖量很高，所以糖尿病人应特别注意忌食葡萄。而孕妇在孕期要提防糖尿病，因此孕妇食用葡萄应适量。在食用葡萄后应间隔4小时再吃水产品为宜，以免葡萄中的鞣酸与水产品中的钙质形成难以吸收的物质，影响健康。

火龙果菠萝汁 消肿去湿，滋养肌肤

原料

火龙果1个，菠萝2片，饮用水200毫升。

做法

①将火龙果去皮，将果肉切成块状；②将菠萝洗净切成块状；③将切好的火龙果、菠萝和饮用水一起放入榨汁机榨汁。

【养生功效】

火龙果有预防便秘，促进眼睛健康，增加骨质密度，帮助细胞膜形成，预防贫血和抗神经炎、口角炎，降低胆固醇，皮肤美白防黑斑的功效外，还具有解除重金属中毒、抗自由基、防老年病变、瘦身、防大肠癌等功效。菠萝富含维生素B_1，能促进新陈代谢，消除疲劳感，丰富的膳食纤维，还有助于消化。菠萝的酵素可以养颜美容。把新鲜的菠萝榨汁并煮开，冷却后擦洗粗糙的皮肤，长期坚持用，不仅能清洁滋润皮肤，还能防止暗疮的生长。菠萝配以益气补中、润燥解毒的蜂蜜结合成饮汁，有养肌润肤的功效。此款果汁能够驱走体内湿气，滋养肌肤。

贴心提示

红瓤火龙果中花青素含量较高，抗氧化、抗自由基、抗衰老的作用更强，最宜选用。

菠萝汁 消暑解渴，美白护肤

原料

菠萝 200 克，柠檬汁 50 毫升。

做法

1 菠萝去皮，洗净，切成小块；2 把菠萝和柠檬汁放入果汁机内，搅打均匀；3 把菠萝汁倒入杯中即可。

贴心提示

要选择饱满、着色均匀、闻起来有清香的果实。

【养生功效】

消暑解渴：菠萝具有解暑止渴、消食止泻之功效，为夏季医食兼优的时令佳果。

美白护肤：丰富的 B 族维生素能有效地滋养肌肤，防止皮肤干裂，同时也可以消除身体的紧张感和增强机体的免疫力。

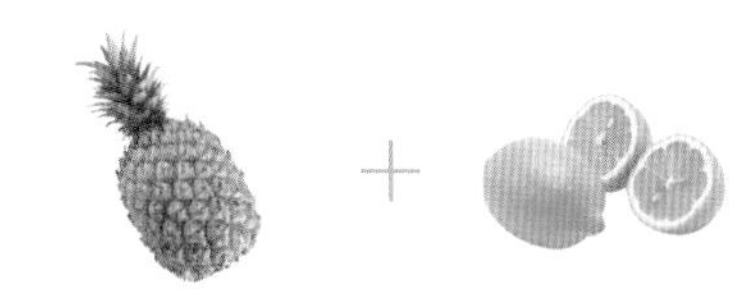

草莓柳橙菠萝汁 调整心情

原料

草莓8颗，柳橙半个，菠萝2片，饮用水200毫升。

做法

1 将草莓去蒂洗净，切成块状；2 将柳橙去皮，分开；3 将菠萝洗净切成块状；4 将准备好的草莓、柳橙、菠萝和饮用水一起放入榨汁机榨汁。

【养生功效】

菠萝属于热带水果，其丰富的维生素不仅能淡化面部色斑，使皮肤润泽、透明，还能有效去除角质，使皮肤呈现健康状态。在洗澡水中加入少许菠萝汁更能滋润肌肤，尤其适用于皮肤粗糙的人。另外，菠萝中还含有一种叫菠萝蛋白酶的物质，它能有效去除牙齿表面的污垢，令你的牙齿洁白如玉。

此款果汁能够调理情绪，美颜瘦身。

贴心提示

一般情况下，选择蔬菜和水果的首要原则是选当季的，草莓尤其如此，越早上市的水果价格越高，利益驱使一些果农采用激素、生长素等催熟未到自然成熟期的草莓。大量吃这样的草莓对人体是有害的，尤其孕妇和儿童不宜吃。

番茄柠檬汁 抗衰老，预防心血管疾病

原料

番茄1个，柠檬2片，饮用水200毫升。

做法

1 将番茄洗净在沸水中浸泡10秒；剥去番茄的表皮并切成块状；将柠檬洗净切成块；2 将准备好的番茄、柠檬和饮用水一起放入榨汁机榨汁。

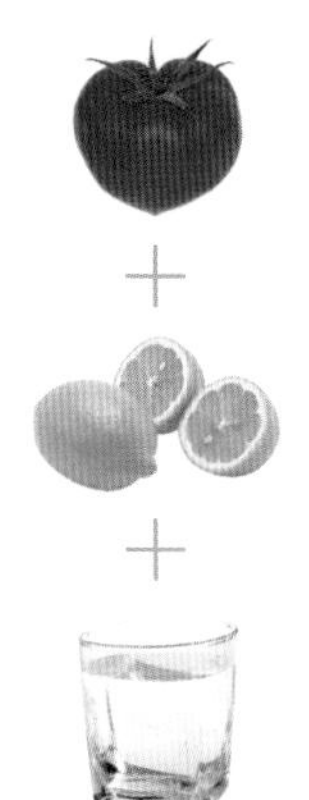

【养生功效】

研究发现，老年人多吃一些番茄的话，可以有效地将患心脏病的风险降低30%。除此之外，番茄还具有抗衰老、延年益寿的功效。番茄有助长寿的功效，主要是因为它富含番茄红素。番茄红素是超级有效的抗氧化剂。它的抗氧化作用是胡萝卜素的两倍之多，不仅可以清除人体自由基，还可以促进人体细胞的生长和再生，从而可以起到延缓衰老的功效。番茄红素对于心血管疾病的预防有着不错的功效。柠檬丰富的维生素C，配以番茄的番茄红素，不仅能够延缓衰老，预防心血管疾病，还可以赶走不良情绪。

贴心提示

孕妇不要吃未成熟的番茄，因为青色的番茄含有大量的有毒番茄碱，食用后会出现恶心、呕吐、全身乏力等中毒症状，对胎儿的发育有害。

草莓橙醋汁 增强细胞活性，帮助消化

原料

草莓 10 颗，橙子半个，白醋 400 毫升，冰糖适量。

做法

1 将草莓洗净去蒂，切成片，晾干水分；2 将橙子去皮，切成薄片；3 将草莓和橙子交错堆叠起来，再放入白醋和冰糖；4 发酵 45 ~ 120 天即可饮用。

【养生功效】

草莓味甘、性凉，具有止咳清热、利咽生津、健脾和胃、滋养补血等功效。近年来医学研究表明，草莓有益心脑的独特功效，特别是对于防治冠心病、脑出血等有很大作用。研究表明，草莓有抗癌的功效。从草莓的根、叶、果实中提取的含有较高抗癌活性的鞣花酸，能有效地保护人体组织不受致癌物质的侵害。此款醋饮能够增强细胞活性，开胃消食。

贴心提示

草莓一般在早晨或傍晚采收，新鲜食用宜在成熟至八成时采收，加工用的只要在着色七至八成便可。采摘时必须保留 0.5~1 厘米的果梗，太长的话容易损害其他草莓。草莓最佳的保存环境是保存在接近零度但不结霜的冰箱。除此之外，亦有使用紫外线或惰性气体保存。

西瓜草莓汁 抗氧化，缓解口干舌燥

原料

西瓜 2 片，草莓 10 颗，饮用水 100 毫升。

做法

1 将西瓜去皮去子，切成块状；将草莓洗净去蒂，切成块状；2 将准备好的西瓜、草莓和饮用水一起放入榨汁机榨汁。

【养生功效】

西瓜含有丰富的L– 瓜氨酸，瓜氨酸能控制健康血压。L– 瓜氨酸一旦进入体内，会转换为另一种氨基酸——L– 精氨酸。但是，直接食用补充 L– 精氨酸的膳食会使人（特别是患高血压的成人）感到恶心、肠胃不适、腹泻。高血压和动脉硬化患者，尤其是老年人和患有 2 型糖尿病等慢性疾病的人都会体验到无论是合成或天然（西瓜）形式的 L– 瓜氨酸的神奇疗效。草莓中所含的植物营养素（尤其是花青素和鞣花酸）具有抗氧化和抗炎的功效。

此款果汁能够消暑去燥，保持肌肤水嫩。

贴心提示

在吃西瓜时，用瓜汁擦擦脸，或把西瓜切去外面的绿皮，用里面的白皮切薄片贴敷 15 分钟，那么整个夏天都可以使你的皮肤保持清新细腻、洁白、健康，焕发出迷人的光泽。

草莓甜椒圣女果汁 抗氧化，预防癌症

原料

草莓6颗，甜椒1个，圣女果4个，饮用水200毫升。

做法

1 将草莓洗净去蒂，切成块状；将甜椒洗净去子，切成块状；将圣女果洗净，切成两半；2 将准备好的草莓、甜椒、圣女果和饮用水一起放入榨汁机榨汁。

【养生功效】

研究显示，长期把草莓、圣女果混在一起吃，患癌症概率将降低52%。圣女果中的番茄红素不仅保护人体细胞，还能与草莓中的活性剂结合，有效抵抗致癌物质。专家说，圣女果混搭甜椒也有抗癌功效。甜椒是非常适合生吃的蔬菜，含丰富的维生素C和维生素B及胡萝卜素为强抗氧化剂，可抗白内障、心脏病和癌症。越红的甜椒营养越多，所含的维生素C远胜于其他柑橘类水果，所以较适合生吃。三者混合制成的饮料不仅有很强的抗氧化功效，还能预防和治疗癌症。

贴心提示

圣女果未红时不可食用，因为未完全成熟的果实含番茄碱，会引起中毒。不宜大量空腹食用圣女果，否则会引起胃部不适。

南瓜核桃汁 补充身体能量

原料

南瓜4片，饮用水200毫升，核桃仁适量。

做法

1 将南瓜洗净去皮，切成块状；2 将切好的南瓜放入锅内蒸熟；3 将蒸好的南瓜和核桃仁、饮用水一起放入榨汁机榨汁。

【养生功效】

核桃不仅是最好的健脑食物，又是神经衰弱的治疗剂。患有头晕、失眠、心悸、健忘、食欲缺乏、腰膝酸软、全身无力等症状的老年人，每天早晚各吃1～2个核桃仁，即可起到滋补治疗作用。

此款果汁尤其适于体能下降的老年人。

贴心提示

核桃的挑选：

（1）看，核桃个头要均匀，缝合线紧密。外壳白、光洁的好。发黑、泛油的多数为坏果。

（2）闻，拿几个核桃放鼻子底下闻一闻。陈果、坏果有明显的哈喇味。如果把核桃敲开闻，哈喇味更明显。

（3）摸，就是拿一个核桃掂掂重量，轻飘飘的没有分量，多数为空果、坏果。

胡萝卜圣女果汁 修护二手烟民的呼吸道

原料

胡萝卜1根，圣女果6个，饮用水200毫升。

做法

1 将胡萝卜洗净去皮，切成块状；2 将圣女果洗净切成两半；3 将切好的胡萝卜、圣女果和饮用水一起放入榨汁机榨汁。

【养生功效】

容易吸到二手烟的人，利用胡萝卜天然的胡萝卜素，来维持呼吸道的黏膜组织的完整性，保护气管、支气管和肺部非常有效。胡萝卜素附着呼吸道上形成一个保护膜，如此便可以有效隔离病原体对呼吸道黏膜细胞的伤害，尤其适合气管不好、容易感冒的人。

此款果汁适用于二手烟民。

贴心提示

胡萝卜富有营养，人们常将胡萝卜添加到婴幼儿饮食中去，但要注意不要过量，吃得适量最好。如果给宝贝吃得过多，容易使皮肤变黄。

甜椒西蓝花汁 养肝护肝

原料

甜椒1个，西蓝花2朵，饮用水200毫升。

做法

1 将甜椒洗净去子，切成块状；2 将西蓝花洗净，在热水中焯一下，切成块状；3 将切好的甜椒、西蓝花和饮用水一起放入榨汁机榨汁。

【养生功效】

西蓝花含有丰富的抗坏血酸，能增强肝脏的解毒能力，提高机体免疫力。而其中一定量的类黄酮物质，则对高血压、心脏病有调节和预防的功用。同时，西蓝花属于高纤维蔬菜，能有效降低肠胃对葡萄糖的吸收，进而降低血糖，有效控制糖尿病的病情。

此款果汁能够增强肝脏解毒功能。

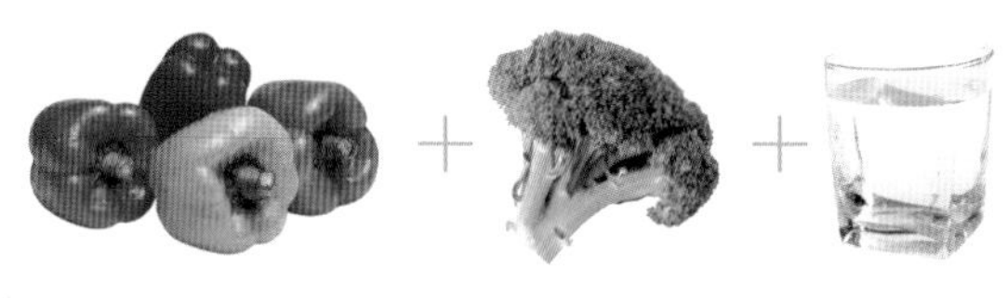

贴心提示

西蓝花营养丰富，含蛋白质、碳水化合物、脂肪、维生素和胡萝卜素，营养成分位居同类蔬菜之首。西蓝花适宜现买现吃，放置一天以上不仅营养成分会流失，还会传播细菌。

西瓜汁 消暑解渴，增强免疫

原料

西瓜 300 克。

做法

1 切开西瓜，取出果肉；2 用果汁机榨出西瓜汁；3 把西瓜汁倒入杯中即可。

贴心提示

西瓜皮可以去油污。因为西瓜皮中含有一种粗脂肪，其成分可以和油污结合，达到去油污的效果。

【养生功效】

消暑解渴：西瓜除不含脂肪和胆固醇外，含有大量葡萄糖、苹果酸、果糖、精氨酸、番茄素及丰富的维生素 C 等物质，是一种富有营养、纯净、食用安全的食品。

增强免疫力：西瓜中含有大量的水分，在急性热病发热、口渴汗多、烦躁时吃上一块，症状会马上改善。

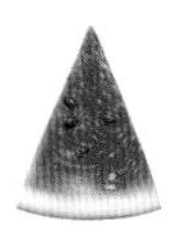

芹菜桑葚大枣汁 益气补血，平补阴阳

原料

芹菜半根，桑葚10颗，大枣8颗，饮用水200毫升。

做法

1 将芹菜洗净切成块状；将桑葚去蒂洗净；将买来的无核枣切成块状；2 将准备好的芹菜、桑葚、大枣和饮用水一起放入榨汁机榨汁。

【养生功效】

桑葚有改善皮肤血液供应、营养肌肤、使皮肤白嫩及乌发等作用，并能延缓衰老。桑葚是中老年人健体美颜、抗衰老的佳果与良药。常食桑葚可以明目，缓解眼睛疲劳干涩的症状。大枣中丰富的营养物质能够促进体内的血液循环；其充足的维生素C能够促进身体发育、增强体力、减轻疲劳。大枣含维生素E，有抗氧化、抗衰老等作用。

此款果汁能够益气补血，促进血液循环。

贴心提示

桑葚具有天然生长、无任何污染的特点，所以又被称为“民间圣果”，它含有丰富的活性蛋白、维生素、氨基酸、苹果酸、琥珀酸、酒石酸、胡萝卜素、矿物质（钙、磷、铁、铜、锌）等，营养十分丰富。

桑葚牛奶 减少皱纹，预防动脉硬化

原料

桑葚15颗，牛奶200毫升。

做法

1 将桑葚去蒂洗净；2 将洗好的桑葚和牛奶一起放入榨汁机榨汁。

【养生功效】

桑葚能够补益肝肾，滋阴养血，对乌发，熄风，清肝明目，解酒，改善睡眠，提高人体免疫力，延缓衰老，美容养颜，降低血脂，防癌有特效。桑葚粉富含蛋白质，多种人体必需的氨基酸，易被人体吸收的果糖和多种维生素及铁、钙、锌等矿物元素，硒等微量元素，以及胡萝卜素、纤维素等。桑葚能增强抗寒、耐劳能力，延缓细胞衰老，防止血管硬化，以及提高机体免疫功能等。

牛奶味甘性微寒，具有滋润肺胃、润肠通便、补虚的作用，适用于各年龄层次人群。

此款果汁能够减少皱纹，提高免疫力。

贴心提示

未成熟的桑葚不能吃。少年儿童不宜多吃桑葚。脾虚者不宜吃桑葚。桑葚含糖量高，糖尿病人也应忌食。

猕猴桃桑葚果汁 稳定情绪，延缓衰老

原料

猕猴桃 2 个，桑葚 8 颗，饮用水 200 毫升。

做法

1 将猕猴桃去皮，切成块状；2 将桑葚去蒂洗净；3 将准备好的猕猴桃、桑葚和饮用水一起放入榨汁机榨汁。

【养生功效】

猕猴桃中含有的血清促进素具有稳定情绪、镇静心情的作用。另外它所含的天然肌醇，有助于脑部活动，因此能帮助忧郁之人走出情绪低谷。在世界长寿之乡黑海之滨的亚沙巴赞山区，人们大多能活到 140 岁以上，而且精力旺盛，一条很重要的奥秘，就是生活在这里的人每天都要喝上两碗桑葚汁。可见，桑葚对于人类的强身健体，延年益寿有很大关系。

此款果汁能够促进血液循环，延缓衰老。

贴心提示

猕猴桃不要与牛奶同食。因为维生素 C 易与奶制品中的蛋白质凝结成块，不但影响消化吸收，还会使人出现腹胀、腹痛、腹泻，所以食用富维生素 C 的猕猴桃后，一定不要马上喝牛奶或吃其他乳制品。

红豆乌梅核桃汁 清热利胆，抗衰老

原料

无核乌梅 6 颗，饮用水 200 毫升，红豆、核桃粉适量。

做法

1 将红豆洗净，浸泡 3 小时以上；2 将准备好的乌梅、红豆、核桃粉和饮用水一起放入榨汁机榨汁。

【养生功效】

乌梅中所含之柠檬酸，在体内能量转换中可使葡萄糖的效力增加 10 倍，以释放更多的能量消除疲劳；乌梅还有抗辐射作用；乌梅能使唾液腺分泌更多的腮腺激素，腮腺激素有使血管及全身组织年轻化的作用；乌梅能促进皮肤细胞新陈代谢，有美肌美发效果。红豆富含维生素 B_1、维生素 B_2、蛋白质及多种矿物质，有补血、利尿、消肿等功效。另外其纤维有助排泄体内盐分、脂肪等废物，在瘦腿方面有很大效果。核桃中含有大量脂肪和蛋白质，而且这种脂肪和蛋白质极易被人体吸收。经常吃些核桃，既能强壮身体，又能赶走疾病的困扰。

此款果汁能够护肝利胆，健脑。

贴心提示

好的乌梅乌黑油亮，表面挂有白霜，酸甜适口。所有产地中以新疆乌梅质量较好。

黑加仑牛奶汁 预防痛风、关节炎

原料

黑加仑 15 颗，牛奶 200 毫升。

做法

1 将黑加仑洗净；2 将黑加仑和牛奶一起放入榨汁机榨汁。

+

【养生功效】

黑加仑含有非常丰富的维生素 C、磷、镁、钾、钙、花青素、酚类物质。目前已经知道的黑加仑的保健功效包括预防痛风、贫血、水肿、关节炎、风湿病、口腔和咽喉疾病、咳嗽等。黑加仑中丰富的矿物质和维生素 C，保持并协调了人体组织的 pH 值，维持了血液和其他体液的碱性特殊特征。黑加仑所含的生物类黄酮作为延缓衰老的物质其作用仅次于维生素 E。黑加仑对于降低血压、软化血管、降低血脂，预防和治疗心血管疾病亦有作用，并且还有较强的防癌抗癌作用。同时还有美容、减肥的作用。

此款果汁能够预防关节疾病。

贴心提示

黑加仑对于痛风、关节炎有预防和辅助治疗的作用，尤其适合更年期女性、中老年人食用。

胡萝卜番石榴汁 提高免疫力，改善肤色

原料

胡萝卜半根，番石榴 1 个，饮用水 200 毫升。

做法

1 将胡萝卜去皮洗净，切成块状；2 将番石榴洗净，切成块状；3 将切好的胡萝卜、番石榴和饮用水一起放入榨汁机榨汁。

【养生功效】

胡萝卜素可以修护及巩固细胞膜，防止病毒乘隙入侵，这是提升人体免疫能力最实际有效的做法。胡萝卜素附着呼吸道上形成一个保护膜，如此便可以有效隔离病原体对呼吸道黏膜细胞的伤害。番石榴汁多味甜，营养丰富，有健胃、提神、补血、滋肾之效。番石榴具有防止细胞遭受破坏而导致的癌病变，避免动脉粥样硬化的发生，抵抗感染病。还有维持正常的血压及心脏功能。它能够有效地补充人体缺失的或容易流失的营养成分。番石榴含纤维高，能有效地清理肠道，对糖尿病患者有独特的功效。

此款果汁能够增强免疫力，改善肤色。

贴心提示

胡萝卜的保鲜要注意，把胡萝卜放进冰箱前应先切掉顶上绿色的部分。

胡萝卜菠萝番茄汁 开胃助消化

原料

胡萝卜半根，菠萝2片，番茄1个，饮用水200毫升。

做法

1 将胡萝卜去皮洗净，切成块状；将菠萝洗净切成块状；将番茄洗净，在沸水中浸泡10秒，剥去番茄的表皮并切成块状；2 将切好的胡萝卜、菠萝、番茄和饮用水一起放入榨汁机榨汁。

【养生功效】

番茄中所含丰富的番茄红素，是目前自然界中发现抗氧化能力最强的天然食品成分，具有预防癌症、保护心血管等功能。番茄高温加工后，细胞壁被打破，番茄红素更容易被机体吸收利用。生吃番茄可摄取较多的维生素C、钾、镁等重要的营养素。番茄内含有丰富的苹果酸和柠檬酸等有机酸，它们能促进胃液分泌，帮助消化，调整胃肠功能。

此款果汁能够增加食欲，预防便秘。

贴心提示

挑选番茄的时候，一定不要挑选有棱角的那种，也不要挑选拿着感觉分量很轻的，因为这种番茄都不是自然长熟的，而是使用了催红剂。那种表面具有一层淡淡的粉一样的感觉，并且蒂部圆润，就是最沙最甜的了，制作果汁时也是最好用的。

木瓜柳橙鲜奶汁 丰胸美体，养颜焕白

原料

木瓜半个，柳橙1个，鲜奶200毫升。

做法

1 将木瓜洗净去皮去瓤，切成块状；将柳橙去皮，分开；2 将切好的木瓜和柳橙、鲜奶一起放入榨汁机榨汁。

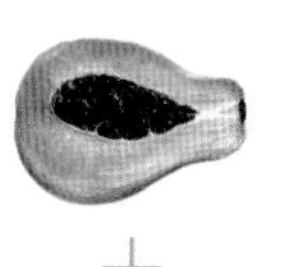

【养生功效】

木瓜所含的蛋白分解酵素，可以补偿胰脏和肠道的分泌，补充胃液的不足，有助于分解蛋白质和淀粉，是消化系统的免费长工。

木瓜含有胡萝卜素和丰富的维生素C，它们有很强的抗氧化能力，帮助机体修复组织，消除有毒物质，增强人体免疫力，防治包括非典型肺炎在内的一些疾病。木瓜中维生素C的含量非常高，能促进肌肤代谢，帮助溶解毛孔中的脂肪及老化角质，让肌肤显得更清新白皙。

此款果汁能够丰胸美体，改善肤色。

贴心提示

木瓜茶也能起到丰胸美体的作用。泡木瓜茶以选用圆形未熟的雌性果为佳，把一头切平做壶底，把另一头切开，掏出种子后直接放入茶叶，再把切去的顶端当成盖子盖上，过几分钟就可品尝到苦中带甜、充满木瓜清香的木瓜茶了。

白萝卜汁 排毒瘦身，增强免疫力

原料

白萝卜 50 克，蜂蜜 20 克，醋适量，冷开水 350 毫升。

做法

1 将白萝卜洗净，去皮，切成丝，备用；2 将白萝卜、蜂蜜、醋倒入榨汁机中，加冷开水搅打成汁即可。

贴心提示

醋不要加太多，以免太酸。

【养生功效】

增强免疫力：白萝卜中富含的维生素 C 能提高机体免疫力。

防癌抗癌：白萝卜中含有多种微量元素，可增强机体免疫力，并能抑制癌细胞的生长，对防癌、抗癌有着重要意义。

排毒瘦身：白萝卜中还有芥子油，能促进胃肠蠕动，帮助机体将有害物质较快排出体外，有效防止便秘和肠癌的功效。

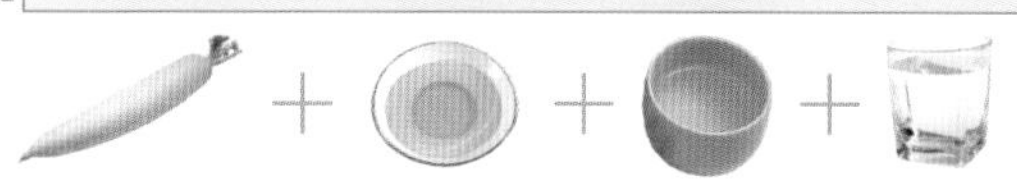

胡萝卜雪梨汁 抗氧化，清热润肺

原料

胡萝卜1根，雪梨1个，柠檬2片，饮用水200毫升。

做法

1 将胡萝卜洗净去皮，切成块状；将雪梨洗净去核，切成块状；将柠檬洗净，切成块状；2 将准备好的胡萝卜、雪梨、柠檬和饮用水一起放入榨汁机榨汁。

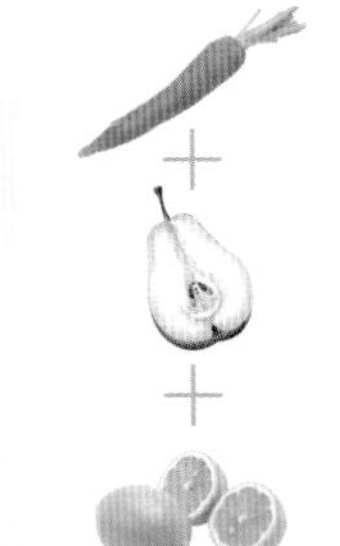

【养生功效】

胡萝卜中含蛋白质，脂肪，碳水化合物，粗纤维，钙、磷、铁，挥发油等成分。胡萝卜中的β－胡萝卜素是维生素A的来源，这种成分的合成使胡萝卜具有很强的抗氧化作用。梨中含有糖体、鞣酸、多种维生素及微量元素等成分，具有祛痰止咳、降血压、软化血管壁等功效。梨中含果胶丰富，有助于胃肠和消化功能。此款果汁能够抗氧化，清肠润肺。

贴心提示

细小的胡萝卜含糖更多，味道更甜，口感也脆一些。其中，紫色胡萝卜含有番茄红素最多，营养价值最高；红色细胡萝卜的胡萝卜素和番茄红素也比较多，营养排名居第二；而橙黄色胡萝卜的口感和营养都差一些。所以，挑选细小型，颜色呈紫红色的胡萝卜为佳。

木瓜汁 排毒清肠，减掉小肚腩

原料

木瓜半个，饮用水200毫升。

做法

1 将木瓜洗净去瓤，切成块状；2 将切好的木瓜和饮用水一起放入榨汁机榨汁。

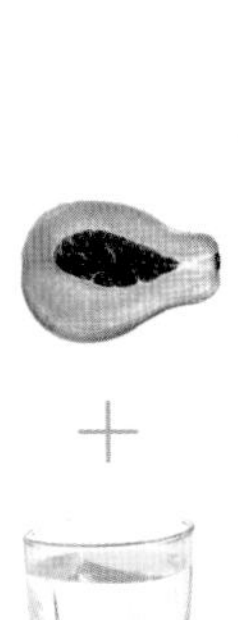

【养生功效】

木瓜中含有大量的木瓜果胶，是天然的洗肠剂，可以带走肠胃中的脂肪、杂质等，起到天然的清肠排毒作用。空腹的时候吃木瓜，木瓜果胶可以带走肠道里面的杂质和滞留的脂肪。木瓜蛋白酶也可以分解肠道里面和肠道周围的脂肪，人体能吸收的脂肪变少了，腹部的脂肪被逐步分解了，人体内各部位的脂肪不断被人体利用分解，这样，就起到了减肥的作用。

此款果汁有利于减肥塑身。

贴心提示

木瓜蛋白酶可以用来把鸡肉分解成水状，然后经过干燥后可以做成鸡精，木瓜蛋白酶还可以用来分解虾、鱼类等做成各种调料，可以分解大豆做成各种规格蛋白粉等。

石榴香蕉山楂汁 治疗腹泻和痢疾

原料

石榴1个，香蕉1根，无核山楂4个，饮用水200毫升。

做法

1 将石榴去皮，取出果实；2 剥去香蕉的皮，切成块状；3 将山楂洗净，切成片；4 将准备好的石榴、香蕉、山楂和饮用水一起放入榨汁机榨汁。

【养生功效】

石榴味酸，含有生物碱、熊果酸等，有明显的收敛作用，能够涩肠止血，加之其具有良好的抑菌作用，所以是治疗痢疾、泄泻、便血及遗精、脱肛等病症的良品。石榴皮有明显的抑菌和收敛功能，能使肠黏膜收敛，使肠黏膜的分泌物减少，所以能有效地治疗腹泻、痢疾等症，对痢疾杆菌、大肠杆菌有较好的抑制作用。此款果汁能够有效治疗腹泻、痢疾。

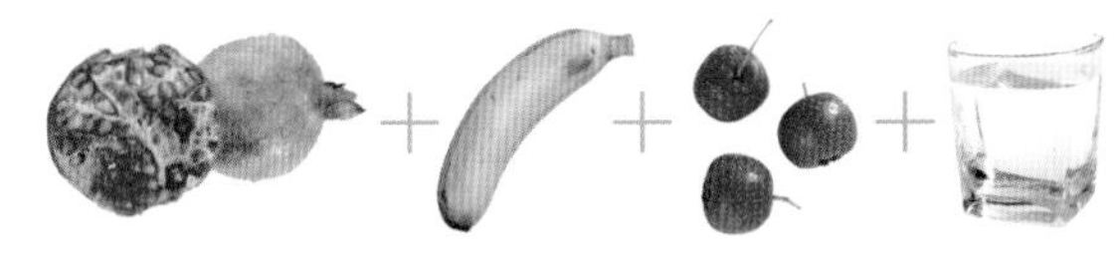

贴心提示

香蕉含有丰富的淀粉质，体胖的人要少吃。香蕉的含钾量较高，患有肾炎或肾功能欠佳的人不宜食用。

木瓜菠萝汁 防治头昏眼花

原料

木瓜半个，菠萝2片，饮用水200毫升。

做法

1 将木瓜洗净去皮去瓤，切成块状；2 将菠萝洗净，切成块状；3 将切好的木瓜、菠萝和饮用水一起放入榨汁机榨汁。

贴心提示

菠萝虽然好吃，但其酸味强劲且具有凉身的作用，因此并非人人适宜。患低血压、内脏下垂的人应尽量少吃菠萝，以免加重病情；怕冷、体弱的女性朋友吃菠萝最好控制在半个以内，太瘦或想增胖者也不宜多吃。

【养生功效】

菠萝成分中的酸丁酯，具有刺激唾液分泌及促进食欲的功效。同时菠萝对于预防头眼昏花有很好功效。此外，菠萝中的糖分能够迅速补充身体所需能量。

此款果汁能够缓解晕病症状。

芝麻油梨果汁 辅助治疗肝炎

原料

油梨1个，饮用水200毫升，芝麻适量。

做法

1 将油梨洗净去核，取出果肉；2 将准备好的油梨、芝麻和饮用水一起放入榨汁机榨汁。

【养生功效】

日本的一项研究发现，油梨中有5种成分可以减轻慢性肝炎症状。这次研究使用22种水果和蔬菜进行了试验，在用油梨中的成分对患肝炎的白鼠进行试验后发现，白鼠肝脏细胞中的坏死现象有明显缓解。油梨中富含铁，常吃可以预防贫血。

此款果汁有利于肝脏健康，并能防治贫血。

贴心提示

油梨被列为营养最丰富的水果，有“一个油梨相当于三个鸡蛋”“贫者之奶油”的美誉。广西已建成中国最大的油梨基地。油梨果肉含糖率极低，为香蕉含糖量的1/5，是糖尿病人难得的高脂低糖食品。而用果皮泡水饮用，对糖尿病有缓解作用。

胡萝卜汁 消除身体水肿

原料

胡萝卜2根，饮用水200毫升，蜂蜜适量。

做法

1 将胡萝卜洗净去皮，切成块状；2 将切好的胡萝卜放入榨汁机榨汁；3 在榨好的果汁内加入适量蜂蜜搅拌均匀即可。

【养生功效】

一些行业的从业者，如美容美发业者、印刷厂员工、洗衣店老板、修车厂技师，都会接触许多对身体有害的化学药剂，胡萝卜可帮其排毒。胡萝卜中含有的琥珀酸钾有降血压效果，其中的槲皮苷则可促进冠状动脉的血流量，对于心肺功能弱、末梢循环差、容易出现下半身水肿的人，可达到加强循环，将滞留于细胞中多余的水分排出的功效。

此款果汁能够帮助排毒，适用于经常接触化学药剂的人。

贴心提示

胡萝卜的选择：胡萝卜的颜色越深，所含的胡萝卜素就越多。避免选那些开裂和分叉的胡萝卜。

火龙果芝麻橙汁 预防都市富贵病

原料

火龙果1个，橙子半个，饮用水200毫升，芝麻适量。

做法

1 剥去火龙果的皮，将果肉切成块状；2 将橙子去皮，切成块状；3 将准备好的火龙果、橙子、芝麻和饮用水一起放入榨汁机榨汁。

【养生功效】

火龙果作为一种低热量、高纤维的水果，其食疗作用就不言而喻了，经常食用火龙果，能降血压、降血脂、润肺、解毒、养颜、明目，对便秘和糖尿病有辅助治疗的作用，低热量、高纤维的火龙果也是那些想减肥养颜的人们最理想的食品，可以防止“都市富贵病”的蔓延。

此款果汁能够增强抵抗力，预防富贵病。

贴心提示

火龙果越重，说明汁越多、果肉越丰满，所以购买火龙果时应用手掂量每个火龙果的重量，选择越重的越好。表面红色的地方越红越好，绿色的部分越绿的越新鲜，若是绿色部分变得枯黄，就表示已经不新鲜了。

柠檬红茶汁 健脑提神，集中注意力

原料

柠檬一个，红茶200毫升。

做法

1 将柠檬去皮，切成块状；2 将切好的柠檬和红茶一起放入榨汁机榨汁。

【养生功效】

经由医学实验发现，红茶中的咖啡因可以通过刺激大脑皮质来兴奋神经中枢，促成提神、思考力集中，进而使思维反应更加敏锐，记忆力增强；它也对血管系统和心脏具兴奋作用，强化心搏，从而加快血液循环以利新陈代谢，同时又促进发汗和利尿，由此双管齐下加速排泄乳酸（使肌肉感觉疲劳的物质）及其他体内老废物质，达到消除疲劳的效果。

此款果汁能够集中注意力，提高反应能力。

贴心提示

红茶有抗菌消炎的作用，并能预防感冒。红茶中黄酮类化合物具有杀除食物有毒菌、使流感病毒失去传染力等抗菌作用。除预防感冒之外，还有人在因感冒而喉咙痛的时候用红茶漱口。

芒果苹果香蕉汁 温润肠道，帮助消化

原料

芒果、苹果、香蕉各一个，饮用水200毫升。

做法

1 将芒果去皮去核切块；将苹果洗净去核切块；剥去香蕉的皮和果肉上的果络，切块；2 将切好的芒果、苹果、香蕉和饮用水一起放入榨汁机榨汁。

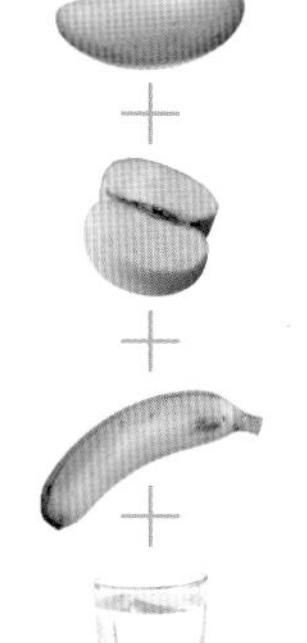

【养生功效】

芒果兼有桃、杏、李和苹果等的滋味，如盛夏吃上几个，能生津止渴，消暑舒神。苹果性平味甘酸、微咸，具有生津润肺、止咳益脾、和胃降逆的功效。苹果富含的多种维生素能够有效促进食物的消化吸收。芒果、香蕉、苹果，这三种水果都含有丰富的维生素C和纤维质，能促进代谢，净化肠道，所以多喝这三种水果榨的汁可以让肤质白里透红，水水嫩嫩，更棒的是它也有不错的瘦身效果。

此款果汁能够润肠通便，排出毒素。

贴心提示

蔬菜水果在食用之前，要注重清洗的方法，最好的方法是以流动的清水洗涤蔬菜，借助水的清洗及稀释能力，可把残留在蔬果表面上的部分农药去除。

菠萝圆白菜青苹果汁 补充维生素，美白养颜

原料

菠萝4片，圆白菜2片，青苹果1个，饮用水200毫升。

做法

1 将菠萝洗净，切成块状；将圆白菜洗净切碎；将苹果洗净去核，切成块状；2 将切好的菠萝、圆白菜、苹果和饮用水一起放入榨汁机榨汁。

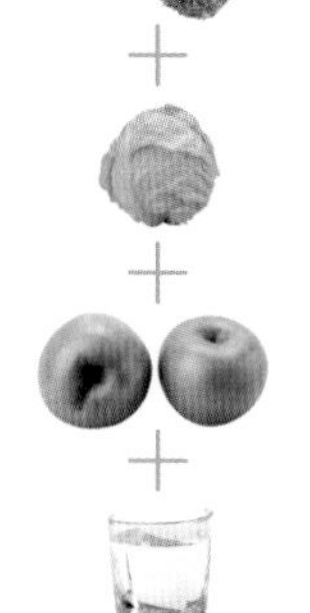

【养生功效】

菠萝是拯救各种问题肌肤的天使，菠萝中的菠萝酵素是天然的分解蛋白质高手，还能溶解血管中的纤维蛋白及血栓，真正让身体做到由内而外的调节。也就是说食用菠萝不仅可以清洁肠道、帮助调节肤色，还有很强的分解油腻、减肥的作用。苹果中有一种能够预防生活习惯病的多酚类，这种物质极易在水中溶解和被人体所吸收。这种神奇的“苹果酚”具有以下四种功效：抗氧化的作用，保持食物新鲜；消除鱼腥味，口臭等异味；预防蛀牙；抑制黑色素酵素的产生。

此款果汁能够补充维生素，瘦身美白。

贴心提示

皮肤瘙痒性疾病、眼部充血患者忌食。圆白菜含有粗纤维量多，且质硬，故脾胃虚寒、泄泻以及脾弱者不宜多食。

柳橙苹果汁 增强抵抗力

原料

柳橙、苹果各一个，饮用水200毫升。

做法

1 将柳橙去皮，分开；2 将苹果洗净去核，切成块状；3 将准备好的柳橙、苹果和饮用水一起放入榨汁机榨汁。

【养生功效】

苹果性味甘、酸、平，无毒，含糖、蛋白质、脂肪、各种维生素及磷、钙、铁等矿物质，还含果酸、奎宁酸、柠檬酸、鞣酸、胡萝卜素等。有安眠养神、补中焦、益心气、消食化积之特长。对消化不良、气壅不通症，榨汁服用，顺气消食。苹果能够使人们的神经更趋健全，内分泌功能更加合理，在促进皮肤的正常生理活动方面具有无法估量的益处。

此款果汁能够抗氧化，增强抵抗力。

贴心提示

面对多变的天气不小心着凉，有初期的感冒症状时，饮用富含维生素C的柳橙汁，除了能补充感冒时所需的维生素C外，也能让身体吸收果汁中的营养。

橙子柠檬汁 加速新陈代谢，调理气色

原料

橙子1个，柠檬2片，饮用水200毫升。

做法

1 将橙子去皮，切成块状；2 将柠檬洗净，切成块状；3 将切好的橙子、柠檬和饮用水一起放入榨汁机榨汁。

【养生功效】

柠檬在减肥、美容、利肝、降低血糖、降低血压、轻泻、利胃、补身、驱蠕虫，防止动脉硬化、贫血，止血，治疗头痛、偏头痛方面均有效果。柠檬酸具有防止、消除皮肤色素沉着的作用，是制作柠檬香脂、润肤霜和洗发剂的重要工业原料。如果经常使用一些含铅的化妆品，会对皮肤健康不利。使用柠檬型润肤霜或润肤膏，则可以有效地破坏铅素在皮肤上发生化学反应，从而保持皮肤光洁细嫩。此款果汁能够促进血液循环，改善肤质和气色。

贴心提示

将鲜柠檬两只，切碎用消毒纱布包扎成袋，放入浴盆中浸泡20分钟；也可以用半汤匙柠檬油代之，再放入温水至38～40℃，进行沐浴，大约洗10分钟，有助于清除汗液、异味、油脂，润泽全身肌肤。

柚子汁 清脑提神，缓解压力

原料

柚子 4 片，饮用水 200 毫升。

做法

1 将柚子去皮去子，切成块状；2 将切好的柚子和饮用水一起放入榨汁机榨汁。

【养生功效】

柚子性寒味甘酸，有理气化痰、润肺止咳等功效。感冒时使用柚子能够使人头脑清醒，缓解因感冒带来的沉重感。糖尿病患者食用柚子能够补充身体所需的蛋白质和营养以及糖分，并且柚子还有类似胰岛素的成分，有降低血糖的功效。

此款果汁能够缓解感冒症状。

贴心提示

柚子的挑选：

（1）挑选比较重的柚子；

（2）柚子表皮的毛孔越细越好；

（3）观看柚子果形匀称，底部是否稳重；

（4）若要马上食用柚子，最好是挑选表面较黄者，若要放久一点儿，则最好选择颜色泛绿者。

阳桃汁 缓解感冒引起的咽痛

原料

阳桃 1 个，饮用水 200 毫升。

做法

1 将阳桃洗净，切成片，剔除子；2 将切好的阳桃和饮用水一起放入榨汁机榨汁。

【养生功效】

阳桃是肉质浆果，卵状或长椭圆状，通常为五棱形，果肉橙黄，肉厚汁多，对肠胃、呼吸系统疾病有一定辅助疗效。阳桃中含有对人体健康有益的多种成分，如碳水化合物、维生素 A、维生素 C，以及各种纤维质、酸素。阳桃的药用价值也很大，对口疮、慢性头痛、跌打伤肿痛的治疗有很好的功效。它含有的纤维质及酸素能解内脏积热，清燥润肠通大便，是肺、胃有热者最适宜食用的清热水果。另外，阳桃还是医治咽痛的能手。

此款果汁能够治疗感冒引起的咽痛。

贴心提示

阳桃可以分为甜、酸两种类型，前者清甜爽脆，无论鲜吃或加工，这种阳桃的品质、风味都是相当好的；后者俗称“三稔”，果实大而味酸且带有涩味，不适合鲜吃，多用做烹调配料。

附录　蔬果养五脏

养心蔬果

心脏位于胸腔，居肺下膈上，脊柱前，胸骨后，心尖在左乳下。它相当于人体的君主，主管精神意识、思维活动，有统率协调全身各脏腑功能活动的作用。

心气不足主要症状

- 气血瘀滞，血液亏虚
- 面色灰暗无华，唇色青紫
- 胸前憋闷，偶有痛感
- 脉象微弱无力、节律不均（有结、代、促、涩之感）
- 宜引发心脑血管方面的问题

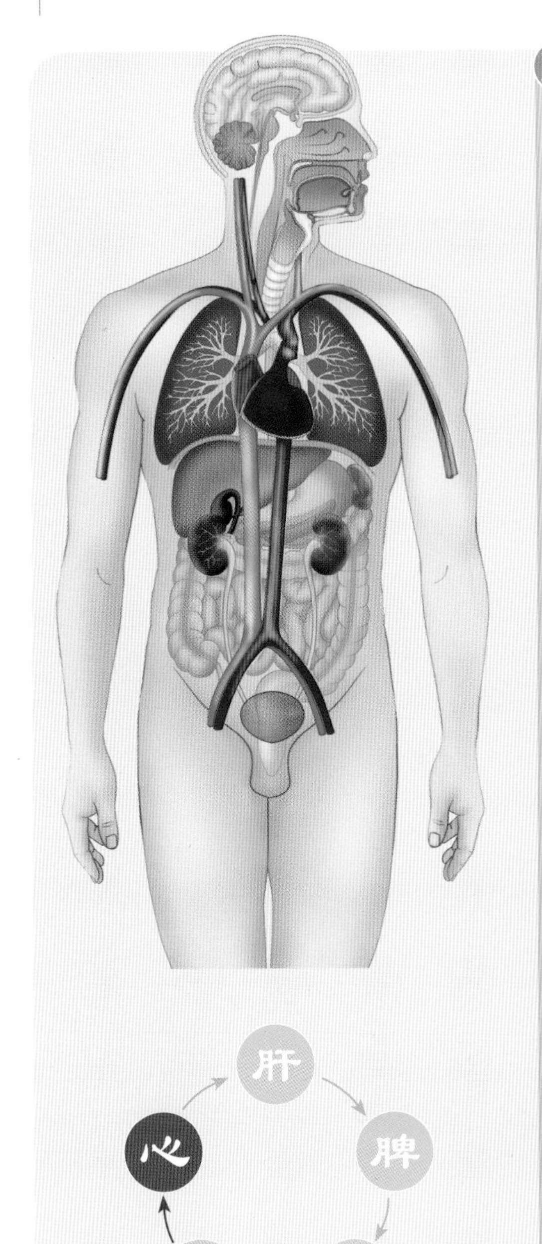

蔬果

「荔枝」	理气补血，补心安神
「龙眼」	益气补血，养血安神
「莲子」	养心安神，益肾涩精
「苦瓜」	解毒明目，补气益精
「莲藕」	散瘀解渴，改善肠胃
「丝瓜」	凉血解毒，通经活络
「蒜薹」	温中下气，调和脏腑
「小麦」	养心除烦，健脾益肾
「葡萄」	补血美肤，强健筋骨
「松子」	滋阴养液，补益气血
「南瓜」	补中益气，降糖止渴
「百合」	养阴清热，滋补精血
「大枣」	养胃止咳，益气生津
「核桃」	润肠通便，延迟衰老
「茼蒿」	养心降压，温肺清痰
「竹荪」	益气补脑，宁神健体
「糯米」	补中益气，暖胃止泻
「哈密瓜」	利便益气，清热止咳
「金针菜」	健脑养血，平肝利尿
「葵花子」	降低血脂，安定情绪

养肝蔬果

肝位于腹部隔膜右下，左右分叶，颜色紫红。肝负责对人体全身之气的疏通、生发与宣泄，人体的经络、气血、津液、营卫之气无不依赖于全身气机的升降沉浮来运作疏导。

肝气瘀滞主要症状

- 胸闷腹胀
- 血瘀，肿块痛经，月经失调
- 水停，水肿痰饮
- 抑郁寡欢，多愁善感
- 烦躁易怒，失眠多梦

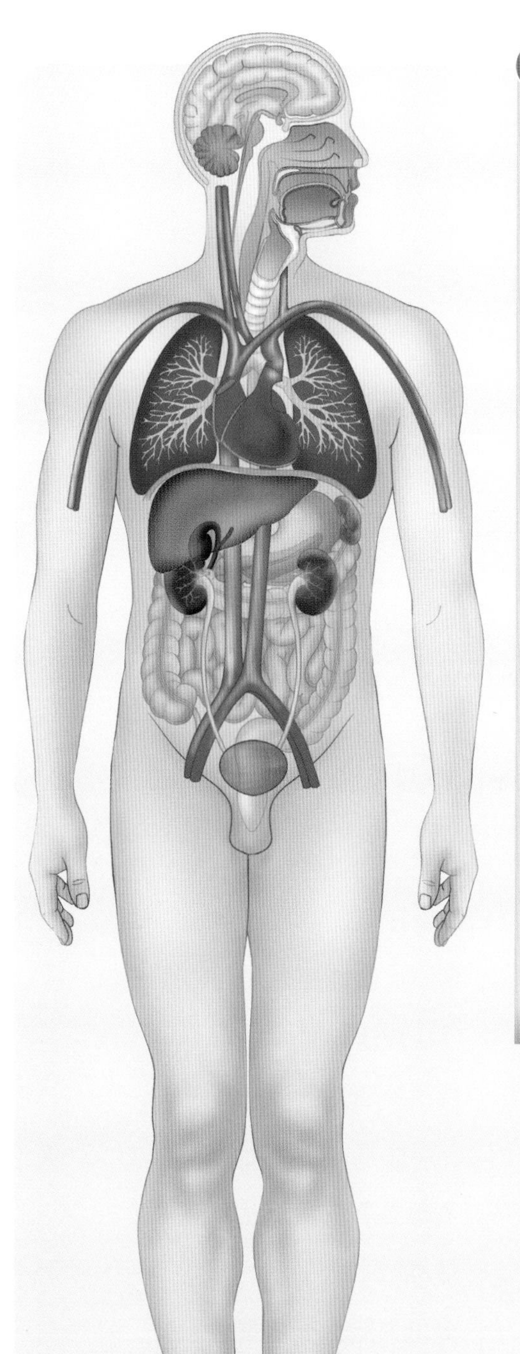

蔬果

茭白	解毒利便，健壮机体
菠菜	补血润肠，滋阴平肝
油菜	活血化瘀，宽肠通便
香菇	补肝益肾，益智安神
燕麦	益肝和胃，护肤美容
苋菜	清肝明目，凉血解毒
冬瓜	利水消炎，除烦止渴
生菜	清热爽神，清肝利胆
芝麻	补血明目，益肝养发
芹菜	平肝凉血，利水消肿
番茄	健胃消食，凉血平肝
黍米	除热止泻，益气补中
空心菜	解毒利尿，降脂减肥
胡萝卜	益肝明目，利膈宽肠
金针菇	补肝益肠，益智防癌

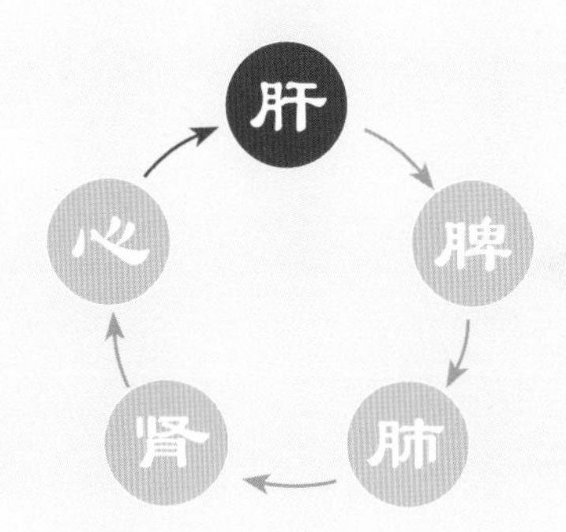

养脾胃蔬果

脾位于腹腔上，膈膜下，在胃的背侧，呈现紫红色，与胃互为脏腑，彼此相连。脾胃是人体的后天之本，水谷精气到全身各处，为全身各脏器供应营养，时时刻刻不能缺少。

脾胃失常主要症状

- 腹胀便溏，食欲不振，精神萎靡，气血不足
- 指甲、舌、唇、面淡白，血虚，头晕眼花
- 皮下出血、便血、尿血
- 脾胃虚弱，肌肉消瘦，四肢乏力

蔬果

葱	发汗解表，解毒散凝
姜	解毒除臭，温中止呕
桃	补中益气，润肠通便
木瓜	健脾消食，清热祛风
樱桃	补中益气，健脾和胃
菠萝	健脾解渴，消肿祛湿
韭菜	健胃整肠，保温内脏
洋葱	理气和胃，发散风寒
芒果	益胃止呕，解渴利尿
柠檬	化痰止咳，生津健脾
椰子	补虚强壮，益气祛风
豌豆	清凉解暑，利尿止泻
黄瓜	消肿解毒，清热利尿
蚕豆	益脾健胃，通便消肿
李子	生津润喉，清热解毒
橙子	生津止渴，开胃下气
山楂	健胃消食，活血化瘀
石榴	生津止渴，止泻止血
柚子	健脾解酒，补血利便
扁豆	健脾益气，化湿消暑
芋头	整肠利便，补中益气
青椒	温中散寒，开胃消食
茄子	散血止疼，解毒消肿
芥菜	解毒消肿，利气温中
萝卜	化痰清热，下气宽中
香菜	消食开胃，止痛解毒
大米	健脾养胃，止咳除烦
红小豆	解毒排脓，健脾止泻
马铃薯	和胃健中，解毒消肿
猕猴桃	健脾止泻，止渴利尿
无花果	健胃整肠，解毒消肿

肝 脾 肺 肾 心

养肺蔬果

肺脏位于胸腔，居膈上，左右各一白色分叶，质地疏松，形似海绵，虚如蜂窠，得水而浮。其主要功能是吐故纳新、吸清呼浊，调节人体内气机的升降出入。

病邪犯肺主要症状

- 胸闷，咳嗽，气喘
- 声低气怯，肢倦乏力，呼吸短促
- 流鼻涕，鼻塞，嗅觉失灵
- 肺虚热者脸红、多汗、发热，而下肢寒凉
- 肺实者可导致肺气肿、气管炎、肺积水

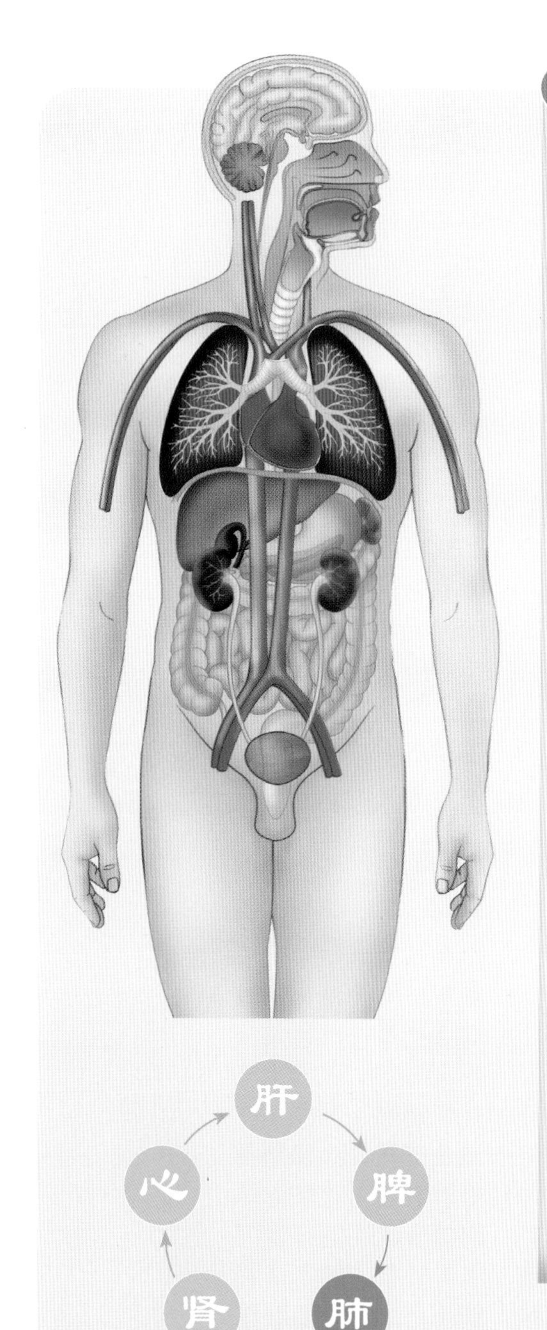

蔬果

蔬果	功效
梨	润肺清心，消痰止咳
杏	清热祛毒，止咳平喘
香蕉	清热解毒，润肺止咳
苹果	生津润肺，除烦解暑
梅子	止咳调中，除热下痢
草莓	润肺生津，利尿止渴
西瓜	清热除烦，清热解暑
橄榄	生津止渴，清热解酒
薏米	健脾补肺，化湿抗癌
柿子	清热润肺，健脾化痰
花生	温肺补脾，和胃强肝
木耳	温肺止血，补气清肠
黄豆	解热润肺，宽中下气
玉米	益肺宁心，健脾开胃
甘蔗	清热生津，下气润燥
白菜	解渴利尿，通利肠胃
银耳	养胃和血，延年益寿
荸荠	消渴痹热，温中益气
黑豆	温肺祛躁，补血安神

养肾蔬果

肾为人体的先天之本，能藏精，精能生髓，滋养骨骼，故肾脏有保持人体精力充沛，强壮矫健的功能，是『作强』之官，主管智力与技巧。

肾虚主要症状

- □肾阳虚，身体怕冷，手脚偏凉
- □肾阴虚，身体怕热，腰腿酸软
- □女性月经少、经血色暗，甚至有血块，提早绝经
- □男子尿急尿频，四十岁以后性欲减退
- □骨弱无力，贫血眩晕，甚至小儿智力发育迟缓

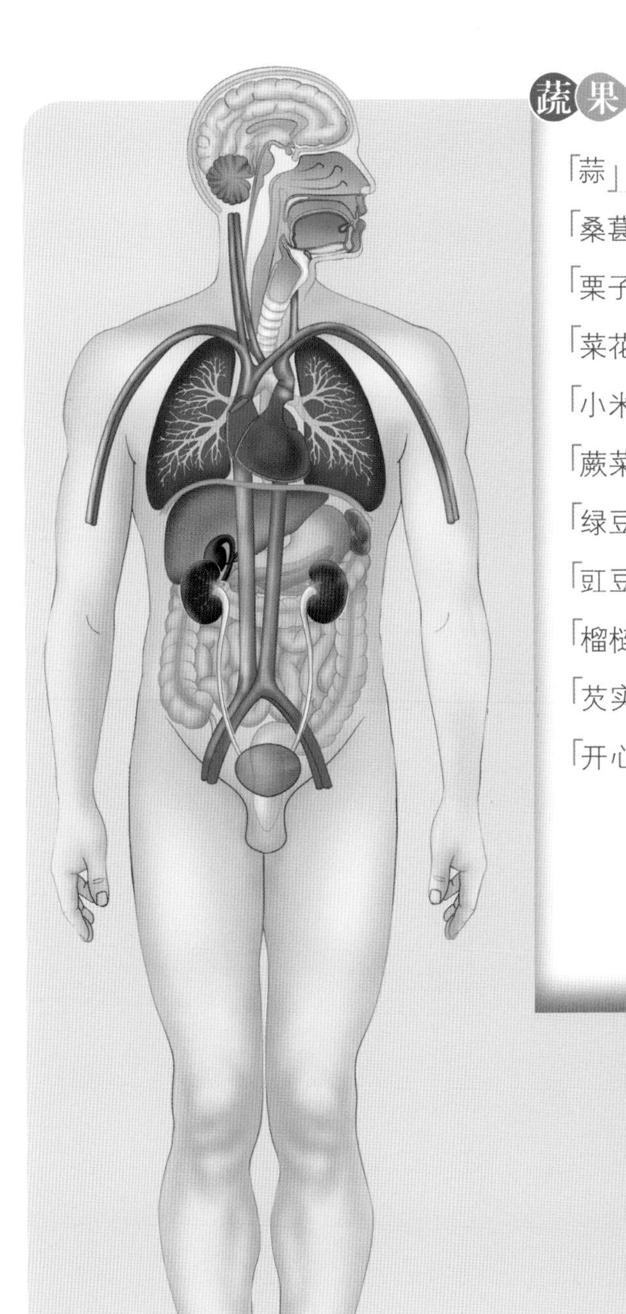

蔬果

蔬果	功效
「蒜」	清热解毒，杀菌防癌
「桑葚」	补血滋阴，生津润燥
「栗子」	滋阴补肾，消除疲劳
「菜花」	健脑壮骨，补肾填精
「小米」	滋阴养血，除热解毒
「蕨菜」	清热解毒，止血降压
「绿豆」	清热解毒，保肝护肾
「豇豆」	健脾补肾，散血消肿
「榴梿」	壮阳助火，杀虫止痒
「芡实」	固肾涩精，补脾止泻
「开心果」	调中顺气，补益肺肾

肝 → 脾 → 肺 → 肾 → 心 → 肝